Sehr geehrter Herr Schmitt,

die „4GL-Spezialisten aus Aachen" sind mein neues Team. Für Ihre Sparte könnte es einige Themen geben, über die dieses Buch vorinformieren möchte.

Vielleicht trifft man sich gelegentlich mal zu einem ersten „fachlichen Plausch"?

Frohe Weihnachten und für 1988 alles Gute

Walter [illegible]

James Martin
Manifest für die Informations-Technologie von morgen

Ein James Martin Buch

James Martin

Manifest für die Informations-Technologie von morgen

Econ Verlag
Düsseldorf · Wien

Titel der amerikanischen Originalausgabe:
An Information Systems Manifesto,
erschienen bei Prentice-Hall Inc., New Jersey

In das Deutsche übertragen von
Team Übersetzungen GmbH, Leinfelden-Echterdingen

1. Auflage 1985

Gesetzt aus der Times der Fa. Linotype GmbH
Satz: Formsatz GmbH, Diepholz
Papier: Papierfabrik Schleipen GmbH, Bad Dürkheim
Druck und Bindearbeiten: Pustet, Regensburg
Printed in Germany
ISBN 3 430 16348 X

Manifest: Eine öffentliche Erklärung; Darlegung eines Programms; dieses selbst; Kundgebung

Wahrig – Deutsches Wörterbuch

STRUKTUR DIESES BUCHES

Teil I DIE GEGENWART

Kapitel 1–13

Dieser Hauptteil des Buches beschreibt die Maßnahmen, die *jetzt* getroffen werden sollten, um den Einsatz von Computern in einer Organisation zu verbessern.

Teil II DIE ZUKUNFT

Kapitel 14–17

Dieser zweite Teil des Buches beschreibt Möglichkeiten für Unternehmer, die Bedrohung durch die fortschrittliche Entwicklung in Japan und strategische Überlegungen der politisch Verantwortlichen

Anhänge

Inhaltsverzeichnis

Verzeichnis der Übersichtskästen 15
Vorwort 17

Teil **I** **DIE GEGENWART** 21

1 Die Krise in der Datenverarbeitung
Probleme mit der Datenverarbeitung 23
Anwendungsüberhang 26
Verdeckter Überhang 26
Notwendigkeit einer erheblichen Produktivitätssteigerung 27
Wartung 28
Strategische Informationen 29
Systeme für die computerunterstützte Entscheidungsfindung 31
Arten von Management-Systemen 32
Der Trugschluß der progressiven Verdichtung 33
Lösungen 38
Kulturelle Veränderungen 39
Manifest für das Topmanagement 40

2 Die Automation der Automation
Einführung 43
Das menschliche Gehirn 43
Der große Sprung nach vorn 45
Unzureichende Verbesserungen durch strukturierte Techniken 47

Ausklammern manueller Techniken 49
Konsistente Spezifikation 50
Kategorisierung von Entwicklungssoftware 50
Integration von Zusatzeinrichtungen 56
Verfahrensorientierte und nicht-verfahrensorientierte Sprachen 57
Sprachen der vierten Generation 58
Lösung des falschen Problems 62
Vorsicht 63
Veraltete Richtlinien 64
Technik 65
Software-Fabriken 66
Festhalten an Vergangenem 66

3 Der Benutzer am Steuer

Einleitung 69
Alternativen zum Programmierer 70
Vielfalt der Endbenutzer 70
Funktionsuntüchtige Entwicklungsverfahren 72
Konsistentere Spezifikationen 73
Benutzergesteuerte contra vordefinierte Datenverarbeitung 74
Das Unsicherheitsprinzip 76
Managementinformation 77
Eine neue Art der DV-Implementierung 78
Erstellen von Prototypen 79
Notwendiger Wandel im DV-Management 80
Die Wand zwischen Benutzer und Programmierer 81
Spektakuläre Endbenutzersysteme 83
Das Konzept des Informationszentrums 86
Personalcomputer für das Topmanagement 87
Achtung 88

4 Probleme mit Spezifikationen

Probleme mit dem Spezifikationsprozeß 89
Abzeichnen durch Benutzer 90
Fehler 90
Fehlschläge 92
Lösungen 94
Systemskizzen 94
Maschinenlesbares Design 96
Unmittelbares Feedback 99
Die strukturierte Revolution 100

5 Spezifikationssprachen

Einleitung	101
Sukzessive Verfeinerung	101
Zwei Sprachentypen	102
Maschinenlesbare Spezifikationen	103
Automatisiertes Design	104
Auf den Schultern von anderen	106
Datenmodelle	106
Integration der Definitionsebenen	107
Gemeinsames Kommunikationsmedium	108
Fehlerkorrektur im Vorfeld	108
Integriertes hierarchisches Design	110
Mathematisch korrekte Sprachen	111
Benutzerfreundlichkeit	111
Spektrum der Spezifikationssprachen	112
Eng begrenzte Sprachen	115
Zusammenfassung	117

6 Informationstechnik

Das Chaos in den Datenbibliotheken	123
Das Versagen bei der Datenverwaltung	123
Die Kosten schlechter Datenverwaltung	124
Separate Entwicklungen mit inkompatiblen Daten	127
Fester Grundstein	131
Stabile Datenbanken	132
Logisches Design der Datenbanken	133
Was ist Informationstechnik?	133
Die Bausteine der Informationstechnik	136
Computerverwendung in der Informationstechnik	140
Ein Haus auf Sand gebaut	140
Zwei Bilder	141

7 Informationszentrum – Konzept

Die Rentabilität des Informationszentrums	143
Notwendigkeit eines Managements	144
Bereitstellung von Rechnerleistung	147
Elektronische Ablagen	148
Unterstützung durch das Informationszentrum	148
Verbindung zur Informationstechnik	149
Datenkoordinator	150
Konflikt durch unterschiedlichen Zeitbedarf	151
Organisation des Informationszentrums	152

Größenunterschiede 153
Verfahrensanalytiker 155
Aufgaben des IZ-Personals 156
Verkauf 156
Rivalität 157
Unterstützte Sprachen 160
Kommunikationsfähigkeit 161
Rascher Erfolg 161
Festigen des Erfolgs 162
Revisoren 163
Wer zahlt? 164
Kontrolle durch Geschäftsleute 165

8 Die ideale DV-Entwicklungseinrichtung
Einleitung 173
Datennutzungen 173
Grundeinrichtungen 174
Benutzerfreundlichkeit 178
Standardannahmen 178
Gliederung in Teilmengen 181
»Menschliche« Verwendungshilfen 181
Spezifizier-Tools 181
Datenbank 183
Intelligente Datenbankfunktionen 184
Datenverwaltungshilfen 184
Semantische Unstimmigkeit 184
Systemkontrollen 185
Code-Erzeugung und -Prüfung 186
Übertragbarer Code 186
Code-Prüfung 187
Nachweislich korrekter Code 187
Bibliothek 187
Theoretische Prinzipien 187
Infrastruktur 188
Mehrsystem-Infrastruktur 188

9 Mathematisch korrektes Systemdesign
Mathematischer Nachweis der Richtigkeit 191
Konventionelle Fehlerbehebung unmöglich 194
Higher-Order-Software 195
HOS-Binärbäume 195
Funktionen 196

Von Anforderungsanweisungen zum detaillierten Programmdesign 200
Drei elementare Steuerstrukturen 201
JOIN 201
INCLUDE 202
OR 203
Steuerpläne 203
Code-Erzeugung 205
Vier Arten von Blätterknoten 205
Statisches und dynamisches Testen von Programmen 207
Ausschmückungen 207
HOS-Software 209
Eine Möglichkeit, über Systeme nachzudenken 210

10 Die Auswirkungen computerunterstützten Softwaredesigns

Die Revolution 213
Auswirkungen auf das Programmieren 213
Auswirkungen auf die Spezifikationen 215
Was bedeutet »nachweislich korrekt«? 216
Syntax und Semantik 216
Interne und externe Semantik 217
Eine Möglichkeit, über Systeme nachzudenken 218
Normen 218
Prüfen und Testen 219
Die Vertrauenswürdigkeit der Module erhöhen 220
Produktivitätssteigerung 220
Kosteneinsparungen 221
Auswirkungen des Programmumfangs 222
Fehlerstatistiken 224
Menschliche Systemkomponenten 226
Software-Fabriken 226

11 Die Veränderung im Entwicklungszyklus

Einleitung 229
Die Methodologienvielfalt 234
Personal im Entwicklungszyklus 236
Eliminierung unnötiger Tools und Prozeduren 238
Verwendung anderer Methodologien für den Anfangsabschnitt 239
Datenmodellierung und Entwicklungszyklus 241
Kontinuierliches Erstellen von Informationsressourcen 241

Minimieren der Interaktion zwischen Entwicklern 244
Ein-Mann-Projekte 246
Entwicklungszyklen für Prototypen 246
Eine Vielzahl von Entwicklungszyklen 247

12 **Strategisches Planen**
Ein warnendes Beispiel 249
Zukünftige Planung 250
Die Notwendigkeit der Planung auf höchster Ebene 251
Die Gefahr bei integrierter Systemplanung 252
Zu viel zentrale Lenkung 252
Drei Arten der strategischen Planung 253
Strategische Planung der Informationstechnologie 255
Aspekte der strategischen Planung im technischen Bereich 257
Design für verteilte Systeme 259
Netzwerke 259
Entwicklungslinie 260
Planlos kombinierte Systeme 261
Einbeziehung des Topmanagements 261
Zusammenfassung 263

13 **Bewältigen einer Revolution**
Widerstand gegen Änderungen 265
Einwand gegen Veränderungen 265
Neue Entwicklungskanäle 267
Informationszentren 268
Drei Kanäle 268
Schwierigkeiten beim Ablegen alter Methoden 269
Schul-/Studienabgänger 270
Revolutionen kommen von außen 271
Fallstudie einer DV-Revolution 271
Kreativität 275
Kreative Partnerschaft 275
Benutzer mit Pioniergeist 277
Motivation 277
Direktiven für einen alternativen Zugang zu spezifischen Bedürfnissen 278
Einschränken leistungsschwacher Entwicklung 279

Teil II DIE ZUKUNFT

14 Unternehmer, die reich werden

Die Gelegenheit 283
Neue Trends 283
Erfolgreiche Unternehmer 284
Realitätsfremde Entwicklung 285
Bürokratie 286
Lösungen für Kapitalengpässe 287
Neue Software 287
Veränderungen der Hardware 288
Nicht-von-Neumann-Sprachen 289
Mikrocode 290
Tandem-Architekturen 290
Relationale Systeme 291
Ein HOS-System 292
Grafikprozessoren 293
Informationsgesteuerte Verarbeitung 294
Menschliche Sprache 294
Betriebssysteme und Software 295
Software-Hardware-Kombinationen 296

15 Kommt die nächste Generation aus Japan?

Änderung der ursprünglichen Konzeption 299
Fallen für den Westen 300
Informationsgesteuerte Technologie 301
Expertensysteme 302
Expertensysteme für Systemexperten 303
Die Benutzerschnittstelle 304
Interne Informationsbanken 305
Informationserwerb 306
Verbrauchersysteme 308
Auswirkungen auf die Wirtschaft 308

16 Unternehmer und Regierung

Japans Drohung 315
Der Alvey-Bericht 319
Vier Grundstocktechnologien 320
Begeisterung 321
Unternehmer 322
Die Wagemutigen 323

Welche Rolle sollte die Regierung spielen? 325
Für die Privatindustrie ungeeignete Forschung 326
Schlußfolgerung 328

17 **Kettenreaktion**
Die Automation der Automation 329
Pyramidenartiger Aufbau 331
Veränderung der Computerindustrie 332
Von informationsgesteuerten Systemen ausgelöste Kettenreaktion 333
Komplexität 334
Soziale Auswirkungen 335
Automation der Arbeit 336
Technologisches Potential/Menschliches Potential 337

Anhang I **Steigerung der DV-Produktivität** 341

Anhang II **Manifeste**
II-A Manifest für das Topmanagement 349
II-B Manifest für Endbenutzer 350
II-C Manifest für DV-Leiter 350
II-D Manifest für Systemanalytiker 351
II-E Manifest für Programmierer 352
II-F Manifest für Informatik-Professoren 352
II-G Manifest für Softwarehäuser 353
II-H Manifest für Computerhersteller 354
II-I Manifest für Unternehmer 355

Literaturangaben 357
Personen- und Sachregister 367

Verzeichnis der Übersichtskästen

Kasten	Titel	Seite
1.1	Probleme der Datenverarbeitung aus der Sicht von Benutzern und Managern	24
1.2	Beispiele für Unternehmen, die erhebliche finanzielle Vorteile aus der strategischen (nicht routinemäßigen) Nutzung von Computerdaten gezogen haben	29
1.3	Charakteristika von Systemen zur computerunterstützten Entscheidungsfindung	34
1.4	Manifest für das Topmanagement	41
3.1	Unterschied zwischen vordefinierter und benutzergesteuerter Datenverarbeitung. Ein Großteil der vordefinierten Datenverarbeitung sollte bei der heutigen Software benutzergesteuert sein	75
3.2	Gründe, weshalb Endbenutzer selbständig mit dem Computer arbeiten sollten	84
3.3	Voraussetzungen für die benutzergesteuerte Datenverarbeitung	85
5.1	Erwünschte Eigenschaften von Spezifikationen [11]	118
5.2	Erwünschte Eigenschaften einer Spezifikationssprache	119
6.1	Ursachen für das Versagen der Datenverwaltung in Unternehmen	124
6.2	Voraussetzungen für eine übergreifende Datenkontrolle in Unternehmen	125
7.1	Zitate leitender Angestellter von Unternehmen, die Informationszentren einsetzen	145
7.2	Aufgaben, die vom Informationszentrum wahrgenommen werden sollten	158
7.3	Erfolgsrezept für Informationszentren	168
10.1	Probleme bei der traditionellen Entwicklung und Auswirkungen konsistenter Spezifikationssprachen mit Code-Generatoren	227
11.1	Was brauchen wir bei DV-Methodologien?	235
12.1	Beispiele für Systemprobleme, die zu teurer Wartung führen, durch hierarchische Planung jedoch vermieden werden können	262
15.1	Einige existierende Expertensysteme auf der Grundlage von informationsgesteuerter Technologie	303
16.1	Japans Zielsetzungen bei der Entwicklung der fünften Computergeneration bis 1990 [3]	316
17.1	Arbeitsbereiche, die automatisiert werden sollen, und Arbeitsbereiche, die *nicht* automatisiert werden	336

Vorwort

Ein Manifest für die moderne Informationstechnologie dient dazu, Endbenutzern, EDV-Personal und Topmanagement eine Strategie und die entsprechenden Richtlinien anzubieten, mit deren Hilfe dieser Personenkreis das entscheidenden Veränderungen unterworfene Umfeld von Informationssystemen und Datenverarbeitung umgestalten und beherrschen kann.

Diese beschriebene Revolution der Informationssysteme ist bereits voll im Gang. Viele Unternehmen ignorieren sie jedoch oder erkennen die Auswirkungen, die sie auf ihre eigene Organisation haben wird, noch nicht. Ziel und Zweck dieses Buches ist es daher, die Informationen zu liefern, die zur erfolgreichen Bewältigung dieser Veränderungen benötigt werden.

Der erste Teil des Buches beschreibt die Maßnahmen, die zur Verbesserung des Einsatzes von Computern getroffen werden sollten, indem zum Beispiel das Steuer fest in die Hand des Benutzers gegeben wird und indem der Automationsprozeß automatisiert wird.

Der zweite Teil des Buches untersucht die zukünftigen Entwicklungen, insbesondere die Zukunft in Japan und den dringenden Bedarf an echten Unternehmern.

Dieses Buch soll eine breitgefächerte Zielgruppe ansprechen und ist daher nicht mit technischen Details gespickt.

Es sollte für *jeden*, der mit Informationssystemen und Datenverarbeitung zu tun hat, zur Pflichtlektüre gehören.

James Martin

Danksagung

Der Autor dankt allen Beratern der James Martin Associates für deren Beiträge zu diesem Buch und ihre unermüdlichen Bemühungen zur sinnvollen Anwendung der hier beschriebenen Methoden.

Eine 13 Meter hohe Dampfmaschine mit einem Gewicht von 600 Tonnen. Heute beträgt der Durchmesser eines Elektromotors, der die gleiche Leistung erbringt, 2,80 Meter.

Teil I Die Gegenwart

1 Die Krise in der Datenverarbeitung

Probleme mit der Datenverarbeitung

Die Möglichkeiten der modernen Computertechnologie werden in den meisten Unternehmen nicht so genutzt, wie sie es eigentlich sollten. Die Datenverarbeitung steckt tief in Problemen. Die Manager bekommen von ihren Systemen nicht die Informationen, die sie brauchen. Viele Entscheidungen, die mit Computerunterstützung gefällt werden sollten, werden intuitiv oder mit unzureichenden Informationen getroffen. Die Systeme sind so schwerfällig, daß sie oft die Installation und Implementierung neuer wichtiger Verfahren behindern, die von den Managern gefordert werden. Computerbenutzer stehen der Datenverarbeitung zusehends feindseliger gegenüber, fühlen sich angesichts der Probleme aber machtlos.

Unter Spitzenmanagern herrscht oft Verärgerung darüber, daß sie so viel für Computer ausgeben und dennoch anscheinend Verfahrensweisen nicht ändern oder die benötigten Informationen nicht bekommen können. Der Geschäftsführer eines Unternehmens, das über ein modernes weltweites Computernetz verfügt, beklagte sich beim Autor bitter darüber, daß er schon seit Jahren tägliche oder wenigstens wöchentliche Daten und Kassenbestände verlange, seinem Ziel, diese oder andere benötigte Informationen zu bekommen, aber noch keinen Schritt nähergekommen sei.

In Kasten 1.1 sind die Probleme der Datenverarbeitung aus der Sicht der Benutzer und Manager zusammengestellt.

Kasten 1.1 Probleme der Datenverarbeitung aus der Sicht von Benutzern und Managern

- Benutzer können nicht zum gewünschten Zeitpunkt über Anwendungen verfügen; die Entwicklung hinkt oft um Jahre hinterher.
- Von Managern geforderte Änderungen können nicht oder nur sehr schwer in vertretbaren Zeiträumen durchgeführt werden.
- Programme sind fehlerhaft oder funktionieren teilweise nicht.
- Ausgelieferte Systeme entsprechen oft nicht den tatsächlichen Anforderungen der Benutzer.
- Es ist schwer, Datenverarbeitung zu verstehen und präzise Anforderungen zu artikulieren.
- Spezifikationen, die vom Benutzer schriftlich genehmigt werden müssen, sind gewöhnlich voller Inkonsequenzen, Auslassungen und Fehler.
- Die Kosten für Entwicklung und Wartung von Systemen sind weit höher als erwartet.
- Aufgrund der langen Entwicklungsdauer werden die wichtigsten Systeme für die computerunterstützte Entscheidungsfindung erst gar nicht implementiert. Die Unterstützung wird schneller benötigt, als Zeit für die Entwicklung der Programme zur Verfügung steht.

Wenn Computer nicht effektiv genutzt werden, hat dies auch auf volkswirtschaftlicher Ebene ernste Folgen, weil es fast alle Aspekte der Produktivität beeinflußt. Dies wiederum wirkt sich auf Inflation und internationale Wettbewerbsfähigkeit aus.

Der Computer ist die flexibelste, je vom Menschen erdachte Maschine, die für eine verwirrende Vielfalt von Anwendungen eingesetzt werden kann. Ihre Kosten sinken rapide und ihre Möglichkeiten müssen so weit wie möglich ausgeschöpft werden, um die Effizienz des Unternehmens zu steigern. Das Problem liegt jedoch nicht in der Maschine selbst, sondern in unseren Methoden der Anwendungsentwicklung. Der traditionelle Zyklus der Anwendungsentwicklung ist langsam und unbeweglich. Seine Methoden sind in vielen Unternehmen in Normen und Verfahrensregeln erstarrt. Diese Verfahrensregeln funktionieren in vielerlei Hinsicht nicht.

Diese Unfähigkeit, Computer effektiv einzusetzen, sollte als eines der vordringlichsten Unternehmensprobleme angesehen werden, für das Lösungen gefunden werden *müssen*. Das Problem hat die Ausnahme einer

Krise erreicht. Lösungen sind zwar bereits vorhanden, von vielen Unternehmen werden sie aber nur vereinzelt eingesetzt, da sie neue Software, neue Verfahren und neue Managementstrukturen erfordern.

In der Geschichte der technischen Entwicklung finden sich viele Beispiele dafür, daß Neuerungen nur dank der rigorosen Abwehr vom Althergebrachten geschaffen werden konnten. In der Datenverarbeitung wurde eine Reihe von Methoden der Anwendungsentwicklung akzeptiert und in mehr als 20 Jahren ständig weiterentwickelt. Nun aber ist der Punkt erreicht, an dem diese Verfahren einen wirklich effektiven Einsatz des Computers verhindern. Es sind grundlegend neue Methoden erforderlich, Methoden, die langsam Einzug in die Datenverarbeitung halten, die sich viele Unternehmen aber nicht schnell genug zueigen machen.

Die Dampfmaschinen zu Beginn unseres Jahrhunderts sind herrlich komplizierte Maschinen. Gestänge, Hebel und Nocken waren aus hochglanzpoliertem Messing. Die Ingenieure entwickelten ausgeklügelte Mechanismen, um die Leistung immer noch ein bißchen zu verbessern. Voll Hingabe widmeten sie sich diesen Mechanismen und trafen sich auf technischen Symposien über Dampfmaschinen, als der Elektromotor schon längst seinen Siegeszug angetreten hatte.

Ähnlich wie dieser Vergleich zwischen dem Elektromotor und der Dampfmaschine fällt der Vergleich zwischen der relationalen Datenbank und den alten Datenbanksystemen, zwischen den kleinen Computern von heute mit ihrer modernen Architektur und den bisherigen großen Betriebssystemen aus. Das Hauptaugenmerk liegt heute auf der Verbesserung von Architektur und Wartung einer veralteten Software zu einer Zeit, wo der Wechsel zu vom Grundsatz her überlegenen »Mechanismen« lange schon überfällig ist.

Ein noch drastischeres Bild ergibt sich beim Vergleich der Anwendungsentwicklung mit COBOL und mit den neuen Anwendungsgeneratoren. Obwohl für die Erstellung von Software und Anwendungsprogrammen heute schon neue, leistungsstarke Techniken existieren, haben Millionen von Programmierern und Systemanalytikern auf der ganzen Welt noch nichts davon gehört. In Europa hat man noch 50 Jahre nach der Erfindung des Elektromotors die Dampfmaschine zu verbessern versucht!

Im viktorianischen England wurde die Kraft der Dampfmaschinen über 30 m lange Überkopfwellen mit großen Scheiben und Riemen auf die einzelnen Arbeitsmaschinen übertragen. Mit elektrischem Strom konnte jede Maschine über einen eigenen Motor angetrieben werden. Doch aus vielen Fabrikhallen verschwanden die Wellen, Scheiben und Riemen nicht, obwohl sie längst keinen Nutzen mehr brachten. Neue Geräte und Maschinen bedingen oft grundlegend neue Verfahrensweisen. In der Datenverarbeitung haben Handbücher oft den Status einer »Bibel«, und jeder Verstoß gegen die Bibel ist Ketzerei, auch wenn neue Software und neue Techniken sie als völlig veraltet erscheinen lassen. Die alten DV-Prozeduren stehen im Begriff, wie einst die über die Dampfmaschine angetriebenen Riemen, das freie Denken zu unterbinden, das zum flexiblen Umgang mit neuen Techniken dringend erforderlich ist.

Im *Wahrig – Deutsches Wörterbuch* – wird das Manifest als eine »öffentliche Erklärung, Rechtfertigung, als die Darlegung eines Programms, als dieses selbst oder als eine Kundgebung« definiert. In Unternehmen auf der ganzen Welt ist ein solches Manifest des Topmanagements erforderlich, in dem dieses seine Vorstellungen von Informationssystemen zum Ausdruck bringt. Dieses Manifest kann dann in Manifeste umgesetzt werden, in denen die Frage einer fundamentalen Änderung der DV-Techniken und der DV-Produktivität sowie die Art, wie sie von DV-Managern, Systemanalytikern und Programmierern angegangen werden sollte, erörtert wird.

Anwendungsüberhang

In den meisten gut geführten Unternehmen steigt die Nachfrage nach neuen Anwendungen schneller, als die Datenverarbeitung ihr nachkommen kann. Das Ungleichgewicht zwischen Angebot und Nachfrage wird ständig bedrohlicher.

Daher nimmt der Überhang an benötigten Anwendungen zu. In den meisten Betrieben beträgt der Überhang heute zwei bis vier Jahre. Im Falle einer Bank beträgt er laut Aussage des Geschäftsführers gar schon sieben Jahre. Vieles spricht dafür, daß sich diese Situation angesichts der sinkenden Kosten für Computer eher noch verschlechtert, falls nicht bessere Methoden der Anwendungsentwicklung gefunden werden.

Der große Anwendungsüberhang und die Unfähigkeit der Computerabteilungen, schnell Lösungen für die Wünsche und Probleme der Benutzer zu finden, ist für diese äußerst frustrierend. Für viele Benutzer war die Wartezeit zu lang; sie haben sich abteilungseigene Minicomputer oder Tischcomputer angeschafft.

Verdeckter Überhang

Der offene Anwendungsüberhang ist nur ein Aspekt der Problematik. Wartezeiten von mehreren Jahren (wie sie in den meisten Unternehmen auftreten) führen oft dazu, daß Benutzer ihre Wünsche erst gar nicht vorbringen. Es entsteht ein *verdeckter Überhang*.

Der verdeckte Überhang läßt sich nur schwer messen. Am besten läßt sich sein Umfang dort feststellen, wo Benutzer sich die Fähigkeit angeeignet haben, eigene Anwendungen schnell zu entwickeln. Beispiele dieser Art deuten darauf hin, daß der verdeckte Überhang oft sehr viel größer ist als der *dokumentierte* offene Überhang.

Eine Untersuchung der Sloan Business School in typischen Fortune-500-Unternehmen [1] führte zu dem Ergebnis, daß der verdeckte Überhang in diesen Unternehmen ca. 168 % des offenen Überhangs betrug. Mit anderen Worten: Viele Benutzer benötigen Anwendungen, die ihnen die Arbeit erleichtern, geben diesen Wunsch wegen der Überlastung des DV-Personals aber erst gar nicht weiter.

Die Notwendigkeit einer erheblichen Produktivitätssteigerung

Während die Kosten für Computer rapide sinken, entwickeln die Endbenutzer zunehmend eigene Vorstellungen über die Einsatzmöglichkeiten von Computern. Und dieser Preisrückgang fordert immer mehr Endbenutzer heraus, mit Computern zu arbeiten, um ihre Entscheidungsfähigkeit und -kraft zu verbessern, zeitaufwendige Büroarbeit zu reduzieren, die Produktivität zu steigern und modernere Funktionen zu entwickeln.

Die Endbenutzer, vom Wissenschaftler bis hin zum Angestellten, haben immer klarere Vorstellungen davon, wie sich der Computer sinnvoll einsetzen ließe. Das Problem besteht nun darin, daß bis vor kurzem Anregungen dieser Art nicht berücksichtigt werden konnten, da die Verfahren der Systemanalyse und der Programmierung viel zu schwerfällig waren. Die meisten Anwendungsprogramme werden auch heute noch individuell erstellt und nach langwierigen Methoden von Menschen codiert. Man stelle sich nur einmal vor, wie es heute in der Automobilindustrie aussähe, wenn Autos noch von Handwerkern mit einfachen Werkzeugen gefertigt würden! Die meisten Unternehmen haben in der Anwendungsentwicklung noch nicht die Ära des berühmten Modell T von Ford erreicht.

Die Anwendungsprogrammierung gehört zu den arbeitsintensivsten Tätigkeiten. Erst langsam macht sich die Erkenntnis breit, daß vieles davon automatisiert werden kann. Die dafür erforderliche neue, bessere Software ist verfügbar. Außerdem müssen die Verfahren zur Analyse und Entwicklung von Informationssystemen überdacht werden. Für die Umstellung in der Automobilindustrie von Hand- auf Serienfertigung mußte eine solide Infrastruktur geschaffen werden. Das gleiche gilt auch für die Automatisierung von Informationssystemen. Natürlich erfordert die neue Infrastruktur Zeit und Geld (im Vergleich zu Wartung und manueller Erstellung bisheriger Systeme allerdings nicht viel).

Wartung

Die Probleme der DV- und Software-Entwicklung werden durch das Wartungsproblem noch verschärft. Als »Wartung« bezeichnet man das Umschreiben alter Programme, um sie neuen Anforderungen oder geänderten Systemressourcen anzupassen. Oft ist auch ein Umprogrammieren erforderlich, da isoliert entwickelte Programme mit anderen Programmen nicht kompatibel sind oder bei der Datenübertragung von einem System zum anderen Schnittstellenprobleme auftreten. Eine Änderung in einem Programm löst eine ganze Kettenreaktion von Änderungen in anderen Programmen aus.

Der Wartungsaufwand steigt, wenn er nicht bewußt niedriggehalten wird, mit der Zahl der Programme. Auch die Interaktionen zwischen den Programmen nehmen ungefähr im Quadrat zur Anzahl der Programme zu, wenn sie nicht bewußt unter Kontrolle gehalten werden.

Die zunehmende Wartungsbelastung verschlimmert den Anwendungsüberhang erheblich. In vielen Unternehmen, oft solchen, die bei der Einführung von Online- und interaktiven Systemen am schnellsten vorgehen, liegt das Verhältnis von Wartung zu Anwendungsentwicklung inzwischen bei nahezu 80 % In großen Unternehmen finden sich oft System- oder Anwendungsbereiche, wo 100 % des Programmieraufwands auf Wartung entfallen.

Das US-Verteidigungsministerium gibt derzeit jährlich 2 Milliarden Dollar für die Softwarewartung aus. Es schätzt, daß dieser Betrag bis Ende der achtziger Jahre auf 16 Milliarden Dollar steigt. Insgesamt werden in den USA zur Zeit jährlich etwa 20 Milliarden Dollar für die Wartung von Software ausgegeben. Es wäre eine Katastrophe, wenn dieser Betrag im gleichen Verhältnis stiege. Doch es gibt neue Mittel und Techniken, mit denen sich ein Großteil der Wartungskosten vermeiden läßt [2].

Systemanalytiker vertreten oft die Meinung, daß gut funktionierende Programme nie mehr geändert werden müssen. In Wirklichkeit werden die Daten, die mit solchen Programmen erstellt oder von ihnen verwendet werden, auch für andere Anwendungen gebraucht, und zwar fast immer in veränderter Form, es sei denn, es wurde eine gründliche logische Datenbankanalyse durchgeführt.

In einigen großen Unternehmen ist das Wartungsproblem mittlerweile zum Alptraum geworden. Der Gedanke, wie dieses Problem in 20 Jahren aussehen würde, wenn immer mehr Anwendungen und Systeme mit herkömmlichen Methoden dazukämen, ist alarmierend.

Unter günstigen Bedingungen können sich Mikroben exponentiell vermehren wie die Computer heute. Werden sie dabei jedoch in einer Petrischale eingeschlossen, so ertrinken sie schließlich in ihren eigenen Exkrementen. Ein Topmanager der Datenverarbeitung hat dies mit seinen Wartungsproblemen verglichen. Neue Entwicklungen, erklärte er, seien durch den Einsatz veralteter COBOL- und PL/1-Systeme blockiert worden. Würden neue Techniken nicht weitgehend akzeptiert und eingesetzt, so würde das Programmier-Team schließlich in der Wartungsflut ertrinken.

Strategische Informationen

Einer der wichtigsten Aspekte der Datenverarbeitung überhaupt ist, die richtigen Informationen zum richtigen Zeitpunkt an die richtigen Leute zu bringen. Information wird zunehmend als *strategische* Ressource angesehen, nicht mehr nur als Ressource für die routinemäßige Datenverarbeitung. Die strategische Nutzung von Informationen beeinflußt in erheblichem Maße die Gewinne der Unternehmen und wird zunehmend zu einem Schlüsselelement ihres Überlebenskampfes werden. In Kasten 1.2 ist eine Liste von Unternehmen enthalten, die erhebliche finanzielle Vorteile aus dem *strategischen* Einsatz von Computerdaten ziehen konnten.

Trotz der Tatsache, daß Computerdaten existieren, bekommen Manager oft *nicht* die Informationen, die ihnen am meisten helfen würden. Dazu

Kasten 1.2 Beispiele für Unternehmen, die erhebliche finanzielle Vorteile aus der strategischen (nicht routinemäßigen) Nutzung von Computerdaten gezogen haben

- *American Airlines* gewann einen erheblichen Wettbewerbsvorsprung, indem es eine detaillierte Datenbank mit Reiseinformationen über seine Kunden einsetzte, um nach Aufhebung der Tarifbindung seine Tarife dem Markt anzupassen. Wie United Airlines vergrößerte es seinen Marktanteil, indem es den Reisebüros den Abruf von Informationen aus seinem automatischen Platzbuchungssystem über Terminals gestattete.
- *Fidelity Brokerage Services Inc.* ließ mehrere erheblich größere Konkurrenten hinter sich und verbesserte sich auf Platz 2 im Diskontmaklergeschäft, indem es Informationen nutzte, die es Maklern mit einem Terminal ermöglichte, Börsengeschäfte billiger und schneller als bei den meisten Konkurrenzfirmen abzuwickeln.
- *Sears* übernahm Informationen über seine 40 Millionen Kunden auf Computer, um Zielgruppen wie Kleingärtner, Käufer von Haushaltsgeräten oder werdende Mütter zu erreichen und seinen im Versicherungs-, Makler- und Immobiliengeschäft tätigen Tochtergesellschaften Akquisitionsmöglichkeiten zu eröffnen.
- *Deere & Co.* erstellte eine Datenbank mit den Abmessungen und Merkmalen von 300 000 Teilen. Diese ermöglichte es den Ingenieu-

ren, nach vorhandenen Teilen zu suchen, statt neue Teile zu entwickeln oder zu kaufen. Damit sparte das Unternehmen in zwei Jahren 9 Millionen Dollar für neue Teile und Verfahren [3].

- *Xerox* senkte die Herstellungskosten für seine Kopierer innerhalb von drei Jahren um 18 %, indem es durch die strategische Nutzung von Computerdaten seine Verfahren der Materialplanung und Bestandskontrolle änderte. Xerox tauscht mit seinen Lieferanten Informationen über Qualitätskontrollen aus; das teure Prüfen der eingehenden Teile entfällt. Es stellt den Lieferanten seinen Fertigungshauptplan zur Verfügung, so daß diese die benötigten Teile genau zu dem Termin liefern können, zu dem Xerox sie braucht, um seine Bestände niedrigzuhalten. [3].
- *Equitable Life* kreierte ein computerunterstütztes Versicherungssystem für den Einsatz beim Kunden, mit dem auf der Basis von Vergangenheitsdaten eine Analyse für die jährliche Verlängerung von Versicherungspolicen durchgeführt werden konnte. Das System empfahl Prämienänderungen auf der Basis von Versicherungszielen und Erfahrungswerten. Fast 100 Versicherungsvertreter machten von diesem System täglich Gebrauch. Zweck des Systems war es, ihnen für die Entscheidungsfindung das Wissen eines versierten Versicherungsmathematikers an die Hand zu geben. [4]
- *Massachusetts Mutual* warb viele neue Kunden, indem es Großkunden einen günstigeren Zahlungsplan anbot, bei dem die Tarife nicht auf Monats- sondern auf Tagesbasis errechnet wurden. Dadurch wurde in zwei Jahren aus einem Verlust von 32 Millionen Dollar ein Gewinn von 6 Millionen Dollar. [3]
- *Ein Hersteller von leichten Waffen* implementierte ein System, das es ihm ermöglichte, seine Produktion mit Hilfe der Informationstechnik diesem unbeständigen Markt anzupassen. Die Produktions- und Lagerhaltungskosten konnten um 21 % gesenkt werden.
- *Santa Fe Railroad* steigerte mit Hilfe einer neuen relationalen Datenbank unter starker Einbeziehung der Benutzer den Tonnenkilometer/Arbeitsstunde-Umsatz (eine wichtige Kennzahl für die Produktivität im Schienentransport) innerhalb von vier Jahren um 28 %.
- *Owens-Corning Fiberglass* nutzte Informationen aus Forschung und Entwicklung zur Errechnung der Energiesparwerte für unterschiedlichste Haustypen. Die Energiesparwerte neuer Haustypen dienten, wie etwa der Benzinverbrauch bei neuen Autos, als Verkaufsargument bei den Käufern von Isolierstoffen dieser Firma.

sind Techniken der Ressourcenverwaltung erforderlich, die besser als die heute allgemein gebräuchlichen sind. Kapitel 6 beschreibt sie.

Systeme für die computerunterstützte Entscheidungsfindung

In jedem Unternehmen wird täglich von Managern aller Ebenen eine Vielzahl von Entscheidungen getroffen. Für viele dieser Entscheidungen sind Informationen – die bestmöglichen Informationen – unentbehrlich. Komplizierte Daten müssen dabei oft dem Benutzer mit Hilfe spezieller Techniken verständlich gemacht werden. Mit den Daten müssen Berechnungen durchgeführt werden. Sehr oft müssen diese Berechnungen mehrmals durchgeführt werden, um festzustellen, was geschehen würde, wenn bestimmte Umstände eintreten.

Ein chemisches Großunternehmen führte eine Untersuchung zur Ermittlung ihrer unter finanziellen Aspekten wichtigsten Entscheidungsträger durch. Dabei stellte sich heraus, daß eine gute bzw. schlechte Entscheidung *einer Person* (z. B. bei Wechselkursschwankungen oder beim Einkauf oft benötigter Chemikalien) für das Unternehmen einen Gewinn oder Verlust von mehreren Millionen Dollar jährlich bedeuten konnte. Das Unternehmen ermittelte die in finanzieller Hinsicht 100 wichtigsten Entscheidungsträger und studierte deren Arbeitsweise. Keine der untersuchten Personen stützte sich bei ihrer Entscheidung auf Computerdaten, obwohl dies mit großer Wahrscheinlichkeit oft zu besseren Entscheidungen geführt hätte.

Komplexe Entscheidungen sind oft nicht vorhersehbar und müssen in kürzester Zeit getroffen werden. In solchen Fällen sind umfangreiche Berechnungen häufig unumgänglich. So kann beispielsweise die Frage auftauchen, ob ein komplizierter Kauf getätigt oder ein neues Fertigungsverfahren entwickelt werden soll oder welche Strategie bei einem Übernahmeversuch verfolgt werden soll. Bei derart wichtigen Computereinsätzen ist ein Warten auf die geeignete Anwendung wegen des Anwendungsüberhangs praktisch unmöglich. Schnelles Programmieren tut not. Die traditionellen Verfahren der Anwendungsentwicklung sind hier völlig fehl am Platz, da sie eine Verzögerung von mehreren Monaten mit sich brächten. Die Spezifikation müßte erst geschrieben und überprüft, das Programm erstellt und getestet werden.

Gerade aufgrund des schleppenden Ablaufs der traditionellen Anwendungsentwicklung werden Computer oft nicht für die wichtigsten Anwendungen eingesetzt. Viele solcher Anwendungen haben nur eine kurze Lebensdauer – die Entscheidung muß hier und heute fallen, weil der Entscheidungsbedarf schon nach wenigen Wochen nicht mehr besteht.

Verschiedene Computerhersteller vertreten die Meinung, daß bereits in fünf Jahren mehr als die Hälfte aller Investitionen in Computer auf Systeme entfallen wird, die den Benutzer bei der Entscheidungsfindung (im weitesten Sinn) unterstützen sollen. Solche Systeme setzen eine umfangreiche Infrastruktur aus Datenbanken und Computernetzen voraus, die wiederum selbst sorgsam geplant sein müssen.

Die Art der benötigten Anwendungen hat sich im Laufe der Zeit geändert. Wurden in den sechziger Jahren vorwiegend Stapelprogramme für den Routineeinsatz im Buchhaltungs- und Rechnungswesen entwickelt, so waren es in den siebziger Jahren Standardanwendungen, die zwar auch routinemäßig, aber doch im interaktiven Online-Betrieb ausgeführt wurden. Die wichtigsten Anwendungen der späten achtziger Jahre werden vermutlich Systeme für die computerunterstützte Entscheidungsfindung sein. Zu diesem Zeitpunkt wird die Entwicklung von Anwendungen zur routinemäßigen Datenverarbeitung zum größten Teil abgeschlossen sein (wenn auch normalerweise noch eine Wartung erforderlich sein wird).

Arten von Management-Systemen

Die Studie der Sloan School gliedert die Anwendungen, die das Management von der Datenverarbeitung erwartet, in vier Arten [1]:

- **Überwachung**: Routinesysteme, mit denen tägliche Transaktionen überwacht und Standardberichte entsprechend einem vorgegebenen Zeitplan erstellt werden können.
- **Ausnahme**: Systeme, mit denen vorgegebene Berichte über vorgegebene Ausnahmebedingungen erstellt werden können.
- **Abfrage**: Systeme, die flexible Abfragemöglichkeiten bieten, so daß der Benutzer eigene Berichte erstellen oder ändern kann.
- **Analyse**: Systeme, die umfangreiche Analysefunktionen von Daten in Datenbanken bieten, um die Entscheidungsfindung zu unterstützen (z. B. bei Fragen der Optimierung, der Modellkonzeption, bei Simulationen, Statistiken und »Was wäre, wenn . . .«-Fragen).

Die Studie weist darauf hin, daß das Verhältnis dieser Anwendungen zueinander für den verdeckten Anwendungsüberhang ungefähr dasselbe ist wie für den offenen Anwendungsüberhang, daß es sich jedoch von der Zusammensetzung der installierten Anwendungen erheblich unterscheidet. Es werden sechsmal soviel Analyse-, dreimal soviel Abfrage- und zweimal soviel Ausnahmesysteme benötigt, wie momentan vorhanden sind. Professor Alloway, der die Studie leitete, errechnete für die Zukunft folgende Bedarfszahlen:

- 12mal mehr *Analyse*systeme, als momentan verfügbar
- viermal mehr *Abfrage*systeme
- 1,5mal mehr *Ausnahme*systeme
- ¼ der momentan installierten *Überwachungs*systeme

Die Analyse- und Abfragesysteme sind *Bedarfssysteme*, d. h. Systeme, die nur beschränkt vordefiniert werden können. Sie müssen den Informationsbedarf dann decken, *wenn er besteht*, und die Benutzer werden ihre Anforderungen wahrscheinlich ändern, nachdem sie die Informationen gesehen haben.

Bei Systemen dieser Art ist es von entscheidender Bedeutung, in der Systemanalyse die traditionellen Stadien der Erstellung von Spezifikationen zu übergehen. Die Anwendungen müssen mit Methoden erstellt werden, die viel schneller und flexibler sind.

Das Erstellen und Analysieren der erforderlichen Informationen ist im Normalfall ein Wiederholungsprozeß. Oft hört man Manager sagen: »Ich weiß noch nicht, was ich brauche, aber ich erkenne es, wenn ich es sehe.« Die Daten unterschiedlicher Sätze können auf unterschiedliche Weise durch einfaches Ausprobieren miteinander in Beziehung gesetzt werden. Ein Entscheidungsträger sagt dann zum Beispiel: »Gehen wir doch einmal anders an die Daten heran.« Entscheidungsträger brauchen die Daten sofort, auch die, die sagen: »Ich weiß noch nicht, . . .«

Manager bekommen oft fertige Listen vorgelegt. Dann sieht man sie nach bestimmten Informationen suchen und mit ihrem Taschenrechner hantieren; sie stellen meist vergeblich Berechnungen an, versuchen, bestimmte Informationen aus den vorliegenden Daten abzuleiten. Solchen Benutzern sollte die Möglichkeit gegeben werden, in großen Systemen zu blättern, die tatsächlich benötigten Daten in eine angemessene Form zu bringen, mit ihnen zu rechnen, die Daten in Form von Diagrammen und Berichten oder direkt am Rechner aufzubereiten. Für diese Anforderungen des Benutzers stehen bereits hervorragende Sprachen zur Verfügung.

Der Trugschluß der progressiven Verdichtung

In der Datenverarbeitung wird oft versucht, den Erfordernissen von Managern mit Zusammenfassungen gerecht zu werden. Je höher die Führungsebene, desto größer der Grad der Verdichtung oder Zusammenfassung. Die Praxis zeigt aber, daß Manager und gerade auch Topmanager häufig so detaillierte Fragen haben, daß sie durch vorgefertigte Berichte nicht mehr beantwortet werden können. Gerade weil Manager ganz andere Anforderungen haben, sieht man sie so oft mit ihren Taschenrechnern Daten manipulieren.

Was Manager wirklich benötigen ist ein System, das es ihnen erlaubt, auf Fragen zu den vorgelegten Daten *sofort* eine Antwort zu erhalten. Sie müssen die Möglichkeit haben, auf alle relevanten Daten selbst zuzugreifen, mit diesen Daten selbst Berechnungen anstellen und sich die »Was wäre, wenn . . .«-Fragen selbst stellen zu können.

Spitzenmanager sind sicherlich auf zusammenfassende, prägnante Berichte angewiesen. Ihnen müssen aus der unüberschaubaren Masse von Daten die tatsächlich relevanten Daten verfügbar gemacht werden, nur ändern sich diese relevanten Daten natürlich mit der jeweiligen Fragestellung. Und manchmal sind zu Teilaspekten eben auch detaillierte Informationen erforderlich.

Diese unterschiedlichen Erfordernisse der Benutzer machen einen Neuanfang in der DV-Entwicklung unabdingbar. Der Versuch, diesen Erfordernissen mit strukturierter Analyse und strukturiertem COBOL Rechnung zu tragen, ist von vornherein zum Scheitern verurteilt. Die Unternehmen brauchen Datensysteme, die flexibler sind als die traditionellen Datenbanksysteme; in denen man dank der neuen Abfragesprachen mit den unterschiedlichsten Anwendungen unter den unterschiedlichsten Blickwinkeln auf einen Grundbestand an Daten zugreifen kann. Die Abfragen und Analysen müssen spontan und durch einfaches Ausprobieren erfolgen können.

In Kasten 1.3 sind die Charakteristika von Systemen zur computerunterstützten Entscheidungsfindung zusammengestellt.

Kasten 1.3 Charakteristika von Systemen zur computerunterstützten Entscheidungsfindung

Sofortiger Zugriff
Die Informationen werden oft sofort benötigt, um dringende Entscheidungen treffen zu können. Für den traditionellen Zyklus von Systemanalyse und Spezifikation ist keine Zeit.

Nicht vorhersehbare Entscheidungen
Der Bedarf für bestimmte Entscheidungen ist sicherlich voraussehbar; viele Entscheidungen müssen aber aufgrund nicht vorhersehbarer Ereignisse oder in Krisenzeiten getroffen werden: »Welche Auswirkungen hat ein plötzlicher Streik beim Lieferanten?« – »Wie wirkt sich eine Preiserhöhung auf den Kapitalfluß aus?«

Bestehende Datenarten

Auch wenn der Bedarf für eine Entscheidung nicht vorhersehbar ist, existieren die Datentypen selbst schon lange und können für Abruf und Analyse zu einem späteren Zeitpunkt im System gespeichert werden.

Unstrukturierte Verfahren

Im Gegensatz zu Routineoperationen scheidet bei der computerunterstützten Entscheidungsfindung in einem Großteil der Fälle eine starke Strukturierung aus. Eine Frage führt den Entscheidungsträger in einem Wiederholungsprozeß oft zur nächsten.

Strukturierte Daten

Die Daten besitzen unabhängig von ihrer Verwendung Eigenschaften, die eine Strukturierung entsprechend dem jeweiligen Einzelfall erlauben.

Flexible Datennutzung

Oft hört man Entscheidungsträger sagen: »Ich weiß nicht, was ich brauche, aber ich erkenne es, wenn ich es sehe.« Häufig müssen komplizierte Situationen untersucht werden, die vom Wechselspiel vieler Faktoren abhängen. Es ist deshalb ein flexibles Datensystem erforderlich, so daß Daten unterschiedlich normierter Sätze frei miteinander in Beziehung gesetzt werden können (wie etwa bei einer relationalen Datenbank).

Kurzlebigkeit

Viele Anwendungen werden nur einmal oder für kurze Zeit eingesetzt. Einige Anwendungen können so nützlich sein, daß man sie katalogisiert, um sie für den wiederholten Einsatz zur Verfügung zu haben.

Schnelligkeit

Schnelligkeit kann entscheidender sein als Vollständigkeit. Annäherungswerte, die vor der Entscheidung verfügbar sind, sind ungleich wertvoller als exakte Werte, die erst nach der Entscheidung zur Verfügung stehen.

Individualität

Entscheidungsträger sind Menschen mit eigenem Stil und eigenen Vorstellungen. Ein für eine bestimmte Person entworfenes Programm ist deshalb für einen anderen Entscheidungsträger oft nicht brauchbar.

Keine DV-Spezialisten
Benutzer sind meist keine DV-Spezialisten. Oft können nur minimale Kenntnisse vorausgesetzt werden.

Arbeitsbelastung
Die Benutzer sind oft einer hohen Arbeitsbelastung ausgesetzt und werden täglich mit einer Vielzahl unterschiedlichster Situationen konfrontiert. Sie haben gewöhnlich nicht genügend Zeit für das Erlernen komplizierter Abfragesprachen und würden mnemonische Hilfen schnell wieder vergessen. Daher sind besonders benutzerfreundliche Dialogstrukturen erforderlich.

Nicht-aktuelle Daten
Zur Entscheidungsfindung sind meist keine auf die Sekunde aktuellen Daten erforderlich. Im Normalfall genügen die Daten des Vortags oder der Vorwoche. Für viele Entscheidungen sind sogar vergangenheits- oder zeitbezogene Daten erforderlich, um Trends und Veränderungen erkennen zu können. Manager treffen Entscheidungen oft aufgrund von Erfahrungswerten, die sie auf die momentane Situation übertragen.

Rechenoperationen
Benutzern muß es mit einfachen Mitteln möglich sein, die gewünschten Rechenoperationen anzufordern und auszuführen. Oft modifizieren sie ihre Rechenoperationen in einem Wiederholungsprozeß.

Elektronische Arbeitsblätter
Intelligente Arbeitsblätter stellen ein wertvolles Mittel dar, mit dem sich Rechenoperationen automatisch mehrmals ausführen lassen.

»Was wäre, wenn . . .«-Fragen
Viele Entscheidungen lassen sich besser treffen, wenn »Was wäre, wenn . . .«-Fragen gestellt werden. Oft ist dies durch einfache Veränderung bestimmter Datenwerte und Berechnung der Auswirkungen mit Arbeitsblättern (wie bei Visicalc, Lotus 1–2–3 u. a.) möglich. Benutzer können durch solche Modifikationen eigene Datenversionen erstellen.

Hilfsmittel
Verschiedene Hilfsmittel wie Regressionsanalyse, zeitbezogene Analyse, lineares Programmieren, Algorithmen zur Minimierung von Kosten, Zeit und anderen Variablen werden für die Datenanalyse ge-

braucht. Mittel dieser Art müssen als bequem einsetzbar zur Verfügung gestellt werden.

Grafik
Grafische Anzeigen sind nützlich für das Verständnis von Daten, den Einsatz von Funktionen und die Beurteilung der potentiellen Auswirkungen von Entscheidungen.

Offline-Unterstützung
Manager müssen Berichte und Analysen ausdrucken lassen können, um sie offline, z. B. zu Hause, auswerten zu können.

Leichter Zugriff
Das System muß leicht zugänglich und jederzeit verfügbar sein. Jedes Hindernis und jede Schwierigkeit kann den potentiellen Benutzer frustrieren und abschrecken.

Antwortzeiten
Es werden relativ kurze Antwortzeiten gebraucht, damit Daten abgefragt und alternative Analysen entwickelt, geändert und verglichen werden können.

Rechtfertigung
Eine handfeste Rechtfertigung für Systeme zur computerunterstützten Entscheidungsfindung ist oft nicht vorhanden, Kosten/Nutzen-Untersuchungen werden oft nicht angestellt. Der Nutzen aus besser fundierten Entscheidungen ist dagegen oft groß, und die Kritik des Managements richtet sich normalerweise eher gegen die Unzulänglichkeit der Systeme als gegen ihre Kosten.

Alle Führungsebenen
Systeme für die computerunterstützte Entscheidungsfindung werden auf allen Führungsebenen gebraucht:

- *Vom operativen Management* zum Erkunden und Analysieren gebrauchsfähiger Alternativen.
- *Vom taktischen Management* zum Entwickeln alternativer Pläne, zum Vergleichen von geplanter und tatsächlicher Leistung und zum Beurteilen plötzlicher Gelegenheiten oder Krisen.
- *Vom strategischen Management* zum Beurteilen von Strategien unter simulierten statt realen Bedingungen.

Lösungen

Für das oberste Management ist es wichtig zu wissen, daß es für alle eben genannten Probleme Lösungen gibt und daß diese in einigen Unternehmen bereits verwirklicht werden. Dieses Buch erörtert sie und verweist auf weiterführende Literatur. Diese Lösungen und ihre Implementierung sind auch Thema der vom Autor initiierten weltweit durchgeführten Seminare.

Die Lösungen haben ganz unterschiedliche Ausgangspunkte. Die meisten setzen grundlegende Änderungen der Software voraus. An die Stelle der Anwendungsprogrammierung mit Hilfe traditioneller Programmiersprachen wie COBOL, FORTRAN, PL/1 und Pascal muß eine höhere Stufe der Automatisierung treten. Die Arbeit des Programmierers muß automatisiert werden, damit sie schneller erledigt werden kann. Diese Frage wird in Kapitel 2 erörtert.

Es werden bereits neue Programmiersprachen verwendet, die sehr viel schneller zu Ergebnissen führen als die traditionellen Sprachen. Sie werden mitunter als Sprachen der vierten Generation bezeichnet. Mit diesen neuen Sprachen lassen sich Programme oft mit einem Zehntel der bei COBOL erforderlichen Anweisungen, dafür aber zehnmal so schnell erstellen. In Kapitel 8 werden die Anforderungen an die ideale Sprache zur Anwendungsentwicklung erörtert.

Es müssen Sprachen gefunden werden, mit denen die Anforderungen und Spezifikationen der Benutzer besser formuliert werden können. Diese Sprachen müssen so benutzerfreundlich wie möglich und so konzipiert sein, daß der Programmcode automatisch von ihnen erzeugt werden kann. Sie werden in Kapitel 5 erörtert.

Nach Jahren erfolgloser Bemühungen, die Mathematik für die Programmierung einzusetzen, um nachweislich korrekten Code zu erzeugen, hat sich jetzt eine neue Technik herausgeschält, mit der dies für den Systemersteller auf einfache Weise möglich wird. Der Einsatz von Techniken, die einen garantiert fehlerfreien Code erzeugen, wird die Zukunft der Datenverarbeitung beeinflussen. Diese Techniken werden in Kapitel 9 erörtert.

Computeranwendungen werden traditionell in DV-Abteilungen erstellt. Heute gestattet es eine umfassende, benutzerorientierte Software dem Benutzer, den Computer direkt als flexibles Werkzeug bei der Entscheidungsfindung einzusetzen. Diese benutzergesteuerte Datenverarbeitung und die traditionelle Datenverarbeitung müssen strikt voneinander unterschieden werden. Für die benutzergesteuerte Datenverarbeitung müssen andere Normen und Management-Verfahren gefunden werden. Diese Fragen werden in Kapitel 3 erörtert.

Das Konzept des *Informationszentrums* spielt für das Management der benutzergesteuerten Datenverarbeitung eine wichtige Rolle. Es stellt einen Rahmen dar, innerhalb dessen die Benutzer motiviert, geschult und dabei unterstützt werden können, Computer direkt einzusetzen und sich die Informationen zu beschaffen, die sie brauchen. Es hilft außerdem, die vielen Probleme zu vermeiden, die durch unkontrollierte benutzergesteuerte Datenverarbeitung entstehen. Das Informationszentrum wird in Kapitel 7 erläutert.

Benutzergesteuerte Datenverarbeitung, Automation der Programmierung, nachweislich korrekter Code, Software zur Unterstützung bei der Entscheidungsfindung und kostengünstige Hardware sind bedeutende Entwicklungen der Datenverarbeitung, reichen aber nur dann zur Bildung von Informationssystemen in Unternehmen aus, wenn damit eine Planung der Informationsressourcen einhergeht. Es hat sich eine *Informationstechnik* genannte Gruppe von Disziplinen herausgebildet, die die Instrumente und Verfahren zur Entwicklung und Implementierung der Informationsressourcen schaffen soll, die von den Unternehmen gebraucht werden. Diese Informationstechnik braucht das Verständnis und die Unterstützung des Managements. Sie wird in Kapitel 6 erörtert.

Das Unternehmen der Zukunft wird neben großen Rechenzentren auch über eine Vielzahl kleiner Computer verfügen. Die Daten werden in vielen Einzelmaschinen gespeichert sein. Diese Computer werden zu Netzen zusammengeschlossen sein, welche die fast überall in Unternehmen vorhandenen Datenstationen bedienen. Die Weiterentwicklung dieser Ressourcenverteilung bedarf, wie in Kapitel 12 erläutert, einer sorgfältigen Planung.

Kulturelle Veränderungen

Die in den Kapiteln 2 bis 13 behandelten Lösungen für die Probleme beider Informationssysteme setzen grundlegende Änderungen im Management der betreffenden Unternehmen voraus. Sie verändern den Zyklus der traditionellen DV-Entwicklung. Dieses Thema wird in Kapitel 11 erörtert.

Die Handhabung der DV-Richtlinien und Verfahrensweisen ist in den meisten Unternehmen veraltet und wird den neuen, entscheidenden Entwicklungen in der Datenverarbeitung nicht gerecht. Sie ist eher die Ursache als die Lösung der Datenverarbeitungsprobleme.

Die für die siebziger Jahre angemessenen DV-Methoden wirken im heutigen Umfeld lähmend. Sie sind verbürokratisiert. Manche DV-Organisationen können sich anscheinend aber nicht von ihnen lösen.

Einige Organisationen, die keine eigene »Bibel« der Datenverarbeitung geschrieben haben, kaufen ihre »Methoden« von externen Lieferanten. Diese extern erworbenen DV-Richtlinienhandbücher sind teilweise hoffnungslos veraltet. Ihre Beachtung verhindert die Einführung neuer Lösungen und lähmt die Weiterentwicklung in der Datenverarbeitung. Neue, in den Kapiteln 2 bis 13 beschriebene Methoden sind erforderlich.

In Anhang I werden die vielen verschiedenen Ansätze zur Verbesserung der DV-Produktivität vorgestellt.

Manifest für das Topmanagement

Die meisten Topmanager werden in den nächsten zehn Jahren die Umstellung auf ein elektronisches Unternehmen zu verantworten haben. Sie müssen dazu verstehen, wie die Technologie ihre Verfahren, Dienstleistungen und Produkte verändern kann. Sie sollten sich fragen: Wer könnte mir durch den aggressiveren Einsatz der Technologie auf neuen Gebieten Geschäfte wegnehmen?

Doch wie können sie sicherstellen, daß in ihrem Unternehmen die Instrumente für eine optimale Entscheidungsfindung zur Verfügung stehen, daß Computer, Netzwerke und Datenbanken mit höchster Effektivität genutzt werden? Kasten 1.4 enthält dazu ein Manifest für das Topmanagement.

Zur Zeit findet eine Revolution bei den Methoden der Datenverarbeitung statt. Jeder sieht die revolutionären Veränderungen in der Hardware (Personal-Computer, leistungsstarke Mikro-Chips, verteilte Systeme), doch haben viele DV-Leute ihre Organisation noch nicht auf die veränderten Methoden umgestellt. *Die Zeit ist jetzt reif dafür.*

Anhang II enthält dazu Manifeste für DV-Manager, Systemanalytiker und Programmierer.

Kasten 1.4 Manifest für das Topmanagement

Erkennen Sie, wie sich Ihr Unternehmen ändern sollte, damit es ein vollelektronisches Unternehmen wird. Die Elektronik verändert Produkte, Dienstleistungen, Produktionsverfahren, Verkaufstechniken, Entscheidungsprozesse, Informationsflüsse, Steuerungsmechanismen und Führungsstrukturen.

Erkennen Sie, daß in der Datenverarbeitung eine Revolution stattfindet, daß sich viele DV-Abteilungen aber nicht schnell genug auf die neuen, produktiven Techniken umstellen. Oft gibt es psychologische oder politische Widerstände gegen die Einführung neuer Methoden, die vom Management überwunden werden müssen. Stellen Sie sicher, daß *Ihr* Unternehmen sich von den langsamen Methoden löst und durch Programmiersprachen der vierten Generation, Informationszentren, flexible Datenbanken und maximale Automatisierung der Datenverarbeitung schnell auf Informationsanforderungen reagieren kann.

Stellen Sie sicher, daß Entscheidungsträger aller Ebenen die Instrumente bekommen, die sie für eine optimale Entscheidungsfindung brauchen. Stellen Sie sicher, daß Ihnen die dazu erforderlichen Informationsressourcen zur Verfügung stehen. Dafür muß die Datenverarbeitung des gesamten Unternehmens zuerst unter den in diesem Kapitel geschilderten informationstechnischen Aspekten organisiert werden.

Informationstechnik erfordert ein von oben nach unten gerichtetes Management der Informationsressourcen und eine strategische Netzwerkplanung. Bei diesen wesentlichen Aspekten der Führung eines EDV einsetzenden Unternehmens waren aus organisatorischen oder politischen Gründen oft Fehlschläge zu verzeichnen. Sie wurden auf zu niedriger Führungsebene angesiedelt. Das Topmanagement muß ihre Bedeutung erkennen und sicherstellen, daß eine angemessene Informationsinfrastruktur geschaffen wird.

2 Die Automation der Automation

Einführung

Da Computer immer billiger und leistungsfähiger werden und ihre Zahl rasant ansteigt, ist es von großer Bedeutung Anwendungen zu entwickeln, die sehr viel weniger menschliche Arbeitskraft benötigen. Wir brauchen bei der Anwendungsentwicklung einen erheblichen Produktivitätsanstieg. Dies läßt sich durch den Einsatz von Anwendungspaketen und, wo immer möglich, durch die Automation der Aufgaben des Systemanalytikers und des Programmierers erreichen – durch die Automation der Automation.

DV-Leute und Computerbenutzer müssen nach automatisierten Techniken suchen, mit denen das manuelle Design beschleunigt und das Programmieren vermieden werden kann. Die entsprechende Software ist bereits in großem Umfang verfügbar, sie wird aber zu oft dort nicht verwendet, wo sie sollte. Die DV-Leute wissen oft nicht von einer Software, die ihnen helfen könnte. Programmierer und Systemanalytiker haben die Arbeitsplätze vieler Menschen automatisiert, sie sind aber erstaunlich zurückhaltend, ihren eigenen Arbeitsplatz zu automatisieren!

Das menschliche Gehirn

Unser menschliches Gehirn ist für bestimmte Aufgaben gut geeignet, für andere nicht. Der Computer ist für bestimmte Aufgaben gut geeignet, bei denen das Gehirn versagt. Die Herausforderung der Datenverarbeitung besteht darin, eine kreative Partnerschaft der Vorzüge von Mensch und Maschine zu erzielen.

Die elektronische Maschine ist schnell und absolut präzise. Anweisungen werden fehlerlos ausgeführt. Unser menschliches Gehirn ist langsam und ist gewöhnlich nicht präzise. Es kann keine langwierigen, bis ins kleinste Detail logische Operationen fehlerfrei durchführen. Glücklicherweise hat es andere hervorstechende Eigenschaften. Es kann erfinden, in begrifflichen Kategorien denken, Verbesserungen fordern, vorausplanen. Der Mensch kann Musikstücke schreiben, Kriege erklären, Städte bauen, Kunstwerke schaffen, sich verlieben, zum Mond fliegen, das Sonnensystem erobern, aber er kann keinen garantiert fehlerfreien COBOL- oder Ada-Code schreiben.

Viele Aufgaben des DV-Spezialisten sind Aufgaben, für die unser menschliches Gehirn ungeeignet ist. Sie brauchen die Präzision einer elektronischen Maschine. Der Mensch erzeugt Programmanweisungen, die voller Ungereimtheiten und Halbheiten sind. Ein Computer sollte dem Menschen helfen, Spezifikationen zu erstellen und sie auf jeder Ebene auf ihre Konsistenz hin zu überprüfen. Es sollte nicht die Arbeit des Menschen sein, aus den Spezifikationen Programme zu erstellen, da er dies nicht richtig tun kann. Ein Computer sollte den benötigten Code selbst erzeugen. Wenn Menschen versuchen, Änderungen vorzunehmen, was sie häufig tun, stoßen sie fast immer auf Probleme, wenn sie versuchen, den Code zu ändern. Eine vermeintlich unwesentliche Änderung kann eine Kettenreaktion von Fehlern auslösen, die der Mensch nicht überblicken kann.

Sind die benötigten Programme umfangreich, wird die Situation noch schwieriger, da wir mehrere Personen brauchen, die zusammen an den Programmen arbeiten. Wenn Menschen versuchen, auf einer Ebene, auf der die kleinste Kleinigkeit von Bedeutung ist, miteinander zu kommunizieren, kommt es zu allen möglichen Mißverständnissen. Wenn eine Person etwas ändert, so beeinflußt dies die Arbeit der anderen, aber diese subtile Verbindung wird oft nicht erkannt. Menschliche Gehirne kommunizieren nicht präzise miteinander.

Der Endbenutzer erkennt die Problematik der menschlichen Gehirne in der DV-Abteilung, weiß aber nicht, was er tun soll. Ein wesentlicher Aspekt der Problematik besteht darin, daß sie so langsam sind; sie brauchen oft zwei Jahre, bis sie Ergebnisse vorlegen können, und sie beginnen wegen des Anwendungsüberhangs erst nach langer Zeit mit der Arbeit. Es scheint so, als kommunizierte man mit einem Entwicklungsteam in einem anderen Sonnensystem, zu dem die Signale Jahre unterwegs sind.

Heute kann vieles bei der Erstellung von Spezifikationen und der Erstellung von Programmen automatisiert werden. Es gibt Berichts- und Anwendungsgeneratoren, Einrichtungen zur Erstellung und zur Verwendung von Datenbanken, computerunterstütztes Spezifikationsdesign, Software zum Erzeugen des Codes aus der Spezifikation. In Kapitel 8 sind in der Datenverarbeitung erforderliche Funktionen zusammengestellt. In Kapitel 9 wird ein Instrumentarium beschrieben, mit dem sich exakte und konsistente Spezifikationen erstellen und automatisch in einen garantiert fehlerfreien Code umwandeln lassen.

Es existieren bereits Instrumente, mit denen sich alle Programmierarbeiten, nicht nur die für kommerzielle DV-Systeme, automatisieren lassen. Ihrem Wesen nach sind sie freilich sehr unterschiedlich.

Es ist eine tiefe Kränkung für einen Spezialisten, wenn er erfährt, daß ein Großteil dessen, wofür er bezahlt wird, automatisiert werden kann. Unbewußt versucht er, dem keinen Glauben zu schenken und allerlei Argumente gegen die Automation zu finden. Aus diesem Grund nehmen Berufsanfänger die neuen Techniken sehr viel schneller an als erfahrene Spezialisten.

Es ist Aufgabe der Unternehmensführung, und nicht nur des DV-Managements, zu erkennen, daß mehr automatisierte Instrumentarien existieren, diese aus der Sicht der Käufer zu beurteilen und sicherzustellen, daß sie so schnell und effektiv wie möglich überall dort eingesetzt werden, wo Probleme vermieden und die Ausgangsbasis verbessert werden kann.

Der große Sprung nach vorn

Die Computer-Hardware hat einige Entwicklungen durchlaufen, die ihre Möglichkeiten in dramatischer Weise verändert haben – die Einführung von Magnetbändern in den fünfziger Jahren, die Einführung von Festplatten in den sechziger Jahren, die Einführung von Terminals und Datenübertragungseinrichtungen, die Verbreitung der verteilten Datenverarbeitung und das Aufkommen der Mikrocomputer. Beobachter der Computerindustrie haben manchmal beklagt, daß in der Softwareentwicklung keine ebenso machtvolle Revolution stattfand. Es zeichnen sich nun aber auch ähnlich dramatische Veränderungen bei der Software ab, die in ihrer Bedeutung der Einführung von Terminals und Festplatten in nichts nachstehen.

Man kann sich nur mit Schrecken ausmalen, wie die Computerwelt in zehn Jahren aussähe, wenn es *keinen* dramatischen Durchbruch im Software-Bereich gäbe. Die Kosten für Computer sinken. Große Maschinen werden immer größer. Kleine Maschinen schießen wie Pilze aus dem Boden. Unzählige Maschinen werden in ganzen Computernetzen zusammengeschlossen.

Die IBM hat errechnet, daß in den USA schon in wenigen Jahren auf zehn Beschäftigte ein Computer kommt. Einen professionellen Programmierer für jeweils zehn Beschäftigte kann es nicht geben. Heute kommen auf einen Programmierer 300 Beschäftigte.

Mit seinem VHSIC-Programm entwickelt das US-Verteidigungsministerium zur Zeit einen Mikroprozessor auf der Basis eines Chips, der die gleiche Kapazität wie ein Großsystem vor zehn Jahren hat. Diese Chips werden bald schon in Serie gefertigt werden können. Die Computer von morgen müssen eine grundlegend neue Architektur haben, damit die Vorteile der neuen Mikroelektronik genutzt werden können. Sie werden über zahllose solcher Mikroprozessoren verfügen, die parallel arbeiten werden. Amdahl stellt Chips in der Größe von Mikroplättchen her, die die 100fache Kapazität herkömmlicher Chips haben.

Die Japaner haben Computer der fünften Generation beschrieben, mit denen sie den USA deren Vormachtstellung auf dem Gebiet der Computerindustrie streitig machen wollen. Sie haben ein System mit 10 000 Prozessoren in Parallelanordnung entworfen, mit dem bis zu 10 Milliarden Anweisungen pro Sekunde verarbeitet werden können und das auf einer völlig neuen Software basiert.

Unabhängig davon, wie wir die Zukunft der Datenverarbeitung beurteilen, die Computertechnologie von morgen wird der von heute weit überlegen sein. Aber die Zahl der professionellen Programmierer wird nur langsam ansteigen. In irgendeiner Weise muß der einzelne Programmierer der enormen Leistungssteigerung von Mikroprozessoren gerecht werden.

In den nächsten zehn Jahren wird sich die Verarbeitungsgeschwindigkeit von Computern im Durchschnitt um mindestens das Zehnfache erhöhen. Werden die verwegensten Ziele, die sich Japaner und andere Nationen gesteckt haben, erreicht, ist eine Steigerung um das Tausendfache durchaus denkbar. Diese enorme Zunahme wird durch die Architektur einer Parallelanordnung vieler Prozessoren möglich, die billig in Serie gefertigt werden können. Die Verkaufszahlen für Computer werden mit den sinkenden Kosten steigen. Die Zahl der Anwendungsprogramme in den heutigen Rechenzentren erhöht sich laut einer IBM-Studie um jährlich 45 %. Bei einer jährlichen Steigerung von 45 % wird es in 10 Jahren 41mal mehr Anwendungsprogramme geben als heute. Gleichzeitig steigt die Anzahl der Installationen dank der billigen Kleinsysteme, Minicomputer und Tischcomputer stark an.

Die meisten Prognosen für die Computertechnologie ergeben, daß *die Produktivität der Anwendungsentwicklung in zwei großen Schüben in den nächsten zehn Jahren steigen muß.*

Es kann gar keinen Zweifel daran geben, daß wir einen spektakulären Zuwachs erleben werden, was Zahl und Leistungsstärke von Computern angeht. Wir *müssen* einen großen Sprung nach vorne machen, um die Hardware, die heute in Serienfertigung hergestellt wird, einsetzen zu können.

Unzureichende Verbesserungen durch strukturierte Techniken

Die große Hoffnung auf eine Steigerung der Programmierproduktivität lag in den siebziger Jahren bei den *strukturierten Techniken*. Heute verfügen wir über eine langjährige praktische Erfahrung mit den Techniken, die von Yourdon, Constantine, Gane und Sarson, Michael Jackson und anderen angepriesen wurden. Untersuchungen der Auswirkungen dieser Techniken haben ergeben, daß die Einführung strukturierter Programmiertechniken *allein* in kaum einem Fall zu einer Produktivitätssteigerung von über 25 % führte [1]. Gewöhnlich ist sie geringer. Strukturierte Analyseverfahren benötigen in der heute praktizierten Form mehr Zeit als herkömmliche Systemanalysen (wenn auch aus gutem Grund). Es ist klar, daß bessere Techniken möglich und notwendig sind angesichts der Tatsache, daß die Kosten für Computer immer weiter sinken.

Der Frage der Effektivität einer Umstellung auf konventionelle strukturierte Techniken geht T. C. Jones [1] in zahlreichen Untersuchungen nach. Er unterteilt die Produktivitätssteigerungen beim Programmieren in vier Kategorien und diskutiert die Frage, welche Techniken innerhalb der vier Kategorien Verbesserungen mit sich gebracht haben.

1. Methoden, die eine Produktivitätssteigerung von bis zu 25 % bewirken.
2. Methoden, die eine Produktivitätssteigerung zwischen 25 % und 50 % bewirken.
3. Methoden, die eine Produktivitätssteigerung zwischen 50 % und 75 % bewirken.
4. Methoden, die eine Produktivitätssteigerung von mehr als 75 % bewirken.

1. Produktivitätssteigerung von bis zu 25 %

In diese Kategorie fallen die meisten Erfolgsmeldungen und gesicherten Nachweise über Produktivitätssteigerungen mit den traditionellen Programmiersprachen.

Basis für den Vergleich sind oft Programme, die nicht strukturiert sind, kein klares Design haben, keine formalen Kontroll- und Prüffunktionen vor dem eigentlichen Testen bieten und keine interaktiven Methoden zulassen. Ist das der Ausgangspunkt, führt fast jeder Schritt in Richtung strukturierte Techniken oder interaktive Entwicklungsverfahren zu Verbesserungen. Die Verbesserungen liegen selten über 25 % (falls nicht die Programmiersprachen geändert oder bessere Programmierer eingesetzt werden).

Kleine, von einem einzelnen Programmierer geschriebene Programme profitieren von den interaktiven Arbeitsmethoden [2]. Umfangreiche Programme, für die mehrere Programmierer nötig sind, profitieren von der erhöhten Ordnung strukturierter Methoden [3, 4] und von den Prüfverfahren [5].

In einem Fall konnte der Autor anhand einer eigenen Studie nachweisen, daß eine hochgepriesene Einführung interaktiver Programmiertechniken in Wirklichkeit die Gesamtproduktivität aller Programmierer reduzierte, da diese mehr Fehler machten. Offensichtlich fiel ihnen das Erstellen des Codes mittels Eingabe am Bildschirm schwerer als bei der Arbeit mit Offline-Codierblättern.

2. Produktivitätssteigerung zwischen 25 % und 50 %

Eine Produktivitätssteigerung von mehr als 25 % zu erzielen, ist sehr viel schwieriger, da Programmieren äußerst arbeitsintensiv ist. Normale Menschen können nach Jones unter normalen Bedingungen nicht sehr viel schneller arbeiten, als sie dies bereits tun. Steigerungsraten von mehr als 25 % erfordern Techniken, mit denen die menschliche Arbeitskraft in irgendeiner Weise ersetzt werden kann.

Jones kommt zu dem Schluß, daß »mit an Sicherheit grenzender Wahrscheinlichkeit gesagt werden kann, daß eine *einzelne Technik* niemals Produktivitätssteigerungen von 50 % bei der Erstellung größerer Programme zuläßt«, wenn nicht ein Wechsel in der Programmiersprache erfolgt.

Jones schreibt, daß es einige Erfolgsmeldungen von Produktivitätssteigerungen um 35 % bis 40 % gibt. In manchen Fällen sind solche Steigerungsraten jedoch darauf zurückzuführen, daß besonders rückständige Installationen betroffen waren, so daß die Steigerungsrate sich höher ausnahm, als sie vielleicht tatsächlich war.

3. Produktivitätssteigerung zwischen 50 % und 75 %

Jones kommt zu dem Schluß, daß sich Steigerungsraten von bis zu 75 % nur auf folgende zwei Arten erreichen lassen:

(a) Durch Ausfindigmachen der Programmierer und Analytiker, die eine außergewöhnlich hohe Produktivität haben. Es gibt einige Beispiele für eine außergewöhnlich hohe Produktivität, z. B. das Programmieren des Informationssystems für die *New York Times* (87 000 Anweisungen in einem Jahr durch drei Leute: Harlan Mills, Terry Baker und ein Assistent, der den Code testete). Dies ist eine Produktivitätsrate, die vier- bis fünfmal über der Norm liegt. Sie wird manchmal als Triumph der strukturierten Programmiertechniken dargestellt, was sie auch ist, aber mehr noch ist sie ein Triumph dafür, brillante Programmierer zu finden und ihnen die bestmögliche Unterstützung zu geben. Der IBM-Manager, in dessen Bereich dieses Projekt fiel, meinte: »Baker wurde wie ein berühmter Chirurg im Operationssaal unterstützt.« [6]

Die besten Programmierer müssen natürlich besser bezahlt werden als durchschnittliche. Aber die Leistungssteigerung kann die Gehaltssteigerung weit übertreffen. Die Gehaltskurve verläuft bei weitem nicht so steil wie die Produktivitätskurve, so daß es sich lohnt, außergewöhnlich produktive Programmierer einzustellen und die anderen zu ignorieren.

(b) Durch Verwendung von Programmgeneratoren, sehr anspruchsvollen Programmiersprachen, gemeinsam benutzten Systemen und anderen Formen des Programm*erwerbs* anstelle der Programm*entwicklung*.

4. Hohe Produktivitätssteigerungen

In krassem Gegensatz zu Untersuchungen der Produktivitätssteigerung bei Programmierern stehen die Ergebnisse, die mit benutzerorientierten Datenbanksprachen, Berichtsgeneratoren, Grafikpaketen und Anwendungsgeneratoren erzielt wurden. Mit diesen sind Produktivitätssteigerungen von über 1000 % keine Seltenheit [7].

Mit einigen Instrumenten können nur bestimmte, genau definierte Anwendungskategorien erzeugt werden. Codegeneratoren sind erforderlich, die eine sehr viel größere Bandbreite an Software abdecken. Die in Kapitel 9 beschriebene Technik erzeugt jede Art von Software. Sie ist besonders bei einer hochkomplizierten Logik hilfreich, bei der die herkömmlichen Anwendungsgeneratoren versagen.

Ausklammern manueller Techniken

Es besteht ein großes Ungleichgewicht von Angebot und Nachfrage bei Computeranwendungen. Ein Weg, die Produktivität zu steigern, ist das *Ausklammern* manueller Codierverfahren bei Sprachen wie FORTRAN, COBOL und Ada. DV-Organisationen sollten jede Gelegenheit nutzen, solche Programme auszuklammern. Die sogenannten strukturierten Techniken haben nicht nur einen zu geringen Effekt auf die Produktivität, sie haben auch einen zu geringen Effekt auf die Anzahl der Fehler.

Solange Systemanalytiker und Programmierer *manuelle* Techniken verwenden, werden sie auf Methoden beschränkt sein, denen der normale Mensch gerecht werden kann. Leistungsstärkere Methoden bleiben auf einen akademischen Kreis beschränkt. Sie sind zu kompliziert für die Praxis, sofern sie nicht automatisiert werden. Für Systemanalytiker und Programmierer ist es manchmal ein Schock, den eigenen Arbeitsplatz zu automatisieren. Aber nur wenn das passiert, kann sich die Datenverarbeitung aus dem Bann des Menschen lösen, der vor seinem Schreibblock sitzt.

Daniel McCracken erzählt gerne die Parabel von dem Mann, der mit seinem alten Auto in einem Tag von New York nach Kalifornien fahren wollte. Er frisierte den Motor, änderte die Gänge und veränderte sein Auto wie und wo er nur konnte, um es schneller zu machen. Er stattete es mit den modernsten Radardetektoren aus, aber der Versuch, sein Auto schnell genug zu machen, war von Anfang an zum Scheitern verurteilt. Als man ihm sagte, daß es auch andere Mittel gebe, nach Kalifornien zu kommen, zum Beispiel das Flugzeug, meinte er: »Ach, die Dinger. Die fliegen doch nie.« Viele Programmierer nehmen gegenüber Anwendungsgeneratoren die gleiche Haltung ein.

Konsistente Spezifikation

Das Problem der strukturierten Techniken in der in den meisten Unternehmen praktizierten Form liegt darin, daß es noch immer manuelle Techniken sind. Es sind Weiterentwicklungen der manuellen Methoden, mit denen Analytiker und Programmierer schon immer gearbeitet haben. Als solche steigern sie die Produktivität nur unwesentlich. Man kann einem Schwimmer beibringen, schneller zu schwimmen, indem man seine Technik verbessert, aber dieser Zuwachs an Schnelligkeit ist gering im Vergleich dazu, wenn man ihm ein Motorboot gäbe.

Strukturierte Techniken spielen eine wichtige Rolle bei einem Typ der Automation des Programmierens, aber um das zu tun, muß zuvor noch ein anderes Problem gelöst werden. Die *meisten* strukturierten Techniken sind in der heute praktizierten Form nicht konsistent. Ihr Design ist nicht maschinenlesbar. Mit anderen Worten, sie sind nicht automatisch in ausführbaren Code umsetzbar. Wir haben heute aber Techniken, mit denen wir strukturierte Spezifikationen erstellen können, die maschinenlesbar und konsistent *sind*. Wenn wir diese konsistenten Techniken dazu verwenden, die Datenflußpläne und Strukturdiagramme zu überprüfen, mit denen die meisten Systemanalytiker arbeiten, so wird deutlich, wie schwammig das herkömmlich strukturierte Design ist. Oft sind die Pläne und Diagramme schlichtweg *falsch*. Sie sind sicher keine angemessene Basis für die Automation des Programmierens.

Kategorisierung von Entwicklungssoftware

Die Automation der Tätigkeit des Programmierers hängt von der Verfügbarkeit geeigneter Software ab. In letzter Zeit sind verschiedene neue Softwaretypen für die Anwendungsentwicklung entstanden. In Abbildung 2.1 ist die Software kategorisiert, mit der Anwendungen ohne herkömmliche Programmiertechniken erstellt werden können. Viele dieser Einrichtungen decken mehrere Teile des Diagramms ab.

	Für Endbenutzer geeignet	Für System-analytiker geeignet	Für profes-sionelle Program-mierer geeignet
Einfache Abfrageeinrichtungen			
Komplexe Abfrage- und Änderungssprachen			
Berichtsgeneratoren			
Grafik-Sprachen			
Sprachen für die computerunter-stützte Entscheidungsfindung			
Anwendungsgeneratoren			
Spezifikationssprachen			
Höhere Programmiersprachen			
Parametergesteuerte Anwendungspakete			
Anwendungssprachen			

Abbildung 2.1 Kategorisierung von Einrichtungen zur Anwendungserstellung ohne herkömmliche Programmierung. Viele Software-Pakete beinhalten Einrichtungen, die mehrere Kategorien abdecken.

Die Kategorisierung umfaßt:

1. Einfache Abfrage-Einrichtungen

Diese Einrichtungen gibt es, seit es die ersten Plattenspeicher gibt. Mit ihnen können gespeicherte Sätze in einem geeigneten Format gedruckt oder angezeigt werden.

2. Komplexe Abfrage- und Änderungssprachen

Dies sind Sprachen für Datenbankbenutzer; mit ihnen können Abfragen formuliert werden, die sich auf mehrere Sätze beziehen können. Die Abfragen bewirken manchmal komplizierte Datenbank-Suchoperationen oder die *Verknüpfung* mehrerer Sätze. Beispiel: »LIST ALL U. S. SHIPS WITHIN 500 MILES OF THE STRAITS OF HORMUZ CARRYING CREWMEMBERS WITH EXPERIENCE IN DESERTCOMBAT.« (LI-

STE ALLE US-SCHIFFE INNERHALB 500 MEILEN DER STRASSE VON HORMUZ MIT BESATZUNGSMITGLIEDERN AUF, DIE ERFAHRUNG IM WÜSTENKAMPF BESITZEN.) Aufgrund der Such- und Verknüpfungsoperationen sind nur bestimmte Datenbanksysteme für die Online-Verwendung solcher Sprachen geeignet.

Es gibt heute viele Sprachen für Datenbankbenutzer. Sie unterscheiden sich stark in Syntax und Struktur. Manche werden von den Anbietern der entsprechenden Datenbanksysteme, andere von unabhängigen Software-Häusern vertrieben.

Viele Abfragesprachen erlauben den Benutzern neben der Abfrage auch die Eingabe und Änderung von Daten. Bei manchen können die Benutzer eigene Dateien erstellen.

3. Berichtsgeneratoren

Dies sind Einrichtungen, mit denen Daten aus Dateien oder Datenbanken extrahiert und zu Berichten gestaltet werden können. Gute Berichtsgeneratoren gestatten umfangreiche arithmetische und logische Manipulationen der Daten, bevor diese angezeigt oder gedruckt werden.

Manche Berichtsgeneratoren sind unabhängig von Datenbank- oder Abfrage-Einrichtungen. Andere sind Erweiterungen von Datenbank-Abfragesprachen. Manche sind schnell und leicht zu bedienen.

4. Grafik-Sprachen

Grafik-Terminals werden immer billiger und stellen für bestimmte Endbenutzergruppen eine besonders attraktive Möglichkeit zur Anzeige und Manipulation von Daten dar. Die Software für interaktive Grafikfunktionen wird immer besser. Mit ihr können die Benutzer Daten abfragen und angeben, wie diese dargestellt werden sollen. Sie können nach verschiedenen Kriterien Dateien und Datenbanken durchsuchen und die Informationen grafisch darstellen. Wie Berichtsgeneratoren erlauben einige Grafikpakete umfangreiche arithmetische und logische Datenmanipulationen.

5. Mittel für die computerunterstützte Entscheidungsfindung

Besonders wertvoll ist der Sprachentyp, der den Benutzer bei der Entscheidungsfindung unterstützt. Diese Sprachen machen es dem Benutzer einfach, Datenbanken für die Entscheidungsfindung aufzubauen und automatisch Berechnungen mit Daten anzustellen, wenn diese eingegeben werden. Auch hier kann der Benutzer mit »Was wäre, wenn . . .« – Fragen experimentieren. Er kann Formeln für die Datenmanipulation eingeben und statistische, zeitbezogene und Trendanalysen durchführen. Einige Sprachen für die computerunterstützte Entscheidungsfindung sind für die Finanz- oder Investitionsanalyse oder für die Geschäftsplanung konzipiert. Sie führen Rentabilitätsberechnungen, abgezinste Kapitalflußrechnungen, Währungsumrechnungen usw. durch. Einige sind mit Grafik-Tools kombiniert.

Sprachen, mit denen sich die Wahrheit aus komplexen Daten herauskristallisieren läßt, sind in einigen Unternehmen zu einem wertvollen Hilfsmittel geworden. Mitunter wird der Name solcher Sprachen verbal gebraucht. Wenn Daten untersucht werden sollen, sagt man in USA oft einfach: »Let's RAMIS it.« Mit einigen Sprachen lassen sich komplexe Modelle erstellen.

Die geschäftliche Entscheidungsfindung läßt sich größtenteils mit vergleichsweise einfachen Mitteln bewältigen, die für die Manipulation zweidimensionaler Datenmatrizen angelegt sind, wie bei VISICALC oder LOTUS 1–2–3. Manche erlauben ein mehrdimensionales Rechnen mit Daten. Manche verwenden eine dreidimensionale Matrix, die für verschiedene »Was wäre, wenn . . .«-Annahmen ein zweidimensionales Diagramm, etwa gegen Zeiträume abgetragene Variablen zeigt.

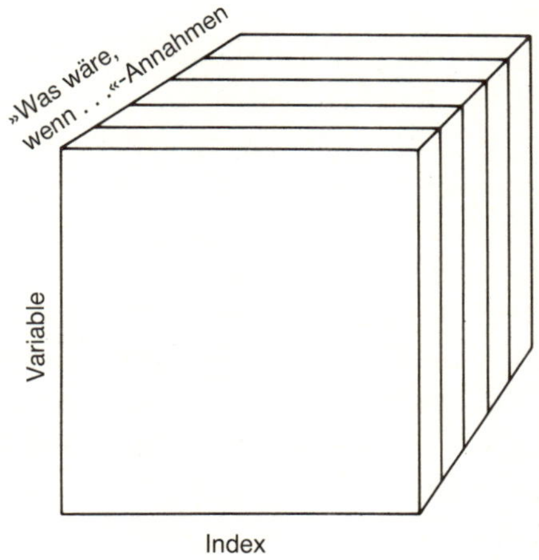

Manche Instrumente für die computerunterstützte Entscheidungsfindung – wie etwa EXPRESS – lassen mehrere Indizes zu und bieten zahlreiche Einrichtungen zur Manipulation und Prüfung von Daten. Mehrfachregressionsanalysen, lineares Programmieren und viele Arten zeitgebundener Analysen sowie Vertriebs- oder Finanzanalysen sind zusammen mit

Grafikfunktionen für Diagrammerstellung, Vergleichen und perspektivische Darstellung komplexer Daten in diese Tools gepackt.

6. Anwendungsgeneratoren

Sie umfassen Module, mit denen ganze Anwendungen erzeugt werden können. Spezifiziert werden kann die Eingabe, ihre Prüfkriterien, welche Aktion sie auslöst, Details der Aktion, welche logischen und arithmetischen Operationen ausgeführt werden und welche Ausgabe erstellt wird. Die meisten Anwendungsgeneratoren arbeiten mit Datenbanken. Sie können die Anwendungsentwicklung wesentlich beschleunigen.

Einige Anwendungen können nur teilweise erzeugt werden. Sie erfordern bestimmte Operationen, die der Anwendungsgenerator nicht erstellen kann. Es ist trotzdem sinnvoll, den Generator einzusetzen, vorausgesetzt, er verfügt über einen Mechanismus, der die Integration von Routinevorgängen erlaubt, die in einer Programmiersprache geschrieben sind.

Manche Anwendungsgeneratoren sind für die Erstellung häufig eingesetzter Anwendungen konzipiert, bei denen wegen der hohen Transaktionsvolumina effiziente Kodierung und Datenzugriffe erforderlich sind.

7. Maschinenlesbare Spezifikationssprachen

Spezifikationen werden traditionsgemäß in Englisch geschrieben. Dies ist gewöhnlich ungenau, so daß es zur Erstellung des Codes viel menschlicher Interpretation durch den Programmierer bedarf. Es gibt inzwischen formale Verfahren, Spezifikationen mit hoher Genauigkeit darzustellen. Sie heißen *Spezifikationssprachen*. Einige wenige Spezifikationssprachen sind *maschinenlesbar*, so daß der Code direkt aus ihnen erzeugt werden kann. Spezifikationssprachen werden in Kapitel 5 besprochen.

Eine mit einem Codegenerator verknüpfte maschinenlesbare Spezifikationssprache ist praktisch ein Anwendungsgenerator (Kategorie 6 oben). Die Software für die Anwendungserzeugung kann aber meist nur Anwendungen eines bestimmten Typs erzeugen, beispielsweise Anwendungen für die transaktionsgesteuerte Datenbankaktualisierung. Eine Spezifikationssprache sollte allgemeiner sein und die Spezifikation aller Anwendungstypen ermöglichen. Mit bestimmten Zeichen läßt sich hochkomplexe Logik spezifizieren. Eine besonders interessante, in Kapitel 9 und 10 beschriebene Spezifikationssprache, die die Richtigkeit einer Spezifikation mathematisch nachweisen kann, erlaubt dem Benutzer, Fehler problemlos zu korrigieren und einen fehlerfreien Code zu erzeugen.

8. Anspruchsvollere Programmiersprachen

Ende der siebziger Jahre kamen Programmiersprachen auf, mit denen sich DV-Anwendungen wesentlich schneller erstellen lassen. Zu diesen Sprachen gehören FOCUS [8], RAMIS [9], NOMAD [10], MANTIS [11], NATURAL [12], IDEAL [13], SAS [14] u. a. m. Die meisten dieser Sprachen verwenden Datenbankverwaltungssysteme (manchmal ihr eigenes Datenverwaltungssystem). Viele verwenden einen Berichtsgenerator, einen Grafikgenerator und andere Generatoren.

Bei höheren Programmiersprachen wie NOMAD kann der Benutzer LIST, PLOT, TITLE, INSERT, AVERAGE, SORT oder SUM eingeben. Das Format des Berichts muß er nicht in Codeform angeben. Die Software wählt selbst ein geeignetes Format aus, das der Benutzer nach Wunsch verändern kann.

Die meisten dieser Sprachen sind vergleichsweise einfach in der Anwendung, so daß der Programmierer mehr Zeilen Code pro Tag schreibt als mit COBOL. Der Code enthält gewöhnlich weit weniger Fehler und ist leichter zu korrigieren. Außerdem kann ein Programm oft mit einem Zehntel der bei COBOL benötigten Zeilen Code geschrieben werden. Diese Faktoren zusammengenommen machen es möglich, Ergebnisse viel schneller zu erzielen als bei der traditionellen DV-Programmierung.

9. Parametergesteuerte Anwendungspakete

Zur Ausführung bestimmter Anwendungen sind vorprogrammierte Pakete erhältlich. Diese nehmen ständig an Zahl, Verschiedenartigkeit und Qualität zu. Sie erfordern oft eine umfangreiche Überarbeitung, bis sie zu der Organisation passen, die sie installiert, und sie sind mit Parametern ausgestattet, durch deren Auswahl sich ihre Funktionsweise ändern läßt. Diese Parametrierung ist in vielen Fällen der Schlüssel zum Erfolg. Da der Markt für Anwendungspakete wächst, werden diese mit einem immer größeren Parametervorrat ausgestattet, der ihre Einsetzbarkeit erweitert.

Einige Anwendungspakete werden direkt an Endbenutzer vertrieben, so daß diese ihre DV-Abteilung nicht einzuschalten brauchen. Manche sind für den Einsatz auf Minicomputern der Endbenutzer konzipiert.

In Abbildung 2.1 werden diese Entwicklungseinrichtungen nach ihrer Eignung für Endbenutzer, Systemanalytiker und Programmierer unterteilt. Um in die erste Kategorie zu kommen, muß die Sprache besonders benutzerfreundlich sein. Einige Unternehmen haben sehr gute Erfahrungen mit Endbenutzern gemacht, die eigene Anwendungen erstellen oder zumindest eigene Berichte mit den Daten aus Datenbanken zusammenstellen, die vom DV-Bereich installiert wurden. Manche Abfrage- und Änderungssprachen sowie Berichtsgeneratoren lassen sich für den Benutzer extrem leicht einsetzen.

Integration von Zusatzeinrichtungen

Anwendungsgeneratoren können nicht für alle Anwendungen zur Verfügung stehen. Manchmal fehlt ihnen die Fähigkeit, eine bestimmte Logik oder bestimmte Algorithmen zu erzeugen. Häufig werden Anwendungsgeneratoren aus diesem Grund abgelehnt. Eine wichtige Zusatzeinrichtung eines Generators ist deshalb die Möglichkeit, ihn mit Logikmodulen zu koppeln, die in Programmiersprachen geschrieben sind. Dies wird manchmal als *escape* (Umgehung) bezeichnet. Der Benutzer des Generators sollte möglichst auch die Sprache beherrschen, auf die die Umgehung erfolgt.

In einigen Fällen ist ein Programmierer für die *Umgehungssprache* erforderlich; wenn dieser Programmierer jedoch zu einer DV-Abteilung gehört, die auf herkömmliche Weise codiert, wirken sich die Probleme des Anwendungsüberhangs nachteilig auf den Einsatz des Generators aus. Im Idealfall sollten also die Produkte in Abbildung 2.1 so weit wie möglich integriert werden. Die Abfragesprache sollte das Erstellen von Berichten und Grafiken unterstützen und die Basis für den Anwendungsgenerator sein. Eine höhere Programmiersprache sollte verfügbar sein, die sowohl für ihren eigentlichen Zweck als auch zur *Umgehung* des Anwendungsgenerators verwendet wird. Viele der heute erhältlichen Produkte besitzen noch nicht diesen Integrationsgrad. Einige Computerhersteller und Softwarelieferanten haben *getrennte* Sprachen für Datenbankabfrage, Berichtsformulierung, Grafik, Anwendungserzeugung und Programmierung mit höheren Sprachen entwickelt. Instrumente für die computerunterstützte Entscheidungsfindung sind oft von den Datenbank-Zugriffseinrichtungen getrennt, in die sie eigentlich integriert sein sollten.

Mehrere Abfragesprachen und Berichtsgeneratoren sind heute für den Endbenutzer geeignet, aber viele Anwendungsgeneratoren sind es zur Zeit der Entstehung dieses Buches noch nicht. Anwendungsgeneratoren *können* aber für Endbenutzer konzipiert werden; einige gute gibt es bereits.

Es gibt *viel* Software dieser Art auf dem Markt.

Verfahrensorientierte und nicht-verfahrensorientierte Sprachen

Computersprachen lassen sich in verfahrensorientierte und nicht-verfahrensorientierte Sprachen einteilen. Eine verfahrensorientierte Sprache sagt dem Computer genau, *wie* er etwas tun soll. Eine nicht-verfahrensorientierte Sprache sagt ihm nicht, wie etwas, sondern *was* zu tun ist; der Compiler oder Interpreter muß dann entscheiden, *wie* das Geforderte getan wird.

Traditionelle Programmiersprachen wie COBOL und PL/1 sind *verfahrensorientiert*. Ihre Programmierer geben sehr detaillierte Anweisungen, wie jede einzelne Operation auszuführen ist. Ein Anwendungsgenerator, dessen Benutzer Formulare ausfüllen, um ihm damit zu sagen, was er tun soll, ist nicht-verfahrensorientiert. Der Benutzer sagt nur, *was* zu tun ist, und kümmert sich nicht um detaillierte Prozedur, wie es zu tun ist.

Die meisten Abfragesprachen, Berichtsgeneratoren, Grafikpakete und Anwendungsgeneratoren sind nicht-verfahrensorientiert. Einige höhere Programmiersprachen zeigen erste nicht-verfahrensorientierte Ansätze. NOMAD beispielsweise ist eine höhere Sprache, mit der einige Endbenutzer schnell Ergebnisse mit dem Computer erzielen können. Die meisten Spezialisten würden NOMAD als Programmiersprache bezeichnen, weil sie IF-Anweisungen und DO-Schleifen aufweist. Es lassen sich aber auch Ergebnisse mit kurzen nicht-verfahrensorientierten Anweisungen erzielen wie: LIST BY CUSTOMER AVERAGE (INVOICE TOTAL).

Dies ist ein vollständiges »Programm«. Es überläßt der Software die Entscheidung, wie die Liste formatiert wird, wann Seiten vorgeschoben oder numeriert werden, wie diese nach Kunden (CUSTOMER) sortiert wird und wie der Durchschnitt (AVERAGE) errechnet wird.

Einige nicht-prozedurale Sprachen arbeiten mit Grafikfunktionen. Der Benutzer sieht Anzeigen am Bildschirm, die er ausfüllen, auf die er zeigen und die er manipulieren kann. Das Ergebnis ist eine Anforderungsbeschreibung, die die Software in ausführbaren Code umsetzen kann. Ein Bild sagt manchmal mehr als tausend Worte und grafische Darstellungen von Anforderungen oder Logik können so gestaltet werden, daß sie leicht zu benutzen und zu manipulieren sind.

Viele nicht-prozedurale Sprachen sind nur für bestimmte Anwendungsklassen geeignet, beispielsweise Abfragesprachen und Berichtsgeneratoren. Einige wenige jedoch eignen sich auch für allgemeine Anwendungen mit hochkomplexer Logik.

Als Analogie können wir die Anweisungen für einen Taxifahrer verwenden. Bei einer verfahrensorientierten Sprache müssen Sie ihm genau sagen, *wie* er vorgehen soll. »Fahren Sie 500 m. Biegen Sie links ab. Fahren Sie 250 m. Biegen Sie rechts ab. Fahren Sie bis zur nächsten Ampel. Wenn sie 250 m. Biegen Sie rechts ab. Fahren Sie bis zur nächsten Ampel. Wenn Sie grün ist, . . .« Bei einer nicht-verfahrensorientierten Sprache sagen Sie ihm nur, *was* Sie wollen: »Fahren Sie mich zu den Palast-Lichtspielen in der Bahnhofsstraße.«

Es werden weitaus leistungsstärkere nicht-verfahrensorientierte Sprachen entstehen. Eine deutlichere Semantik für die Anweisungen an den Taxifahrer hieße: »Fahren Sie mich zu ›Krieg der Sterne‹.« Der Taxifahrer muß das gestellte Problem lösen. Er muß herausfinden, wo ›Krieg der Sterne‹ läuft, und Sie dann dorthin fahren.

Wir möchten gerne Computersprachen haben, die so viel leisten können wie nur irgend möglich. Allerdings besteht bei einer deutlicheren Semantik die Gefahr, daß der Computer etwas tut, was teurer oder zeitaufwendiger ist, als es uns lieb ist. Es ist möglich, daß ›Krieg der Sterne‹ nicht in der Nähe läuft, sondern in einem Tausende von Kilometern entfernten Kino. Das Taxi beginnt also eine lange Fahrt. Und wenn Sie dann irgendwann sagen, das sei nicht das, was Sie wollten, bekommen Sie zur Antwort: »Ich habe mich nur an Ihre Anweisungen gehalten.« Computer führen Anweisungen aus; deshalb sollten wir besser sicherstellen, daß unsere Anweisungen richtig sind. Bei leistungsstarken Programmiersprachen brauchen wir ein Feedback über Kosten und Auswirkungen, weil wir der Maschine Anweisungen zum Ablauf geben.

Nicht-verfahrensorientierte Sprachen stellen einen höheren Automationsgrad in der Anwendungserzeugung dar. Es ist möglich, sie benutzerfreundlich zu gestalten, so daß Endbenutzer ihre Anforderungen in einfacher Weise ausdrücken können und der Computer sie ausführen kann.

Während viele Sprachen rein verfahrensorientiert oder rein nicht-verfahrensorientiert sind, kombinieren andere die beiden Anweisungstypen. Dies ist grundsätzlich erwünscht, da nicht-verfahrensorientiertes Vorgehen den Einsatz der Sprache beschleunigt und vereinfacht, während ein verfahrensorientierter Code die Palette möglicher Anwendungen erweitert, indem er größere Flexibilität bei logischen Manipulationen bietet.

Die anspruchsvollen Sprachen der Zukunft werden verfahrensorientierten und nicht-verfahrensorientierten Code oder Bildschirmdialog miteinander verknüpfen.

Sprachen der vierten Generation

Die Sprachen in Abbildung 2.1 werden manchmal als »Sprachen der vierten Generation« bezeichnet. [15]

Die erste Generation der Computersprachen war die *Maschinensprache*, die in den vierziger und fünfziger Jahren aufkam. Compiler, Assembler oder Interpreter wurden bei ihr nicht verwendet.

Die zweite Generation bildeten verschiedene Formen der *Assembler-Sprache*, die in den späten fünfziger Jahren aufkamen. Die frühen Assembler-Sprachen optimierten die Position der Programmanweisungen auf einer Trommel, auf der die Programme gespeichert wurden. Später wurden Versuche unternommen, maschinenunabhängige Assembler-Sprachen zu entwickeln.

Die dritte Generation kam in den sechziger Jahren auf; es waren die sogenannten anspruchsvolleren *Sprachen*. Einige, wie ALGOL und FORTRAN, waren für wissenschaftliche Zwecke, andere, wie beispielsweise COBOL, für kommerzielle Zwecke bestimmt. COBOL wurde zur mit Abstand meistverwendeten Computersprache. Einige Sprachen, zum Beispiel PL/1, verknüpften wissenschaftliche mit kommerzieller Datenverarbeitung. Für diese Sprachen wurden herstellerunabhängige Normen entwickelt; die Übertragbarkeit führte manchmal aber nach wie vor zu Problemen.

Die *Sprachen der vierten Generation* wurden aus zwei Gründen entwikkelt; erstens, damit Nicht-Programmierer Ergebnisse mit Computern erzielen, zweitens, um den Programmierprozeß wesentlich zu beschleunigen. Einige Sprachen der vierten Generation sind nicht-verfahrensorientiert. Manche sind verfahrensorientiert, aber bei ihnen können Ergebnisse mit ungleich weniger Zeilen Code als bei COBOL und PL/1 erzielt werden. Viele enthalten sowohl verfahrensorientierte als auch nicht-verfahrensorientierte Anweisungen. Eine Vielzahl solcher Sprachen, die sich in Syntax und Fähigkeiten stark unterscheiden, ist im Entstehen.

Bislang gibt es keine Normen. Dafür kommen zu schnell Ideen für neue Sprachen auf. Die meisten Sprachen der vierten Generation verwenden ein Datenbanksystem. Einige erlauben es den Benutzern, eine eigene Datenbank einzurichten. Einige erstellen und verwenden relationale Datenbanken, da diese umfassendere und flexiblere Benutzer-Befehle bieten als traditionelle Datenbanken. Einige Sprachen der vierten Generation sind sehr benutzerfreundlich, so daß die Benutzer nach einem zweitägigen Lehrgang in der Lage sind, brauchbare Ergebnisse zu erzielen.

Bei den meisten Sprachen der vierten Generation muß der Benutzer nicht angeben, *wie* etwas zu tun ist. Statt dessen trifft der Compiler oder Interpreter intelligente Annahmen über die vermeintlichen Wünsche des Benutzers. Beispielsweise kann er automatisch ein sinnvolles Format für einen Bericht auswählen, Berichtseiten numerieren, Diagrammarten für die Grafikanzeige auswählen, Bezeichnungen zu Achsen oder zu Spaltenüberschriften setzen und dem Benutzer in freundlicher, verständlicher Weise Fragen stellen, wenn er zusätzliche Informationen braucht. Wenn eine Sprache intelligente Standardannahmen trifft, ist es wahrscheinlich, daß diese mit der Weiterentwicklung und Verbesserung der Sprache immer intelligenter werden. Eine Annahme bei solchen Sprachen ist, daß für Umwandlung oder Interpretation eine relativ große Computerleistung eingesetzt werden kann.

Nachdem nun der Begriff »Sprache der vierten Generation« eingeführt ist, wird wahrscheinlich jede neue Sprache von ihrem Werbetexter als Sprache der vierten Generation angepriesen werden. Einige neue Sprachen weisen aber eher die Merkmale von Sprachen der dritten Generation auf. Um eine Sprache zu Recht als »Sprache der vierten Generation« bezeichnen zu können, muß sie folgende Merkmale aufweisen:

1. Sie ist benutzerfreundlich.
2. Ein nicht-professioneller Programmierer kann mit ihr Ergebnisse erzielen.
3. Sie arbeitet direkt mit einem Datenbankverwaltungssystem.
4. Der verfahrensorientierte Code kommt mit ungleich weniger Anweisungen aus als COBOL.
5. Wann immer möglich, wird ein nicht-verfahrensorientierter Code verwendet.
6. Wann immer möglich, werden intelligente Standardannahmen über die Wünsche des Benutzers getroffen.
7. Sie ist für Online-Betrieb konzipiert.
8. Sie erzwingt oder fördert einen strukturierten Code.
9. Der von anderen Benutzern erstellte Code ist leicht zu verstehen und zu warten.
10. DV-Laien erlernen einen Teilbereich der Sprache in einem zweitägigen Kurs.
11. Sie ist für eine leichte Fehlerkorrektur konzipiert.
12. Resultate können ungleich schneller erzielt werden als bei COBOL oder PL/1.

Viele neue Sprachen verfügen über diese Eigenschaften, viele haben aber auch das Manko, daß sich mit ihnen nicht jede Art von Anwendung erstellen läßt. Sie sind nicht universell einsetzbar. Vielleicht ist das der Preis, den wir für die großen Produktivitätssteigerungen durch Sprachen der vierten Generation zahlen müssen. In diesem Fall müssen wir die *zur Anwendung passende Sprache* wählen. Dies widerstrebt manchen Programmierern und Puristen. Es ist jedoch von entscheidender Bedeutung, daß Sprachen mit begrenzten Einsatzbereichen es dem Benutzer ermöglichen, die gewünschten Resultate *schnell* zu erzielen, was beim traditionellen Programmierprozeß mit COBOL oder PL/1 nicht möglich ist.

In Abbildung 2.2 werden Beispiele für die neuen Sprachen der vierten Generation und ihre Einteilung in Kategorien gezeigt. Ihre Verwendung wird in späteren Kapiteln eingehender besprochen.

Die Sprachen der vierten Generation brauchen Datenbanken und machen es den Benutzern oft einfach, eigene Datenbanken einzurichten. Geschieht dies unkontrolliert, ist das Datenchaos vorprogrammiert. Mit der breiteren Verwendung der neuen Sprachen ist es unerläßlich, sie in die in Kapitel 6 dargestellten Verfahren der Informationstechnik oder Datenverwaltung einzubinden. Diese Einbindung kann mit der in Kapitel 7 be-

	Für Endbenutzer* und DV-Spezialisten geeignet	Anbieter	Für DV-Spezialisten geeignet.	Anbieter
Abfragesprachen für Datenbanken	Query-By-Example	IBM		
	Intellect	Artificial Intelligence		
	Qwick Qwery	Caci		
	Easytrieve	Pansophic	GIS	IBM
	ASI/Inquiry	ASI	Mark IV	Informatics
	SQL	IBM	Datatieve	DEC
Informationssysteme	Stairs	IBM		
	CAFS	ICL		
Berichtgeneratoren	NOMAD	NCSS	GIS	IBM
	ADRS II	IBM	IBM System 38Utilities	IBM
			RPG II	Various
			RPG III	IBM
			Mark IV/Reporter	Informatics
Tools für die computerunterstützte Entscheidungsfindung	Visicalc	Visicorp		
	Multiplan	Microsoft		
	Lotus 1-2-3	Lotus		
	System W	Compuserve		
	Express	Management Decisions INC.		
Anwendungsgeneratoren	Mapper	Univac	ADF	IBM
	Ramis II	Mathematica INC.	DMS	IBM
	Focus	Information Builders INC.	Admins 11	Admins
			User 11	Northcounty
	Linc	Burroughs	ADS	Cullinet
Anspruchsvolle Programmiersprachen	APL/DI	IBM	APL	IBM
	NOMAD	NCSS	Focus	Information Builders INC.
			Mantis	Cincom
	AME	IBM	Natural	Software AG.
			Ideal	ADR
			Admins	Admin INC.

*In diese Spalte wurden Produkte aufgenommen, deren Verwendung der Endbenutzer in zweitägiger Schulung erlernen kann.

Abbildung 2.2 Beispiele für die in diesem und anderen Kapiteln beschriebenen Sprachtypen der vierten Generation. Es gibt zahlreiche weitere Beispiele. Es ist zu beachten, daß man immer darüber streiten kann, was »für Endbenutzer geeignet« ist und was nicht.

schriebenen Managementform des *Informationszentrums* erreicht werden. In Kapitel 8 werden die Eigenschaften beschrieben, über die eine ideale Einrichtung zur Entwicklung von DV-Anwendungen verfügen sollte.

Angesichts der Gesamtkosten für Spezifikation, Codierung, Fehlerbehebung, Dokumentation und Wartung in COBOL oder PL/1, sollte das Management bei jedem Vorschlag, diese Sprachen einzusetzen, untersuchen, ob nicht eine Alternative mit höherer Produktivität gefunden werden könnte. Etappenweises Codieren auf COBOL-Ebene sollte möglichst vermieden werden.

Lösung des falschen Problems

Die heutige Forschung auf dem Gebiet der DV-Entwicklung zielt zum großen Teil auf eine Verbesserung bestehender Methoden ab. Das Programmieren soll durch Umstellung auf strukturiertes Programmieren verbessert werden, die Systemanalyse durch Umstellung auf strukturierte Analyse. Der herkömmliche Entwicklungszyklus soll formalisiert und mit ihm sollen Instrumente für Dokumentation und Überprüfung bereitgestellt werden. COBOL soll um noch mehr reservierte Wörter und Anweisungstypen erweitert werden. Sprachen und Compiler sollen angepaßt werden, um besser strukturiertes Programmieren zu ermöglichen. Die Ada-Sprache soll weiterentwickelt werden. Und so weiter.

In gewissem Sinne lösen diese Aktivitäten das falsche Problem (so wertvoll sie auch sind, da das traditionelle Programmieren bleiben wird). Das eigentliche Problem ist, wie die Umstellung vom herkömmlichen Programmieren und dem bisherigen Entwicklungszyklus auf Entwicklungsmethoden vollzogen werden kann, die schnell, flexibel und interaktiv arbeiten und einen nachweislich fehlerfreien Code produzieren: Methoden, bei denen eine interaktive Prototypenerstellung formale, umfangreiche Spezifikationen ersetzt, die eingefroren werden müssen; Methoden, die automatisiert sind; Methoden, mit denen Endbenutzer, Manager, Spezifizierer, Implementierer und Wartungspersonal ohne Mißverständnisse miteinander kommunizieren können.

Wenn ein Hammer beim Festziehen von Schrauben nichts nützt, ist der Kauf eines besseren Hammers keine Lösung. Das Problem besteht darin, daß das falsche Werkzeug verwendet wird. Für die Softwareentwicklung stehen heute besser geeignete Werkzeuge zur Verfügung. In manchen Fällen wollen DV-Manager den alten Entwicklungszyklus beibehalten und trotzdem neue Werkzeuge einsetzen. Das ist, als ob alte Hammerfans Schrauben festziehen wollten, indem sie mit dem Griff des Schraubenziehers kräftig draufschlagen.

Vorsicht

Die Erfolgsmeldungen über die neuen Sprachen sind spektakulär. Es steht außer Frage, daß sie die gesamte Zukunft der DV-Entwicklung verändern werden. Es hat aber auch schon einige *schwere Fehlschläge* beim Einsatz dieser Sprachen gegeben.

Diese Fehlschläge hatten unterschiedliche Ursachen: mangelnde Ausbildung, mangelndes Engagement, mangelnde Anwendung, mangelndes Verständnis dafür, wie eine ausreichende Maschinenleistung erzielt wird.

Es bedarf eingehender Kenntnisse, um Sprachen der vierten Generation auswählen und sicherstellen zu können, daß sie für eine komplexe Anwendung geeignet sind und so eingesetzt werden, daß sich eine ausreichende Maschinenleistung ergibt. Generell ist ein hohes Maß an Professionalität erforderlich, um den Einsatz dieser Sprachen zu steuern. Die Entwickler mögen wenig über den Einsatz einer benutzerfreundlichen Sprache wissen, aber sie müssen viel über Betriebssteuerung wissen.

Wenn hier von Anwendungsentwicklung ohne Programmierer die Rede ist, so ist keineswegs die Anwendungsentwicklung ohne Professionalität gemeint. Es ist ein hohes Maß davon nötig, um die DV-Produktivität auf das erforderliche Niveau zu bringen (Anhang 1).

Unglücklicherweise hat eine neue Einrichtung, die versagt, auf Jahre hinaus einen schlechten Ruf. Es heißt dann: »Anwendungsgeneratoren« oder »Produkt X«, »Das haben wir doch ausprobiert; es war der größte Reinfall des Jahrhunderts«. Und dann wird versucht, den erneuten Einsatz dieser Einrichtung so lange wie möglich zu verhindern.

Im 18. Jahrhundert installierte der schwedische Ingenieur Marten Triewald eine Dampfmaschine zum Abpumpen einer Mine in Schweden. Diese Technologie war in England bereits erfolgreich eingesetzt worden. Triewald aber hatte Schwierigkeiten. Die Maschine, die er »Feuer- und Luftmaschine« nannte, ruckte wegen einer verbesserten Abdichtung zwischen Kolben und Zylinder heftig. Die Pumpen, Wellen und Lager waren diesem krampfartigen Schluckauf nicht gewachsen. Die Maschine arbeitete zwischen den Reparaturen immer nur zwei Tage. Es dauerte zwei Jahre, bis die Mine einigermaßen abgepumpt war. Dann war die Maschine kaputt und mit ihr jeder, der mit ihr zu tun hatte. Die erbosten Minenbesitzer verklagten Triewald. Triewald verbesserte seine Maschine, aber es dauerte nahezu vierzig Jahre, bis in Schweden wieder eine Dampfmaschine ausprobiert wurde, obwohl viele dieser Maschinen in England erfolgreich im Einsatz waren.

Veraltete Richtlinien

Ein wesentlicher Grund für den Widerstand von DV-Organisationen liegt darin, daß sie lange darum gerungen haben, Ordnung in den DV-Entwicklungsprozeß zu bringen. Dieser Prozeß war ein ungeregeltes Durcheinander, bis vor relativ kurzer Zeit Normen und Richtlinien aufgestellt wurden. Diese Normen und Verfahren haben Gesetzeskraft erlangt, sind dem gesamten DV-Personal vermittelt worden und gelten als absolute Notwendigkeit im Kampf gegen nicht erfüllte Anforderungen, wartungsfeindlichen Code und nicht übertragbare Programme. Die Installationsrichtlinien, die peinlich genau eingehalten werden, haben die Methoden großer Unternehmen zu einer Zeit festzementiert, da die Technologie rapide zu neuen Formen verstößt.

Ein typisches Unternehmen mit zahlreichen DV-Installationen in vielen Ländern perfektionierte in den siebziger Jahren mit großen Aufwand ein Projektmanagementsystem. Dieses umfaßt Installationsnormen, Richtlinien und etwas Software für die Projektsteuerung. Es wird als »Installationsbibel« bezeichnet. Kein DV-Manager wird zugeben, daß er sie nicht verwendet; es würde seiner Karriere schaden.

Wird diese Bibel den Buchstaben nach befolgt, so verhindert sie den Einsatz der meisten, in diesem Buch empfohlenen neuen Methoden durch DV-Manager und Analytiker. Denn sie verlangt, daß die Spezifikationen für alle Anwendungen mit Techniken erstellt werden, die keineswegs exakt sind. Im typischen Fall kommen dabei »Wälzer« heraus, die gewöhnlich schwer zu lesen, unmöglich zu überprüfen, voller Mißverständlichkeiten, Inkonsequenzen, Fehler und Auslassungen sind.

Das Abfassen allgemein verbindlicher Regeln ist oft der letzte Akt eines untergehenden Unternehmens.

Bei einer in vielen Installationen propagierten und verwendeten Methode wird in 32 ca. 6 cm dicken Ordnern bis ins kleinste Detail beschrieben, wie Anforderungen und Spezifikationen zu erstellen sind. Die völlig unzulänglichen Methoden der siebziger Jahre werden zu einer Bürokratie ausgebaut, die ungeheuer zeitaufwendig und keineswegs exakt ist, die Automation der Codeerzeugung verhindert und nicht verändert werden kann.

Viele Ministerien geben noch immer Anweisungen für die Anwendungsentwicklung heraus, die ihre riesigen Organisationen in herkömmliche prozedurale Techniken pressen, durch die aber Produktivität, nichtverfahrensorientierte Sprachen und konsistente Methoden verhindert werden.

Mit dieser Bürokratisierung unzureichender Techniken gehen oft hochtrabende Phrasen einher. In einem Papier zu den Programmieranweisungen des US-Verteidigungsministeriums heißt es bezeichnenderweise: »Grundgedanke all dieser Maßnahmen ist es, Software-Politik, -Praxis, -Prozeduren und -Technologie von einer künstlerischen Disziplin zu einer echten technischen Disziplin zu erheben.« Die aufgeführten Anweisungen *verhindern* aber den Einsatz exakter, technischer Methoden.

Technik

C. A. R. Hoare, Professor für Datenverarbeitung in Oxford, bezeichnet den Begriff »Technik« in Zusammenhang mit solchen Methoden als eklatanten Widerspruch: »Der Versuch, die Disziplin der Software-Technik auf derart schwachen Fundamenten zu errichten, ist mit Sicherheit zum Scheitern verurteilt. Es ist, wie wenn versucht würde, die Chemotechnik auf die Phlogiston-Theorie zu gründen oder die Astronomie auf die Annahme, daß die Erde eine flache Scheibe sei.« [16]. Er vergleicht die Merkmale der Technik als eine Disziplin mit denen der »Software-Technik« in ihrer heute praktizierten Form.

Der Ingenieur hat eine Reihe erprobter und bewährter Techniken, mit denen er präzise Ergebnisse bei minimalen Kosten erzielen kann. Er empfiehlt sie seinen Kunden und besteht darauf, daß nur bewährte Techniken verwendet werden. Er kennt die wahren Bedürfnisse eines Kunden oft besser als der Kunde selbst. Der »Software-Ingenieur« dagegen bastelt sich öfter seine eigenen Programme zusammen. »Wie viele kennen die von anderen erfolgreich eingesetzten Techniken nicht oder wollen sie nicht kennen und beschäftigen sich lieber mit der zusammenhanglosen Durchführung ihrer eigenen mangelhaften Ideen« [16].

Zweitens ist der Ingenieur darauf bedacht, die Kosten seines Produktes zu senken und dessen Zuverlässigkeit zu erhöhen. Es ist ihm bewußt, daß diese gegensätzlichen Zielsetzungen die Suche nach äußerster Einfachheit erfordern. Große Technik zeichnet sich durch Einfachheit aus. Einige Programmierer dagegen schwelgen in Komplexität, berauschen sich an Projekten, deren Komplexität ihr Verständnis etwas übersteigt. Hoare schreibt: »Unter der Herstellersoftware gibt es wohl die schlechtesten Technik-Produkte des Computerzeitalters. Kein Wunder, daß sie verschenkt wurden – aber was für ein teures Geschenk war das für den Empfänger.« [16].

Drittens verwendet der Ingenieur Konstruktionen, die auf soliden mathematischen Theorien und Berechnungsmethoden basieren. Diese Konstruktionen sind in Handbüchern, Lehrbüchern und praktischen Verfahrensregeln festgehalten. Der typische Programmierer erfindet für jedes Problem neue Programmstrukturen ohne mathematische Basis.

Der Ingenieur respektiert seine Instrumentarien und verlangt von ihnen höchste Präzision, Verläßlichkeit, Qualität und Zuverlässigkeit bei minimalen Kosten. Er beherrscht sie intuitiv, so daß er seinen Geist und seine Kreativität ganz auf das Problem des Kunden richten kann. Auf den Programmierer hingegen übt die Komplexität der Software eine fatale Anziehung aus, »die jeden Ingenieur abstößt, dem cleveren Programmierer aber Macht und Können vortäuscht« [16]. Die Verwendung unzuverlässiger Betriebssysteme etc. durch den Programmierer entschuldigt die Unzuverlässigkeit seines eigenen Codes; ihre Ineffizienz entschuldigt die Ineffizienz seiner eigenen Programme; ihre Komplexität schützt seine Arbeit vor genauer Prüfung durch Kunde oder Manager.

Hinzu kommt, daß der Ingenieur Prototypen entwickelt, die ihm helfen, ein Problem besser zu verstehen. Er studiert diesen Prototyp im Testbetrieb und erhält so über seine Konstruktion viel Feedback für die Verbesserung des Endprodukts.

Wir haben heute Verfahren und Techniken, mit denen echte Software-Technik möglich ist. Es gibt Instrumente zur Prototypenerstellung, zum Erzeugen mathematisch exakter Spezifikationen, zur Erzeugung von Kontrollstrukturen von minimaler Komplexität, die nachweislich korrekt sind, Verfahren für exaktes Datenbankdesign und zur automatischen Code-Erzeugung.

Software-Fabriken

Mit diesen Techniken können wir Software-Fabriken aufbauen. Den mit der Spezifikation der Software betrauten Personen können wir Hilfsmittel an die Hand geben, die sie zwingen, exakte, maschinenlesbare Spezifikationen zu erstellen, und wir können dann die Erzeugung des Maschinencodes automatisieren. Wir können es den Anwendungsentwicklern ermöglichen, sich die bewährten Mechanismen anderer Anwendungsentwickler zu beschaffen und diese zu verwenden. Wir können Mechanismen miteinander koppeln und so große leistungsstarke Konstruktionen aufbauen. Wir können benutzerfreundliche Schnittstellen zu komplexen Systemen erstellen. Wir verfügen heute über eine funktionsfähige Basis für eine Software-Technik in großem Umfang.

Festhalten an Vergangenem

Das große bleibende Problem ist, wie eine Milliarden-Dollar-Branche mit gewaltigen Investitionen in frühere Techniken umgestellt werden soll. Das herkömmliche Programmieren in herkömmlichen Sprachen hat das Trägheitsmoment eines riesigen Güterzugs. Es läßt sich nicht so schnell von seinem Kurs abbringen.

Eine der Tragödien der modernen Computerindustrie besteht darin, daß zwar echte ingenieurmäßige Techniken existieren, mit denen langsames, ad hoc-betriebenes und fehleranfälliges Programmieren vermieden werden kann, daß aber die meisten DV-Manager ihre Mitarbeiter auf Kurse schicken, die Varianten der umständlichen, nicht exakten manuellen Methoden lehren. Die meisten Lehrbücher und Schulungspakete wurden zu einer Zeit erstellt, als die neuen leistungsstarken Techniken noch nicht verstanden wurden. Die meisten Branchenseminare sind hoffnungslos veraltet.

Während einige DV-Manager die neue Ära begrüßen, halten viele an Vergangenem fest. Der Autor hat vor kurzem eine große Behörde beraten, in der Personal Computer streng verboten sind. In einem großen Luftfahrtunternehmen müssen Schulabgänger, die in den DV-Bereich eintreten, zwei Jahre als COBOL-Programmierer arbeiten – das ist ihr Weg zur Beförderung! Alle Schulabgänger, die ja ohnehin begierig darauf sind, neue Techniken zu erlernen, sollten angehalten werden, mit den neuen leistungsstarken Techniken zu arbeiten. Sie sollten zu maximaler Produktivität motiviert werden. Man sollte sie lehren, Systeme mit den schnellsten, leistungsstärksten Techniken zu erstellen.

3 Der Benutzer am Steuer

Einleitung

In den Anfangsjahren verzeichnete die Automobilindustrie in den USA enorme Zuwachsraten. Ein bekannter Soziologe wurde deshalb gebeten, die Zahl der Autos, die jemals gebaut werden würden, zu schätzen. Aufgrund umfangreicher Studien kam er zu dem Ergebnis, daß während der Lebensdauer eines Autos nicht mehr als zwei Millionen neue Autos hergestellt werden würden. Nimmt man als durchschnittliche Lebensdauer eines Autos zehn Jahre an, so kommt man auf eine jährliche Produktionsrate, die nie höher als 200 000 Stück liegt. Diese Schlußfolgerung beruhte auf der im Laufe der Untersuchungen ermittelten Zahl von zwei Millionen Amerikanern, die vermeintlich als Chauffeure in Frage kämen.

Heute könnte man vermuten, daß es in den Vereinigten Staaten nicht mehr als zwei Millionen professionelle Programmierer geben wird – sechsmal mehr Programmierer, als es heute gibt. Die Schnelligkeit von Computern wird in weniger als zehn Jahren um das Zehnfache steigen; die anfallenden Programmierarbeiten werden so um etwa das Sechsfache steigen. So gesehen könnten Soziologen zu dem Schluß kommen, daß die Zahl der Computer niemals den heutigen Stand übersteigen kann, da es nicht genügend Programmierer gibt.

Henry Ford war nicht nur der Erfinder des Fließbands, er vereinfachte auch die Steuerung seines Modells T, so daß ein Großteil der Bevölkerung dieses Auto steuern konnte. In der Computerindustrie wird es Computer vom Stile eines Modells T geben, die sich aufgrund der Mikroelektronik in Serienproduktion herstellen lassen. *Sie können aber nur in großen Stückzahlen verkauft werden, wenn sie auch ohne professionelles Programmieren zum Laufen gebracht werden können.* Wir stehen am Anfang dieser

Entwicklung. Die Anwendungsentwicklung ohne Programmierer ist die wichtigste Revolution in der Geschichte des Computers seit Erfindung des Transistors.

Alternativen zum Programmierer

Es gibt zwei Arten von Alternativen zum professionellen Programmierer. Erstens: *Systemanalytiker* können mit Techniken arbeiten, mit denen Code automatisch erzeugt werden kann. Es gibt ein sehr viel breiteres Spektrum an Techniken, als den meisten Systemanalytikern bewußt ist. Selbst hochkomplizierte Systeme können aus Spezifikationen erstellt werden. Zweitens: *Endbenutzer* können die Funktionen, die sie benötigen, dank einer leicht zu handhabenden Software direkt erstellen. Sie können die benötigten Informationen aus Datenbanken abrufen, Berichte formulieren, Arbeitsblätter für die automatische Datenmanipulation entwerfen, Prozeduren erstellen, eigene Datenbanken einrichten, komplizierte Berechnungen anstellen und komplizierte Daten analysieren.

Auf lange Sicht steht fest, daß die Datenverarbeitung zum Großteil benutzergesteuert sein wird. So wie die technische Entwicklung durch die Verbesserung des Autos den Chauffeur überflüssig machte, so wird die technische Entwicklung die Benutzerschnittstellen zum Computer bei vielen Anwendungen so weit verbessern, daß der Benutzer keinen »Chauffeur« mehr für den Computer braucht.

In einigen Fällen findet heute eine Zusammenarbeit zwischen Benutzer und Systemanalytiker unter Zuhilfenahme der in Kapitel 2 beschriebenen Software statt. Der Analytiker erstellt einen Prototyp dessen, was der Benutzer möchte, und verbessert ihn dann in Zusammenarbeit mit dem Benutzer Schritt um Schritt, um ihn den Anforderungen des Benutzers so gut wie möglich anzupassen. Ein Merkmal guter Anwendungsgeneratoren und anderer Software der vierten Generation ist die Tatsache, *daß die funktionsfähige Anwendung durch den Systemanalytiker schneller erstellt werden kann als die detaillierte Spezifikation für die Anwendung.* Das Erstellen von Spezifikationen in der herkömmlichen Weise kann deshalb bei einigen Arten von Anwendungen ganz unterbleiben. Das Programm bzw. die Eingabe, aus der die Anwendung erfolgt, *ist* die Spezifikation.

Vielfalt der Endbenutzer

Die Gesellschaft verfügt über ein ungeheueres Potential an Menschen mit den unterschiedlichsten Interessen und Fähigkeiten. Es ist wünschenswert, daß ihnen eine große Auswahl unterschiedlicher Techniken zur Verfügung steht, mit denen sie sich die Computerleistung, die auf den Endbenutzer zukommt, nutzbar machen können. Eine Dialogstruktur, die für einen Benutzer geeignet ist, muß nicht notwendigerweise für einen anderen Benutzer geeignet sein. Einige Benutzer werden das Programmieren erlernen, die meisten aber nicht. Einige Benutzer werden sich bestimmte Denktechniken aneignen, die meisten aber nicht. Einige Benutzer werden mit einfachen Menü-Dialogen zufrieden sein, andere werden das als zu langsam und zu restriktiv empfinden. Beim Design jedes Endbenutzersystems sollte der Faktor Mensch ein wichtiger Gesichtspunkt sein. Die Fähigkeit des Benutzers, Resultate zu erzielen, ist normalerweise wichtiger als die Maschinenleistung. Maschinenleistung ist wichtig bei umfangreichen Computeroperationen.

Wir begehen manchmal den Fehler und sprechen von den »Endbenutzern« als einer völlig homogenen Gruppe. In Wirklichkeit unterscheiden sie sich aber genauso stark wie die Figuren von Shakespeare. Während ein Teil der Software einer Gruppe von Endbenutzern Dialogstrukturen von größter Einfachheit an die Hand gibt, schafft ein anderer Teil der Software die Möglichkeit, hochentwickelte Sprachen einzusetzen. Die fähigsten Endbenutzer erstellen sich selbst hochentwickelte Techniken. Andere Benutzer sind zu beschäftigt, um Computertechniken zu erlernen, und bedürfen ständiger Unterstützung und Hilfe.

In der Vergangenheit sind wir oft in den Fehler verfallen, anzunehmen, daß bestimmte Gruppen von Benutzern niemals am Bildschirm oder am Computer arbeiten werden. Es hieß: »Der Präsident wird sich niemals vor die Röhre setzen.« Heute aber arbeitet er in manchen Fällen regelmäßig mit Videotext und erstellt sich mit Lotus 1–2–3 Arbeitsblätter, Diagramme und Kapitalflußpläne für Besprechungen. Der Unterschied ergibt sich aus verschiedenen Faktoren. Zum einen ist das Gerät extrem leicht zu bedienen. Wir verwenden hier den Begriff »Benutzerfreundlichkeit«; »Benutzerführung« wäre ein noch höheres Ziel. Zum anderen können wirklich brauchbare Ergebnisse schnell erzielt werden. Und zum dritten kann ein dringendes Problem anstehen, das nur mit Hilfe des Computers gelöst werden kann.

Die Rolle des Endbenutzers ändert sich unter dem Einfluß einer Vielzahl von Technologien: Mikroelektronik, Tischcomputer, Minicomputer, billige Terminals, verteilte Datenverarbeitung, bessere Bildschirmdialoge, leistungsstarke Software.

Der Personal Computer und die ausgezeichneten Software-Pakete, die für ihn entwickelt wurden, tragen wesentlich zum veränderten Verständnis des Benutzers für den Computer bei. Der verstärkte Einsatz der für den Personal Computer verfügbaren Verfahren muß aber in vielen Unternehmen noch sehr viel schneller erfolgen.

Aufgrund des Nachholbedarfs, der durch die unzureichenden Techniken der Anwendungsentwicklung entstand, empfinden die DV-Manager das Drängen der Benutzer nach neuen Anwendungen oft als überzogen. *In Wirklichkeit aber setzt sich bei den meisten Endbenutzern gerade erst die Erkenntnis durch, wie sie mit Hilfe des Computers ihre Arbeit erleichtern können.*

In den amerikanischen Banken waren während des Entstehens dieses Buches nahezu 100 000 Großsystemanwendungen durch Endbenutzer mit Hilfe der Sprache NOMAD erstellt worden. Die meisten Unternehmen, die diese neuen Methoden erfolgreich einsetzen, haben die Erfahrung gemacht, daß ein enormer Nachholbedarf für Computerlösungen besteht, der in diesem Ausmaß nicht erkannt oder vermutet worden war.

Funktionsuntüchtige Entwicklungsverfahren

Der ständig wachsende Bedarf an Anwendungen und die unzureichende Zahl von Programmierern könnte ein guter Grund für benutzerfreundliche Computeranwendungen sein. Es gibt aber noch einen anderen, weitaus gewichtigeren Grund: In vielen Situationen *funktionieren* die herkömmlichen Entwicklungsverfahren ganz einfach *nicht.*

Immer wieder hört man von Systemen, deren Entwicklung nach Jahren mühsamer Arbeit eingestellt wird, weil sie nicht den Erwartungen der Endbenutzer entsprachen oder weil diese nach einer gewissen Versuchszeit ganz einfach aufgaben. Oft passiert es auch, daß ein System, das mühsam erstellt wurde, nach wenigen Wochen schon vom Benutzer abgelehnt wird und der Ruf nach etwas Neuem laut wird.

Eine typische Reaktion in dieser mißlichen Situation ist die Antwort, daß die Anforderungen nicht detailliert genug vorgebracht wurden. So wurden die Verfahren für die Anforderungsspezifikationen immer ausgefeilter, was mitunter eine unübersehbare Dokumentation zur Folge hatte. Das System entsprach aber nach wie vor nicht den Erwartungen.

Tatsache ist, daß viele der wichtigsten potentiellen DV-Benutzer erst wissen, was sie wollen, nachdem sie erste *praktische Erfahrungen* mit dem System sammeln konnten. Am Anfang sind viele Änderungen erforderlich, um ihnen das System vertraut zu machen und das System den *grundlegenden* Bedürfnissen anzupassen. Nachdem die Benutzer mit dem System vertraut sind, nutzen sie ihre Phantasie, um alle möglichen Funktionen und Variationen zu erdenken, die für sie nützlich sein könnten. Und sie möchten, daß diese Änderungen *sofort* durchgeführt werden.

Konsistentere Spezifikationen

Viele DV-Organisationen mußten feststellen, daß das von ihnen verwendete Verfahren der Anwendungsentwicklung nicht zur Zufriedenheit des Benutzers arbeitet und haben Schritte unternommen, diesen Mißstand zu beheben. Unglücklicherweise verschlimmern diese Schritte oft nur die Situation.

Oft werden Schritte dahingehend unternommen, Verfahren formaler zu gestalten. Die Anwendungsentwicklung, so ist zu hören, muß aufhören, ein vages und spontanes Verfahren zu sein und muß wie jede technische Disziplin festen Regeln unterliegen.

Im US-Verteidigungsministerium kam man zu der Erkenntnis, daß Probleme mit der Software bestehen, und forderte in einem Erlaß Aktionen, die diesen Mißstand beheben. Ein wichtiger Grund für das Abfassen dieses Erlasses war die Erkenntnis, daß die erstellten Programme nicht den Anforderungen der Benutzer genügten. In dem Erlaß wurde eine formalere Anforderungsdokumentation gefordert, die vor dem Entwurf, dem Kodieren und dem Testen erstellt werden soll. Es wurde ein Plan zur Steuerung des Entwicklungszyklus von Computerressourcen erstellt. Dies führte zu einer Formalisierung der Entwicklungsstadien und zur Nennung bestimmter Fixpunkte, die erreicht und dokumentiert werden müssen. Die Fixpunkte dienen dazu, die »richtige Abfolge von Analyse, Entwurf, Implementierung, Integrierung, Test, Verteilung und Wartung sicherzustellen«. [1]

Dieser formale Ansatz kann *nur dann* zum Ziel führen, wenn die Anforderungen des Endbenutzers vor Design und Kodierung bis ins kleinste Detail angegeben werden können. Bei einigen Systemen ist das möglich, bei anderen nicht. Die Anforderungen zur Steuerung von Marschflugkörpern müssen ganz und gar vorab geklärt werden. Die Anforderungen an Informationssysteme für das Management hingegen können nicht vorab spezifiziert werden. Nahezu jeder derartige Versuch schlug bislang fehl. Die Anforderungen ändern sich, sobald sich der Manager an sein Datensichtgerät setzt.

Die meisten Unternehmen sehen sich ständig dynamischen und unvorhersehbaren Änderungen ausgesetzt. Die Anforderungen an Computerprozeduren können nicht genau vorhergesagt werden. Für bestimmte Systeme sind vorgefertigte Spezifikationen so realistisch wie der Versuch, den Ausgang eines Fußballspiels vorherzusagen, bevor das Spiel überhaupt begonnen hat.

Der klassische Entwicklungszyklus ist bei bestimmten Systemen durchaus erfolgreich. Für andere Systeme ist er ungeeignet, und der Versuch, ihn dennoch anzuwenden, macht es unmöglich, die gewünschten Resultate zu erzielen. Die Systeme, für die dieser Entwicklungszyklus nicht geeignet ist, nehmen in den Unternehmen an Umfang und Bedeutung ständig zu.

Für bestimmte Computereinsätze wird der klassische Entwicklungszyklus durch eine Art Ad-hoc-Verfahren ersetzt. Charakteristisch hierfür ist das schnelle und einfache Erstellen von Prototypen, die wiederum schnell geändert werden können. Das Ganze erfolgt unter Einsatz benutzerfreundlicher Sprachen und unter Umgehung der Sprachen der dritten Generation wie COBOL und PL/1. Es basiert auf der interaktiven Anwendungserstellung am Bildschirm und der schrittweisen Verbesserung der erzielten Ergebnisse.

Wenngleich auch diese Methoden erfolgreich in der herkömmlichen Datenverarbeitung eingesetzt werden, sind sie für hochkomplizierte technische Systeme wie z. B. die Verarbeitung von Satellitenbildern, die Flugüberwachung oder Mondlandungen nicht geeignet. Für diese ist eine sehr präzise Anforderungsspezifikation und ein formaler Entwicklungszyklus mit genauen Kontrollen erforderlich.

Es gilt also zu unterscheiden zwischen Systemen, die ein dynamisches, benutzergesteuertes Ändern der Anforderungen nach der Implementierung des Systems erfordern, und Systemen, die vollständige und formale Anforderungsanalysen und Spezifikationen vor der Implementierung erforderlich machen. Ein nicht geringer Teil der kommerziellen und verwaltungstechnischen Datenverarbeitung und Systeme, die sich am Faktor Mensch orientieren, gehören zur ersten Kategorie. Ihre Entwicklung verlangt eine Technik, die ein empirisches Arbeiten zuläßt. Die schrittweise Adaption eines Prototyps ist wünschenswert.

Benutzergesteuerte contra vordefinierte Datenverarbeitung

Wir werden die Begriffe *benutzergesteuerte* und *vordefinierte* Datenverarbeitung verwenden. In Kasten 3.1 sind die Merkmale dieser beiden Arten von Datenverarbeitung zusammengestellt. Alle Verfahren der Anwendungsentwicklung sollten einer der beiden Kategorien zugeordnet werden können. Die anzuwendenden Techniken und die Verwaltung sind bei den beiden Kategorien grundsätzlich verschieden.

Die meisten Computeranwendungen, deren Entwicklung *benutzergesteuert* sein sollte, sind *vordefiniert.* Es ist ein drastischer Wandel in der Steuerung der Anwendungsentwicklung notwendig, der mit der Einführung der neuen Software und der neuen Techniken einhergehen muß. Wenn die Leistung und Effizienz von Anwendungsgeneratoren wesentlich erhöht wird und die Datenmodellierung konsequent durchgeführt wurde, ist es wahrscheinlich, daß benutzergesteuerte Methoden für die meisten (wenn auch nicht für alle) Bereiche der kommerziellen Datenverarbeitung

Kasten 3.1 Unterschied zwischen vordefinierter und benutzergesteuerter Datenverarbeitung. Ein Großteil der vordefinierten Datenverarbeitung sollte bei der heutigen Software *benutzergesteuert* sein.

Vordefinierte Computeranwendungen

- Es wird eine formale Anforderungsanalyse durchgeführt.
- Es werden detaillierte, präzise Spezifikationen erstellt.
- Es wird der traditionelle Entwicklungszyklus eingesetzt, oder eine Variante, die dem höheren Grad der Automatisierung angepaßt ist.
- Programme werden formal dokumentiert.
- Die Anwendungsentwicklung dauert Monate oder Jahre.
- Die Wartung ist formal und erfolgt aufgrund einer genauen Spezifikation.

Beispiele: Compilererstellung, Platzreservierung im Flugverkehr, Überwachung des Luftverkehrs, Raketensteuerung, Software-Entwicklung.

Benutzergesteuerte Datenverarbeitung

- Benutzer können oft erst detailliert sagen, was sie wollen, wenn sie mit einer ersten Systemversion arbeiten; diese Version muß schnell und oft geändert werden können. Die formale Anforderungsspezifikation mit ihrer langwierigen Anwendungsprogrammierung ist deshalb von vornherein zum Scheitern verurteilt.
- Anwendungen werden mittels eines Generators oder anderer Software (vgl. Abb. 2.1) in kürzerer Zeit erstellt, als für das Schreiben von Spezifikationen erforderlich ist.
- Das System dokumentiert sich selbst, oder beim Erstellen einer Anwendung wird eine interaktive Dokumentation erstellt.
- Benutzer erstellen eigene Anwendungen oder lassen sie in direkter Zusammenarbeit mit einem Systemanalytiker von diesem erstellen. Eine separate Programmierabteilung ist nicht erforderlich.
- Die Anwendungsentwicklung dauert Tage oder höchstens Wochen.
- Die Wartung erfolgt ständig. Änderungen können vom Benutzer oder vom unterstützenden Systemanalytiker jederzeit eingearbeitet werden.
- Das Verfahren kann Datenmodelle und Datensysteme umfassen, die zentral mit den Verfahren der Informationstechnik erstellt werden (Kapitel 6).

- Die Steuerung erfolgt über Datenmodelle, Wörterbuch und Berechtigungsverfahren.

Beispiele: Informationssysteme, Systeme für die computerunterstützte Entscheidungsfindung, Vermeiden von Schreibarbeiten, Verwaltungsverfahren, Lagerbestandsteuerung.

anwendbar werden und die langwierigen Entwicklungsabläufe der traditionellen Datenverarbeitung entfallen können. Die Daten sollten analysiert, modelliert und dokumentiert werden. Danach können Überlegungen angestellt werden, was vordefiniert werden sollte.

Sowohl die benutzergesteuerte als auch die vordefinierte Datenverarbeitung machen Änderungen im klassischen Entwicklungszyklus erforderlich. Der Nachteil der vordefinierten Datenverarbeitung besteht darin, daß der klassische Entwicklungszyklus *zu langsam und zu teuer* ist und die Spezifikationstechniken *nicht hinreichend konsistent* sind. Das Problem mit der benutzergesteuerten Datenverarbeitung besteht darin, daß die alten Methoden nicht flexibel genug sind. Bei der benutzergesteuerten Datenverarbeitung erweist sich der klassische Entwicklungszyklus meist als viel zu langsam. Resultate müssen oft innerhalb eines Tages und nicht innerhalb eines Jahres vorliegen. Änderungen müssen schnell vorgenommen werden können.

Das Unsicherheitsprinzip

Das Unsicherheitsprinzip in der Physik besagt, daß das Beobachten subatomarer Vorgänge diese Vorgänge *beeinflußt.* Ein solches Unsicherheitsprinzip gibt es auch in der Datenverarbeitung. In dem Moment, in dem ein Benutzer bekommt, was er seiner Aussage nach braucht, *ändert* sich seine Einstellung zu dieser Anforderung. Das bloße Implementieren eines benutzergesteuerten Systems ändert die Anforderungen an dieses System. Die Lösung eines Problems ändert das Problem.

Endbenutzer müssen eine lange Lernperiode hinter sich bringen, bis sie beurteilen können, wie sie die moderne Datenverarbeitung einsetzen sollen. Solange sich dieses Lernen auf einer theoretischen Ebene abspielt, kommen sie nur langsam voran. Erst bei der praktischen Arbeit am Bildschirm entwickeln sie ein Gefühl für die Realitäten des Computers, dessen Möglichkeiten und dessen Grenzen. Langsam bekommen sie eine Vorstellung davon, was sie an diesem Bildschirm tun *könnten.* Nach der Einrichtung eines Systems haben die Benutzer eine gemeinsame Grundlage für die Diskussion über das System. Beim Mittagessen diskutieren sie darüber, was schlecht, was gut an dem System ist, was besser sein könnte und welche Vorteile sie noch aus dem System ziehen könnten. Sie würden das System gerne *sofort* ändern.

Ein neu installiertes System kann die gesamte Abteilung auf eine nicht vorhergesehene Art und Weise beeinflussen. Plötzlich ist es möglich, die Arbeit vom Bildschirm eines Benutzers zu einem anderen Bildschirm zu übertragen. Verkäufer können plötzlich Dienstleistungen bieten, die bislang so schwierig waren, daß sie einfach ignoriert wurden. Die Nachfrage nach solchen Dienstleistungen erlebt einen wahren Boom. Ein Manager verfügt plötzlich über Informationen, die er zuvor nie zu Gesicht bekam, und nimmt darauf Veränderungen innerhalb der Abteilung vor. Einige Benutzer lehnen das System ab und bestehen darauf, mit ihren alten Methoden zu arbeiten. Andere Benutzer wollen neue Berichtsformen oder wollen, daß der Computer Berechnungen anstellen kann, die nicht in den Systemanforderungen spezifiziert waren.

Das System hat viele unvorhergesehene psychologische Effekte. Benutzer fühlen sich möglicherweise überflüssig und lehnen das System ab. Einige entwickeln sich zu Primadonnen an ihren neuen Terminals. Das System verändert die Interaktionen innerhalb des Unternehmens ebenso wie die Machtstrukturen.

In vielen Fällen zeigt es sich, daß die Funktionen eines benutzergesteuerten Systems bei dessen Erstinstallation nur einen Bruchteil dessen ausmachen, was die Benutzer schon nach wenigen Wochen zusätzlich fordern. Die neuen Funktionen sind wertvoller, da sie auf praktischer Erfahrung beruhen. Aber der starre Entwicklungszyklus hindert die Benutzer daran, die Änderungen vorzunehmen.

Das System ermöglicht eine bessere Strukturierung der Lagerdaten für Nachbestellungen. Die Bestellregeln können nun leicht geändert werden, so daß saisonale Spitzen besser berücksichtigt werden können. Es ist möglich, sich mit Problemen im Betrieb auseinanderzusetzen, die bislang stillschweigend ignoriert wurden. Dafür müssen aber die Datenbanken erweitert oder die Art der Datenerfassung geändert werden.

Es ist oft der Fall, daß der Benutzer nicht weiß, was er möchte, bis er es bekommt. Wenn er es dann bekommt, möchte er etwas anderes.

Managementinformation

Die wahrscheinlich berühmt-berüchtigste Gruppe der nicht funktionierenden Systeme sind die Informationssysteme für das Management. Trotz wiederholter Fehlschläge gehören diese nach wie vor zu den wichtigsten DV-Systemen.

Beim traditionellen Entwicklungsablauf befragte der Designer des Informationssystems die Manager, welche Arten von Informationen sie benötigen. Es dauerte lange, bis man zu der schmerzlichen Erfahrung kam, daß die meisten Manager das eigentlich gar nicht wissen. Um zu wissen, welche Informationen er benötigt, müßte ein Manager alle Arten von Entscheidungen, die er trifft (oder irgendwann einmal treffen muß), kennen. Außerdem müßte er wissen, wie er die Entscheidungen fällt. Einige Manager gehen auf Nummer Sicher und verlangen alles. Einige Designer versuchen, diesem Anspruch mit umfangreichen Berichten gerecht zu werden, in denen die wenigen entscheidenden Informationen aber eher untergehen, statt besonders herausgestellt zu werden.

In einigen Fällen macht ein Manager mit einer starken Persönlichkeit klare Aussagen darüber, was er oder seine Abteilung möchte. Der Systemanalytiker sieht darin eine klare Direktive und erstellt eine eindeutige Anforderungsspezifikation. Das Projekt läuft dann weiter, aber bis Programmieren und Testen abgeschlossen sind, ist der betreffende Manager befördert worden. Sein Nachfolger lehnt das System ab. Systeme, die extrem personenbezogen sind, überdauern fast nie den Weggang des Benutzers, für den sie erstellt wurden.

Eine neue Art der DV-Implementierung

Was zur Bewältigung dieser Probleme erforderlich ist, kann heute bereits in einigen wenigen Unternehmen in der Praxis beobachtet werden. Bei optimalem Einsatz der neuen Methoden fällt der Vergleich mit dem traditionellen DV-Entwicklungszyklus sehr beeindruckend aus.

Folgende Merkmale sind festzuhalten:

- Es werden die in Abbildung 2.1 genannten Arten von Software verwendet.
- Die Anwendungsentwicklung ist *schnell.*
- Anwendungen können *schnell* geändert werden.
- Sofern möglich, erstellen Benutzer eigene Anwendungen. Oft wird die Anwendung von einem Systemanalytiker am Bildschirm und in enger Zusammenarbeit mit dem Benutzer erstellt.
- Sofern möglich, ändern Benutzer die eigenen Anwendungen. Dies kann aber auch durch einen Systemanalytiker zusammen mit dem Benutzer geschehen.
- Konventionelle Programme werden auf der Basis von Prototypen erstellt. Die Prototypen ersetzen zu einem Großteil die aufwendige Anwendungsdokumentation. Sofern möglich, erfolgt die Anwendung direkt aus dem Protoyp.
- Das Verfahren läuft in kleinen Schritten und interaktiv ab, im Gegensatz zu jeweils einem großen Sprung nach vorn, der durch Anforderungsdokumentation und Spezifikationsstopp bedingt ist.
- Das Verfahren nutzt normalerweise Datenbankfunktionen und bedarf in der Datenverwaltung strenger Kontrollen mit Hilfe bestimmter Techniken.

Erstellen von Prototypen

Das Konzept des Prototyps ist von großer Bedeutung.

Bei den meisten komplexen technischen Verfahren wird ein Prototyp erstellt, bevor das endgültige Produkt *hergestellt* wird. Dies erfolgt, um das System im Prinzip zu testen, seine Funktionstüchtigkeit sicherzustellen und ein Feedback bezüglich des Designs zu bekommen, so daß dieses geändert werden kann, bevor viel Geld ausgegeben wird. Eine Chemieanlage wird im Labor in verkleinertem Maßstab gebaut, bevor die Planung endgültig abgeschlossen wird. Ein Schiffskörper wird getestet, bevor das Schiff gebaut wird. Ein neues Flugzeug wird einer Reihe von Simulationstests unterzogen, bevor es gebaut wird.

Komplexe Datenverarbeitungssysteme bedürfen solcher Prototypen noch sehr viel mehr als die meisten anderen technischen Systeme, da sich aus Testoperationen wertvolle Schlüsse ziehen lassen und vermutlich zahlreiche Änderungen vorzunehmen sind. Prototypen würden zur Lösung der Probleme beitragen, die wir im Zusammenhang mit den Systemen diskutierten, die nicht zur Zufriedenheit der Benutzer funktionieren.

Der Grund, weshalb die Entwicklung von Prototypen allgemein erst in den achtziger Jahren aufkam, liegt in den Programmierkosten für den Prototyp, die ungefähr so hoch sind wie die Kosten für das endgültige, funktionsfähige System. Mit Hilfe der Sprachen der vierten Generation können Prototypen aber schnell und billig erstellt werden.

Ein Systemanalytiker kann in Zusammenarbeit mit dem Endbenutzer Dialoge für Datenbankabfragen, für die Berichtsformulierung und die Manipulation der am Bildschirm angezeigten Daten erstellen und demonstrieren. Der Analytiker diskutiert mit dem Benutzer über dessen Anforderungen und erstellt einen Prototyp-Dialog am Bildschirm. Dies dauert eine Stunde oder eine Woche, je nach Komplexität und verwendeter Sprache. Zu Anfang werden Fragen nach Transaktionsvolumen und Maschinenleistung ausgeklammert. Der Endbenutzer wird rasch in die Arbeit mit dem Dialog eingewiesen. Normalerweise hat er einige Verbesserungsvorschläge, die vom Systemanalytiker eingearbeitet werden. Der Benutzer möchte vielleicht Zwischensummen errechnen oder zusätzliche Spalten haben. Vielleicht möchte er auch ganz bestimmte Berechnungen anstellen. Der Analytiker zeigt dem Benutzer die verschiedenen Arten von Diagrammen, die erstellt werden können: Streuungsbilder, Balkendiagramme, Diagramme für Regressionsanalysen, lineare und logarithmische Skalen usw. Der Benutzer erinnert sich an einen bestimmten Kunden oder eine gesetzliche Bestimmung, die außer acht gelassen wurde, oder an irgendwelche anderen Faktoren, die wahrscheinlich nur er kennt.

Im Brennpunkt der Diskussion zwischen Systemanalytiker und Benutzer über die Erfordernisse des Benutzers steht der Prototyp, wodurch sichergestellt ist, daß beide über dieselben Dinge reden. Die Bildschirme werden ausgedruckt, der Benutzer nimmt sie zum Überarbeiten mit nach Hause. Der Analytiker arbeitet parallel dazu weiter, verbessert die Bildschirmanzeigen.

Schließlich und endlich ist der Benutzer zufriedengestellt und fragt voll gespannter Erwartung: »Wann kann ich es bekommen?« In einigen Fällen wird dies sehr schnell möglich sein. Die Datenbank existiert, und aus dem Prototyp kann die endgültige Anwendung erstellt werden. In anderen Fällen kann er nicht so schnell darüber verfügen, da noch Design-Arbeit notwendig ist, um Maschineneffizienz, Datensicherheit, Revisionsfähigkeit und Einbindung in ein Datenübertragungsnetz sicherzustellen oder eine Datenbank zu erstellen. Im letzteren Fall wird der Prototyp praktisch zur Anforderungsdokumentation für die Anwendungsprogrammierung.

In einem gewissen Sinn ist auch ein in dem traditionellen, zweijährigen DV-Entwicklungszyklus entstandenes System ein Prototyp. Es ist nicht als Prototyp *konzipiert* und wird auch nicht als solcher betrachtet, aber es hat all die Unzulänglichkeiten des Prototyps. Die Korrektur dieser Unzulänglichkeiten ist teuer; sie verbleiben deshalb oft im System.

Notwendiger Wandel im DV-Management

Der umsichtige DV-Manager sollte Endbenutzer, die eigene Anwendungsprogramme erstellen, *unterstützen* und nicht behindern. Er sollte dafür sorgen, daß ihnen die Software-Techniken, die Netzwerke und die beratenden Systemanalytiker zur Verfügung stehen. Ganz besonders wichtig aber ist, daß er eine Verbindung zwischen ihren Aktivitäten und den Datenmodellen und Datensystemen herstellt, die auf der Basis der Informationstechnik entstehen (Kapitel 6).

Die Anwendungsentwicklung ohne professionelle Programmierer bietet viele Vorteile. Diese Idee bewirkt in vielen Betrieben aber starke Abwehrreaktionen. Dafür gibt es verschiedene Gründe. Zum ersten erscheint einem Großteil des DV-Personals die Idee der Anwendungsentwicklung ohne Programmierer befremdlich und unvereinbar mit der »gottgegebenen« Ordnung. Zum zweiten stellen sich Programmierer, was nicht weiter verwundert, gegen diese Idee und bringen verächtliche Argumente dagegen vor. Aber auch die Leiter von DV-Abteilungen werden mitunter davon aus der Ruhe gebracht und sehen angesichts von Endbenutzern, die eigene Anwendungssoftware entwickeln, ihre Macht schwinden.

Ein wesentlicher Grund für die Ablehnung ist auch darin zu suchen, daß DV-Organisationen dafür gekämpft haben, Ordnung in den DV-Entwicklungsprozeß zu bringen. Dieser Prozeß war lange Zeit keinen Regeln unterworfen und unterlag dem Ermessen des einzelnen, bis vor kurzem Normen und Richtlinien eingeführt wurden. Diese haben inzwischen Gesetzeskraft erlangt, das gesamte DV-Personal wurde über sie unterrichtet, und sie werden als unerläßlich im Feldzug gegen unstrukturierte Methoden, wartungsfeindlichen Code, nicht übertragbare Programme und den Mangel an wissenschaftlicher Disziplin angesehen. Diese peinlich beachteten Normen führten zum Einfrieren der Methoden großer Betriebe, zu einer Zeit, wo die technologische Weiterentwicklung zu immer neuen Formen vorstößt.

Disziplin tut sicherlich not. Diese kann jedoch aus formalen Methoden der Informationstechnik, strenger Datenverwaltung (Kapitel 6) und einem strengen Management des Informationszentrums (Kapitel 7) kommen.

Die herkömmlichen Normen, die in vielen Unternehmen mühsam erarbeitet wurden, sind voll von Stolperdrähten, die die für die neuen Methoden erforderliche und von Endbenutzern geforderte Produktivitätssteigerung verhindern. Es ist keine leichte Aufgabe, diese Normen zu ändern, da die Ausbildung so vieler Menschen auf ihnen beruht.

Einige erfahrene Computerfachleute reagieren fast schon hysterisch auf die Idee benutzererstellter Anwendungen. Der Chefwissenschaftler einer der in Amerika führenden Elektronikfirmen verglich dies mit einer Gehirnoperation im Do-it-yourself-Verfahren.

Die Wand zwischen Benutzer und Programmierer

Die traditionellen Techniken der Anwendungsentwicklung bauen eine Wand zwischen dem *Benutzer* und dem *Anwendungsersteller* auf. Der Programmierer wird vom Endbenutzer ferngehalten.

Der formale Entwicklungszyklus basiert auf der Erstellung schriftlicher Spezifikationen. Dies nimmt viel Zeit in Anspruch, reicht aber selten aus. Die Spezifikationen müssen bei Beginn der Design- und Kodierarbeiten auf dem momentanen Stand *eingefroren* werden. Oft erfolgt dieses Einfrieren in einem Stadium, in dem die Ideen, was das System leisten sollte, noch nicht voll ausgereift sind. Der Benutzer weiß oft nicht, was er möchte, bis er es am Bildschirm sieht und damit arbeitet. Dies ist um so häufiger der Fall, je komplizierter die Anwendungen werden. Die einfachen, leicht zu standardisierenden Anwendungen liegen hinter uns – Lohn- und Gehaltsabrechnung, Rechnungsschreibung usw.; vor uns liegen sehr viel subtilere und wertvollere Anwendungen, z. B. Systeme für die computerunterstützte Entscheidungsfindung, die Ablaufsteuerung und die Finanzplanung. Bei diesen Anwendungen sind Möglichkeiten der schnellen Anpassung erforderlich, da die Endbenutzer im Begriff sind, ihre Arbeitsmethoden zu ändern. Für viele solcher Anwendungen sollten rasch *Prototypen* entwickelt werden, um zu sehen, ob sie von den Benutzern akzeptiert werden. Die Prototypen sollten leicht und schnell zu ändern sein.

Unter diesen Gegebenheiten ist es unerläßlich, daß der Ersteller der Anwendung Hand in Hand mit dem Benutzer arbeitet. Der Systemanalytiker sollte, nachdem er die Bedürfnisse des Endbenutzers erkannt hat, die Anwendung erstellen und diese dann in Zusammenarbeit mit dem Benutzer auf interaktivem Weg adaptieren. Bei den meisten Anwendungen kann dies mit Hilfe der neuen Software für Anwendungen, Grafiken, Berichte und Datenbankabfragen erfolgen.

Das Programmieren mit COBOL oder PL/1 erfordert viel Zeit. Der Programmierer muß den verwendeten Code dokumentieren. In typischen Installationen, in denen mit einem Richtlinienhandbuch für die Anwendungsentwicklung gearbeitet wird, entfallen auf 1000 Zeilen Code ca. 10 Seiten Dokumentation. In einigen Betrieben wird die Dokumentation niemals erstellt.

Bei Programmierern wird oft eine Art Warteschlange eingerichtet. Kodierarbeiten werden so lange zurückgestellt, bis ein Programmierer frei ist. Dadurch ist zwar die optimale Auslastung des Programmierers – der knappsten Ressource – gesichert; dadurch verlängert sich aber auch die gesamte Entwicklungszeit.

Der Benutzer sieht Jahre verstreichen, ehe die Arbeit an einer von ihm benötigten Anwendung aufgenommen wird. Ist die Anwendung dann in Arbeit, ist oft schon soviel Zeit seit Erstellung der Spezifikation verstrichen, daß die erzielten Ergebnisse aufgrund geänderter Anforderungen nicht mehr brauchbar sind.

Viele Endbenutzer, die nun zu begreifen beginnen, was der Computer für sie tun kann, geben ihre Anforderungen dem DV-Personal wegen dessen Arbeitsüberlastung und des mehrjährigen Anwendungsüberhangs erst gar nicht bekannt.

Der Erstellungsprozeß wird außerdem durch die Korrektur von Fehlern verzögert. Die meisten Fehler treten bei Anforderungsanalyse oder -interpretation, Spezifikation und Design auf.

Fehler in der Analyse werden immer weniger zum Problem, wenn der Systemanalytiker selbst die Anwendung *schnell* erstellt und sie anschließend dem Benutzer vorführt. Dieses vergleichsweise rasche Feedback durch den Benutzer versetzt den Systemanalytiker in die Lage, Änderungen vorzunehmen, solange er noch mit dem Erstellten vertraut ist. Dieser rasche Ablauf von Entwicklung und Feedback, der dank der neuen Software für die Anwendungserzeugung möglich wird, macht das Entwickeln von Prototypen und deren Adaption zu einem ganz alltäglichen Verfahren.

Durch Verwendung höherer Verfahren der Anwendungserzeugung kann die Zahl der Programmfehler weiter reduziert werden. Fehler werden auch ausgeschaltet, indem – wo immer möglich – die Interaktionen zwischen Programmierer und Systemanalytiker reduziert werden. Zu oft werden die Programmspezifikationen des Systemanalytikers fehlinterpretiert. Erstellt der Analytiker die Anwendung aber selbst, so entfällt diese Fehlerquelle.

Das Errichten einer Wand zwischen dem Ersteller und dem Benutzer einer Anwendung ist der schlimmste Fehler, den wir machen können. Dieser Fehler wiegt um so schwerer, je mehr die Entwicklung zu den benutzergesteuerten Anwendungen hingeht. Neue Methoden der Anwendungsentwicklung sind für die Zukunft der Computerindustrie lebenswichtig. Die Zukunft gehört den Herstellern, die eine Anwendungsentwicklung ohne diese Wand ermöglichen.

Spektakuläre Endbenutzersysteme

Es gibt viele Beispiele für benutzererstellte, umfassende Systeme mit verschiedenen Anwendungen, die mit Fug und Recht als spektakulär bezeichnet werden können [2]. Die Quintessenz lautet somit, *daß die Endbenutzer gewaltig unterschätzt wurden.*

Einige Endbenutzer haben ein sehr helles Köpfchen. Sie brauchen nur die richtigen Hilfsmittel und etwas Motivation. Viele Endbenutzer wollen eigene Funktionen erstellen, verfügen aber nicht über die dafür nötigen Mittel; die überwiegende Zahl der Endbenutzer hat die gebotenen Möglichkeiten aber noch nicht voll erkannt. Als einem typischen Endbenutzer ein benutzererstelltes System vorgeführt wurde, meinte er: »Wenn ich so was hätte, könnte ich 40 bis 60 Stunden im Monat einsparen.« Diese Erkenntnis muß sich überall unter Angestellten (und unter einigen Arbeitern) breitmachen.

Die System- und Softwarearchitekten in der Computerindustrie sehen zwar die Notwendigkeit einer höheren DV-Produktivität, die meisten sind aber der Ansicht, daß Vorschläge hierzu von seiten der DV-Experten kommen müssen. Ein äußerst einflußreicher Personenkreis in den Entwicklungslabors spricht von Endbenutzern oft so, als seien diese Idioten, und gibt eine Anekdote nach der anderen zum besten, um diese Ansicht zu untermauern. Aus diesem Grund kommen Verfahren, die die Arbeit des Benutzers mit dem Computer ändern, oft nicht von den alteingesessenen Computerfirmen, sondern von einer ganz anderen Seite. Das galt

z. B. für die ersten Personal Computer, für Visicalc, Microsoft, Lotus, Lisa, Videotext, Telidon usw.

Die Welt ist voll von Endbenutzern, die gute Gründe für die Arbeit mit dem Computer haben. Sie brauchen nur die richtigen Instrumente und ein wenig Unterstützung.

In Kasten 3.2 sind die Gründe zusammengestellt, weshalb Endbenut-

Kasten 3.2 Gründe, weshalb Endbenutzer selbständig mit dem Computer arbeiten sollten

- Nur die Endbenutzer verstehen wirklich die Feinheiten ihrer Anwendungen (insbesondere wenn diese kompliziert sind).
- Die Endbenutzer sollten für die Art und Weise, wie sie den Computer einsetzen, selbst die Verantwortung tragen.
- Endbenutzer können früher über benötigte Anwendungen verfügen; die Frustration, die einige Benutzer bei der Datenverarbeitung verspüren, kann dadurch merklich abgebaut werden.
- Spontaner Bedarf an bestimmten Informationen kann schneller gedeckt werden.
- Endbenutzer sollten eigene Gedanken und Vorstellungen darüber entwickeln, was Computer für sie leisten können.
- Für die Anwendungsentwicklung stehen mehr Menschen zur Verfügung.
- Das Verständnis dafür, was nötig ist, wächst mit der Arbeit am System. Es bedarf eines Verfahrens, mit dem Benutzer schnell Änderungen an ihrem System vornehmen können.
- Komplizierte administrative Verfahren werden im Normalfall schrittweise entwickelt, wobei jeder Schritt die Antwort auf ein spezifisches Problem darstellt. Prozeduren für Computer sollten in derselben Weise weiterentwickelt werden.
- Endbenutzer sind viel klüger, als ein Großteil des DV-Personals wahrhaben möchte. Die besten Endbenutzer können sehr erfinderisch sein, was den Einsatz des Computers anbelangt.
- Endbenutzer entwickeln oft Einsatzmöglichkeiten für Computer, auf die der typische Systemanalytiker nie kommen würde. Sie denken in Beziehung auf den Computer in anderen Kategorien und werden täglich mit den zu lösenden Problemen konfrontiert.
- Der traditionelle Entwicklungszyklus ist für benutzergesteuerte Systeme ungeeignet.

Kasten 3.3 Voraussetzungen für die benutzergesteuerte Datenverarbeitung

Technische Voraussetzungen

- Attraktive Software.
- Gut auf die menschlichen Bedürfnisse abgestimmte Bildschirmanzeigen und Geräte für die interaktive Arbeit.
- Selbsterklärende Software und Bedienerhilfsfunktionen, die den Benutzer zum Experimentieren ermutigen.
- Software, die so abgestuft ist, daß sie für den unerfahrenen Benutzer einfach zu erlernen ist und sich schrittweise zu immer umfangreicheren, leistungsfähigeren Funktionen erweitert.
- Verbindung zu entsprechenden Online-Datensystemen und Datenbankunterstützungsfunktionen.
- In die Software eingebaute Systeme zur Software-Verwaltung und -Steuerung.
- Gute Datensicherheits-, Zugriffsberechtigungs-, Wiederherstellungs- und Revisionsfunktionen.
- Vollständiges Fehlen des DV-Chinesisch. Schwierige Wörter oder Kunstwörter sind nicht erforderlich.

Menschliche Voraussetzungen

- Ein Management, das den Benutzer motiviert, die benötigten Funktionen zu entwickeln oder zu beschaffen.
- Hervorragende Ausbildung.
- Demonstrationen, die den hohen Bedarf der Benutzer erkennen lassen.
- Ermutigung, Betreuung und Sympathie.
- Ein Management, das für Neuerungen aufgeschlossene Mitarbeiter ausfindig macht und sie motiviert, ihre weniger aufgeschlossenen Mitarbeiter zu ermutigen.
- Zusammenarbeit mit und Unterstützung durch DV-Abteilungen, keine Isolation von und Konkurrenz mit DV-Abteilungen.
- Konsequente Datenverwaltung in Verbindung mit benutzergesteuerter Datenverarbeitung.
- Daten in Datensystemen, die mit soliden Techniken der Datenmodellierungen, mit Methoden und mit Verfahren der Informationstechnik geplant wurden.
- Informationszentren wie in Kapitel 7 beschrieben.

zer Computer einsetzen sollten. In Kasten 3.3 sind die technischen und menschlichen Eigenschaften zusammengestellt, die Voraussetzung für eine erfolgreiche Arbeit sind.

Das Konzept des Informationszentrums

Die Installationsbibel kann nicht über Nacht abgeschafft werden, sollte es auch nicht. Es werden heute vielmehr *Alternativen* für die Anwendungserzeugung gebraucht, die parallel zu den traditionellen Verfahren existieren.

In *einigen* Fällen haben Endbenutzer Alternativen unter Umgehung des DV-Personals entwickelt. Benutzerabteilungen schaffen sich eigene Minicomputer an oder setzen Software ein, die ihnen eine schnelle Anwendungserzeugung erlaubt. Dazu nehmen sie manchmal Timesharing-Einrichtungen mit Sprachen wie NOMAD in Anspruch, manchmal Teile eines Großrechners und oft Personal Computer. Die Leiter von DV-Abteilungen einiger Unternehmen haben versucht, die unkontrollierte Verbreitung von Kleincomputern und Sprachen zu stoppen.

In anderen Fällen haben sie diese Entwicklung geduldet, weil sie nur zu froh waren, von einigen Endbenutzern in Ruhe gelassen zu werden. Eine *unkontrollierte* Verbreitung von selbstgenutzten Computern und Datenbanken birgt jedoch auch Gefahren für die Zukunft in sich, da unterschiedliche Versionen von inkompatiblen Daten ebenso entstehen wie Maschinen, die nicht zu Datennetzen verbunden werden können.

Ein wertvoller Ansatzpunkt ist hier das Konzept des *Informationszentrums*. Das Informationszentrum ist eine Gruppe innerhalb der DV-Organisation, das den Endbenutzer direkt und schnell mit Informationen versorgt. Die Gruppe weiß genau, welche Datenbanken existieren, und erstellt mitunter neue Datenbanken. Sie macht diese Informationen mit Hilfe benutzerfreundlicher Sprachen für den Endbenutzer verfügbar.

Die Berater des Informationszentrums arbeiten mit den Endbenutzern zusammen und erstellen, sofern möglich, die gewünschten Anwendungen. Die Berater helfen bei der Entscheidungsfindung von Funktionen für den Personal Computer, von Informationssystemen und Systemen zur Organisationsplanung. Sie helfen Benutzern mit Personal Computern beim Auswählen und Einsetzen der geeignetsten Software. Ein wesentlicher Grund für den Aufbau dieser Organisationsstruktur ist die enorme Unzufriedenheit der Endbenutzer mit der Art und Weise, mit der sich das DV-Personal bislang ihrer Bedürfnisse angenommen hat.

Die Berater ermutigen die Endbenutzer zum Einsatz der bereits existierenden Informationstechniken. Sie sitzen mit dem Benutzer zusammen am Bildschirm und helfen ihm beim Erstellen von Abfragetechniken und

Routinevorgängen für die Bericht- und Grafikerstellung. Sie schulen die Benutzer im Einsatz dieser Funktionen.

Bei komplizierteren Anwendungen entscheidet der Berater des Informationszentrums, wie diese erstellt werden sollen, wobei er sich nach Möglichkeit für einen Anwendungsgenerator oder eine Sprache entscheidet, mit der der formale Programmentwicklungszyklus vermieden werden kann.

Mit Hilfe von Prototypen kann Neuland erforscht werden. Mitunter werden Systeme entwickelt, die niemals von den Benutzern eingesetzt werden. Dies kann mit Hilfe von Anwendungsgeneratoren geschehen, ohne daß viel Zeit verlorengeht. Die gewonnenen Erkenntnisse können dazu beitragen, beim nächstenmal das Design besser zu gestalten.

Personal Computer für das Topmanagement

Viele Manager haben bei der Entscheidungsfindung Computer noch niemals online verwendet; sie haben mit Computerlisten, nicht aber direkt am Bildschirm gearbeitet. Oft hört man, daß dieser und jener Manager sich »niemals vor die Röhre setzen wird«. Gerade aber diese Manager würden in den Instrumenten für die computerunterstützte Entscheidungsfindung, in den Arbeitsblättern und in den Grafikanwendungen für den Personal Computer Hilfsmittel von unschätzbarem Wert finden. Sind sie einmal mit den Hilfsmitteln vertraut, so ändert sich ihre Einstellung dazu, was das Abfragen wichtiger Informationen und das Durchführen geschäftlicher Berechnungen anbelangt.

Jeder Manager, der noch nicht mit einem Personal Computer arbeitet, sollte sich dies ganz fest vornehmen und sicherstellen, daß ihm von Unternehmensseite ein Personal Computer zur Verfügung gestellt wird. Anfänglich wird ihm nicht ganz wohl bei der Sache sein, etwa so, als säße er zum erstenmal auf dem Rücken eines Pferdes; aber wie beim Pferd heißt es durchzuhalten, und schon nach kurzer Zeit wird das alles für ihn ganz normal sein; mit steigendem Selbstvertrauen wird er es immer weiter bringen. Er sollte sich fest vornehmen, die von ihm verwendete Software bis ins kleinste Detail zu studieren. Diese Software sollte benutzerfreundlich sein, so daß ohne Programmieren wertvolle Ergebnisse erzielt werden können.

Interessanterweise wurden in Unternehmen, die ihren Managern Personal Computer zur Verfügung stellten, unterschiedliche Erfahrungen gemacht, die sich in drei Kategorien unterteilen lassen. Im ersten Unternehmen, einem großen Versicherungsunternehmen, wurden den Topmanagern IBM-Personal Computer für die Arbeit zu Hause zur Verfügung gestellt. Die meisten arbeiteten jedoch nicht damit und baten schließlich darum, daß der Computer wieder abgeholt werde. In der zweiten Firma, einem großen Herstellerwerk, wurde angesichts dieser negativen Erfahrungen dafür gesorgt, daß den Managern eine leicht verständliche, aber doch effektive Software zur Verfügung stand. Sie setzten Multiplan-Software für die Manipulationen mit Hilfe von Arbeitsblättern ein. Das Ergebnis war wiederum wenig ermutigend. Im dritten Fall wurden vom Informationszentrum eines Unternehmens die Daten ausgewählt, die für die einzelnen Manager von besonderer Bedeutung und Aktualität waren. Diese Daten wurden mit den Arbeitsblättern und der Farbgrafik von Lotus 1–2–3 aufbereitet. Die Manager erkannten nun auf Anhieb die Vorteile und die Bedeutung dieses Hilfsmittels, und alle lernten, wie Daten gehandhabt, Kapitalflüsse untersucht und »Was wäre, wenn . . .«-Fragen gestellt werden.

Das Fazit dieser Geschichte ist, daß Zeit und menschliches Einfühlungsvermögen nötig sind, um Managern klarzumachen, daß sie ihre Aufgaben mit Computern besser bewältigen können. Nachdem diese Hürde genommen ist, gehen sie mit ihrem natürlichen Erfindungsgeist daran, herauszufinden, wofür die Software eingesetzt werden sollte.

Achtung

Neben den spektakulären Erfolgsmeldungen über die Datenverarbeitung durch Endbenutzer kam es aber auch zu schweren Fehlschlägen.

Berichte wurden mit falschen Daten gefüttert. Es trat eine übermäßige Maschinenauslastung auf. Verarbeitungsläufe von bis zu 30 Stunden wurden ohne Prüfpunkte geschrieben. Bei der Darstellung der Daten ergab sich ein Chaos. Es wurden Systeme erstellt, die nicht mehr revisionsfähig waren. Beim Einsatz der Sprachen der vierten Generation sind neue Arten von strukturierten Techniken erforderlich. Der Leiter eines Informationszentrums in New York beklagte sich: »Ich kann eine Liste mit 200 typischen Benutzerfehlern erstellen.« Für die Steuerung und Verwaltung des Computereinsatzes durch den Benutzer brauchen wir professionelles Know-how. Eine wichtige Funktion des Informationszentrums ist es, dieses Know-how einzubringen.

Endbenutzer benötigen eine umfangreiche Schulung und Betreuung beim Kennenlernen eines neuen Systems. Der Berater des Informationszentrums kann eng mit den Endbenutzern zusammenarbeiten und ihnen den Einsatz der Funktionen erklären. In einigen Fällen können die Schulung am Computer sowie der Einsatz von Videobändern von großem Vorteil sein, z. B. die Videobänder und Schulungen am Computer, die vom Autor in Zusammenarbeit mit Deltak, Inc. [3] erstellt wurden.

Das Management des Informationszentrums wird in Kapitel 7 erörtert.

4 Probleme mit Spezifikationen

Probleme mit dem Spezifikationsprozeß

Wenn sich der traditionelle Systemanalytiker und der potentielle Endbenutzer zum erstenmal gegenübertreten, treffen zwei Welten aufeinander – als würde der viktorianische Missionar zum erstenmal das afrikanische Dorf betreten. Sie müssen aber ein äußerst präzises Dokument erstellen – die Anforderungsspezifikation.

Der Missionar ist in der Computerterminologie und den Methoden der Systemanalyse zu Hause. Der Dorfbewohner beherrscht die Buchhaltung, chemische Abläufe oder die Produktionssteuerung – facettenreiche Welten. Sie sprechen unterschiedliche Sprachen. Und doch sollen sie sich irgendwie ohne Mißverständnisse und unzweideutig unterhalten. Wenn der Missionar geschickt vorgeht und den Dorfbewohnern eine bessere Zukunft verspricht, so können beide Seiten beginnen, den konzeptionellen Rahmen des anderen zu verstehen. Es ist jedoch ausgeschlossen, daß der eine je alle Nuancen und Feinheiten in der Denkweise des anderen verstehen kann.

In dem Bemühen, diesen Prozeß zu entwirren und zu formalisieren, werden Spezifikationen für die Anwendung geschrieben, die programmiert werden sollen. Bis zur Fertigstellung kann es Mannjahre dauern, und das Ergebnis sind Dokumente, die mehrere Zentimeter dick sind. Zu seiner eigenen Absicherung braucht der Missionar die Unterschrift der Dorfbewohner.

Im traditionellen Entwicklungszyklus spielt diese Spezifikation eine extrem wichtige Rolle. Sie ist der Leitfaden für den Programmierer und soll Antworten auf Fragen bieten, die im Zusammenhang mit dem System auftreten. In der Praxis entstehen dadurch schwerwiegende Probleme.

- Sie ist oft so umfangreich und langweilig, daß Manager in den Schlüsselpositionen sie nicht lesen und statt dessen zu einer Zusammenfassung greifen.
- Sie ist nicht präzise genug. Sie kann nur über zahllose Vermutungen und Interpretationen in maschinenlesbaren Code umgesetzt werden.
- Sie ist oft zweideutig, in sich nicht schlüssig und unvollständig.
- Sie unterliegt oft Fehlinterpretationen beider Seiten. Oft *glauben* die Leser den Inhalt zu verstehen, tun es in Wirklichkeit aber nicht.
- Oft beinhaltet das Dokument Nebensächliches und Überflüssiges. Das ist bei beiden Seiten verständlich. Es ist ein Entgegenkommen dem Leser gegenüber, hat aber nicht den geringsten meßbaren Wert.
- Die Spezifikation ist nicht für spätere, aus der praktischen Erfahrung resultierende Änderungen geeignet. Sie ist als in sich abgeschlossenes Dokument zu verstehen, das von den Benutzern abgezeichnet wird.

Abzeichnen durch Benutzer

Die Benutzer sind gezwungen, das Spezifikationsdokument abzuzeichnen. Sie wissen, daß Design und Programmieren erst beginnen, wenn sie ihre Unterschrift unter das Dokument gesetzt haben. Das DV-Personal erhofft sich davon eine gründliche Korrektur des Dokuments durch den Benutzer, so daß Fehler noch vor Beginn des Programmierens beseitigt werden können.

Das Unterzeichnen ist immer ein erwartungsvoller Moment für beide Seiten. Die Benutzer sind sich nicht sicher, ob das Unterzeichnete auch wirklich das ist, was sie möchten. Oft merken sie, wie sich ihre Ansichten über das System bei näherem Kennenlernen und Überdenken ändern. In einem bestimmten Lernstadium wird die Spezifikation dann *eingefroren.* Dieses Einfrieren der Spezifikationen bei Beginn der Programmierarbeiten ist beim traditionellen Entwicklungszyklus von großer Bedeutung. Das DV-Personal ist besorgt, weil es sich nicht sicher ist, ob es alle Anforderungen des Benutzers verstanden hat. Es wird viel Arbeit in die Implementierung gesteckt, und jede Unzulänglichkeit in den Spezifikationen erweist sich als teuer.

Fehler

Ganz sicher enthalten Spezifikationsdokumente Fehler.

Bei den meisten Installationen enthalten die Spezifikationen mehr Fehler als der eigentliche Programmcode. In einem typischen Fall fand ein Unternehmen heraus, daß 64% der Fehler in der Anforderungsanalyse und im Design auftraten – trotz formaler Abzeichnung durch den Benutzer. Was aber noch schwerer wiegt, ist die Tatsache, daß *45 % dieser Fehler entdeckt wurden, nachdem die Abnahmetests für die fertigen Anwendungen abgeschlossen waren.*

Dieses Unternehmen ging den Weg des traditionellen Entwicklungszyklus und hielt sich strikt an die gültigen Normen. Beim Erstellen der Spezifikation wurde eine formale Methode der strukturierten Analyse angewendet.

In Abbildung 4.1 sind die Fehlerwerte einer großen Bank dargestellt. 56% der Fehler traten im Spezifikationsdokument, 27% beim Design auf (wobei die meisten aus einer Fehlinterpretation des Anforderungsdokuments resultierten).

Die Korrektur der Fehler in der Spezifikation ist sehr viel zeitaufwendiger und teurer als die Korrektur von Fehlern im Code. Dies wird anhand von Abbildung 4.1 deutlich. Von den Gesamtkosten für die Fehlerkorrektur entfielen in dieser Bank 95% auf die Korrektur von Fehlern in den Anforderungen und dem Design. Die in Abbildung 4.1 gezeigten Verhältniswerte sind für viele Betriebe typisch.

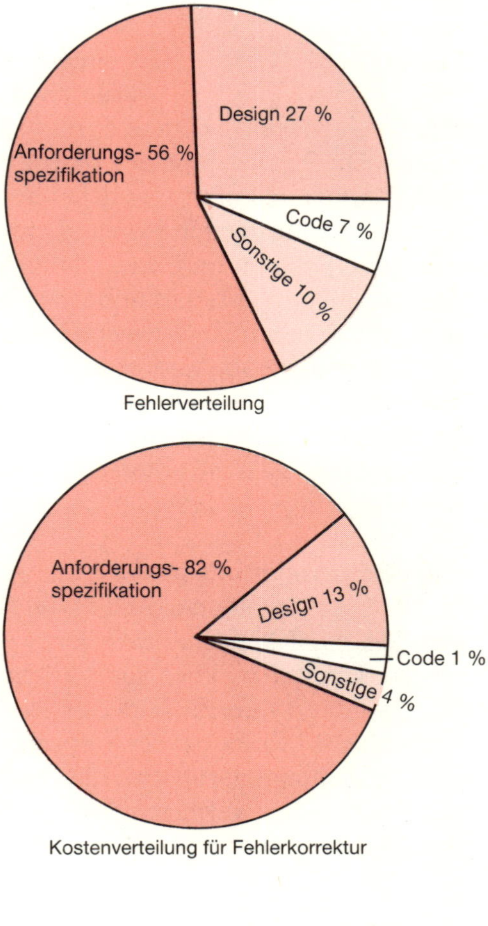

Abbildung 4.1 In einer typischen Installation mit traditioneller Entwicklungsmethodik treten mehr Fehler in Anforderungsspezifikation und Design als im Code auf. Die Korrektur von Fehlern in der Anforderungsspezifikation ist die mit Abstand teuerste Korrektur (Aus Lit. 1).

Immer wieder hört man von Systemen, deren Entwicklung nach jahrelanger Arbeit eingestellt wird, und von Endbenutzern, die sagen, das sei nicht das, was sie brauchen, oder die nach einer gewissen Versuchszeit einfach aufgeben.

Die Anforderungen waren nicht detailliert genug spezifiziert. Deshalb wurden noch genauere Richtlinien für die Anforderungsspezifikation entwickelt, was manchmal aber nur zu einer umfangreichen Dokumentation führte. Das System war aber nach wie vor nicht zufriedenstellend.

Viele DV-Organisationen haben erkannt, daß ihr Verfahren der Anwendungsentwicklung nicht zur Zufriedenheit der Benutzer arbeitet, und haben Maßnahmen zur Behebung dieses Mißstands ergriffen. Oft bestehen diese Maßnahmen aber nur in der Durchsetzung formalerer Richtlinien. Die Anwendungsentwicklung, so wird argumentiert, müsse weg von nachlässiger Ad-hoc-Arbeit und zu einer technischen Disziplin mit festen Regeln werden. Unglücklicherweise machen diese Maßnahmen die Situation oft nur noch schlimmer.

Fehlschläge

In einem großen Versicherungsunternehmen wurde ein System zur Verarbeitung von Forderungen entwickelt, bei dem Terminals in Zweigstellen aufgestellt werden sollten. Die Entwicklungszeit betrug etwa 3 Jahre, bei einem Aufwand von ca. 4 Millionen Dollar. Um sicherzustellen, daß die Bedürfnisse der Endbenutzer richtig verstanden wurden, wurde einem Endbenutzer-Manager eine hohe Position im Entwicklungsprozeß anvertraut. Schon bald nachdem die ersten Terminals in Betrieb genommen worden waren, gaben die Benutzer zu jedermanns Entsetzen die Arbeit am Terminal auf. Sie hielten das System für unbefriedigend im Vergleich mit der bisher verwendeten Methode. Das System wurde schließlich eingestellt.

In einer Studie des US-Verteidigungsministeriums wurden 10 große automatische Systeme untersucht. Man kam zu dem Schluß, daß alle zehn *instabile und sich ändernde* Anforderungen hatten, woraus gefolgert wurde, daß ein Bedarf an Techniken besteht, mit denen eine erheblich schnellere Anpassung an derartige Änderungen möglich ist.

IBM entwickelte ein System, mit dem die beiden japanischen Zeitungen *Asaki* und *Nikei* automatisiert werden sollten. Was brauchen die Zeitungsredakteure wirklich am Bildschirm? Sie wußten es nicht. Als das System installiert wurde, brachte es den Redakteuren überhaupt keinen Nutzen, und IBM verlor bei der Software-Entwicklung ca. 2 Millionen Dollar. [2]. Die Zeitungsautomatisierung wurde trotzdem unverzagt vorangetrieben. Jahre später wurde mit großem Aufwand ein Anforderungsdokument von *2400 Seiten* erstellt, um verschiedene amerikanische Zeitungen zu automatisieren. Es war so detailliert, daß das Management dachte, *nichts* könne schiefgehen. Unglücklicherweise interpretierten die Erfinder und ihre Kunden das Dokument jedoch unterschiedlich, wenn sie es zur Klärung von Fragen heranzogen. Beide Seiten arbeiteten in bestem Glauben, aber die Schwierigkeit, die Anforderungen so zu spezifizieren, daß beide Seiten die (zum Programmieren erforderlichen) Feinheiten verstanden, war zu groß [2].

Die Schwierigkeit, angemessene Anforderungsspezifikationen zu erstellen, hat zu einigen spektakulären Gerichtsprozessen geführt. Anfang der siebziger Jahre verklagten zwei große amerikanische Fluggesellschaften – nachdem sie 40 Millionen Dollar ausgegeben hatten – Computerlieferanten, weil diese ihnen immer noch keine einsatzfähigen Anwendungsprogramme zur Verfügung gestellt hatten. Zum Zeitpunkt der Entstehung dieses Buches prozessiert eine europäische Bank wegen Forderungen in Höhe von 70 Millionen Dollar in Zusammenhang mit Anwendungssoftware. Die US-Luftwaffe gab bei einem erfolglosen Versuch, ihr Advanced Logistics System (ALS) zu automatisieren, mehr als 300 Millionen Dollar aus [2].

Die Staatsarchive sind voll von Beispielen, bei denen unzulängliche Spezifikationen von militärischen Systemen enorme Kostenexplosionen oder Neuentwicklungen zur Folge hatten, weil Systeme nicht wie erwartet funktionierten [3, 4, 5].

Wenn einem Softwareingenieur unklare oder nicht eindeutige Spezifikationen vorliegen, was oft der Fall ist, neigt er dazu, die Lücken selbst zu schließen. Oft ist er dann von seiner eigenen Schöpfung fasziniert. Er erstellt ein geniales Subsystem, und das restliche System wird um dieses Subsystem herumgebaut.

Ein Vertrags- oder Chefprogrammierer ohne klare Spezifikationen muß oft Teile des Systems neu erstellen. Er kann damit Terminüberziehungen, Kostenüberschreitungen und Systemausfälle rechtfertigen.

Auf jeden großen Fehlschlag, der in die Schlagzeilen gerät, kommen tausend kleine Fehlschläge, die den normalen Endbenutzer dazu veranlassen, die Arbeit am Bildschirm einzustellen oder sich darüber zu beklagen, daß das Terminal nicht das tut, was er will. Dies kann katastrophale Folgen haben, wenn es zur Unfähigkeit der Unternehmen führt, auf Veränderungen in Wirtschaft und Wettbewerb zu reagieren.

Einmal entwickelt, lassen sich konventionelle Computerprogramme nur schwer dahingehend ändern, daß sie auf ein sich wandelndes externes Umfeld reagieren. Wir stecken in einem immer tiefer werdenden Morast von Wartungskomplexität – einem Morast, der zu Beton erstarrt.

Lösungen

Für das Problem der Spezifikationen gibt es zwei Lösungen.

Die erste Lösung ist *der Einsatz einer Spezifikationssprache, die mathematisch ausreichend korrekt ist, um aus ihr Programme automatisch generieren zu können.* Die Sprache erlaubt sukzessive Verfeinerungen, so daß bei sich ändernder Meinung der Benutzer oder besserem Verständnis der Anforderungsdetails die Programme neu geschrieben werden können. Im Idealfall sollte die Spezifikationssprache so leicht zu verstehen sein, daß die Benutzer sie einsetzen oder zumindest die Spezifikationen studieren und darüber nützliche Diskussionen mit dem Systemanalytiker führen können.

Die zweite Lösung besteht in der *Abschaffung des formalen Spezifikationsprozesses* und der interaktiven Arbeit des Benutzers direkt mit dem Computer – oft mit Unterstützung von DV-Spezialisten, wie in Kapitel 3 beschrieben. Dies ist aber nur bei bestimmten Anwendungsgruppen möglich.

In Kapitel 5 werden Spezifikationssprachen besprochen. Allerdings ist das Wort »Sprache« vielleicht irreführend. Die Spezifikation kann aus einer Zeichnung oder einer Reihe von Zeichnungen bestehen, so wie die Spezifikation für einen technischen Mechanismus aus einer Reihe von Zeichnungen besteht. Technische Zeichnungen sind sehr genau und werden nach formalen Regeln erstellt. Sie sind im Grunde genommen eine Sprache, mit der Spezifikationen angegeben werden.

Die modernen Computer verfügen über leistungsstarke Grafikfunktionen. Wir können mit ihnen am Bildschirm Zeichnungen erstellen und variieren. Dabei brauchen wir kein Kunstwerk zu schaffen oder eine Zeichnung, die beispielsweise die Eleganz der Zeichnungen eines viktorianischen Architekten für eine Kathedrale besitzt. Was wir brauchen, sind klare Diagramme mit der Logik von Computeranwendungen, die verfeinert und automatisch auf Richtigkeit und Stimmigkeit geprüft werden können, so daß sich aus ihnen ein Programm-Code schreiben läßt.

Systemskizzen

Komplexe Designprozesse beginnen mit *Skizzen* und münden in immer detailliertere Darstellungen. Schließlich wird die Detailgenauigkeit erreicht, mit der das System implementiert werden kann. Ein Architekt beginnt beispielsweise mit Skizzen, wie das Haus aussehen soll. Diese setzt er schrittweise in detaillierte Zeichnungen um, nach denen die Handwerker arbeiten. Der Designer einer Computeranwendung beginnt mit Skizzen der Anwendung, die in immer mehr Details aufgegliedert werden, bis schließlich Programme entstehen.

Eine ungemein wichtige Eigenschaft der Skizze besteht darin, daß sie für Endbenutzer leicht verständlich ist. Der zukünftige Hausherr möchte sich über die ersten Skizzen des Architekten Gedanken machen, bevor dieser zu sehr ins Detail geht. Wir brauchen Möglichkeiten zur Darstellung der Systemaktivitäten, die für die zukünftigen Benutzer leicht verständlich und nachvollziehbar sind. Je mehr sie über die Skizzen nachdenken und diskutieren, um so eher werden sie mit dem Ergebnis zufrieden sein.

Es gibt eine Vielzahl von Möglichkeiten, zu skizzieren, was ein System tut. Möglicherweise sind unterschiedliche Skizzenarten zur Darstellung unterschiedlicher Aspekte des Systems erforderlich. Manche werden zwangsläufig abstrakter sein als die Architektenskizze für ein neues Haus. Der Benutzer muß lernen, diese Skizzen zu lesen; die Form der Skizze sollte ihm das so einfach wie möglich machen.

Es lassen sich folgende Skizzenarten unterscheiden [6]:

- Prototypen
- Datenflußdiagramme
- HIPO-Diagramme
- Warnier-Diagramme
- Nasi-Schneidermann-Diagramme
- Aktionsdiagramme
- Datenzugriffspläne
- HOS-Zeichen

Der Prototyp ist das mit Abstand effektivste Mittel, einem Benutzer eine klare und realistische Vorstellung des neu zu erstellenden Systems zu geben. Der Systemanalytiker bedient sich einer Technik für die Prototypenerstellung, mit der sich Bildschirmanzeigen, Daten, Terminal-Dialoge und Logik erzeugen lassen. Der Prototyp wird von verschiedenen Benutzern getestet, um herauszufinden, ob er ihre Probleme wirkungsvoll löst. Dabei werden gewöhnlich Auslassungen, Unstimmigkeiten und Mißverständnisse entdeckt. Oft ergibt sich dabei auch die Notwendigkeit einer besseren ergonomischen Gestaltung. Die Systemanalytiker verfeinern den Prototyp so lange, bis er den Anforderungen der Benutzer so wirkungsvoll wie möglich entspricht.

Ein Prototyp ist etwas Faßbares, Reales. Durch Prototypen können die Benutzer Beiträge zum Design leisten, die sonst nie möglich wären. Das Erstellen eines Prototyps ist oft die einzige Möglichkeit *sicherzustellen,* daß die zukünftigen Benutzer mit dem System zufrieden sind. Es können damit jedoch nicht die gesamte Logik des Systems oder die komplexen Interaktionen zwischen Subsystemen sichtbar gemacht werden. Hierfür sind andere Skizzenarten erforderlich.

Nasi-Schneidermann-Diagramme zeigen die Logik, Datenbankaktionsdiagramme die Logik und ihre Beziehung zu Datenbankstrukturen auf. Datenflußdiagramme zeigen die Interaktionen zwischen einzelnen Prozessen.

Einige Skizzenarten, mit denen Systemanalytiker arbeiten, sind für Endbenutzer schwer erlernbar und diskutierbar. Ein Schwerpunkt muß deshalb die Suche nach der benutzerfreundlichsten Skizzenart sein. Diese Skizze muß noch eine weitere Eigenschaft besitzen: Sie sollte *möglichst direkt* in ein Systemdesign umsetzbar sein.

Abbildung 4.2 zeigt diese beiden Eigenschaften der Skizze.

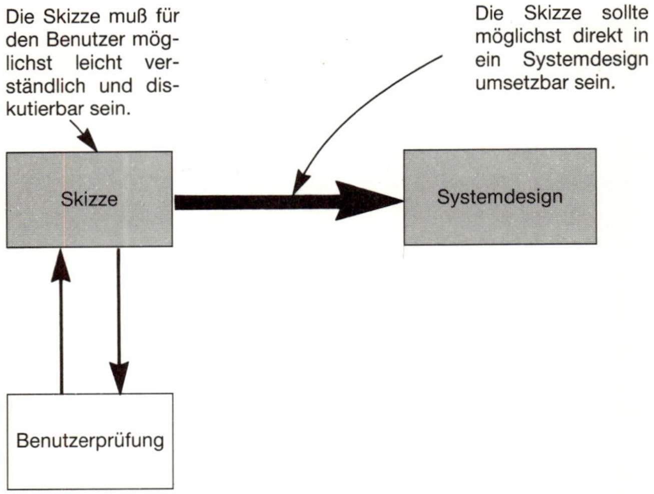

Abbildung 4.2 Eigenschaften von Systemskizzen.

Maschinenlesbares Design

Das Systemdesign, das aus einer immer detaillierteren Skizze entsteht, verfügt über eine sehr wichtige Eigenschaft. Es sollte *maschinenlesbar* sein, das heißt, das Design muß direkt in ausführbaren Code umgewandelt werden können.

Es muß eindeutig und mathematisch korrekt sein. Verfügt die Designtechnik über diese Eigenschaft, so kann ein Programmgenerator entwikkelt werden, der den Code automatisch erstellt. Das spart viel Zeit und führt außerdem zu einem Code, der nicht die Fehler menschlicher Codierer enthält. Der Zeitaufwand für den Programmtest wird dadurch erheblich verringert, so daß Anwendungen sehr viel schneller erstellt werden können.

Abbildung 4.3 zeigt die Voraussetzungen für eine Automation der Codierung.

Das Design wird durch einen Design*analysator* getestet. Dieser prüft das Design auf Syntaxfehler und, soweit möglich, auf semantische Fehler. Dabei werden alle Unstimmigkeiten und Unvollständigkeiten aufgedeckt, die die Codeerzeugung verhindern könnten. Ergibt der Analysator, daß das Design für die Erzeugung des Codes ausreichend korrekt und vollständig ist, wird das Design an einen Programmgenerator übergeben.

Die roten Pfeile in der Abbildung 4.3 geben an, daß die Übergänge von der Designdarstellung zu Designanalysator und Codegenerator automatisiert sind.

Bei der Erzeugung wird der Code ablaufgetestet. Aus dem Test können sich eventuell Änderungen am Systemdesign oder an der Skizze ergeben. Beim Einsatz der für diese Zwecke besten Software dauert der Test nicht lange, da die meisten Fehler bereits vom Designanalysator entdeckt wurden. Menschliche Programmierfehler sind ausgeschlossen.

Der Codegenerator kann auch einen Teil des ganzen Systems erzeugen. Dieser Teil kann auch in dem Simulationsbetrieb getestet werden, wobei die noch nicht codierten Teile des Systems manuell simuliert oder überbrückt werden.

Sofern möglich, sollte auch der Übergang von der Skizze zum Design automatisiert werden. Die Skizze bietet einen groben Überblick über das

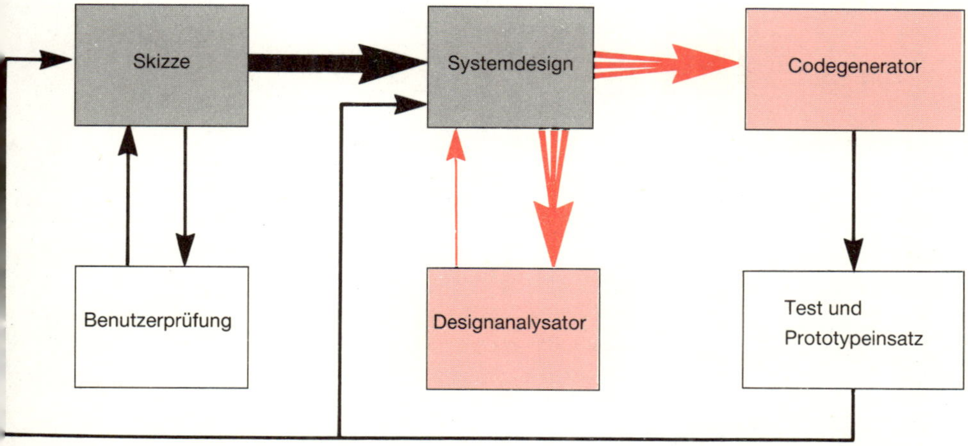

Abbildung 4.3 Das Systemdesign sollte (im Idealfall) in maschinenlesbarer Form erfolgen, d. h., es kann automatisch analysiert und in Programmcode umgesetzt werden. Die gestreiften Pfeile zeigen die Übergänge, die automatisiert werden sollten.

Design, das so lange mit mehr Details ausgefüllt werden muß, bis es maschinenlesbar ist. Die Skizze kann so am Bildschirm darstellbar sein, daß der Designer zu den für die Codierung erforderlichen höheren Detaillierungsgraden herunterbrechen kann.

Gewöhnlich werden Systemskizzen viele Male geändert, wenn Verfeinerungen vorgenommen und Modifikationen geprüft werden. Eine saubere, manuelle Darstellung jeder Modifikation wäre sehr zeitaufwendig. Computerunterstütztes Aufbereiten der Skizze und Darstellung mit Computergrafik (wenn auch noch so grob) erhöhen die Produktivität des Designvorgangs und ermutigen die Entwickler, mögliche Alternativen umfassender zu erkunden.

Wie in Abbildung 4.4 dargestellt, ist ein Design-Arbeitsplatz erforderlich, um den Designprozeß und die Codeerzeugung so stark wie möglich zu automatisieren.

Ein bestimmtes Stadium in der Entwicklung der Spezifikationsskizze kann als detailliertes Design betrachtet werden, das an ein anderes Arbeitsteam übergeben wird. Dieses Team kann Verfeinerungen des Diagramms vorschlagen, die dann von den ursprünglichen Spezifikationserstellern geprüft werden.

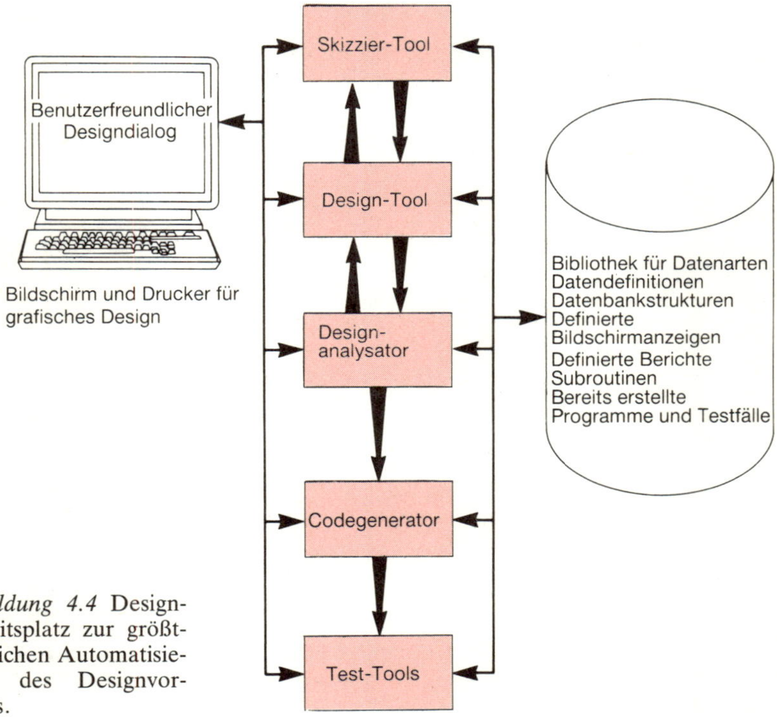

Abbildung 4.4 Design-Arbeitsplatz zur größtmöglichen Automatisierung des Designvorgangs.

Oft wird darüber gestritten, was Inhalt der Anforderungsbeschreibung, was Inhalt der Spezifikation und was Inhalt der Designdokumentation sein sollte. Diese Unterscheidung ist künstlich. Anforderungen, Spezifikation und Design sind Stufen desselben Prozesses mit zunehmend höherem Detaillierungsgrad. Es ist möglich, sie alle mit einer Diagrammtechnik und Sprache abzudecken.

Für unterschiedliche Aspekte des Entwicklungszyklus wurden unterschiedliche Sprachen und Techniken entwickelt. Manchmal wird eine Sprache (meist Englisch) für die Anforderungsbeschreibung verwendet, eine andere Sprache oder Technik für die Spezifikation, z. B. für Datenflußdiagramme, wieder eine andere Sprache oder Technik für das detaillierte Programmdesign und schließlich noch eine Programmiersprache für die Codierung. Die Spezifikationsersteller interpretieren gewöhnlich die Anforderungen falsch, die Programmdesigner hingegen die Spezifikationen.

Die Codierer machen Fehler beim Codieren anhand der Designdiagramme. Es gibt viele Möglichkeiten, während und zwischen den einzelnen Phasen des Entwicklungszyklus manuelle Verfahren einzuschieben. Jedes dieser Verfahren stellt eine Fehlerquelle dar.

Eine maschinenlesbare Spezifikationstechnik, die von einem groben Überblick bis hin zu Spezifikationen erweitert werden kann, die wiederum ausreichend detailliert sind, um aus ihnen Code erstellen zu können, schließt diese Probleme aus.

Unmittelbares Feedback

Es gibt unterschiedliche Statistiken über die Häufigkeit, mit der Menschen beim Programmieren und beim Design von komplexer Logik Fehler machen. Wenn es ihnen eine leistungsfähige Sprache ermöglicht, ein Programm mit einem Zehntel der üblicherweise benötigten Code-Zeilen zu schreiben, so brauchen sie nur ein Zehntel der Zeit und machen nur ein Zehntel Fehler.

Gleichzeitig können sie aber zehnmal soviel Anwendungen erstellen, ohne daß sich ihre Fehlerquote – *pro Tag* – wesentlich ändert. Es ließe sich daraus ein Gesetz von der Erhaltung der Fehlerzahl formulieren, das besagt, daß eine bestimmte Anzahl von Programmierern, die eine bestimmte Zeit arbeitet, unabhängig von der Leistungsfähigkeit der eingesetzten Sprache immer die gleiche Anzahl von Fehlern macht [7].

Ein Faktor kann dies allerdings wesentlich ändern. Wenn die Software die Syntax und Semantik des Programmierers überprüfen, Fehler erkennen und ihm, nachdem er einen Fehler gemacht hat, dies schnell mitteilen kann, dann senkt dieses mittelbare Feedback erheblich seine Fehlerquote.

Einige der leistungsstarken neuen Instrumente für Systementwickler können das. Psychologen haben nachgewiesen, daß sofortige Fehlererkennung und entsprechendes Feedback beim Unterrichten, bei der Führung von Menschen und der Kontrolle des Systemdesigns äußerst wertvoll sind. Unsere Instrumente müssen diese Fähigkeit besitzen.

Die strukturierte Revolution

Über die »Revolution« im Anwendungsdesign durch strukturierte Techniken ist viel geschrieben worden. Die meisten strukturierten Techniken, die stark propagiert und oft verkauft wurden, produzieren kein *maschinenlesbares* Design. Sie sind nicht mathematisch korrekt genug, um als Grundlage für die automatische Code-Erzeugung dienen zu können.

Wir sind der Ansicht, daß die *eigentliche* Revolution nicht in der Verbesserung manueller Methoden und Codierung besteht, sondern in der Verwendung von Techniken, die den Designprozeß automatisieren.

Wir haben bereits ausgeführt, daß unser menschliches Gehirn für bestimmte Aufgaben gut, für andere dagegen schlecht geeignet ist. Glücklicherweise eignet sich der Computer gut für bestimmte Aufgaben, für die sich das menschliche Gehirn als ungeeignet erweist. Unser Gehirn kann keine langwierigen, komplizierten logischen Operationen ausführen, ohne dabei Fehler zu machen. Es braucht automatische Hilfsmittel zu seiner Unterstützung.

Das Systemdesign muß deshalb mit Möglichkeiten beginnen, die den Benutzern die Konzeptionierung dessen erleichtern, was das System für sie tun soll; es muß weiter ein problemloses Modifizieren und Verfeinern dieser Anforderungsspezifikation und anschließend deren automatische Umsetzung in fehlerfreien Code möglich sein. Es ist wichtig, daß jeder, der mit Datenverarbeitung zu tun hat, erkennt, daß dies möglich ist und daß es Software gibt, die dies selbst für die komplexesten Systeme leistet. Bei den Skizzierungs- und Konzeptionierungstechniken der Code-Erzeugung und der effizienten Code-Ausführung sind freilich noch große Verbesserungen möglich.

5 Spezifikationssprachen

Einleitung

Es sind höhere Sprachen erwünscht, mit denen wir – im Gegensatz zu Programmiersprachen – Anforderungen und Spezifikationen ausdrücken können. Bei frühen Versionen dieser Sprachen handelte es sich um nützliche Hilfsmittel zur Dokumentation, die aber nicht *maschinenlesbar* waren. (Mit »maschinenlesbar« bezeichnen wir, wie in Kapitel 4 erläutert, daß aus der Spezifikation automatisch ausführbarer Code erzeugt werden kann.)

Sukzessive Verfeinerung

Um ausführbaren Code automatisch erzeugen zu können, muß die Spezifikation exakt sein. Eine exakte Spezifikation kann nicht mit einemmal erstellt werden. Es bedarf hierzu einer umfangreichen, sukzessiven Nachbearbeitung. Jeder Abschnitt in diesem Überarbeitungsprozeß muß wiederum exakt sein.

Ein für die Automatisierung entworfenes Spezifikationsverfahren wird wahrscheinlich eine Folge formaler Darstellungen des Systems produzieren, die in immer detaillierte Darstellungen aufgegliedert werden können. An den einzelnen Detaillierungsebenen werden wahrscheinlich unterschiedliche Personen arbeiten. Es hilft, wenn alle dieselbe Diagrammart verwenden.

Auf der obersten Ebene besteht das Diagramm aus einigen Blöcken, die die allgemeinen Anforderungen an das System darstellen. Auf der untersten Ebene ist es detailliert genug, um daraus automatisch Programmcode erzeugen zu können. Getrennte Teile des Diagramms werden getrennt entwickelt. Die verwendete Technik muß daher so beschaffen sein, daß diese Teile ohne Schnittstellenprobleme miteinander verknüpft werden können. Werden auf unteren Diagrammebenen Änderungen vorgenommen – was häufig vorkommt –, so werden diese automatisch in allen übergeordneten Ebenen eingearbeitet, so daß eine Überprüfung der hohen Darstellungsebenen des Systems möglich ist.

Zwei Sprachentypen In den Anfangszeiten der Computerindusterie dachte man bei Computersprachen nur an Programmiersprachen. Ursprünglich lehnten sie sich in ihrer Syntax eng an den Instruktionsvorrat der Maschine an. Da menschliche Sprache sich sehr stark von Maschinensprache unterscheidet, versuchte man, die Programmiersprachen durch Verwendung englischer Wörter zu humanisieren.

Die Standardisierung von Sprachen wie COBOL, FORTRAN und Ada lieferte den Programmierern praktisch virtuelle Computer, in denen die physischen Details wirklicher Computer, die sich von Maschine zu Maschine unterscheiden, enthalten waren. Die Programmiersprache jedoch blieb eine Anweisung, *wie* eine Reihe von Operationen in bezug auf die Computerressourcen ausgeführt werden soll.

Um die Anforderungen an ein komplexes System verstehen und die Spezifikationen dafür erstellen zu können, ist ein ganz anderer Sprachtyp erforderlich. In den Anfangsjahren (oft auch heute noch) wurden Anforderungen und Spezifikationen in englischer Sprache ausgedrückt. Die menschliche Sprache ist aber mehrdeutig und ungenau. In Englisch verfaßte Spezifikationen waren gewöhnlich unvollständig und konnten fast immer fehlinterpretiert werden. Der Versuch, sie genauer zu machen, führte zu Dokumenten, die noch umfangreicher und viel langweiliger waren als viktorianische Romane. Es wurde klar, daß an vielen Systemproblemen nicht die Programmierer, sondern die Spezifizierer schuld waren.

Aus diesem Grund entstand eine Vielzahl von Techniken für das Design und die Spezifikation von Systemen. Es entwickelte sich langsam ein neuer Sprachtyp – die Spezifikationssprachen. Diese Sprachen hatten nur wenig oder gar keine Ähnlichkeit mit Programmiersprachen. Sie traten in unterschiedlichster Form auf. Manchmal wurde eine formale Sprache benutzt, manchmal eine Diagrammtechnik. Zu diesen Sprachen gehört SADT (Structured Analysis and Design Technique) [1], SREM (Software Requirements Engineering Methodology) [2], Datenflußdiagramm-Techniken [3], HIPO (Hierarchical Input-Process-Output) [4], PSL/PSA (Problem Statement Language/Problem Statement Analyzer) [5] und IDEF (ICAM Definition Method) [6].

Bei allen genannten Sprachen handelte es sich um allgemeine Sprachen, die für die Spezifikation beliebiger Programme gedacht sind. Es gab aber auch Spezialsprachen für einen begrenzten Einsatzbereich, die nicht als »Spezifikationssprachen« bezeichnet wurden. Hierzu gehörten Sprachen zur Berichtdefinition, Sprachen für Datenbankabfragen und -änderungen, Sprachen, mit denen bestimmte Muster kommerzieller DV-Anwendungen erstellt werden konnten [7], und Sprachen für spezielle Funktionen wie Finanzanalyse, Schaltkreisdesign und analytische Geometrie.

Wir haben den Unterschied zwischen verfahrensorientierten und nicht-verfahrensorientierten Sprachen hervorgehoben. Eine *verfahrensorientierte* Sprache beschreibt genau, Schritt für Schritt, wie etwas ausgeführt werden soll. Eine *nicht-verfahrensorientierte* Sprache beschreibt nicht, *wie,* sondern *was* ausgeführt werden soll.

Spezifikationssprachen sind nicht-verfahrensorientiert. Sie beschreiben, *was* getan werden soll – nicht die schrittweise Codierung. Die Eigenschaften, die gute Spezifikationssprachen haben sollten, werden in diesem Kapitel beschrieben.

Maschinenlesbare Spezifikationen

Die Computerbranche kam so zu zwei Sprachtypen, einem für die Anforderungsanalyse, Problembeschreibung und Systemspezifikation und einem anderen für die Programmierung.

Es galt allgemein als wünschenswert, daß die Spezifikationssprachen unabhängig von den Maschinenressourcen und der Programmierung sein sollten, da die Spezifikationen eine grundlegende Beschreibung von Anforderungen darstellten und diese Anforderungen mit unterschiedlichster Hardware und Software erfüllt werden konnten. Außerdem änderten sich Hardware und Software, während die Anforderungen gleich blieben.

Die *Programmier*sprachen mußten maschinenlesbar sein. Dies garantierte die Exaktheit und Tauglichkeit dieser Sprachen. Die meisten *Spezifikations*sprachen und -techniken, die entstanden, waren nicht exakt und zwangen nicht zu logischer Konsistenz. Sie waren nicht maschinenlesbar.

Allgemein ging man von der Annahme aus, daß die Ausgabe der Spezifikationssprache für den Programmierer gedacht war, der die Programme dann in einer anderen Sprache codierte. Dies führte zu den mit der herkömmlichen Programmierung verbundenen Problemen. *Wir sind der Ansicht, daß diese Annahme für die zukünftige Datenverarbeitung nicht gilt.* Die Spezifikationssprache sollte maschinell verarbeitbar sein, so daß der Programmcode wie bei den heutigen Bericht- und Anwendungsgeneratoren *automatisch* erzeugt werden kann. Dies bedeutet, daß die Spezifikationssprache eine größere Exaktheit verlangt, als dies bei den frühen Spezifikationstechniken möglich war. Sie muß *maschinenlesbar* sein. Die Spezifikation sollte so detailliert und exakt sein, daß sie automatisch in Programmcode umgewandelt werden kann (unabhängig vom Vorhandensein von Umwandlungssoftware). Das heißt nicht unbedingt, daß sie jedes Detail ausdrückt, da bestimmte Standardannahmen möglich sind. Eine Beschreibung für eine Berichterstellung kann beispielsweise auch dann maschinenlesbar sein, wenn sie das Format des Berichts nicht ausdrückt.

Die meisten Techniken der Systemspezifikation sind ungenau und mit Sicherheit nicht maschinenlesbar. Oft wird eine Exaktheit vorgetäuscht, die es nicht gibt. Unter der Bezeichnung »strukturierte Techniken« wird viel schlechtes Design verbrochen. Wenn derartige Programme am Ende getestet und Systeme ausgeliefert werden, stellt sich oft heraus, daß sie nicht das sind, was die Benutzer genau wollten. Selbst bei Verwendung von Spezifikationssprachen geht viel an Exaktheit verloren. Dies ist teuer, da es Neu- oder Umprogrammieren bedeutet. Die mangelnde Exaktheit der Spezifikationstechniken führt oft zu Mehrdeutigkeiten, Unvollständigkeiten und Mißverständnissen. Viele dieser Techniken sollten generell als nützlich für die Dokumentation oder erstmalige Konzeption angesehen werden, aber nicht als die konsistenten Disziplinen, die die Datenverarbeitung verlangt.

Obwohl Programmiersprachen über die gewünschte Eigenschaft der Maschinenlesbarkeit verfügen, sind sie aufgrund ihrer Semantik nicht zum Erstellen von Spezifikationen geeignet. Benötigt wird eine Spezifikationssprache, die maschinenlesbar ist und in ihrer Semantik der Konzipierung von Systemen auf hoher Ebene gerecht wird.

Automatisiertes Design

Viele Spezifikationstechniken wurden für den manuellen Einsatz entwickelt. Konsistente Methoden sind aber nur bei Einsatz von Computern praktisch möglich. Der Mensch macht zu viele Fehler und findet, daß exakte Techniken für den schnellen und sorgfältigen manuellen Einsatz zu mühselig sind. Wenn Designtechniken für den Einsatz mit Computern ausgelegt werden, so erweitert das den Bereich des praktisch Möglichen erheblich. Die Hardware für den Einsatz von Computern ist heute billig, so daß zukünftige Techniken für den Einsatz auf Computer ausgelegt werden sollten.

Das Design wird sich nie ganz automatisieren lassen, da menschliche Erfindungsgabe und Kreativität seine wichtigsten Aspekte sind. Menschen werden immer an Tafeln diskutieren und Skizzen auf Papier anfertigen wollen; deshalb sollte die Technik Möglichkeiten bieten, mit denen sich einfache Zeichnungen von Konzepten erstellen lassen.

In Abbildung 5.1 sind die wesentlichsten Punkte eines computerisierten Systemdesigns erfaßt. Es ist eine Spezifikationssprache erforderlich, die konsistent ist, die aber über einen benutzerfreundlichen interaktiven

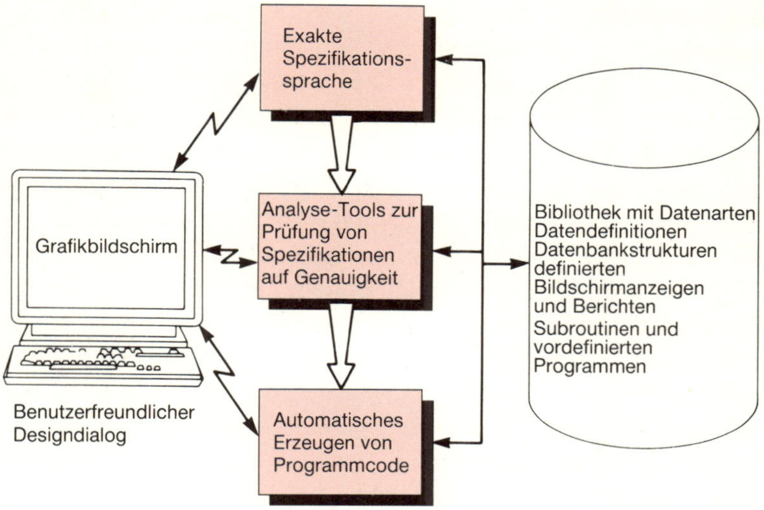

Abbildung 5.1 Spezifikationssprachen sollten benutzerfreundlich und konsistent sein, Tools für die Online-Prüfung auf Richtigkeit besitzen, eine Bibliothek für die Erstellung komplexer Systeme verwenden und fehlerfreien Code erzeugen können.

Dialog verfügt. Da die meisten Menschen in Bildern denken und Modelle entwerfen, ist eine interaktive Grafikeinrichtung wünschenswert. Das so erstellte Design sollte auf Richtigkeit und Exaktheit geprüft werden können. Das Design *sollte auf Regeln beruhen, mit denen Genauigkeit, wann immer möglich, erzwungen werden kann.* Ein Analysator sollte prüfen, ob diese Regeln eingehalten wurden.

Nach erfolgtem Test sollte die Software den Programmcode erstellen. Manchmal wird der Code in traditionellen Programmiersprachen erzeugt. Dadurch entstehen Programme, die auf unterschiedliche Maschinen *übertragbar* sind (soweit auch die Sprachen übertragbar sind). Es ist aber effizienter, Maschinencode zu erzeugen und den zusätzlichen Schritt der Umwandlung, der die Code-Effizienz verschlechtern kann, einzusparen.

Genaugenommen werden menschliche Programmiersprachen überflüssig, wenn wir uns die in Abbildung 5.1 gezeigten Einrichtungen zunutze machen. In der Praxis können Sprachen wie FORTRAN, COBOL, Pascal und Ada beibehalten werden, um die Übertragbarkeit von Programmen zu unterstützen. Wir wollen jedoch nicht, daß Programmierer den fertigen Programmcode manipulieren, da dadurch Fehler eingeführt und seine Wartungsfreundlichkeit verschlechtert würden. Die Wartung muß durch Änderung der Spezifikationen und erneutes Erstellen des ausführbaren Codes erfolgen.

Auf den Schultern von anderen

Isaac Newton schrieb gegen Ende seines Lebens, daß er, insoweit er in seinem Leben etwas Wertvolles geleistet habe, dies nur deshalb konnte, weil er auf den Schultern von Riesen stand. Richard Hamming meint dazu, daß Programmierer nicht dazu neigen, sich gegenseitig auf den Schultern zu stehen, sie stehen sich gegenseitig auf den Füßen! Es ist wünschenswert, daß die von uns verwendeten Tools immer umfangreichere und leistungsfähigere Bibliotheken mit Subroutinen und aufrufbaren Programmen erstellen. Es ist wünschenswert, feststellen zu können, was in einer Bibliothek enthalten ist, es verstehen zu können und einzusetzen. In den meisten großen DV-Installationen werden die gleichen Routinevorgänge immer wieder neu entwickelt, da diese Möglichkeiten fehlen. Wir müssen diese Routinen ohne Schnittstellenfehler zu neuen Programmen verknüpfen können. Dieses Vermeiden von *Schnittstellenfehlern* ist einer der Hauptgründe für den Einsatz konsistenter Design-Tools.

In Abbildung 5.1 sind die Tools dargestellt, die eine Bibliothek benutzen. Neben dem gespeicherten Code der aufrufbaren Routinen sind auch deren Beschreibungen in der Spezifikationssprache gespeichert, was ihr Verständnis erleichtern dürfte. Durch ein Verzeichnis oder einen Thesaurus der aufrufbaren Module kann deren Auffindung erleichtert werden.

Selbst vergleichsweise einfache Programme sollten in Blöcken erstellt werden. Diese Blöcke müssen gespeichert und für die Verknüpfung mit anderen Blöcken zugänglich gemacht werden. Der Bibliotheksmechanismus sollte sowohl dieser kurzfristigen Notwendigkeit als auch der langfristigen Notwendigkeit der Erstellung einer Enzyklopädie bestehender Routinen und Datenstrukturen Rechnung tragen.

Das gesamte System beruht auf bestimmten semantischen Grundelementen. Diese primitiven Mechanismen sind selbst gleichfalls in der Bibliothek gespeichert. *Alle neu in die Bibliothek aufgenommenen Mechanismen sind also durch bereits in ihr vorhandene Mechanismen definiert.*

Konsistente Schnittstellenregeln für die gesamte Bibliothek und die Systeme, die diese Bibliothek benutzen, sollten ein geordnetes Wachsen der Bibliothek und den Austausch von Modulen und Systemen zwischen Bibliotheken ermöglichen.

Datenmodelle

Gut geführte kommerzielle DV-Installationen haben eine strategische Datenplanung [8] durchgeführt, stabile Modelle ihrer Daten erstellt [9] und die Datendetails in einem Wörterbuch gespeichert. Ein Datenmodellier-Verfahren ist ein wichtiger Bestandteil.

Die Daten in den Datenmodellen sollten automatisch in die von den

Tools in Abbildung 5.1 gebrauchten Datendarstellungen umsetzbar sein. Die Bibliothek enthält das Datenwörterbuch und die Datendarstellungen, die zur Erstellung von Prozeduren und Programmcode-Erzeugung gebraucht werden.

Integration der Definitionsebenen

Es wurde bereits gesagt, daß bei vielen Systemen die Anforderungsdefinition auf eine bestimmte Weise, meist in Englisch, abgefaßt wird, daß die Spezifikation mit einer anderen Technik erstellt wird, und daß die Implementierung auf wieder andere Weise – mit einer Programmiersprache – erfolgt. Beim Umsetzen der Anforderungen in die Spezifikation treten Fehler auf, beim Umsetzen der Spezifikation in ausführbaren Code ebenso. Es ist schwierig und teuer, die Anforderungen aktuell zu halten, nachdem mit der Spezifikation begonnen wurde, oder Programmänderungen in den Spezifikationen nachzuvollziehen. Bei der Wartung des Programms werden die Dokumentation oder die Beschreibungen höherer Systeme oft nicht entsprechend geändert. Sie veralten.

Die Spezifikation wird normalerweise für sich allein geändert – mit gelegentlichen Ad-hoc-Prüfungen der Anforderungsdokumentation. Die Programme werden gewöhnlich ebenfalls für sich allein getestet – mit gelegentlichen Ad-hoc-Prüfungen der Spezifikation. Die Evolution von Entwicklungsphase zu Entwicklungsphase ist formal nicht nachvollziehbar.

Die Lösung des Problems liegt im Einsatz *einer Sprache*, die die formale Eingabe für ein automatisiertes Design-Instrument darstellt und mit der Anforderungen, Spezifikationen und Details ausgedrückt werden können. Die Anforderungsbeschreibungen werden in detailliertere Darstellungen aufgegliedert und werden so zu Spezifikationen. Die Spezifikationen wiederum werden ebenfalls untergliedert, bis ein so hoher Detaillierungsgrad erreicht ist, daß automatisch Code erzeugt werden kann. Werden auf einer niedrigen Ebene Änderungen vorgenommen, so werden diese auf allen übergeordneten Ebenen automatisch eingearbeitet. Es herrscht dann strukturelle Integrität zwischen Anforderungen, Spezifikationen und Details; genaugenommen verschwimmen die Unterschiede zwischen diesen Begriffen. Die Beschreibung einer hohen Ebene wird in immer detailliertere Beschreibungen aufgelöst.

Die Dokumentation veraltet nicht, wenn sukzessive Wartungsänderungen vorgenommen werden, da Änderungen dieser Art eine erneute Erzeugung des Programmcodes aus der Spezifikationssprache erforderlich machen. Die gesamte Struktur spiegelt von oben nach unten jede Änderung wider. Dem Wartungspersonal steht damit eine klare, detaillierte Beschreibung als Arbeitsgrundlage zur Verfügung.

Gemeinsames Kommunikationsmedium

Ein wesentlicher Grund für Systemprobleme ist die unzureichende Kommunikation zwischen Benutzern und Entwicklern, zwischen Anforderungsspezifizierern und Programmierern. Die erfolgreichsten Projekte sind diejenigen, bei denen Implementierer und Benutzer zusammen an den Anforderungen arbeiten und sie verstehen. Die Implementierer verstehen die Bedürfnisse der Benutzer besser. Die Benutzer verstehen die Zwänge der Implementierung besser. Die Gruppen können sich gegenseitig zu mehr Kreativität anspornen, so daß sie gemeinsam ein besseres Ergebnis erzielen können als jede Gruppe für sich. Manches Projekt kann die Beteiligten begeistern, wenn sich Initiatoren und Implementierer sehr gut verstehen.

Eine gute Spezifikationssprache sollte eine Brücke des Verstehens zwischen Benutzern, Anforderungsplanern, Spezifizierern und Implementierern schlagen. Sie sollten alle eine gemeinsame Sprache benutzen können. Die höhere Sicht der Benutzer oder Anforderungsplaner sollte in das von den Implementierern benötigte Detail aufgliederbar sein. Planer und Spezifizierer sollten wählen können, bis zu welchem Detaillierungsgrad sie bei der Spezifikation des Systems gehen wollen. Änderungen auf niedrigeren Ebenen sollten in die höhere Spezifikation reflektiert werden, so daß die Einheit der Ebenen gewahrt bleibt.

Eine Sprache, die diese Kommunikationsbrücke schlägt, beschleunigt das Verständnis der Implementierer für die Benutzeranforderungen und hilft dem Benutzer oder Planer, seine Anforderungen besser zu verstehen. Von besonderer Wichtigkeit ist, daß Mißverständnisse zwischen Benutzer, Planer und Implementierer aufgedeckt werden.

Ein Entwickler kann die Möglichkeiten einer Kostenminimierung vielleicht besser beurteilen, wenn er und der Benutzer die Systemspezifikationen in gleicher Weise sehen. Dies kann viel Geld sparen. Frühzeitiges Feedback vom Entwickler bis zum Benutzer ist immer von Vorteil.

Fehlerkorrektur im Vorfeld

Je früher in einem Projekt Fehler entdeckt werden, desto billiger ist ihre Korrektur. Abbildung 5.2 macht dies deutlich. Statistiken verschiedener Unternehmen belegen, daß die Korrektur von Fehlern, die erst während der Programmtests entdeckt werden, mindestens zehnmal so teuer ist wie die Korrektur von Fehlern, die schon in der Spezifikationsphase entdeckt werden.

Die Kosten für eine Fehlerkorrektur in der Wartungsphase sind um eine ganze Größenordnung teurer.

Bei einem Flugsteuerungssystem wurden die Kosten pro Zeile Code

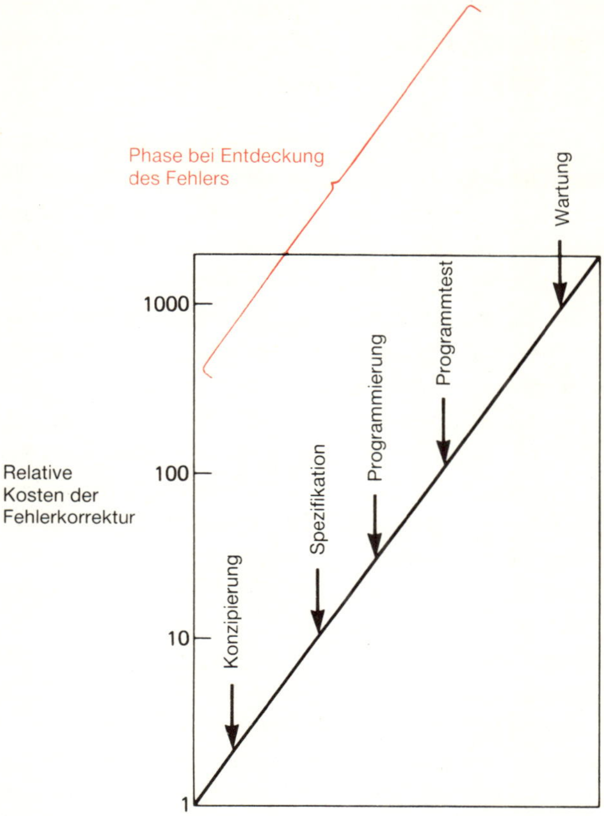

Abbildung 5.2 Je früher der Fehler entdeckt wird, desto billiger ist er.

einschließlich Fehlerkorrektur und Dokumentation, mit 70 Dollar angegeben. Die Wartungskosten pro Zeile Code hingegen beliefen sich auf 4000 Dollar [10]. Diese Zahlen waren wegen der Komplexität des Systems ungewöhnlich hoch, wären aber viel niedriger gewesen, wenn die in diesem Buch geschilderten Techniken eingesetzt worden wären.

Eine Sprache mit strengen Prüfungen, die von der Anforderungsdefinition bis zu den Detailphasen reichen, erhöht die Wahrscheinlichkeit, Fehler zum frühesten und damit billigsten Zeitpunkt zu entdecken. Eine Sprache, die die Kommunikation zwischen Benutzern, Anforderungsplanern und Implementierern gestattet, verringert erheblich die Wahrscheinlichkeit, daß Fehler bis in Phasen mitgeschleppt werden, in denen ihre Korrektur teuer wird.

Bisher werden die meisten Fehler in der Test- oder Wartungsphase entdeckt. Wie bereits erwähnt, handelt es sich hierbei vielfach um Spezifikationsfehler, deren Korrektur dann sehr teuer ist. Ein Ziel der Spezifikationssprache ist es, jedes Problem möglichst früh im Entwicklungszyklus zu erkennen.

Integriertes hierarchisches Design

Die Entwicklungsmethodik sollte sowohl aufwärts als auch abwärts gerichtetes Design erleichtern und beide integrieren. Es herrscht schon ewig Streit darüber, welches Design besser ist. In der Praxis werden bei fast allen komplexen Systemen beide Verfahren angewandt. Ein reines abwärts gerichtetes Design ist impraktikabel. Ein reines aufwärts gerichtetes Design würde zu einem Chaos führen. Aufwärts gerichtetes Design führt zu Schnittstellenproblemen, wenn es nicht kontrolliert wird. Beim Schreiben eines Buches verwende ich eine Mischung aus abwärts- und aufwärtsgerichtetem Design. Das Ausarbeiten von Detailfragen führt bei mir immer dazu, daß ich das Inhaltsverzeichnis abändern muß. Das gleiche gilt für das Systemdesign, und deshalb ist ein Instrumentarium erforderlich, mit dem die beim detaillierten Ausarbeiten von Modulen auftretenden Änderungen und neue Ideen auf natürliche Weise in höheren Spezifikationsebenen berücksichtigt werden.

Eine Änderung an einem Modul niederer Ebene kann Auswirkungen auf andere Module haben. Dieser Fortpflanzungseffekt sollte daher unmittelbar nachvollzogen werden können. Der Designer muß Anforderungen von oben und von unten hinzufügen können. Beim Design von Systemen mit der in diesem Buch beschriebenen Technik erfordert Detailarbeit auf niedriger Ebene häufig Änderungen der Datentyp-Referenzen auf höherer Ebene. Diese laufende Anpassung kann problemlos erfolgen und könnte weitgehend automatisiert werden.

Das detaillierte Design eines Teils des Systems wird oft vor einem anderen Teil durchgeführt. Die Sprache sollte dies auf natürliche Weise ermöglichen, ohne daß es später zu Schnittstellenproblemen kommt. Bei manchen Systemen ist eine Komponente schon fertiggestellt, während die Spezifizierer noch über die Konzeption einer anderen Komponente diskutieren. Detailliertes Design in einem Bereich sollte nicht dadurch aufgehalten werden, daß man auf die vollständige abwärts gerichtete Spezifikation der darüberliegenden Ebenen warten muß. Im Normalfall schreibt man ein oder mehrere Kapitel eines Buches, bevor das Inhaltsverzeichnis fertig ist. Die oberste Ebene ist aber nicht *wirklich* fertig, bevor nicht alle darunterliegenden Ebenen fertiggestellt und die notwendigen Wiederholungen erfolgt sind.

Mathematisch korrekte Sprachen

Um die notwendige Korrektheit zu erreichen, werden die besten Spezifikationssprachen auf mathematischen Regeln beruhen. In Kapitel 9 wird eine dieser heute verwendeten Sprachen beschrieben.

Jede Spezifikation bezieht sich zurück auf Datentypen, Funktionen und Kontrollstrukturen, die auf mathematischen Axiomen beruhen. Dies ermöglicht die Entwicklung nachweislich korrekter Konstruktionen. Die Verknüpfung einzelner Module erfolgt über genau nachprüfbare Schnittstellen.

Alles innerhalb des Systems baut auf Grundelementen auf, die bekanntermaßen richtig sind. Diese Grundelemente sind auf nachweislich korrekte Weise miteinander verknüpft. Somit ist alles, was auf diesen Grundelementen aufbaut und den Regeln entspricht, fehlerfrei. Die mathematisch begründeten Schnittstellenregeln unterscheiden dieses Bibliothekskonzept von einer herkömmlichen Subroutinen- und Programmbibliothek. Es können zunehmend größere Konstruktionen mit dem Inhalt der Bibliothek erstellt und anschließend in der Bibliothek gespeichert werden, wobei immer sichergestellt ist, daß diese Konstruktionen richtig sind. Je umfangreicher die Bibliothek wird, desto geringer wird der Aufwand für die Entwickler und desto weniger wird zu prüfen sein, da bekanntermaßen der Inhalt der Bibliothek fehlerfrei ist.

Da es viel zu langwierig und schwierig wäre, die mathematischen Regeln manuell einzuhalten, hängt eine solche Methode vom Vorhandensein eines vollautomatischen Tools ab.

Benutzerfreundlichkeit

Von besonderer Bedeutung ist die Benutzerfreundlichkeit der Spezifikationssprache. Sie kann mathematisch begründet sein, um fehlerfreie Logik und Schnittstellen zwischen den Modulen zu gewährleisten, doch sollte die Mathematik dem Benutzer vollkommen verborgen bleiben, da die meisten Manager und Systemanalytiker Angst vor ihr haben. Das Telefonsystem ist äußerst kompliziert und beruht auf Mathematik, doch haben die wenigsten Benutzer je von Erlang-Gleichungen gehört.

Wahrscheinlich werden unterschiedliche Dialekte einer Spezifikationssprache und unterschiedliche Darstellungsformen erforderlich sein. Alle sollten aber auf demselben Basisbestand von Grundelementen aufbauen.

Wenn unterschiedliche Systeme mit denselben Grundelementen erstellt werden, können technische Streitfragen dadurch gelöst werden, daß man die Systeme auf ihre Grundelemente reduziert, um zu sehen, ob tatsächlich ein Grund für Meinungsverschiedenheit vorhanden ist. Bei den meisten Anforderungsdokumenten und Spezifikationen gibt es keine Möglichkeit zur Rückführung auf gemeinsame Grundelemente.

Sobald die Basisstruktur der Grundelemente existiert, sollten Konstruktionen höherer Ebenen die Spezifikationssprache möglichst leistungsfähig und benutzerfreundlich gestalten.

Spektrum der Spezifikationssprachen

Die Eigenschaften der Benutzerfreundlichkeit und der mathematischen Korrektheit scheinen sich oft zu widersprechen. Mathematische Sprachen sind nicht benutzerfreundlich, benutzerfreundliche Sprachen sind nicht mathematisch korrekt. Wir können sie auf einem Diagramm wie in Abbildung 5.3 einordnen. Verständlichkeit oder Benutzerfreundlichkeit sind senkrecht abgetragen. Die herkömmlichen axiomatischen Sprachen erscheinen in Abbildung 5.3 rechts unten; sie sind für den gewöhnlichen Systemanalytiker oder Benutzer schwer oder gar nicht verständlich.

Die traditionellen, in Englisch abgefaßten Spezifikationen sind in Abbildung 5.3 ganz links angegeben. Sie sind zwar (relativ) verständlich, aber mathematisch völlig inkorrekt. Mitunter wird Software zum Formatieren, Aufbereiten und Speichern von Spezifikationen verwendet. Dies erleichtert zwar Zugriff, Änderung und Manipulation, macht sie aber nicht korrekter. Einige Formatierer für Textspezifikationen verfügen über besondere Möglichkeiten. Sie erkennen Schlüsselwörter, formatieren Spezifikationen und erstellen Inhaltsverzeichnisse und Indizes.

Ein Beispiel hierfür ist die Programmdesignsprache PDL [13]. Sie erhöht die Spezifikationsverständlichkeit durch Sätze wie:

```
IF CUSTOMER_CREDIT_CODE <3
THEN ORDER IS REJECTED
```

Dies hilft den Designern, Spezifikationselemente zu finden und auf sie Bezug zu nehmen. Sie prüft aber nicht auf Konsistenz oder Zweideutigkeit, so daß die mathematische Korrektheit nur geringfügig verbessert wird.

Bei einem anderen Textansatz wird die Verwendung eines begrenzten, genau vorgegeben und relativ eindeutigen Teilsatzes in englischer Sprache befürwortet [14]. Dies führt zu weniger Fehlinterpretationen und verleiht den Spezifikationen eine höhere Präzision. Software-Tools können auf der Suche nach Zweideutigkeiten und Unstimmigkeiten helfen [15].

Die Techniken des Datenflußdiagramms [3] gehen einen Schritt weiter in Richtung Formalität und sind leicht verständlich. Klare Diagrammtechniken helfen dem Systemanalytiker im allgemeinen, die Konzeption eines

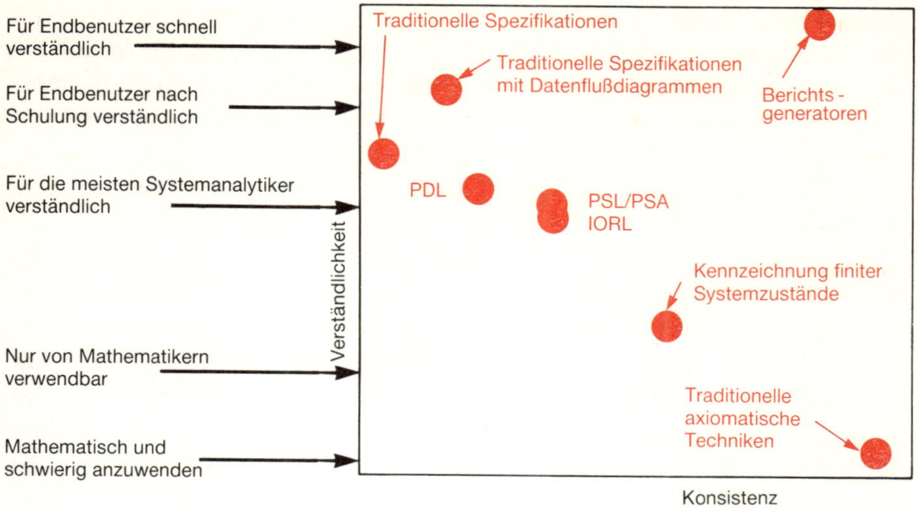

Systems zu erfassen und komplexe Datenflüsse und Wechselwirkungen zu verdeutlichen. Hingegen werden Diagramme, die zu symbolisch sind, von den Endbenutzern nicht unbedingt verstanden. Die meisten Systemanalytiker finden ihre Diagrammtechniken sehr nützlich und gehen davon aus, daß auch die Endbenutzer dieser Meinung sind. In der Praxis aber werden viele Benutzer durch die Diagramme verwirrt, weil sie diese für sehr viel technischer halten, als sie in Wirklichkeit sind. Die Benutzer beklagen sich manchmal darüber, daß sie zwar die Spezifikation, nicht aber die Diagramme verstehen.

Datenflußdiagramme sind zwar in formaler Hinsicht eine Verbesserung gegenüber unstrukturiertem Text, sind aber von mathematischer Korrektheit noch weit entfernt. Sie sind weit von der wünschenswerten Eigenschaft entfernt, daß aus ihnen der Programmcode direkt erzeugt werden könnte. Es sind sehr viel mehr Details erforderlich. Es ist sehr viel mehr erforderlich, um Konsistenz und Vollständigkeit zu garantieren.

PSL und das zugehörige PSA (Problem Statement Language and Problem Statement Analyzer) [5] gehört zu den bekanntesten Spezifikationssprachen. Es unterteilt die Systemfunktionen in Subfunktionen, wobei es für jede Funktion Eingabe und Ausgabe genau spezifiziert. Die Analyseprogramme prüfen die Funktionen auf Konsistenz. Keine Funktion darf beispielsweise Daten verwenden, die nicht durch eine andere Funktion erzeugt wurden. PSL liegt in Abbildung 5.3 weiter rechts, weil es noch weit von völliger mathematischer Korrektheit und der Fähigkeit automatischer

Programmerzeugung entfernt ist. Daneben findet sich in Abbildung 5.3 eine weitere Sprache, die ein Zerlegen der Funktionen und eine Spezifikation der Ein-/Ausgabe erlaubt: IORL (Input/Output Requirements Language) [16]. Obwohl diese Sprachen in bestimmten Grenzen eine nützliche Spezifikationsprüfung durchführen, können sie keine detaillierte Logik prüfen oder die für Echtzeitsysteme erforderlichen Ordnungs- und Zeitzwänge spezifizieren.

Ein exakterer Ansatz ist die Kennzeichnung finiter Systemzustände. Mit ihr kann komplexe Logik in Einheiten beschrieben werden, die bestimmte Zustände besitzen. Dabei legt der Systemanalytiker fest, welche Stimuli die Änderung eines Zustands bewirken. Der Zustand einer Einheit ist eine Funktion des vorherigen Zustands und der empfangenen Eingaben. Die Ausgabe ist eine Funktion der Eingaben und des Zustands, der bei Empfang dieser Eingaben herrschte. Zustandsdiagramme stellen die möglichen Zustände und die sie verändernden Stimuli dar. Zu diesen Diagrammen gehört eine Tabelle aller möglichen Zustände und Stimuli, um sicherzustellen, daß an alle Kombinationen gedacht wurde.

Die Kennzeichnung finiter Systemzustände wurde in großem Umfang beim Erstellen komplexer Protokolle für Rechnernetze [17] und Fernmelde-Vermittlungsysteme eingesetzt. Der Normenausschuß des CCITT verwendet eine Sprache für die Protokollspezifikation – SDL (Specification and Description Language) [18] –, die auf diesem Ansatz beruht. Aber auch andere, stärker generalisierte Sprachen, beispielsweise RSL (Requirements Statement Language) [19] verwenden diesen Ansatz.

Die Kennzeichnung finiter Systemzustände befindet sich im Diagramm in Abbildung 5.3 weiter rechts. Sie stellt einen wichtigen Schritt in Richtung auf korrekte logische Spezifikationen dar, wobei diese aber noch nicht korrekt genug sind, um Programme automatisch erzeugen zu können. Die mit der Kennzeichnung finiter Systemzustände erstellte Netzwerk-Software einiger Hersteller wies mysteriöse, ärgerliche Fehler auf! Da die Kennzeichnung finiter Systemzustände für die meisten Endbenutzer extrem schwer verständlich ist, wurde sie in Abbildung 5.3 niedriger angesiedelt. Sie wird normalerweise in der allgemeinen sowie in der wissenschaftlichen Datenverarbeitung nicht verwendet und kommt im allgemeinen bei einer begrenzten Kategorie von Anwendungen zum Einsatz. Es besteht die Möglichkeit, die Darstellung finiter Systemzustände in – dem Englischen ähnliche – Konstruktionen umzusetzen, um die Überprüfung durch den Benutzer zu erleichtern [20].

Eng begrenzte Sprachen

Maschinenlesbare Spezifikationssprachen finden sich in eng begrenzten Bereichen. Am weitesten unter ihnen verbreitet sind wohl die Berichtsgeneratoren. Ein benötigter Bericht kann durch den Benutzer oder Systemanalytiker mit einer Software spezifiziert werden, die oft in Verbindung mit einem Datenbanksystem arbeitet. Das Programm zum Erstellen des Berichts wird automatisch erzeugt. Der Kreis oben rechts in Abbildung 5.3 bezeichnet Berichtsgeneratoren.

Berichtsgeneratoren werden normalerweise nicht zu den Spezifikationssprachen gezählt, weil ihr Einsatzbereich so begrenzt ist. Erweitern wir die Grenzen etwas, so können wir die nicht-verfahrensorientierten Sprachen für Abfrage, Aktualisierung und mitunter auch Manipulation von Datenbanken mit einschließen. Sie sind mit Grafiksprachen und Hilfen zur Entscheidungsfindung gekoppelt und bilden die Basis für den Großteil der Anwendungsentwicklung ohne Programmierer [7]. Ganz andere Spezifikations- und Problembeschreibungssprachen existieren für bestimmte spezifische Anwendungen, z. B. analytische Geometrie, CAD/CAM, Bauzeichnungen und Telefonvermittlungssysteme [21].

Wir müssen in Abbildung 5.3 somit eine weitere Dimension hinzufügen, die die *Allgemeingültigkeit* einer Sprache oder den Grad kennzeichnet, bis zu dem sie einen umfassenden Anwendungsbereich abdecken kann. Dies geschieht in Abbildung 5.4. Bei dieser Betrachtungsweise der Spezifikationssprachen wird klar, daß sich die Computerbranche in Richtung des Pfeils in Abbildung 5.5 weiterentwickeln muß.

Die HOS-Technik, die in Kapitel 9 beschrieben wird, scheint dem Autor ein bedeutender Durchbruch zu sein. Sie besitzt uneingeschränkte Allgemeingültigkeit und könnte auf jede Systemart angewendet werden. Auf den höheren Ebenen ist sie für Benutzer verständlich. Eine englische Dokumentation kann in Verbindung mit jedem korrekt strukturierten Block angezeigt werden. Sie kann mit einer Vielzahl leistungsstarker Formen der Systemdarstellung für Systemanalytiker und Endbenutzer verknüpft werden. Ihr wichtigster Vorteil aber ist, daß sie ausschließlich auf mathematischen Theoremen und Beweisen aufbaut und somit absolut korrekt ist. Sie erzeugt automatisch nachweislich korrekten Programmcode.

Mit der HOS-Technik werden nachweislich korrekte Module in einer Bibliothek zu neuen Modulen verknüpft. Diese Technik schließt Schnittstellenfehler aus, so daß diese Gesamtkonstruktion ebenfalls nachweislich korrekt ist. Es können zunehmend größere und leistungsstärkere Module erstellt und in der Bibliothek gespeichert werden. Dies scheint eine ideale Technik für eine Software-Fabrik zu sein. Die HOS-Technik ist in Abbildung 5.4 rechts angesiedelt.

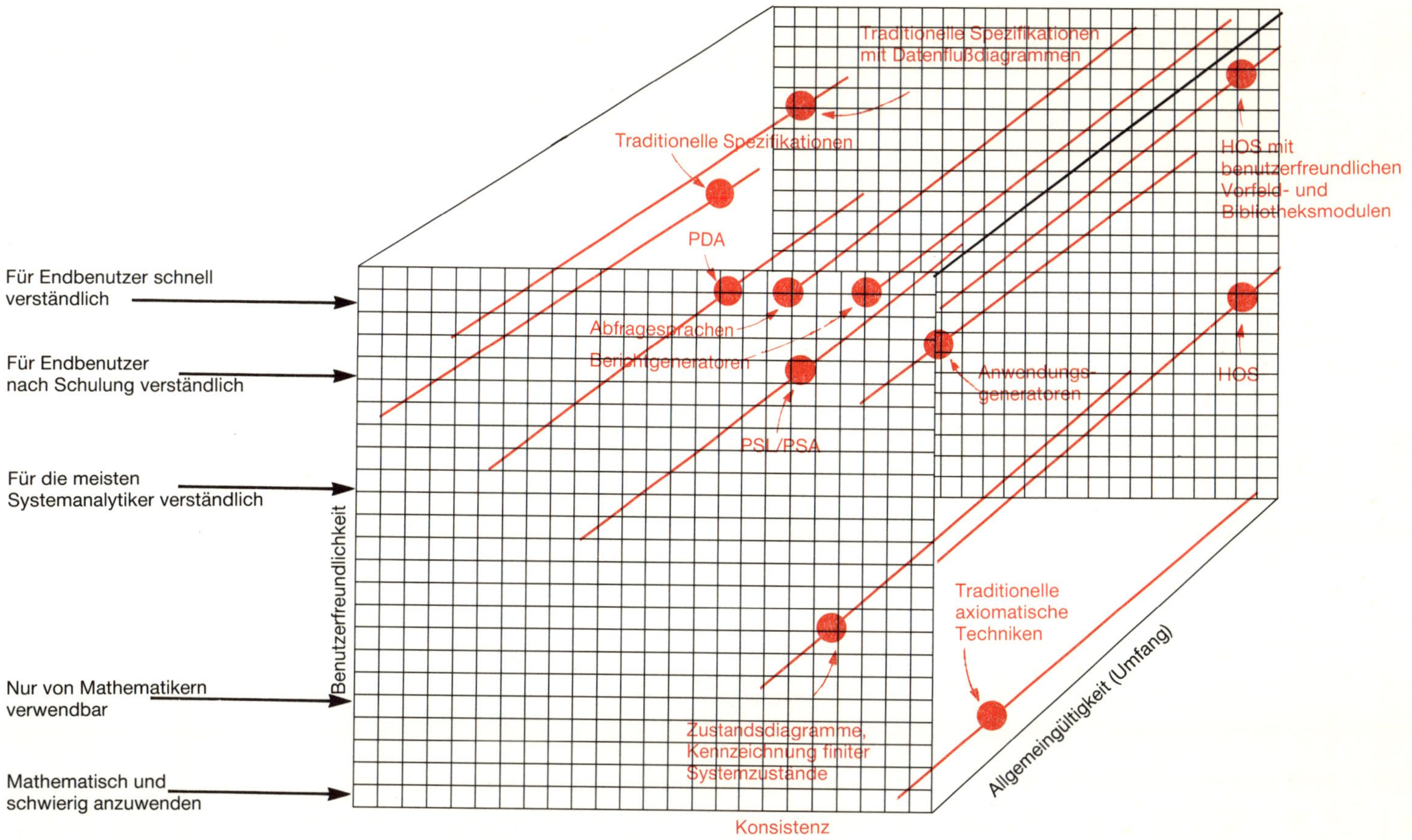

Abbildung 5.4 Zusätzliche Dimension zu Abbildung 5.3

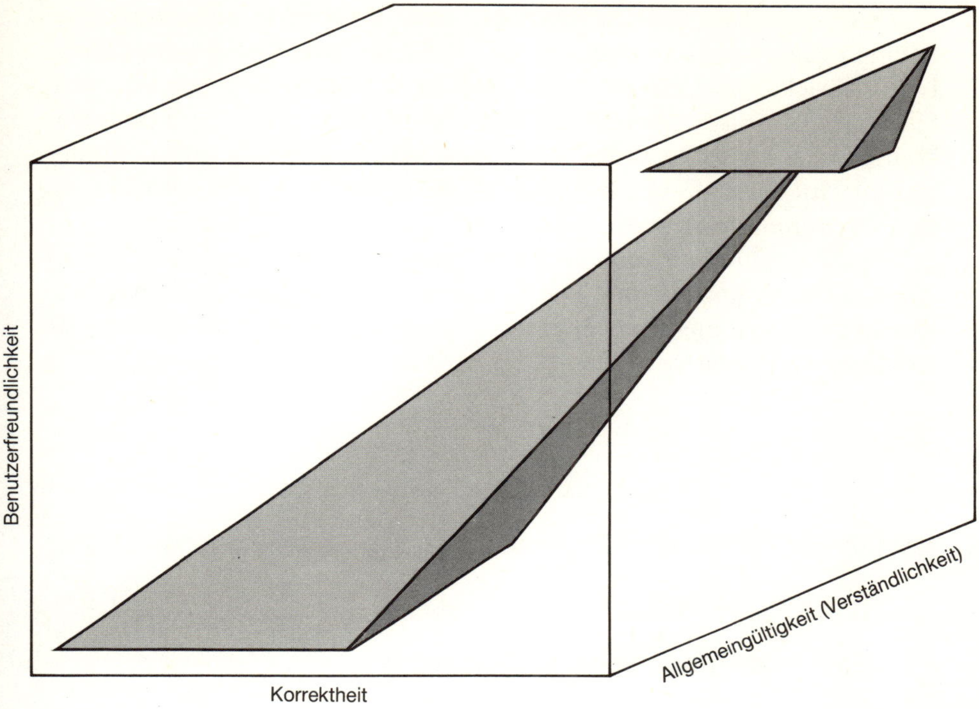

Abbildung 5.5 Die Computerbranche muß sich in Richtung des Pfeils weiterentwickeln. Es steht fest, daß es heute Techniken gibt, mit denen wir die Spitze dieses Pfeils erreichen können. Eine völlige Umwälzung in der Software- und Anwendungserstellung kündigt sich an.

Die HOS-Technik befindet sich auf der Verständlichkeitsskala nicht in der Nähe des oberen Endes. Schulabgänger erlernen sie schnell und effektiv. Für ältere Programmierer ist sie oft verwirrend. Mathematik ist keine Voraussetzung zu ihrer Verwendung, doch könnte sie etwas benutzerfreundlicher sein. Die Herausforderung heißt also jetzt, diese Technik benutzerfreundlicher zu machen und sie in einer Enzyklopädie für die Planung und Verwaltung von Informationsressourcen im Unternehmen einzubinden.

Zusammenfassung

In Kasten 5.1 sind die erwünschten Eigenschaften einer Spezifikation aufgeführt.

In Kasten 5.2 sind die erwünschten Eigenschaften einer Spezifikationssprache aufgeführt. Die in den nachfolgenden Kapiteln beschriebenen Einrichtungen verfügen über fast alle in Kasten 5.2 aufgeführten Eigenschaften.

Der Einsatz von Spezifikationssprachen, die über die in Kasten 5.2 genannten Eigenschaften verfügen, ändert die gesamte Systementwicklung. Der Entwicklungszyklus ist anders, wie in Kapitel 11 zu sehen sein wird. Die Verbesserungen hinsichtlich Korrektheit, Wartbarkeit und Benutzerkommunikation sind zweifellos wünschenswert, aber der Entwicklungsprozeß wird ebenfalls beschleunigt und die Kosten normalerweise um eine Größenordnung verringert.

Für eine echte Software-Technik sind die in Kasten 5.2 genannten Eigenschaften Voraussetzung. Die Software-Erstellung ohne nachweisliche Korrektheit wird uns eines Tages wie ein Brückenbau ohne statische Berechnung vorkommen.

Kasten 5.1 Erwünschte Eigenschaften von Spezifikationen [11]

Eine vernünftige Spezifikation sollte:

- fehlerfrei sein.
- ein klares Konzept haben.
- für Manager, Systemanalytiker und Programmierer leicht verständlich sein.
- mit unterschiedlichem Detaillierungsgrad darstellbar sein.
- leicht zu erstellen sein.
- rechnerfähig sein, d. h. so genau sein, daß automatisch Programmcode erzeugt werden kann.
- eine formale Eingabe für den Codegenerator sein.
- leicht zu ändern sein.
- vollständig sein.
- bei Änderungen rückverfolgbar sein.
- Hardware-unabhängig sein.
- ein Datenwörterbuch verwenden.
- ein Datenmodell verwenden, das auf einer formalen Datenanalyse basiert.
- eine Bibliothek für Programmodule mit automatischer Prüfung auf Schnittstellenrichtigkeit verwenden.
- Instrumente verwenden, die Manipulationen und Änderungen erleichtern.

Kasten 5.2 Erwünschte Eigenschaften einer Spezifikationssprache

- Sie sollte die Möglichkeit bieten, über Systeme nachzudenken, was zur Verbesserung der konzeptionellen Klarheit führt.
- Sie sollte leicht zu erlernen und einzusetzen sein. Ihre höheren Ebenen sollten auch von DV-Laien verwendet werden können.
- Sie sollte maschinenlesbar sein, so daß Programmcode direkt aus ihr erzeugt werden kann.
- Sie sollte für eine maximale Automatisierung von Systemanalyse, Design und Programmierung ausgelegt sein.
- Sie sollte korrekt und mathematisch begründet sein, so daß das Design optimal geprüft werden kann.
- Ihre mathematische Basis sollte dem Benutzer verborgen bleiben, da die meisten Benutzer Angst vor der Mathematik haben.
- Sie sollte so vielseitig sein, daß der manuelle Einsatz von Programmiersprachen überflüssig wird. (Manuelles Programmieren verstößt unmittelbar gegen die Forderung nach nachweislicher Korrektheit.)
- Sie sollte von der höchsten Ebene der Systemkonzeption bis hinunter zur Erzeugung ausreichender Details für die Programmgenerierung reichen. Mit anderen Worten: Eine Sprache sollte für die Erstellung des gesamten Systems ausreichen. Die detaillierten Versionen einer Spezifikation sollten eine natürliche Erweiterung der allgemeinen Versionen sein. Der Spezifizierer sollte bestimmen können, wie tief er in Details gehen möchte, bevor er das System an den Systemimplementierer übergibt.
- Sie sollte ein gemeinsames Mittel der Kommunikation zwischen Managern, Designern, Implementierungs-, Test-, Wartungs- und Dokumentationspersonal sein.
- Sie sollte Grafiktechniken benutzen, die leicht einzusetzen und zu merken sind.
- Sie sollte ein benutzerfreundliches Instrumentarium der grafischen Datenverarbeitung für das Erstellen, Ändern und Überprüfen des Designs benutzen. Die Sprache sollte als formale Eingabe für das automatisierte Design verwendet werden können.
- Sie sollte Test-Instrumente benutzen, die Unterstützung bei der Überprüfung des Designs bieten und die Simulation fehlender Module gestatten, so daß teilweise vollständige Designs getestet werden können.
- Sie sollte die Methode des integrierten abwärts oder aufwärts gerichteten Designs verwenden. Die meisten komplexen Systeme ent-

stehen durch Kombination aus aufwärts und abwärts gerichtetem Design. Die verwendete Technik sollte die Möglichkeit bieten, bestimmte Teile im Detail zu spezifizieren, während andere Teile, möglicherweise Eltern oder Vorfahren in der Hierarchie, noch nicht definiert sind.

- Sie sollte anzeigen, wann eine Spezifikation vollständig ist (so daß aus ihr Programmcode erzeugt werden kann).
- Sie sollte eine Hierarchie verwenden, die zu immer höheren Detaillierungsgraden absteigt. Sie sollte sicherstellen, daß jede Untergliederung logisch korrekt und jeder niedrigere Detaillierungsgrad den darüberliegenden vollständig ersetzt.
- Werden Änderungen auf einer niedrigen hierarchischen Ebene vorgenommen, so sollten diese schnell auf den darüberliegenden Ebenen und eventuell automatisch nachvollziehbar sein.
- Sie sollte eine wachsende Bibliothek mit Subroutinen und Programmen sowie allen Konstruktionen dieser Sprache verwenden. Die Grundkonstruktionen befinden sich in der Bibliothek, so daß jede Hinzufügung zur Bibliothek mit dem bereits vorhandenen Inhalt definiert ist. Die Bibliothek wird so praktisch zur erweiterbaren Sprache für die Anforderungsdefinition. Der gesamte Inhalt einer solchen Bibliothek benutzt gemeinsame Grundelemente und wurde von der Software geprüft.
- Sie sollte eine automatische Verbindung zu Datenbank-Tools herstellen, einschließlich eines Wörterbuchs und eines Verzeichnisses, in dem konzeptionelle Datenbankmodelle gespeichert sind.
- Sie sollte beim Einsatz von Subroutinen oder aufrufbaren Programmen oder bei der Kommunikation zwischen unterschiedlichen Systemen Schnittstellenkonsistenz garantieren. Mathematische Techniken sollten neben logischer Schnittstellenkonsistenz auch Datenkonsistenz garantieren.
- Die Spezifikation sollte leicht zu ändern sein. Sie sollte Unvorhergesehenes berücksichtigen können. Sie sollte durch Personen, die sie nicht erstellt haben, leicht zu ändern sein.
- Alle Elemente eines Systems sollten rückverfolgbar sein. Alle Zugriffe und Änderungen von Daten sollten durch das gesamte System rückverfolgbar sein. Dadurch soll sichergestellt werden, daß die Eingaben für jede Operation nur aus der richtigen Quelle kommen können.
- Die Sprache kann mehrere Dialekte oder mehrere nicht-verfahrensorientierte Darstellungsarten zulassen. Diese sollten alle in einen gemeinsamen Bestand von Kontrollstrukturen und Regeln umgesetzt werden können, so daß eine Prüfung auf Korrektheit möglich ist.

- Es sollte ein gemeinsamer Bestand von Grundelementen verwendet werden, für den strenge Prüftechniken gelten. Strukturen und Semantik, die keine Grundelemente sind, sollten dann in die Grundelemente umgesetzt werden. Die gemeinsamen Grundelemente ermöglichen eine eindeutige Kommunikation zwischen Benutzern, die unterschiedliche Semantik oder Dialekte verwenden.
- Standardwerte können dort verwendet werden, wo sie die Spezifikation vereinfachen, z. B. beim Formatieren von Bildschirmanzeigen oder Berichten.
- Die Sprache sollte unabhängig von der Hardware und anderen Ressourcen sein, die sich ändern können. Sie sollte auf unterschiedliche Ressourcenumgebungen übertragbar sein.

6 Informationstechnik

Das Chaos in den Datenbibliotheken

In den ersten Jahrzehnten der Datenverarbeitung kam es bei den verschiedenen Programmen der Unternehmen zu einem wilden Durcheinander, das weit entfernt war von der Ordnung, die man normalerweise mit einer technischen Disziplin verbindet. Heute gibt es Techniken, mit denen bessere Programme erstellt werden können: Generatoren, Sprachen der vierten Generation und rechnerfähige Spezifikationssprachen.

Diese Instrumente allein aber genügen nicht, da es in der Datenverarbeitung ein weiteres Chaos gibt: die Daten. Die meisten Band- oder Plattenbibliotheken eines Unternehmens umfassen zahlreiche Datenträger mit redundanten, inkonsistenten Datensammlungen, die chaotisch organisiert sind. Daten, die in Wirklichkeit identisch sind, sind auf unterschiedliche und inkompatible Art auf unterschiedlichen Bändern und Platten dargestellt. Das Gruppieren der Daten in Sätzen erfolgt auf eine Art und Weise, die zu allen möglichen Anomalien und Wartungsproblemen führt. Die Verwendung schneller und exakter Techniken für die Programmerstellung würde diese Probleme nicht ohne übergreifende Verwaltung und Steuerung der Daten eines Unternehmens ausschalten.

Das Versagen bei der Datenverwaltung

Die meisten Unternehmen haben beim Versuch, ihre Daten übergreifend zu koordinieren, kläglich versagt. Dieses Versagen kommt ihnen auf lange Sicht in Form von höheren DV-Kosten, nicht erfolgter Installation benötigter Prozeduren und entgangenen Geschäftsabschlüssen teuer zu stehen. In Kasten 6.1 sind die Ursachen für das Versagen der Datenverwaltung in Unternehmen zusammengestellt.

Kasten 6.1 Ursachen für das Versagen der Datenverwaltung in Unternehmen

Viele frühe Versuche der Datenverwaltung innerhalb von Unternehmen schlugen fehl. Die Ursachen waren:

- Die Organisationspolitik hatte Vorrang, teils infolge eines fehlenden starken Managements mit klarer Zielvorstellung.
- Die menschlichen Probleme, eine Einigung verschiedener Buchhalter oder Manager bei der Definition von Datenfeldern zu erreichen, waren zu groß.
- Der Umfang der Aufgabe wurde unterschätzt.
- Der Datenverwalter war ein unterbezahlter Techniker.
- Die Methoden zum Entwerfen stabiler Datenstrukturen wurden nicht verstanden.
- Die notwendigen Datenmodelle waren für ein manuelles Design und eine manuelle Verwendung zu kompliziert, angemessene Computer-Instrumente wurden aber nicht eingesetzt.
- Es gab keine übergreifende Architektur, die sich die Designmethoden hätte zunutze machen können.
- Die Versuche, Datenmodelle zu entwerfen, dauerten für die Endbenutzer zu lange.
- Das Design von Datenmodellen wurde mit der *Implementierung* und dem Design physischer Datenbanken verwechselt.

Viele Unternehmen haben eine erfolgreiche Datenverwaltung erreicht. In Kasten 6.2 sind die dafür erforderlichen Voraussetzungen aufgeführt.

Mit dem Manifest der Informationsverarbeitung für das Top-Management muß diesem die finanzielle Bedeutung einer erfolgreichen Datenverwaltung klargemacht werden. Es ist Aufgabe des Top-Managements, ein auf EDV gestütztes Unternehmen aufzubauen, und der Grundstein dafür sind die verwendeten Datenmodelle.

Die Kosten schlechter Datenverwaltung

Eine große kommerzielle Bibliothek umfaßt Zehntausende von Bändern und Disketten, von denen die meisten unterschiedliche Datenelemente enthalten. Eine kommerzielle Anwendung empfängt Daten von oder übergibt Daten an viele andere Anwendungen. Erfolgt die Entwicklung dieser Anwendungen ohne integrierte Datenplanung, so ist das Chaos vorprogrammiert. Die höhere Führungsebene kann Daten nicht extrahieren, die von unterschiedlichen Systemen entnommen werden müssen. Teure Umsetzung ist erforderlich, und oft können große geschäftliche Möglichkeiten nicht genutzt werden, weil die Daten nicht in der richtigen Form verfügbar sind.

Wenn sich der Vorstandsvorsitzende eines Unternehmens darüber beklagt, daß er schon seit Jahren wöchentliche Kassenbestände verlangt und er diesem Ziel noch keinen Schritt nähergekommen ist, obwohl Millionen in Computer und Datennetze investiert wurden, so ist die Ursache dieses Problems darin zu suchen, daß die für solche Berechnungen erforderlichen Daten falsch definiert wurden und inkompatibel sind. Die Computer-Branche ist voll von Schauergeschichten über Informationen, die dringend von Management oder Benutzern benötigt wurden, aber nicht aus dem

Kasten 6.2 Voraussetzungen für eine übergreifende Datenkontrolle in Unternehmen

Menschliche Voraussetzungen

- Das Management muß die Notwendigkeit erkennen, die Grundsteine für Abbildung 6.4 zu legen.
- Informationen, die für das Unternehmen von strategischer Bedeutung sind, sollten festgestellt werden [1].
- Der Datenverwalter sollte an eine ausreichend hohe Führungsebene berichten und volle Unterstützung von der obersten Führungsebene erhalten.
- Der Umfang der Datenkontrolle durch den Datenverwalter sollte unter Berücksichtigung des politisch Machbaren festgelegt werden.
- Der Datenverwalter muß für den Einsatz der Designmethoden in vollem Maße kompetent sein; die Methoden müssen automatisiert sein.
- Es muß ein ausreichendes Budget für die Datenmodellierung zur Verfügung stehen.
- Datenmodellierung muß getrennt vom physischen Datenbank-Design erfolgen.
- Endbenutzergruppen sollten bei der Datenmodellierung mitwirken und die Datenmodelle einer eingehenden Prüfung und Änderung unterziehen.

Technische Voraussetzungen

- Alle Einheiten eines Unternehmens [1] sollten einer strategischen Planung unterzogen werden. Alle Einheiten sollten in einem groben Einheitenmodell vertreten sein.
- Das grobe Einheitenmodell sollte in einer angemessenen Abstufung in detaillierte Datenmodelle untergliedert werden.
- Das detaillierte Datenmodell sollte alle funktionalen Abhängigkeiten zwischen den Datenelementen aufzeigen.
- Alle logischen Datengruppen sollten in dritter Normalform [2] vorliegen.
- Das detaillierte Datenmodell [2] sollte einer Stabilitätsanalyse unterzogen werden.
- Einheitenmodell und detailliertes Datenmodell sollten mit einem automatisierten Tool [3] entworfen werden.
- Definierte Operationen können mit den Daten verbunden werden, um sicherzustellen, daß die Daten unabhängig von der Anwendung Integritäts-, Richtigkeits- und Sicherheitsüberprüfungen unterzogen werden.
- Für spezifische Projekte müssen Submodelle aus dem computergerechten Gesamtmodell erstellt werden können.
- Im Idealfall sollte das Tool für die Datenmodellierung die *automatische* Eingabe in die Bibliothek der Spezifikationssprache, des Anwendungsgenerators oder der Programmiersprache ermöglichen.

Computer abgerufen werden konnten, obwohl die benötigten Daten in ihrer Datenträgerbibliothek gespeichert waren.

Als die Franklin National Bank zusammenbrach, wurde in einer anderen New Yorker Bank ein Komplex von Fragen zusammengestellt, die das Top-Management dringend beantwortet haben wollte. Sie bezogen sich auf Bedingungen, die innerhalb der Bank möglicherweise zutrafen, und zu deren Beantwortung Daten vieler in unterschiedlicher Form erstellter Anwendungen gruppiert werden mußten. Nach zwei Tagen mußte sich der Computerexperte geschlagen geben. *Ja,* die Daten waren gespeichert, aber *Nein,* die Fragen konnten nicht beantwortet werden.

Eine andere Bank in New York versuchte eine Anwendung für die Online-Finanzdisposition einzuführen. Die Konkurrenz hatte diese Anwendung eingeführt und damit großen Anklang bei den Kunden gefunden. Es waren keine neuen Daten erforderlich; alle Daten waren auf Platte, aber diese dringend benötigte Anwendung konnte nur mit umfangreichen Datenkonvertierungen und sehr zeitaufwendigem Umprogrammieren erstellt werden. Die Konkurrenz hielt ihren Vorsprung.

In vielen Unternehmen führt das Fehlen eines guten Datenbankdesigns und einer guten Integration zu enorm hohen Wartungskosten und großen Verzögerungen. Prozeduren können nicht schnell geändert werden. Die Einführung neuer, dringend benötigter Verfahren dauert Jahre.

Die DV-Branche ist voll von genialen Subsystemerstellern, die in Ruhe gelassen werden wollen. Ihre Zahl steigt sprunghaft an, da Kleincomputer sich immer mehr verbreiten, Endbenutzer lernen, ihre eigenen Fähigkeiten einzusetzen, und attraktive Software in immer größerem Maße verfügbar ist. In vielen Fällen leisten sie hervorragende Arbeit. Die von ihnen verwendeten Datentypen überschneiden sich aber beträchtlich, ein Umstand, der oft übersehen wird. Die Subsysteme müssen miteinander verknüpft werden, was aber oft nicht ohne Konvertierung erfolgen kann. Die Konvertierung ist, wenn ihre Notwendigkeit offenkundig wird, oft zu teuer, so daß weiterhin inkompatible Systeme existieren und die Integration von Daten, die das Management benötigt, schwierig oder unmöglich wird.

Eine schlechte Datenbankverwaltung kann bei späteren Entwicklungsphasen oder bei der weiteren Evolution für teure Überraschungen sorgen.

Separate Entwicklungen mit inkompatiblen Daten

Traditionell entwickelt jeder Funktionsbereich innerhalb eines Unternehmens eigene Dateien und Prozeduren. Dies führt zu einer Vielzahl redundanter Daten. In einer Firma mittlerer Größe gibt es möglicherweise verschiedene Abteilungen mit eigenem Einkauf. Vor der Einführung von Computern spielte das keine Rolle; möglicherweise war das sogar die beste Verfahrensweise. Nach der Einführung der Computer spielte das aber sehr wohl eine Rolle. Möglicherweise gilt es, Dutzende von Einkaufsprogrammen statt einem einzigen zu warten. Möglicherweise gibt es Dutzende inkompatibler Einkaufsdateien. Diese Inkompatibilität verhinderte die zentrale Zusammenführung übergreifender Managementinformationen.

Bei frühen DV-Installationen wurde immer nur jeweils eine Anwendung implementiert. (Für viele gilt das heute noch.) Die Integration der verschiedenen Anwendungen erschien zu schwierig. Die Integration *innerhalb* der einzelnen Abteilungen und Funktionsbereiche nahm nur langsam zu. Für die Integration *zwischen* Funktionsbereichen wären neue Arten des Managements erforderlich gewesen.

In jedem Funktionsbereich gab es eigene Prozeduren, die verstanden wurden. Die Prozeduren anderer Bereiche wurden nicht verstanden. Je-

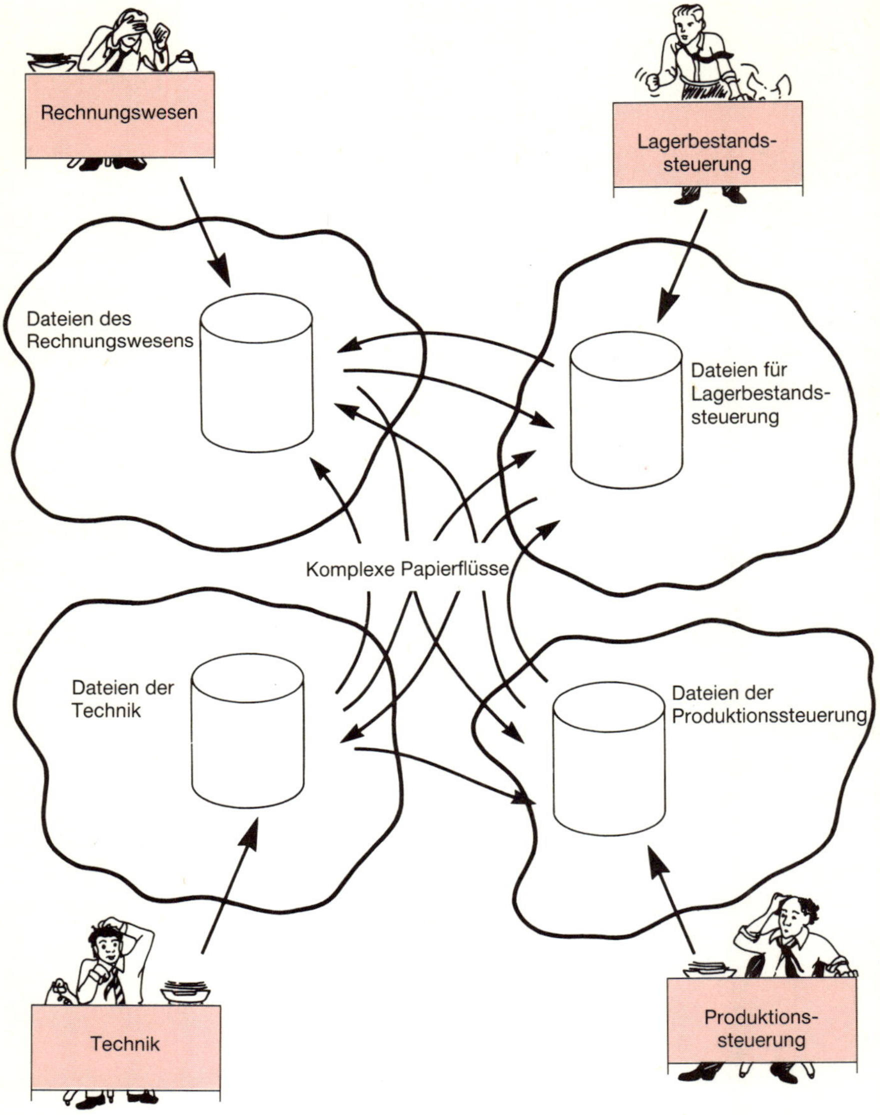

Abbildung 6.1 Traditionell hat jeder Funktionsbereich eigene Dateien und Prozeduren. Aus diesem Grund kommt es zu komplexen Papierflüssen, um Änderungen von Daten in alle Datenversionen einzuarbeiten. Geschieht dies rechnergesteuert unter Verwendung verschiedener Dateien, so wird das System komplex und unflexibel. Die Daten für verschiedene Bereiche werden getrennt entworfen und sind nicht gleichwertig. Dies geht auf Kosten der Genauigkeit. Verschiedenes geht auf dem administrativen Weg verloren. Wartung und Änderung sind schwierig durchzuführen; deshalb werden die Prozeduren immer starrer, Berichtsübergreifende Managementinformationen können nicht extrahiert werden.

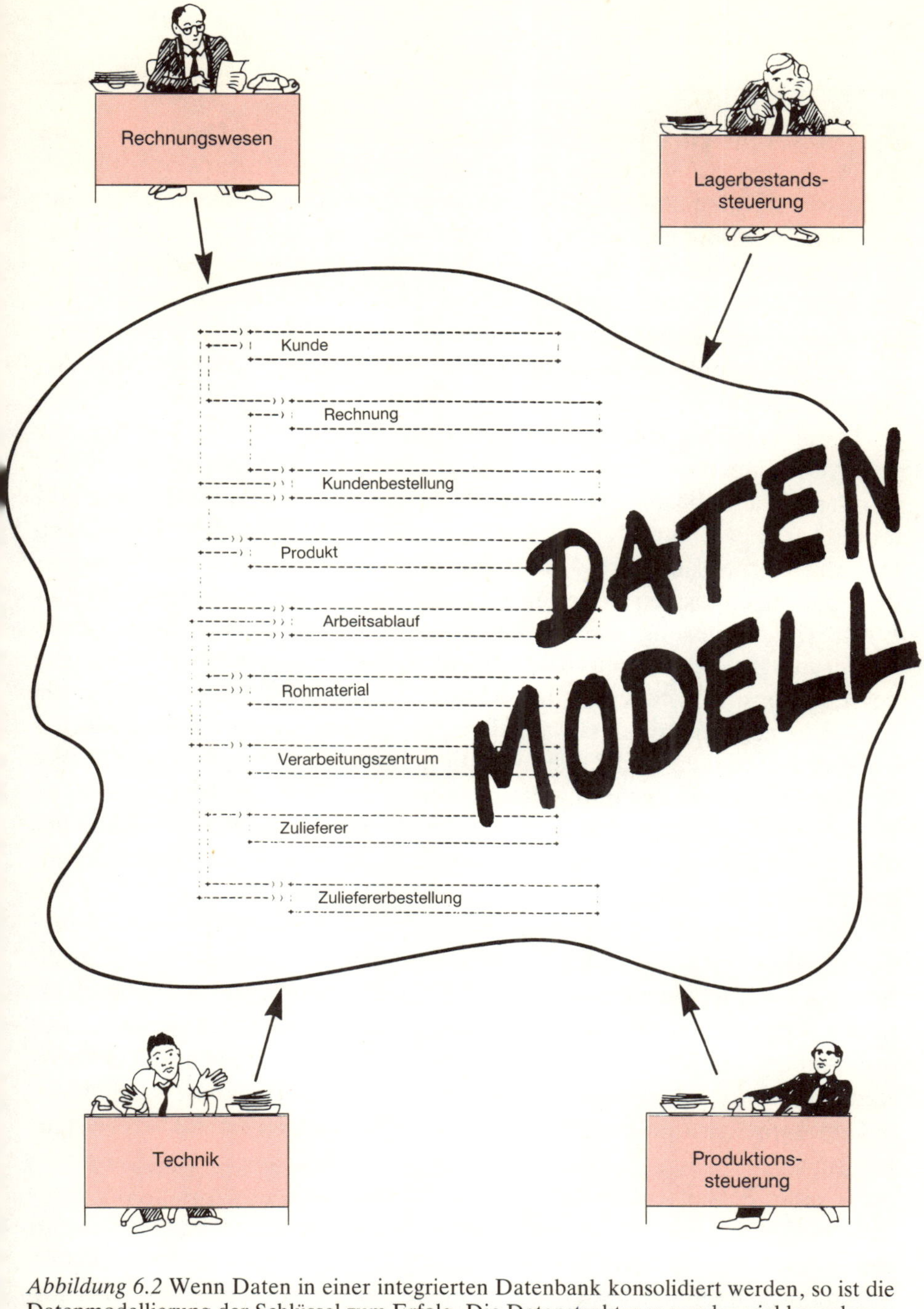

Abbildung 6.2 Wenn Daten in einer integrierten Datenbank konsolidiert werden, so ist die Datenmodellierung der Schlüssel zum Erfolg. Die Datenstrukturen werden viel komplexer, die Datenflüsse aber werden wesentlich vereinfacht. Die Daten sind konsistent und genau. Neue Formen von Managementinformationen können mit Sprachen der vierten Generation schnell extrahiert werden. Änderungen an Prozeduren können mit diesen Sprachen schnell vorgenommen werden. Die Verwaltungsarbeit wird wesentlich reduziert. Die administrativen Verfahren eines Unternehmens müssen gänzlich neu überdacht werden. Ganz andere neue Analyse- und Designtechniken sind erforderlich.

der Bereich pflegte eigene Dateien. Die Struktur dieser Dateien war auf die Aufgaben des Bereichs zugeschnitten. Unglücklicherweise mußten Dateien unter den einzelnen Bereichen ausgetauscht werden und Managementdaten aus verschiedenen Bereichen zusammengestellt werden. Diese Daten waren gewöhnlich inkompatibel. Schlimmer noch, viele Bereiche sahen sich des öfteren gezwungen, ihre Datenstrukturen zu ändern, und taten dies, ohne die aus ihrem Tun resultierende Kettenreaktion von Problemen zu bedenken. In Abbildung 6.1 ist die Umgebung für diese Art von Datenverarbeitung dargestellt.

In einer solchen nicht integrierten Umgebung erfolgt die Bekanntgabe von Änderungen auf Papier – was unweigerlich zu Fehlern führt, zeitaufwendig und äußerst arbeitsintensiv ist. Angenommen, eine technische Abteilung erstellt einen Bericht über technische Änderungen. Es werden mehrere Kopien angefertigt, eine für die Produktionssteuerung, eine für die Lagerbestandssteuerung, eine für das Rechnungswesen usw. Bei der Produktionssteuerung kommt man zu dem Schluß, daß die technischen Änderungen Änderungen in der Produktdatei erforderlich machen. Bei der Lagerbestandssteuerung müssen die Folgen der Änderungen auf die Einkaufsoperationen geklärt werden, was Auswirkungen auf die Kosten für Rohmaterialien und Teile hat. Die Lagerbestandssteuerung gibt ihre Ergebnisse an das Rechnungswesen weiter. Im Rechnungswesen kommt man zu dem Ergebnis, daß die Rentabilität nur durch eine Erhöhung des Verkaufspreises gewährleistet werden kann. Dies wird dem Vertrieb mitgeteilt. Und so weiter.

Wenn Daten für verschiedene Bereiche separat definiert werden und inkompatibel sind, so ist der Informationsaustausch zwischen den Einzelbereichen kompliziert und unflexibel. Schreibarbeiten müssen manuell erfolgen. Dies geht auf Kosten der Genauigkeit. Einzelaspekte gehen verloren. Änderungen an einem System können sich verheerend auf andere Systeme auswirken. Um solche schweren Folgen zu vermeiden, werden Managementprozeduren immer starrer und Änderungen immer schwieriger gemacht.

In einer Fabrik waren in Arbeit befindliche Projekte im Wert von einer Million Dollar unverbucht, weil Teile im Verwaltungsprozeß verlorengingen. Dieser Umstand war ein wesentlicher Anreiz für das Endbenutzermanagement, ein Online-System zu erstellen, das die administrativen Verfahren innerhalb der Firma grundlegend änderte [4].

Die Lösung für die in Abbildung 6.1 genannten Probleme heißt zentralisierte Datenplanung. Es ist Aufgabe des Datenverwalters, ein *Modell* der für die Leitung des Unternehmens erforderlichen Daten zu erstellen. Dieses Modell deckt alle Funktionsbereiche ab. Ist es ein modulares Modell, so ist es nach Dateninhalten und nicht nach abteilungs- oder organisationsbedingten Grenzen aufgegliedert. In Abbildung 6.2 ist die Verwendung eines gebräuchlichen Datenmodells dargestellt.

Fester Grundstein In gut organisierten kommerziellen DV-Unternehmen werden Datenmodelle zum Grundstein, auf dem die Prozeduren errichtet werden. Ein wesentlicher Grund, warum sich dies als praktisch erwiesen hat, ist darin zu sehen, daß die in einem Unternehmen verwendeten Datentypen nur selten geändert werden müssen. Obwohl sich der Informationsbedarf von Managern von Monat zu Monat ändert, bleiben die Grundeinheiten eines Unternehmens davon unberührt, sofern das Unternehmen selbst nicht drastisch geändert wird.

Als Einheit wird etwas bezeichnet, zu dem Daten gespeichert werden können – ein Produkt, ein Kunde, ein Verkäufer, ein Artikel. Ein Datenmodell zeigt die Beziehungen zwischen Einheiten auf: Ein *Verkäufer* ist ein *Angestellter*, in einer *Zweigstelle* sind mehrere *Verkäufer* tätig, usw.

Es werden *Attribute* mit Informationen zu den Einheiten gespeichert. Für einen Vertreter werden beispielsweise Adresse, Verkaufsgebiet, Quote, Gehalt, erreichte Quote in Prozent usw. gespeichert. Das Datenmodell zeigt, welche Attribute zu jeder Einheit gehören.

Die in Unternehmen verwendeten Typen von Einheiten und Attributen unterliegen normalerweise nur minimalen Änderungen. Sie sind das Fundament für die Datenverarbeitung. Ihre *Werte* ändern sich ständig. Die *Informationen* und die Berichte, die wir aus dieser Sammlung von Daten extrahieren, können sich grundlegend ändern. Die Techniken, mit denen wir diese Daten speichern oder aktualisieren, ändern sich ebenfalls.

Wenn ein Unternehmen seine administrativen Verfahren ändert, so bleiben die Einheiten und Attribute davon im Normalfall unberührt. Unter Umständen ist eine kleine Zahl neuer Einheiten oder neuer Attribute für bestehende Einheiten erforderlich, so daß das Grunddatenmodell über die Jahre etwas wächst.

Ein typisches Unternehmen mittlerer Größe hat mehrere hundert Einheiten (sofern redundante Daten elimiert wurden). Ein großer, diversifizierter Konzern hat sehr viel mehr, wobei möglicherweise für jede Tochter ein eigenes Datenmodell erstellt wird. Im Durchschnitt gibt es zu jeder Einheit oft zehn oder mehr Attribute.

Der Autor arbeitete in einer großen Bank, als dort Computer eingeführt wurden. Es gab Stapelprogramme, viele manuelle Prozeduren, keine Bildschirme und umfangreiche Formulararbeiten. Heute benutzen die Kunden automatische Kassen, die online zu entfernt stehenden Computern arbeiten; es gibt viele Bildschirme, die administrativen Abläufe haben sich grundlegend geändert. Die Grundtypen der gespeicherten Daten sind die gleichen wie vor 20 Jahren. Es gab große Veränderungen bei der Automatisierung, aber wenn vor 20 Jahren ein Datenmodell erstellt worden wäre, hätte es mit geringfügigen Änderungen heute noch Gültigkeit.

Wenn sich die Bank freilich dafür entschiede, in die Whiskyherstellung einzusteigen (was für manche Banker durchaus angemessen wäre), müßte ein grundlegend neues Datenmodell erstellt und dem bestehenden Modell hinzugefügt werden.

Bei einem Teil der Software für die Datenbankverwaltung können neue Attribute hinzugefügt werden, ohne Störungen herbeizuführen. Auch neue Einheiten können hinzugefügt werden. Manche Arten von Datensystemsoftware sind flexibler als andere. Es gilt, die richtige Wahl zu treffen.

Es mag der Einwand kommen, daß sich in manchen Unternehmen die Datentypen stärker ändern als in Banken. Das ist richtig; die Datenmodelle müssen deshalb vorzugsweise automatisch geändert werden.

Stabile Datenbanken

Es besteht ein gewaltiger Unterschied zwischen Datenbanken, die unter dem Gesichtspunkt der *Stabilität* entworfen wurden, und den in der traditionellen Datenverarbeitung verwendeten Dateien. Typische Dateistrukturen ändern sich kontinuierlich infolge geänderter Benutzeranforderungen. Kein Unternehmen ist statisch, und die Ansicht des Managements, welche Informationen benötigt werden, ändert sich rapide.

Wir versuchen, die Programme von den Änderungen der Datenstrukturen zu isolieren. Der Begriff hierfür heißt *Datenunabhängigkeit.* Datenunabhängigkeit bedeutet, daß die Programme von Änderungen der Datenstruktur aufgrund ihrer Isolation unberührt bleiben und weiterlaufen. Die Programme enthalten eine Datensicht, die beibehalten werden kann, auch wenn sich die tatsächliche physische Struktur der Daten ändert.

Datenunabhängigkeit läßt sich mit Hilfe von Systemen für die Datenbankverwaltung verwirklichen. Der wichtigste Unterschied zwischen einem System für die Datenbankverwaltung und einem Dateiverwaltungssystem besteht darin, daß die Datenbankverwaltung zwischen der Datensicht des Anwendungsprogramms und der tatsächlichen Datenstruktur vermittelt. Sie behält die Datensicht des Programms bei, wenn sich die tatsächliche Sicht logisch oder physisch ändert. Bei Datenbanksystemen können viele Anwendungen verschiedene Datensichten haben.

Die Verwendung eines guten Datenbanksystems allein gibt uns noch nicht die Sicherheit, die wir benötigen. Wir brauchen auch ein gutes logisches Design der verwendeten Datenstrukturen.

Logisches Design der Datenbanken

Bei fehlender Kontrolle neigen Systemanalytiker zum Design von Sätzen, in denen jede Sammlung von Datenelementen gruppiert wird, die sie für nützlich halten. Aus ungeeigneter Gruppierung von Datenelementen können alle Arten von Anomalien entstehen. Einige dieser Anomalien sind subtil und bleiben oft unbemerkt.

Eine Datenbank umfaßt Hunderte (und manchmal Tausende) Arten von Datenelementen. Ein schlechtes Design der logischen Strukturen kann schwerwiegende finanzielle Folgen haben. Ein Unternehmen kann Datenbanken nicht so einsetzen, wie es das sollte, was sich negativ auf die Produktivität auswirkt. Datenbanken müssen permanent überarbeitet werden, sie können aber nicht ohne umfangreiche Änderungen an den Anwendungsprogrammen geändert werden. Die Endbenutzer können nicht so unterstützt werden, wie dies erforderlich ist, weshalb viele versuchen, eigene Alternativen zur Verwendung der Datenbanken zu entwickeln.

In den späten siebziger Jahren wurde klar, daß viele Datenbankinstallationen nicht die Möglichkeiten boten, die in den Publikationen geschildert wurden. Einige wenige hatten auf spektakuläre Weise die gesamte Datenverarbeitung verbessert und wesentlich zur Steigerung von Geschwindigkeit und Produktivität der Anwendungsentwicklung beigetragen. Immer wieder lag der Unterschied im Design der übergreifenden logischen Struktur der Daten.

Eines der Argumente für den Einsatz von Datenbanksystemen ist die erhebliche Verringerung von Wartungsarbeiten. In der Praxis haben die Datenbanktechniken aber oft nicht zur Verringerung der Wartungskosten beitragen können, da eine Notwendigkeit gesehen wird, bei Einführung neuer Anwendungen neue Datenbanken zu erstellen. Die Ursache hierfür liegt wiederum in der logischen Strukturierung der Daten und dem Erfolg der Datenverwaltungsfunktion.

Was ist Informationstechnik?

Die bei der Erstellung von DV-Systemen verwendeten Methoden ändern sich rapide. Der Begriff »Technik« wird bei der Beschreibung moderner Methoden benutzt, um implizit auszudrücken, daß sich diese Methoden formaler Disziplinen präziser, wohl durchdachter Techniken bedienen und nicht der oft nachlässigen Methoden des herkömmlichen Programmierens, bei denen man nicht weiß, was am Ende herauskommt.

Der Begriff der *Softwaretechnik* umfaßt eine Gruppe von Disziplinen, die bei der Spezifikation, beim Design und beim Programmieren von Computersoftware eingesetzt werden. Der Begriff *Informationstechnik* nimmt Bezug auf eine Gruppe miteinander verknüpfter Disziplinen, die bei der

Umstellung eines Unternehmens auf Datenverarbeitung *auf der Basis von Datensystemen* erforderlich sind. Das Hauptaugenmerk gilt bei der Informationstechnik den Daten, die mit Computern gespeichert und gewartet werden, und den Informationen, die aus diesen Daten gewonnen werden. Das Hauptaugenmerk bei der Softwaretechnik gilt der Logik, die im Computerbetrieb angewendet wird.

Die Verfahren der Softwaretechnik wurden in den siebziger Jahren formalisiert. Zu ihnen gehören Verfahren der Softwareentwicklung wie beispielsweise strukturiertes Programmieren, strukturiertes Design und strukturierte Analyse sowie die zu deren Unterstützung erforderlichen Instrumentarien. Für die Erstellung komplexer Software mit komplexer Logik sind sie unersetzlich. Allerdings kann in weiten Bereichen der Datenverarbeitung das Design der Logik durch geeignete Datenbanktechniken relativ einfach gehalten werden, doch ist die Erstellung der richtigen Datenbanken für ihre effektive Verwendung eine komplexe Angelegenheit. Verschiedene Techniken der siebziger Jahre waren dafür kaum gut genug, und viele Informationssysteme entsprachen den Bedürfnissen des Managements nicht.

Heute verfügen einige Unternehmen über exzellente Informationssysteme. Die Informationstechnik formalisiert die Verfahren, mit denen sie erstellt wurden. Sie verwendet Diagrammtypen, Instrumente und Methoden, die sich von denen der Softwaretechnik unterscheiden.

Die Grundprämisse der Informationstechnik ist, daß im Mittelpunkt der modernen Datenverarbeitung die Daten stehen. Dies wird anhand von Abbildung 6.3 verdeutlicht. Die Daten werden mit Hilfe verschiedener Typen von Datensystemsoftware gespeichert und gewartet. Die Prozesse links in Abbildung 6.3 *erstellen* und *ändern* die Daten. Diese müssen mit geeigneten Richtigkeitskontrollen erfaßt und eingegeben werden. Sie werden periodisch aktualisiert. Die Prozesse rechts in Abbildung 6.3 *verwenden* die Daten. Routinedokumente wie Rechnungen, Quittungen, Frachtbriefe und Arbeitskarten werden gedruckt. Manager und Spezialisten fragen manchmal Informationen ab. Sie erstellen Zusammenfassungen oder Analysen der Daten und erzeugen Diagramme und Berichte. Sie stellen »Was wäre, wenn . . .«-Fragen, und verwenden die Daten zur Entscheidungsfindung. Revisoren prüfen die Daten und versuchen sicherzustellen, daß sie nicht unbefugt verwendet werden.

Die Daten in Abbildung 6.3 können Mehr-Datensysteme sein. Sie können unterschiedlich gespeichert sein. Oft handelt es sich um verteilte Daten. Sie werden oft mit Hilfe von Übertragungseinrichtungen und Datenstationen aktualisiert und verwendet.

Eine zweite Grundprämisse der Informationstechnik ist, daß sich, wie

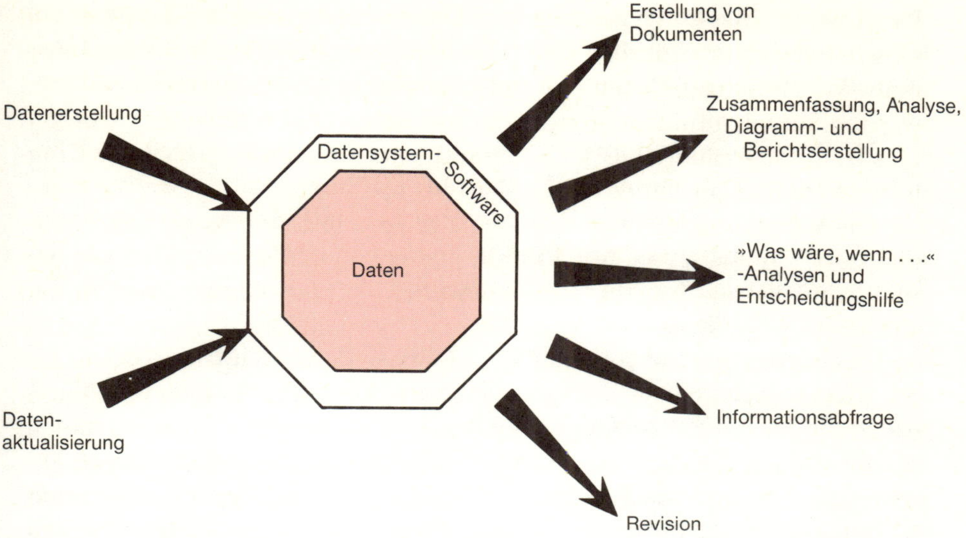

Abbildung 6.3 Die moderne Datenverarbeitung besteht zum größten Teil aus Aktionen, die Daten mit geeigneten Genauigkeitsprüfungen erstellen und ändern, sowie aus Prozessen, die Daten verwenden, analysieren, zusammenfassen und manipulieren oder aus den Daten Dokumente drucken.

bereits erwähnt, die in einem Unternehmen verwendeten Datentypen nicht wesentlich ändern. Die Einheitentypen ändern sich nicht, mit Ausnahme gelegentlicher (seltener) neuer Einheitentypen. Die Typen von *Attributen,* die zu den Einheiten gespeichert werden, ändern sich auch nur sehr selten. Die *Werte* der Daten ändern sich ständig, wie die Daten auf der Informationsanzeige am Flughafen, die *Struktur* der Daten ändert sich aber selten, wenn von Anfang an gutes Design vorliegt.

Für jede gegebene Sammlung von Datenelement-Typen läßt sich ein optimaler Weg der logischen Darstellung finden. Dies ist die Aufgabe des Datenverwalters. Der Datenverwalter erstellt mit Hilfe formaler Techniken (die automatisiert wurden [3]) stabile Modelle der Daten. Bei gutem Design ändern sich diese Modelle nur selten, so daß im Normalfall Änderungen, die Störungen verursachen, vermieden werden. In der Informationstechnik sind diese Modelle das Fundament, auf dem die meisten rechnergesteuerten Prozeduren errichtet werden.

Obgleich die Daten vergleichsweise stabil sind, ändern sich die Prozeduren, die diese Daten verwenden, schnell und häufig. Es ist deshalb wünschenswert, daß Systemanalytiker und Endbenutzer diese häufig ändern können. Zur Verbesserung der administrativen Verfahren und zu deren Anpassung an die sich ständig wandelnden Anforderungen des Managements ist ein Maximum an Flexibilität erforderlich. Jedes Unternehmen ist dynamischen Änderungen unterworfen, und die Ansichten des Managements, wie das Unternehmen zu leiten ist, ändern sich noch viel schneller.

Die Prozeduren ändern sich deshalb rasch (oder sollten sich rasch ändern); Computerprogramme, Verfahren, Datennetze und Hardware ändern sich; die grundlegenden Datentypen aber sind vergleichsweise stabil. Das Datenfundament ist nur dann tragfähig, wenn die Daten korrekt definiert und strukturiert sind, so daß sie mit der notwendigen Flexibilität verwendet werden können.

Da die grundlegenden Datentypen stabil sind, während die Prozeduren sich ändern, führen *datenorientierte* Techniken dort zum Erfolg, wo *ablauforientierte* Techniken versagten. Viele ablauforientierte Techniken haben zu Systemen geführt, die langsam zu implementieren und schwer zu ändern sind. Die Informationstechnik versucht, den sich schnell ändernden Informationsbedürfnissen des Managements gerecht zu werden. Sobald die notwendige Dateninfrastruktur erstellt ist, lassen sich mit höheren Datenbanksprachen und Anwendungsgeneratoren rasch Ergebnisse erzielen.

Die Bausteine der Informationstechnik

Die Informationstechnik umfaßt eine integrierte Gruppe von Methoden, die in Abbildung 6.4 dargestellt ist. In diesem Diagramm hängt jeder Baustein von dem darunterliegenden ab. Die Bausteine können aber auf verschiedene Arten zusammengestellt werden.

① Der Stein, auf dem alle anderen in Abbildung 6.4 beruhen, ist die Entwicklung eines Unternehmensmodells durch *strategische Informationsplanung*. Diese versucht die Ziele des Unternehmens und die zur Erreichung dieser Ziele benötigten Informationen festzustellen.

② Die nächste Stufe ist die Planung der Informationsressourcen durch eine *Analyse der Einheitenbeziehungen*. Dies ist eine abwärts gerichtete Analyse der zu speichernden Datentypen und ihrer Beziehungen zueinander. Eine Analyse der Einheitenbeziehungen wird mitunter für ein ganzes Unternehmen durchgeführt, manchmal nur für eine Abteilung, für eine Tochtergesellschaft, ein Werk oder einen anderen Unternehmensteil.

Das Gebäude von Abbildung 6.4 kann auch ohne die beiden unteren Bausteine errichtet werden; dies wäre allerdings so, als wolle man ein Haus auf weichem Grund ohne gute Fundamente errichten.

③ Die dritte Stufe ist die *Datenmodellierung*. Die Einheitenanalyse untersucht, welche Datentypen in einem Unternehmen benötigt werden. Sie erstellt ein Einheitenmodell, das einen groben Überblick bietet, aber noch nicht alle für die Implementierung der Datenbank erforderlichen Details enthält. Die Datenmodellierung erstellt ein detailliertes logisches Datenbankdesign und versucht, dieses vor seiner Implementierung möglichst *stabil* zu gestalten. Stufe 3 ist eine Fortführung von Stufe 2, die diese stärker detailliert und verschiedene Stabilitätsprüfungen durchführt.

Eine der wesentlichen Erkenntnisse, die zur Informationstechnik führte, ist, daß die Daten eines Unternehmens *unabhängig von ihrer Verwendung* existieren und beschrieben werden können. Darüber hinaus müssen die Daten strukturiert sein. Es darf nicht jede alte Sammlung von Datenelementen zu einem Satz zusammengefaßt werden. Die Daten haben bestimmte *inhärente* Eigenschaften, die zu einer korrekten Strukturierung führen. Diese Eigenschaften sind ebenfalls *unabhängig von der Verwendung der Daten.* Werden Daten in einer Art und Weise strukturiert, die den inhärenten Eigenschaften zuwiderlaufen, ist es sehr wahrscheinlich, daß sie irgendwann umstrukturiert werden müssen, und dieses Umstrukturieren wird teuer werden, da alle Programme, die auf der alten Struktur beruhen, umgeschrieben werden müssen. Werden die Daten jedoch gemäß ihren inhärenten Eigenschaften strukturiert, so wird sich die Struktur als stabil erweisen.

Die Datenmodellierung erfolgt oft ohne die unternehmensweite Planung, die durch die farbig dargestellten unteren Bausteine in Abbildung 6.4 gezeigt wird. Es werden lokale Modelle erstellt, die für einen bestimmten Bereich oder eine bestimmte Gruppe von Anwendungen gültig sind. Lokale Modelle sind leichter zu erstellen und zu verwenden, da sie Streit zwischen Abteilungen oder Bereichen des Unternehmens vermeiden. Ein Ziel der Informationstechnik ist es jedoch, unternehmensweit Einigung über Datendefinitionen und -strukturen zu erzielen, zumindest dort, wo Daten gemeinsam oder in einem übergreifenden Steuerungssystem verwendet werden müssen.

Die beiden unteren Bausteine in Abbildung 6.4 versuchen, Datengemeinsamkeit in einem Unternehmen zu erzielen. Dieses grobe Einheitenmodell wird in Gruppen unterteilt, die manchmal als *sachbezogene Datenbanken* bezeichnet werden und im Detail modelliert werden (Stufe 3 in Abbildung 6.4). Eine unternehmensweite Einheitenanalyse kann nur mit Unterstützung des Topmanagements erfolgen, doch daran mangelt es oft. Um ein voll computerisiertes Unternehmen aufzubauen, müssen den Perspektiven des Topmanagements Grenzen gesetzt werden und zuerst die unteren Bausteine in Abbildung 6.4 gelegt werden. Die Verfahren der Informationstechnik geben dem Topmanagement einen Aktionsplan, mit dem sie die Entwicklung der Informationsressourcen lenken können.

④ ⑤ Die unteren drei Bausteine in Abbildung 6.4 bilden die Basis für einen Großteil der Datenverarbeitung der Zukunft. Sobald diese Basis

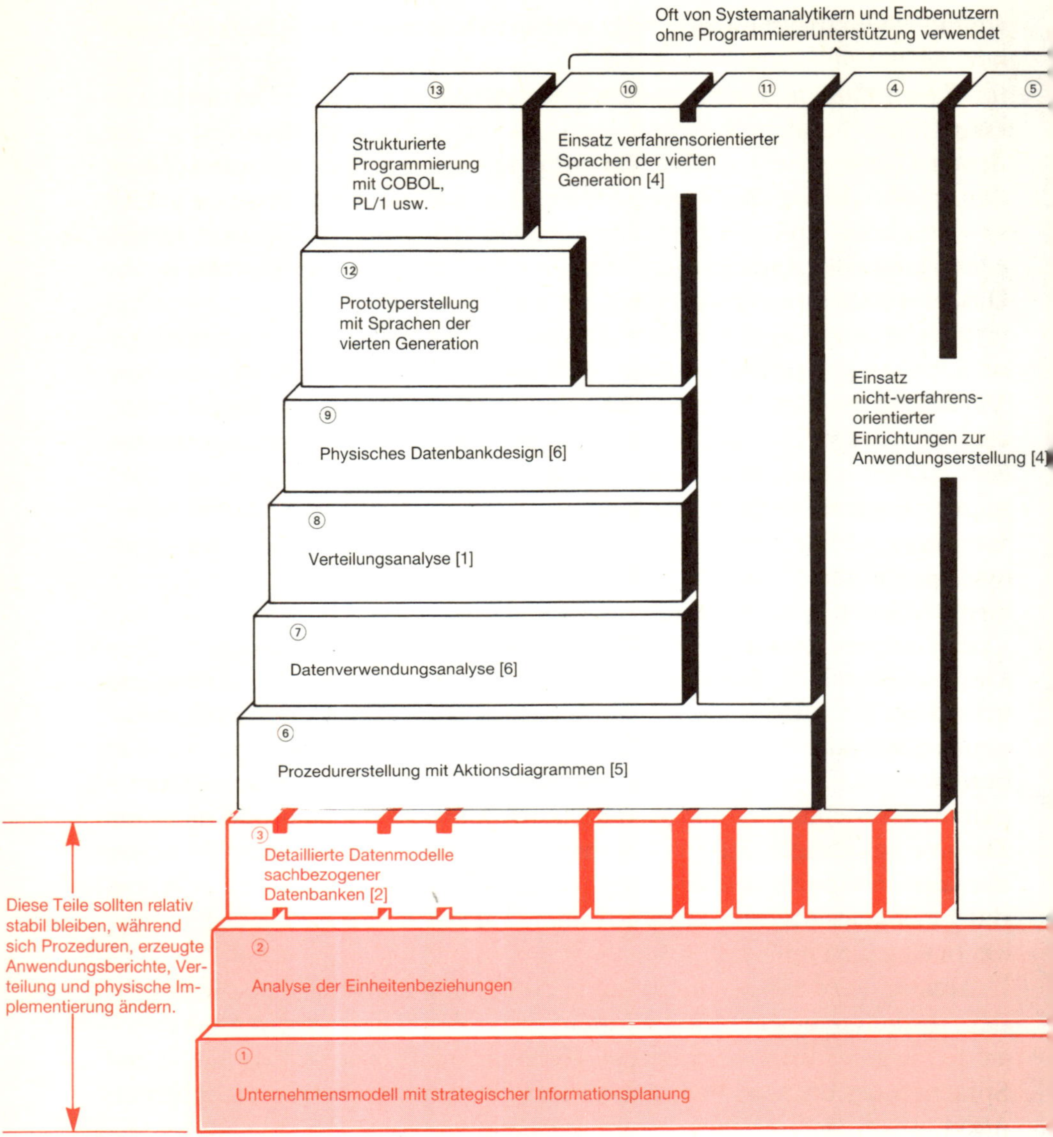

Abbildung 6.4 Informationstechnik: Moderne Methoden des DV-Managements erfordern eine Planung der Informationsressourcen mit sorgfältiger Datenmodellierung und Datenverwaltung sowie voller Nutzung der Sprachen der vierten Generation.

oder Teile davon geschaffen wurden, ist es wünschenswert, daß das Abrufen von Informationen aus den Datenbanken und das Erstellen von Berichten und Diagrammen mit nicht-verfahrensorientierten, benutzer-

freundlichen Sprachen *möglichst schnell* erfolgen kann – Bausteine 4 und 5 in Abbildung 6.4.
⑥ Zum Erstellen der Prozeduren, die auf eine Datenbank zugreifen, ist eine Diagrammtechnik erforderlich, um die Aktionen darzustellen, mit denen Daten erstellt, abgerufen, geändert oder gelöscht werden. Diese *Datenbank-Aktionsdiagramme* [5] sind leicht zu erstellen, werden jedoch so gezeichnet, daß sie ein direktes Umwandeln in Code-Gerüste verfahrensorientierter Sprachen der vierten Generation erlauben. Dies ist die Basis für Baustein 4 in Abbildung 6.4.
⑦⑧⑨ Die Analyse der Datenverwendung ist für häufig eingesetzte Anwendungen von Interesse (Block 7). Sie führt zu Entscheidungen über die Verteilung der Daten (Baustein 8) und die physische Organisation der Datenbank (Baustein 9). Bei Anwendungen mit geringem Transaktionsvolumen ist eine detaillierte Verwendungsanalyse nicht erforderlich, wenn geeignete Datenverwaltungssysteme eingesetzt werden. Diese Datenverwaltungssysteme können sich stark von den alten Datenbanken-Verwaltungssystemen unterscheiden.
⑩⑪ Mit den Sprachen und Generatoren der vierten Generation können Computerprozeduren sehr viel schneller als mit den Sprachen der dritten Generation wie COBOL und PL/1 erstellt werden. Dies ist eine dringend erforderliche Verbesserung im DV-Prozeß, sofern Endbenutzer keine eigenen Datenstrukturen erstellen. In vielen Fällen tun Endbenutzer aber gerade das – froh über ihre Befreiung von den DV-Programmierabteilungen. Sofern es sich bei den Daten um gemeinsame Daten und nicht um Daten eines einzelnen Benutzers handelt, sollte der Einsatz von Sprachen der vierten Generation mit den durch die Bausteine 10 und 11 in Abbildung 6.4 dargestellten Datenmodellen gekoppelt sein.
⑫ In vielen Fällen werden Sprachen der vierten Generation zur Prototyp-Erstellung verwendet. Die Prototypen können mehrmals adaptiert werden, nachdem die Benutzer mit ihnen eine Zeitlang gearbeitet haben.
⑬ In einigen Fällen werden Prozeduren, die als Prototypen vorliegen, mit Sprachen der dritten Generation (normalerweise COBOL) umprogrammiert, um eine ausreichende Systemleistung zu erzielen.

Die in Abbildung 6.4 gezeigte Computerumgebung unterscheidet sich wesentlich von den bisherigen Methoden der Systemanalyse. Wird sie mit automatisierten Techniken durchgeführt, so verbessert sie die Produktivität der Computer eines Unternehmens wesentlich. Sie ermöglicht das Erstellen von Systemen, die schnell auf den Datenverarbeitungs- und Informationsbedarf des Managements reagieren. Sie kann die Wartungskosten deutlich senken. Diese Analyse stellt einen grundlegenden Wandel im Management der Datenverarbeitung dar.

Der Einsatz von Datenbanken sowie die Geschwindigkeit der Anwendungsentwicklung können durch eine weitere Ebene der konventionellen Datenbankmodelle, durch die *intelligente Datenbank* noch verbessert werden. Ein intelligentes Datenmodell umfaßt Logik und Regeln, die beim Zugriff auf die Daten berücksichtigt werden müssen.

Computerverwendung in der Informationstechnik

Jeder Versuch einer Informationstechnik ohne rechnergesteuerte Instrumentarien wird zu einem Durcheinander führen. Die Datenmodelle sind für manuelles Design, Entwerfen und Aktualisieren zu komplex. Es gibt rechnergesteuerte Design-Instrumente, mit denen Modelle erstellt, auf Richtigkeit geprüft, an ein Datenwörterbuch gekoppelt und aktualisiert werden können sowie Untermengen der Modelle Personen verfügbar gemacht werden können, die sie zur Prüfung oder Verwendung benötigen. Diese Untermengen werden zur Basis der individuellen Anwendungserstellung. Der Anwendungsersteller kann das Untermodell aufbereiten, eine logische Zugriffsfolge für das Untermodell festlegen und es in einem Anwendungsgenerator, einer Sprache der vierten Generation oder eventuell für die Programmierung mit Sprachen der dritten Generation verwenden.

Ein Haus auf Sand gebaut

Die Versuchung ist groß, Datensysteme ohne das in Abbildung 6.4 gezeigte Fundament zu erstellen. Die Versuchung wird um so größer werden, je leistungsstärker und attraktiver die Datensystem-Software für den Benutzer wird.

Die meisten Daten eines Unternehmens müssen von Abteilung zu Abteilung weitergegeben werden. Einige Daten müssen aus verschiedenen Bereichen zusammengetragen werden, um die zur Entscheidungsfindung oder Steuerung benötigten Informationen zu bekommen. Es gibt nicht viele Daten, bei denen man sich ein unkoordiniertes, wahlloses Design durch lokale Enthusiasten leisten kann, die bei ihrer Arbeit ganz in Ruhe gelassen werden wollen.

Eine mit bewährten Methoden effizient durchgeführte strategische Datenplanung ist nicht teuer, verglichen mit den versteckten Kosten einer chaotischen Datenorganisation. Sie stellt weitgehend eine einmalige Ausgabe dar, wobei die Kosten für ihre Aktualisierung minimal sind. Ist die Planung erstellt, wird die Freiheit des lokalen Entwicklungspersonals nicht eingeschränkt. Sobald geeignete Datensysteme existieren, können diese die Freiheit beim Ändern der unternehmensspezifischen Prozeduren wesentlich vergrößern.

Ein ohne die in Abbildung 6.4 genannten Bausteine erstelltes modernes DV-System ist ein auf Sand gebautes Haus. Früher oder später wird es Probleme geben, muß das Haus umgebaut werden. Das Fehlen des Fundaments der Datenplanung ist ein Grund, warum so viele DV-Aktivitäten ständig durch Wartungsprobleme gehemmt werden. Die durch fehlende Planung verursachte Wartung ist viel, viel teurer, als es die Planung gewesen wäre.

Viele Unternehmen haben in der Tat ihr Management-Informationssystem auf Sand gebaut. Die notwendige Datenkoordination wurde entweder wegen mangelndem Verständnis für die Notwendigkeit oder die Methoden nicht durchgeführt oder weil die Unternehmenspolitik dies verhinderte. Es ist Aufgabe des Topmanagements, dafür zu sorgen, daß das richtige Fundament gelegt wird.

Zwei Bilder

Der Leser sollte sich einmal zwei völlig gegensätzliche Bilder des Computer-Einsatzes in einem Unternehmen vorstellen. Im *ersten Bild* erfolgt die gesamte Anwendungsentwicklung in einer unter großem Druck stehenden DV-Abteilung unter Einsatz von COBOL mit detaillierter (aber nicht exakter) Systemanalyse und Anforderungsspezifikation. Es werden strukturierte Analyse und strukturierte Programmierung verwendet – in der Tat die besten strukturierten Softwaretechniken. Es gibt aber einen Anwendungsüberhang von einigen Jahren und einen unsichtbaren Überhang, der noch größer ist. Die Benutzer scheinen ziemlich unzufrieden mit den ihnen gelieferten Ergebnissen zu sein. Für das Topmanagement stellt sich die DV als Problem dar. Endbenutzer haben versucht, durch die Beschaffung eigener Minicomputer die DV zu umgehen, was sich aber auch nicht als sehr zufriedenstellend erwies.

Im *zweiten Bild* wurde eine strategische Datenplanung und -modellierung für das gesamte Unternehmen durchgeführt, und die Daten wurden in Datenbanksystemen verfügbar gemacht. Die Endbenutzer besitzen Arbeitsplätze, über die sie auf diese Daten zugreifen können. Einige benutzen dazu eine einfache Abfragesprache, deren Design möglichst benutzerfreundlich ist. Andere setzen eine Sprache ein, mit der sie die Daten manipulieren, eigene Dateien extrahieren, Daten erfassen und »Was wäre, wenn . . .«-Fragen stellen können. Die Betriebsleiter, Terminüberwacher, die Einkaufs-, Vertriebs- und Personalabteilungen erstellen alle automatisierte Berichts- und Steuerungsprozeduren mit Hilfe eines datenbankorientrierten Anwendungsgenerators. Dadurch werden Produktivität und Effizienz dieser Abteilungen gesteigert, das in Warenbestand, in Arbeit befindlichen Produkten und maschineller Ausrüstung gebundene

Kapital verringert und die Dienstleistungen für den Kunden verbessert. Die Finanzplaner, Budgetverantwortlichen, Planer und Ingenieure erstellen die von ihnen benötigten Programme mit benutzerfreundlichen Sprachen und setzen in großem Umfang Instrumente zur computerunterstützten Entscheidungsfindung ein. Die DV betreibt ein Informationszentrum, das die Endbenutzer bei der Suche nach benötigten Informationen, bei deren Verarbeitung und Umformatierung entsprechend ihren Anforderungen und bei der Erstellung von Prozeduren, Berichten und intelligenten Arbeitsblättern bestmöglich unterstützt.

Viele DV-Spezialisten wurden zu Beratern, Betreuern und Instruktoren für Endbenutzer. Systemanalytiker erstellen Anwendungen interaktiv in Zusammenarbeit mit dem Endbenutzer. Nahezu alle Daten sind online verfügbar. Nahezu alle Benutzer, die auf den Computer angewiesen sind, verfügen über einen Bildschirm. Die Systemanalytiker erstellen so gut wie nie Spezifikationen oder Datenflußdiagramme. Sie erstellen interaktiv Prototypen von Anwendungen, wobei sie komplexe Prozeduren mit Hilfe von Aktionsdiagrammen darstellen, die mit Sprachen der vierten Generation direkt in ausführbaren Code umgesetzt werden können. Die DV erstellt die Datenbanken, Datennetze und die Infrastruktur, die zur Unterstützung dieser Aktivitäten erforderlich sind. Im gesamten Unternehmen entwickeln Endbenutzer unterschiedlichster Art Vorstellungen, wie sie den Computer zur Verbesserung ihrer eigenen Produktivität und zur ständigen Anpassung ihrer eigenen Anwendungen nutzen können.

So wie im *zweiten Bild sollte* die Arbeit mit dem Computer aussehen. Sie benötigt Unterstützungseinrichtungen, die von der DV erstellt werden. Sie bedarf umfassender Koordination – um die es ja bei der Informationstechnik geht.

Die heutige Software erlaubt vielen Endbenutzern, eigene Anwendungen zu erstellen. Ob sie dies nun selbständig oder mit Unterstützung eines DV-Spezialisten tun, es muß in einem *kontrollierten* Rahmen geschehen.

7 Informationszentrum – Konzept

Die Rentabilität des Informationszentrums

Der stärkste unter den neuen Trends im DV-Management ist die Zunahme von Informationszentren.

Ein Informationszentrum ist eine Einrichtung, die Endbenutzern, welche Computer direkt zum Erstellen von Berichten und Anwendungen einsetzen, Anregungen, Ausbildung und Unterstützung bieten soll. Dabei liegt eine weitere Aufgabe auch in der *Lenkung* der benutzergesteuerten Datenverarbeitung, durch die die vielen möglichen Probleme vermieden werden sollen. Es gibt große Unterschiede sowohl bei den verwendeten Sprachen als auch bei den Anwendungsarten. Manche Benutzer verwenden nur Datenbankabfragesprachen, andere betreiben hochkomplexe Datenverarbeitung, z. B. Finanzmodellierung mit Sprachen wie APL. Einige verwenden Geräte zur Unterstützung bei der Entscheidungsfindung. Viele arbeiten mit Personal Computern. Manche Benutzer setzen Computer völlig selbständig ein, andere brauchen viel Unterstützung durch die Berater aus den Informationszentren.

Das vorrangige Managementziel von Informationszentren liegt darin, die Erstellung von Anwendungen, welche Endbenutzer benötigen, erheblich zu beschleunigen. Die Warteschlange für die konventionelle Entwicklung, mit ihrem großen Anwendungsüberhang, wird *übergangen.*

Eine DV-Abteilung mußte die Rendite des eingesetzten Kapitals für alle DV-entwickelten Anwendungen errechnen. Der Durchschnittswert betrug 37%, bei einer Kapitalrückflußdauer von 30 Monaten. Diese Abteilung gründete ein Informationszentrum. Daraufhin steigerte sich die Rendite des eingesetzten Kapitals auf 100% [1]. Ein großes Unternehmen in Chicago gab eine Rendite eines eingesetzten Kapitals von 300% für die Aktivitäten des Informationszentrums an. Der Grund für diese hohen Zahlen liegt darin, daß die Benutzer Probleme anpacken, die eine direkte Wirkung auf Kosten oder Erträge haben, z. B. bessere Finanzentscheidungen, optimaler Einkauf von Massenchemikalien, Maximierung des Güterumschlags bei gegebenen Ressourcen.

Kasten 7.1 enthält Zitate leitender Angestellter großer Unternehmen zu den Auswirkungen ihrer Informationszentren.

Notwendigkeit eines Managements

Datenverarbeitung durch den Endbenutzer bedarf des Managements. Ohne Hilfe, Ausbildung und Kontrollen können sich alle möglichen Probleme entwickeln. Das Informationszentrum ist das Mittel zur Leitung der benutzergesteuerten Datenverarbeitung. Im folgenden werden die Argumente für die Notwendigkeit von Management aufgeführt:

- Verhindern der vielfältigen Arten von Fehlern, die Benutzern unterlaufen können.
- Verbreitung der Endbenutzer-Kultur, damit ihr gesamtes Potential genutzt wird.
- Sicherstellen, daß die von Benutzern eingegebenen oder gewarteten Daten voll genutzt und nicht getrennt voneinander in privaten »elektronischen Ablagen« aufbewahrt werden.
- Unterstützen der Benutzer im Entwickeln möglichst leistungsstarker Anwendungen.
- Sicherstellen, daß ausreichende Richtigkeitskontrollen für die Daten durchgeführt werden.
- Vermeiden unnötiger Redundanz bei der Anwendungserstellung.
- Vermeiden von Integritätsproblemen bei mehrmaligem Aktualisieren von Daten.
- Sicherstellen, daß die Systeme – wo nötig – revisionsfähig und sicher sind.
- Einbinden von Endbenutzeraktivitäten in den Datenverwaltungsprozeß.

Das Konzept des Informationszentrums sollte eine natürliche Arbeitsteilung zwischen Endbenutzer und DV-Personal unterstützen. Jede Gruppe liefert das, wofür sie am besten gerüstet ist. Die Endbenutzer wissen, welche Informationen, Berichte und Entscheidungshilfen sie für ihre Arbeit brauchen und normalerweise benötigen sie diese Ergebnisse rasch. Das DV-Unterstützungsteam weiß, wie man diese Ergebnisse erhält. Diese beiden Gruppen arbeiten eng zusammen, wobei sich ihre Ressourcen zur Erreichung einer maximalen Produktivität ergänzen. Zu diesem Zweck müssen die Endbenutzer ausgebildet, ermutigt und motiviert werden; ihre

Kasten 7.1 Zitate leitender Angestellter von Unternehmen, die Informationszentren einsetzen

Vice-President, MacDonald's, Chicago:
Das Informationszentrum ist unser wichtigstes Produktivitätstool.

C. L. Dunn, Vice-President, Bank of America:
Wir haben momentan eine *aktive* Bibliothek von 83 000 NOMAD-Prozeduren, die von Endbenutzern mit nur geringer Unterstützung durch unser technisches Personal geschrieben wurden. Diese Prozeduren enthalten fast 4 Millionen Anweisungszeilen, für deren Entwicklung mit herkömmlichen Hilfsmitteln und Methoden 2120 Mannjahre nötig gewesen wären. [2]

R. L. Crandell, President, Comshare Inc.:
Alleine bei Comshare haben wir in den letzten 16 Jahren 8000 oder 9000 Geschäftsprobleme gelöst. Das hätten wir ohne diese Hilfsmittel niemals geschafft – wir hätten es nicht einmal versucht. [2]

R. Jackson. Senior Internal Consultant, Dow Chemical Co.:
1987 werden die Endbenutzer bei Dow 50 % ihres Bedarfs an Computeranwendungen ohne Hilfe des DV-Personals bewältigen. [2]

S. G. Abbey, Director, Morgan Stanley & Co., New York:
Vor einigen Jahren haben wir erkannt, daß das Produkt von Morgan Stanley eigentlich Information ist; unser Ziel ist es, diese auf die produktivste Weise zur Verfügung zu stellen. [2]

Dr. C. Oldenburg, General Manager, Standard Oil of California:
Wir waren schon im Informationszentrumsgeschäft, bevor es überhaupt einen Namen dafür gab. Unser firmeninterner Teilnehmerservice ist derzeit einer der größten weltweit – er gehört für ein Viertel unserer 40 000 Angestellten zum Alltag. [2]

J. W. Johnson, Vice President, Equitable Life Assurance Society, New York:
Die Produkte, die wir vertreiben, haben viel mit denen anderer Versicherungsgesellschaften gemeinsam, und wir verbringen Nächte auf der Suche nach einem Wettbewerbsvorsprung. Mit dem Informationszentrum haben wir ihn gefunden. [2]

Dick Wood, Manager, Harris Corporation:
Unser wichtigster Erfolgsfaktor ist direktes, aktives Engagement von seiten der Endbenutzer. In unserem Informationszentrum ist nur ein Techniker angestellt; der Rest besteht aus Vertriebspersonal, das die gleiche Sprache spricht wie der Benutzer. Um den gewünschten Nutzen zu erreichen, muß der Informationszentrumsservice an den Endbenutzer übergeben werden. [2]

A. B. Crawford, Vice-President, Digital Equipment Corporation:
Mit dem Konzept des Informationszentrums war es uns möglich, Informationssysteme für das Management mit kurzen Antwortzeiten zur Verfügung zu stellen, bei denen der typische Entwicklungsrückstand ausgeschaltet war. Dies hat dazu beigetragen, daß unsere Benutzer sich aktiv an der Deckung ihres eigenen Datenverarbeitungsbedarfs beteiligen konnten. [2]

Operations Executive, Santa Fe Railroad:
Die Fracht, die wir befördern, hat sich verdoppelt. Diese Steigerung kann ohne zusätzliches Personal bewältigt werden. Wahrscheinlich wären wir ohne MAPPER mit diesem Geschäftsanstieg nicht ohne zusätzliches Personal fertig geworden.

Production Coordinator, Oil Consortium:
Durch Einrichten eines Informationszentrums war es mir möglich, ausgewählte Kennzahlen rasch zu verarbeiten, zu werten und bereits zum täglichen Meeting um 7 Uhr früh eine Situationsanalyse vorzulegen. Während ca. 80 % der Zeit gab es nichts Ungewöhnliches, und ich konnte die Daten des Informationszentrums dazu verwenden, um Engpässe in der Produktionskapazität zu beseitigen. Während der kritischen 20 % arbeitete ich mit der Betriebsleitung auf Stundenbasis zusammen, um den Ölfluß von den Feldern zur Raffinerie und zum Exportterminal zu regulieren.

Mit dem Managementsystem, unterstützt durch das Konzept der Informationszentren, konnten wir *eine weitere Million Barrel monatlich ohne zusätzliche Kosten exportieren.*

L. Mertes, Vice-President, Continental Bank, Chicago:
Die Benutzer erhalten ihre Berichte an dem Tag, an dem sie sie anfordern. Früher waren dazu zwei Monate nötig. Die Art und Weise, in der diese Informationen verwendet werden, ändert sich dadurch grundlegend. [3]

Fähigkeiten müssen soweit entwickelt werden, daß sie fähig sind, die benötigten Berichte zu erstellen und zu manipulieren, Berechnungen durchzuführen, »Was wäre, wenn . . .«-Fragen zu beantworten, Simulationen durchzuführen, usw. In einigen Fällen haben Endbenutzer größere Ablaufsteuerungssysteme erstellt.

Bereitstellung von Rechnerleistung

Das Informationszentrum stellt ein Managementkonzept dar, das eine Vielfalt von Mitteln unterstützt, welche die Rechnerleistung bereitstellen. Manchmal ist das Mittel ein Terminal, das an ein Teilnehmersystem angeschlossen ist. Es kann aber auch ein Kleincomputer mit gemeinsamem Zugriff sein. Künftig werden immer mehr Personal Computer eingeschlossen sein. Einplatzsysteme werden sich rasch weiter verbreiten und kostengünstiger werden. Sie werden attraktive Software für den Benutzer anbieten, wie z. B. Datenbankverwaltung, Sprachen der vierten Generation, Anwendungserstellung, Grafik und eine Reihe von Instrumenten zur computerunterstützten Entscheidungsfindung.

Einplatzsysteme oder Arbeitsstationen für Manager benötigen Netzverbindungen zu den Datenspeichereinrichtungen anderer Systeme. Ein Personal Computer wird oft an einen Zentralrechner mit Datenbank oder an ein Zentralrechnernetz anschließbar sein. Manchmal werden auch Gruppen von Personal Computern an einen lokalen Minicompouter mit Datenspeicher angeschlossen. Dieser wiederum wird manchmal an einen entfernt stehenden Zentralrechner angeschlossen. Auf diese Weise erfolgt eine hierarchische Datenverteilung.

Informationszentren unterscheiden sich stark voneinander in der Datenmenge, die sie Benutzern zur Verfügung stellen. Einige extrahieren Daten aus Produktionssystemen und stellen sie für Benutzermanipulation und Entscheidungsfindung bereit. Manche unterstützen nur die vom Benutzer für dessen eigene Anwendungen eingegebenen Daten. Andere betreiben größere Universalsysteme zum Wiederauffinden von Informationen, denen jederzeit neue Daten hinzugefügt werden können.

Büroautomationseinrichtungen (Büro der Zukunft) verbreiten sich rasch in einigen Unternehmen; sie bieten Briefkasteneinrichtungen, automatisierte Posteingangsverarbeitung und andere Leistungen. Diese sollten mit dem Informationszentrum verknüpft werden. In einigen Firmen werden die Konzepte des Büros der Zukunft und des Informationszentrums immer enger miteinbezogen. Die Begriffe *Verwaltungsarbeitsplatz* oder *Managerarbeitsplatz* werden zur Beschreibung einer Kombination aus Büroautomation, Datenbankzugriff, Datenverwaltung und Grafikeinrichtungen an einem Terminal verwendet.

Elektronische Ablagen

Die meisten Informationszentren haben Zugriff zu Datenbanken, in manchen Fällen zu älteren, traditionellen Modellen, in anderen zu neuen, flexibleren, relationalen Datenbanken. In einigen Fällen kann man sich die den Benutzern zugänglichen Daten als Inhalt einer elektronischen Ablage vorstellen, zu der die Benutzer persönlichen Zugriff haben. In der *virtuellen Ablage* des Benutzers befinden sich verschiedene Berichtsarten. Der Benutzer kann angeben, welche Datenart angezeigt werden soll, welche Berechnungen damit ausgeführt werden sollen, wie sie sortiert und dargestellt werden sollen. Er kann angeben, daß Daten nur dann angezeigt werden sollen, wenn bestimmte Parameter überschritten werden. Er kann bestimmen, wann er auf »Ausnahmen« aufmerksam gemacht werden soll.

In einigen Fällen werden die Daten in den virtuellen Benutzerablagen aus Stammdatenbanken (oder Dateien) abgeleitet, die für die Hauptproduktionsprozesse verwendet werden. Manchmal erstellen die Benutzer ihre eigenen persönlichen Dateien. Oft erfassen und warten die Benutzer Daten, die für ihren Arbeitsbereich wichtig sind. Diese Daten werden, mit entsprechenden Sicherheits-, Revisions- und Richtigkeitsprüfungen, in die zentralen Stammdatenbanken überspielt.

Benutzer können Daten aus ihren virtuellen Ablagen an andere Benutzer übertragen. Sie können Berichte erstellen, in denen wichtige Informationen besonders hervorgehoben werden, und diese gegebenenfalls ausdrucken lassen.

Unterstützung durch das Informationszentrum

In einigen Unternehmen haben DV-Manager versucht, die Endbenutzer von der Entwicklung eigener Anwendungen abzuhalten. In anderen Unternehmen ließen sie dies zu – nur zu froh darüber, die Endbenutzer vom Hals zu haben. Die Entwicklung durch Endbenutzer ist eine Kraft, die gelenkt, gefördert und voll unterstützt werden sollte. Geschieht dies aber unkontrolliert, kann es Probleme für die Zukunft schaffen, da Mehrfachversionen nicht kompatibler Daten entstehen, mit der Folge, daß Mehrfachsysteme nicht miteinander verbunden werden können.

Häufig ist das Informationszentrum eine in den DV-Bereich integrierte Gruppe, die Endbenutzern direkten und raschen Service bieten soll. Die Gruppe weiß, welche Datenbanken bereits bestehen, und installiert manchmal weitere Datenbanken. Sie macht Informationen zum Zugriff für und zur Manipulation durch den Endbenutzer verfügbar. Berater des Informationszentrums arbeiten mit den Endbenutzern zusammen. Sie helfen ihnen beim Erstellen von Systemen zur Unterstützung bei der Entscheidungsfindung, von persönlichen Datenverarbeitungseinrichtungen, Systemen zum Wiederauffinden von Informationen und Organisationsunterstützungssystemen. Ein Hauptgrund für die Einrichtung dieser Betriebsform war die tiefe Unzufriedenheit der Endbenutzer mit der Art und Weise, wie die Datenverarbeitung auf ihre Informationsbedürfnisse reagierte.

Die Berater ermutigen die Benutzer zur Verwendung bereits bestehender Informationseinrichtungen. Sie setzen sich mit dem Benutzer an das Terminal und erstellen mit ihm katalogisierte Abfrageprozeduren, Routinen zur Erstellung von Berichten oder Computergrafiken. Sie schulen den Benutzer in der Verwendung dieser Einrichtungen.

Werden komplexere Anwendungen benötigt, so entscheiden die Berater, wie diese erstellt werden können, und wählen, wenn möglich, einen Anwendungsgenerator, eine Sprache und ein Paket, mit denen die formellen und langsamen Programmentwicklungszyklen vermieden werden.

Verbindung zur Informationstechnik

Einige Informationszentren wurden ohne jede Verbindung zum informationstechnischen Prozeß entwickelt. Dies ist zweifellos von Nachteil. Es ist besser, die Einrichtung eines Informationszentrums als Bestandteil der Informationstechnik zu sehen.

Grundsätzlich muß das Informationszentrum die Zugriffsmöglichkeit auf alle Firmendaten haben. Es muß alle Informationsressourcen und Datenmodelle umfassen und auf die Datenwörterbücher zugreifen können.

Ein gut geführtes Informationszentrum hält engen Kontakt zu den Informationsbedürfnissen von Benutzer und Management. Seine Kenntnis dieser Bedürfnisse sollte in die Gesamtanalyse und in den Datenmodellierungsprozeß einfließen.

Die wahrscheinlich größte Gefahr für den Betrieb des Informationszentrums oder die Verbreitung von Kleincomputern und benutzerfreundlicher Software liegt darin, daß zahlreiche nicht koordinierte Datenstrukturen verwendet werden. Die Antwort darauf ist eine vernünftig gesteuerte Datenverwaltung. Die Daten in den Benutzerdatenbanken müssen – wo nötig – mit den Daten in den Produktionsdatenbanken kompatibel sein.

Häufig werden Daten aus Produktionsdatenbanken extrahiert und auf getrennte Datenbanken des Informationszentrums überspielt (siehe Abb. 7.1). Manchmal werden sie auch in die umgekehrte Richtung zurückgespielt, wobei entsprechende Richtigkeitskontrollen vorgenommen werden. Diese Operationen erfordern eine gemeinsame Datenverwaltung und, im Idealfall, das gleiche Datenwörterbuch.

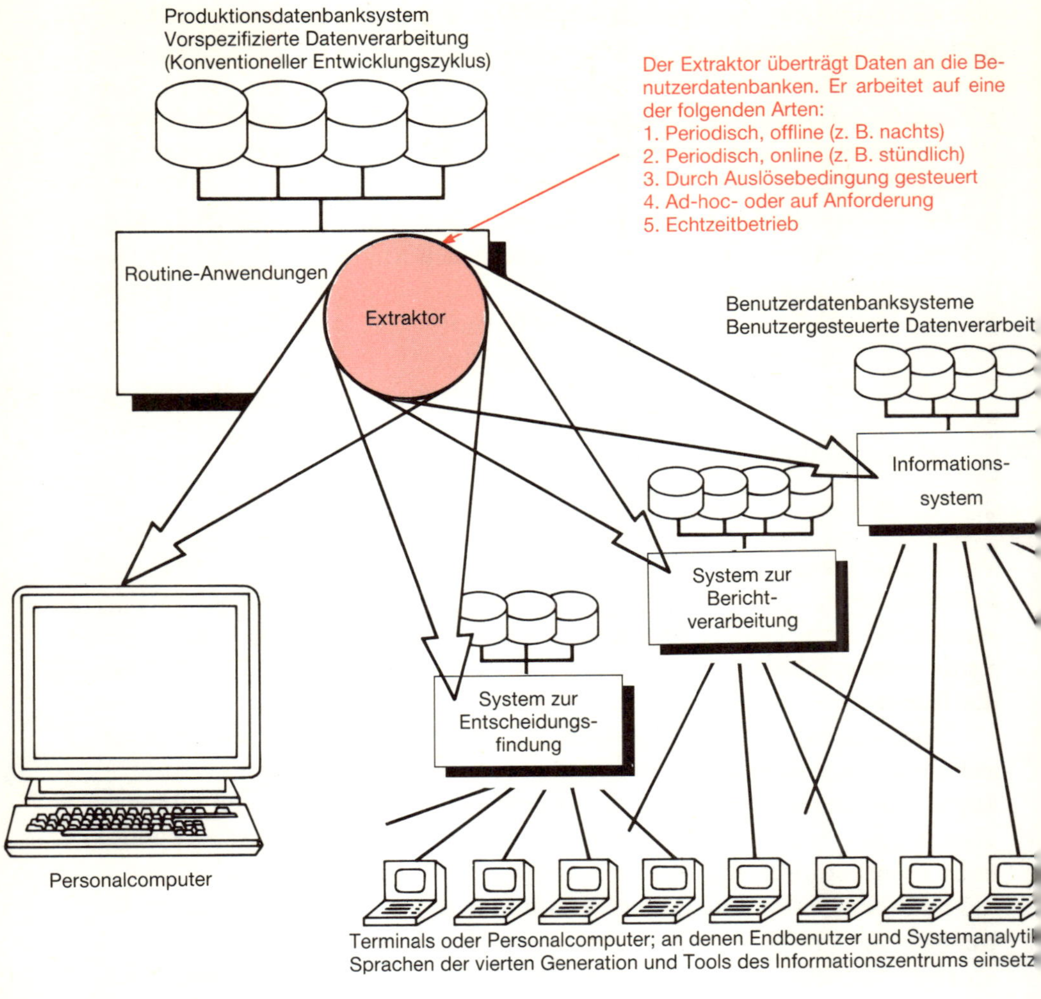

Abbildung 7.1 Bestimmte Daten werden von zentralen DV-Systemen extrahiert und an das Benutzersystem übertragen.

Datenkoordinator Haben Endbenutzer die Möglichkeit, ihre eigenen Dateien mit benutzerfreundlicher Software zu erstellen, sollten die Datenformate und -definitionen aus einem gemeinsamen Wörterbuch abgeleitet werden. Manchmal wird für solche Fälle ein *Datenkoordinator* eingesetzt. Dieser Datenkoordinator (manchmal ein speziell ausgebildeter Endbenutzer) sorgt für die Konsistenz der Benutzerdaten. Er sollte (zumindest was die Datenverwaltung angeht) an den offiziellen Datenverwalter berichten. Der Datenkoordinator kann u. a. folgende Funktionen wahrnehmen:

- Kenntnis der bestehenden Datenmodelle und Sicherstellung, daß die Benutzerdaten mit diesen Modellen stimmig gemacht werden.
- Zugänglichmachen der Datendefinitionen des Wörterbuchs für den Benutzer.
- Koordination mit dem Datenverwalter bei noch nicht in Datenmodellen vertretenen Benutzerdaten, um festzustellen, ob die erstellten Daten in den Modellierungsprozeß aufgenommen werden können.
- Allgemeine Abstimmung mit dem Datenverwalter über Benutzerdaten.
- Anleiten und Ermutigen der Benutzer bei der Datenverwendung.
- Benutzerausbildung.
- Offline-setzen von selten verwendeten Berichten und Daten (falls dies nicht automatisch geschieht).
- Ausscheiden selten verwendeter »Benutzeransichten« von Daten.
- Erstellen von Methoden zur Information der Benutzer über bestehende Daten.
- Beitrag zu Newsletters über die Systeme und die verfügbaren Einrichtungen.

Konflikt durch unterschiedlichen Zeitbedarf

Es kann zu Schwierigkeiten zwischen dem informationstechnischen Prozeß und dem Betrieb des Informationszentrums kommen.

Zweck des Informationszentrums ist es, Ergebnisse so schnell wie möglich für den Endbenutzer verfügbar zu machen. Informationsanalyse und Datenmodellierung andererseits nehmen viel Zeit in Anspruch, wodurch die Ergebnisse möglicherweise mit Verzögerung geliefert werden.

Sind die Datenmodelle fertiggestellt und implementiert, können Ergebnisse sehr rasch erhalten werden. Bis dies aber soweit ist, muß oft ein Kompromiß eingegangen werden. Daten für eine bestimmte Anwendung können gesammelt und möglicherweise von den Analytikern des Informationszentrums standardisiert und in die Form gebracht werden, die für die Benutzersprachen erforderlich ist. Möglicherweise müssen derartige Daten später wieder an die detaillierten Modelle angepaßt werden, sobald diese ausgearbeitet sind. Der Modellierungsprozeß sollte aber nicht die Ausarbeitung brauchbarer Ergebnisse für den Benutzer verzögern. Die Lösung dieses Konflikts liegt in einer möglichst raschen Durchführung von Informationsanalyse und Datenmodellierung. Je schneller Datenmodelle verfügbar sind, desto schneller kann das Unternehmen voll von den Möglichkeiten des Informationszentrums profitieren.

Ein sofortiger Einstieg in die benutzergesteuerte Datenverarbeitung ohne Informationstechnik bringt das Risiko der schnellen Verbreitung inkompatibler Daten mit sich, da die verschiedenen Benutzer ihre eigenen Daten entwickeln. Das Datendurcheinander wird rasch zunehmen.

Organisation des Informationszentrums Abb. 7.2 zeigt einen Organisationstyp des Informationszentrums, der in einigen Unternehmen gut funktioniert. Die DV-Entwicklung ist in zwei Teile aufgespalten, konventionelle Entwicklung und Informationszentrum. Beide stehen mit der Datenverwaltung in Verbindung, die eine sehr wesentliche Rolle in der Standardisierung der Daten spielt, die aus zwei verschiedenen Bereichen kommen, sowie in der Einbindung der beiden Bereiche in den informationstechnischen Prozeß.

Das Informationszentrum berichtet an den DV-Leiter. Das Personal besteht aus allgemeinen Beratern, die mit den Endbenutzern zusammenarbeiten, und aus Spezialisten, die Experten für Endbenutzerprodukte sind. Diese Berater und Spezialisten schulen und unterstützen die Endbenutzer, erstellen Anwendungen für sie und ermutigen sie, soweit möglich, ihre Probleme mit Endbenutzersprachen zu lösen.

Ein von traditionellen DV-Richtlinien und -Methoden beherrschtes Unternehmen kann den Einstieg so gestalten, daß fürs erste nur einige Mitarbeiter die Methoden des Informationszentrums einsetzen. Das Ziel wäre dann darin zu sehen, daß ein rasch zunehmender Teil der DV-Entwicklung auf das Informationszentrum übergeht, sobald sich dessen Methoden als funktionstüchtig erweisen.

Das Informationszentrum muß engen Kontakt zur Datenverwaltung

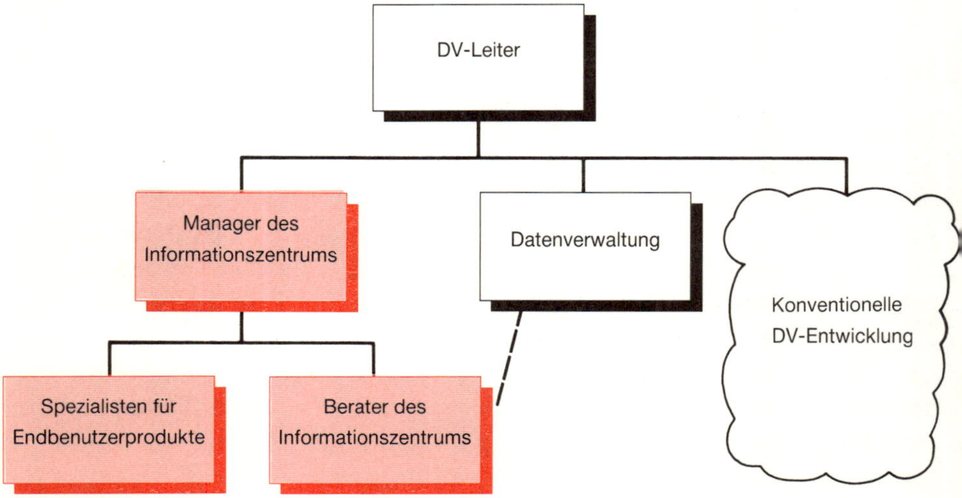

Abbildung 7.2 Organisation des Informationszentrums

halten, die einen wesentlichen Teil der konventionellen DV-Entwicklung darstellt (falls sie gut geführt wird). Die Berater des Informationszentrums verwenden Datenbanken, fordern zusätzliche Datenbanken an und sind an allen Stufen des informationstechnischen Prozesses beteiligt. Das Informationszentrum kann eigene Datenbanken für Systeme zur Unterstützung bei der Entscheidungshilfe und zur Wiederauffindung von Informationen entwerfen und betreiben. Die Daten dieser Datenbanken werden oft herkömmlichen DV-produktionsorientierten Datenbanken entnommen und stimmen mit den informationstechnischen Datenmodellen und dem Datenwörterbuch überein.

Größenunterschiede Die bestehenden Informationszentren unterscheiden sich sehr in ihrer Größe.

Manche sind kleine Gruppen innerhalb der DV-Abteilung, manchmal sogar ohne einen ganztägig beschäftigten Manager. Einige sind ohne größere Bedeutung mit nur einer Handvoll von Benutzern, wogegen andere die gesamte DV-Kultur eines Unternehmens verändert haben.

Manche Informationszentren arbeiten nicht mit Routine-Produktionssystemen, sondern nur mit Ad-hoc-Systemen und Systemen für die computerunterstützte Entscheidungsfindung. Andere sind so organisiert, daß die gesamte Anwendungsentwicklung ohne Programmierer über das Informationszentrum geht (das auch einen anderen Namen haben kann). Einige der nicht verfahrensorientierten Sprachen, die ein nicht programmierender Systemanalytiker anwenden kann, eignen sich zum Erstellen bestimmter Produktions- und Informationssysteme und ergeben einen ausreichend leistungsfähigen Maschinencode. Das DMS (Development Management System) von IBM wird beispielsweise von nicht programmierenden Analytikern zum Erstellen von Produktionssystemen verwendet.

In Abb. 7.3 wird die Anwendungsentwicklung in sechs Kategorien aufgeteilt. Einige Informationszentren beschäftigen sich ausschließlich mit Kategorie 1, manche mit 1 und 2; manche erstellen Systeme zur computerunterstützten Entscheidungsfindung, aber keine Produktionssysteme, andere waren sehr erfolgreich bei der Entwicklung von Produktionssystemen.

Manche Informationszentren decken die Kategorien 1 bis 4 ab, setzen aber keine Programmierer ein. Einige Informationszentren beschäftigen Programmierer zum Erstellen von Subroutinen, die bei Verwendung eines Anwendungsgenerators benötigt werden. Andere haben eine neue Kategorie von Programmierern hervorgebracht, die im schnellen und effizienten Umgang mit verfahrensorientierten Sprachen der vierten Generation geschult sind.

Man kann daher viele sehr erfolgreiche Kombinationen von Kategorien in Abb. 7.3 finden. Das Informationszentrum sollte sich nicht auf Kategorie 1 beschränken, sondern alle Formen der Anwendungsentwicklung ohne Programmierer umfassen.

Manche Informationszentren wurden mit dem ausdrücklichen Hinweis eingerichtet, daß die Mitarbeiter keine eigene Anwendungsentwicklung durchführen dürfen. In einigen IBM-Schulungen und -Veröffentlichungen wird die Meinung vertreten, die Grundregel für ein Informationszenrum bestehe darin, daß die Mitarbeiter selbst keine Anwendungen entwickeln. In der Praxis haben aber die meisten der ausgesprochen erfolgreichen Informationszentren Personal, das Anwendungen entwickelt, *jedoch auf ganz andere Weise als bei der herkömmlichen Entwicklung.* Sie schreiben keine Programmspezifikationen zum Kodieren durch andere Programmierer. Diese Analytiker verwenden Anwendungsgeneratoren oder Sprachen der vierten Generation, mit denen ohne konventionelles Programmieren Ergebnisse *schnell* erzielt werden können. Sie können die Anwendung in kürzerer Zeit fertigstellen, als das Schreiben von Programmierspezifikationen in Anspruch nehmen würde, so daß der traditionelle Entwicklungszyklus entfällt. Sie arbeiten Hand in Hand mit Endbenutzern und erstellen so Prototypen, die ständig angepaßt und erweitert werden.

	Systeme zur Informationswiedergewinnung und Entscheidungsfindung	Routine-Verarbeitungssysteme (Produktionssysteme)
Entwicklung nur durch Endbenutzer	1	2
Entwicklung durch Systemanalytiker in Zusammenarbeit mit Endbenutzern	3	4
Entwicklung durch Systemanalytiker und Programmierer	5	6

Abbildung 7.3 Einige Informationszentren unterstützten nur Kategorie 1, manche 1 und 2; einige unterstützen 1 und 3 oder die gesamte Anwendungsentwicklung ohne Programmierer, d. h. die Kategorien 1 und 4. Einige wenige Informationszentren setzen Programmierer ein, die Spezialisten für die neuen Sprachen sind.

Die betreffenden Mitarbeiter haben manchmal keinen DV-Hintergrund. Es kann sich um kürzlich eingestellte Sachbearbeiter handeln, die die Probleme der Benutzer verstehen und die sich auf ein bestimmtes Hilfsmittel zur Anwendungsentwicklung spezialisiert haben.

Das Informationszentrum *sollte* selbst Anwendungen entwickeln, damit es mit den Problemen voll vertraut wird und die Benutzerentwicklung besser unterstützen kann; außerdem ergibt sich oft die beste Form der Anwendungsentwicklung aus der Zusammenarbeit von Benutzer und Mitarbeiter des Informationszentrums. Wenn möglich, sollte das Informationszentrum darauf bestehen, daß die Benutzer ihre eigenen Anwendungen *dokumentieren* und lernen, wie diese geändert (gewartet) werden.

Das Informationszentrum sollte sich davor hüten, eine große Anzahl von (beispielsweise APL) Programmen warten zu müssen.

Verfahrensanalytiker

Besteht Bedarf für eine neue Anwendung, sollte entschieden werden, wie sie entwickelt wird. Die geeignete Entwicklungssoftware sollte ausgewählt werden. Die Entwicklung sollte mit der *schnellstmöglichen* Methode erfolgen und nach einem Verfahren, das die zukünftigen Wartungskosten minimiert. Das bedeutet, daß Sprachen wie COBOL und PL/1 möglichst vermieden werden sollten.

Ein Spezialist – manchmal auch *Verfahrensanalytiker* genannt – kann entscheiden, wie die neue Anwendung entwickelt wird. Er kennt die Möglichkeiten der verschiedenen Software und kann entscheiden, ob die Anwendung konventionelles Programmieren und konventionelle Analyse erfordert, ob sie von einem Systemanalytiker mit einem Anwendungsgenerator erstellt werden kann oder ob sie für die Entwicklung durch den Endbenutzer – eventuell mit einer höheren Datenbanksprache – geeignet ist.

Der Verfahrensanalytiker kann als eine Art Weichensteller angesehen werden: Er entscheidet, ob eine Anwendung auf herkömmliche Art oder mit dem Informationszentrum entwickelt werden soll.

Das Hauptaugenmerk bei der Auswahl des Verfahrens sollte darauf gerichtet sein, daß nicht in COBOL, PL/1, FORTRAN, Pascal, BASIC oder Ada programmiert wird, wenn dies vermieden werden kann. Diese Art des Programmierens ist nicht nur teuer, sie ergibt auch Programme, die nur mit großem Kostenaufwand zu warten und umständlich zu ändern sind.

Aufgaben des IZ-Personals

Die Auswahl von Methoden oder Software ist eine der vielen Dienstleistungen, die vom Personal des Informationszentrums erbracht werden sollten. Sie müssen die Endbenutzer in der Entwicklung ihrer Anwendungen schulen, ermutigen, beraten und unterstützen. In Kasten 7.2 sind Funktionen aufgeführt, die vom Informationszentrum übernommen werden sollten. Diese Funktionen sind in zwei Gruppen gegliedert – solche, die von Analytikern oder Beratern ausgeführt werden, die mit den Endbenutzern zusammenarbeiten, und solche, die von einem technischen Unterstützungsteam oder einem Mitarbeiter ausgeführt werden (entsprechend der Unterteilung in Abb. 7.2).

Die Anzahl der Mitarbeiter von Informationszentren ist sehr unterschiedlich; sie richtet sich nach der Anzahl der unterstützten Benutzer und danach, ob die Berater die Anwendungen mit den Benutzern *entwickeln* oder diese dazu anhalten, Anwendungen selbst zu entwickeln. Einige Unternehmen haben mit einem kleinen Informationszentrum angefangen und es dann wachsen lassen. In einigen kleinen Unternehmen führt das Personal alle Unterstützungsfunktionen aus Abb. 7.2 aus; die Teilung in technisches Personal und Berater kommt dort nicht zum Tragen. Das Personal spielt die Rolle, die ungefähr mit der eines Systemberaters bei IBM verglichen werden kann.

Eine Großbank begann ihr Informationszentrum mit einem Leiter, einem stellvertretenden Leiter, zwei Spezialisten und einem Verwaltungsmitarbeiter. Der Leiter war von der verwendeten Software begeistert, hatte den technischen Hintergrund und wurde für diese Aufgabe ausgewählt, weil er sie übernehmen wollte. Sein Stellvertreter war ein ehemaliger Schichtleiter ohne Programmier- und Systemkenntnisse. Es wurde argumentiert, daß er Benutzer unterweisen müsse, die ebenfalls keinen technischen Hintergrund haben; es sei also von Vorteil, wenn er den Lernprozeß erst vor kurzem durchlaufen habe.

Dieses Informationszentrum (das anders genannt wird) ist ein ziemlich bescheidener Betrieb mit einem niedrigen Budget, verglichen mit dem gesamten DV-Budget der Bank. In anderen Fällen wurden derartige Projekte aggressiver angegangen, mit einem energischen Manager an der Spitze, der davon überzeugt war, daß ein Großteil der neuen Anwendungsentwicklung mit Methoden erledigt werden kann, die die herkömmliche DV-Programmierung und -Analyse umgehen.

Verkauf

Die aggressiveren Informationszentren halten den *Verkauf* der neuen Methoden an den Benutzer im Interesse einer schnelleren Verbreitung der modernen Technologie für äußerst wichtig. In der obenerwähnten Bank gibt es eine Abteilung, die für die Dienstleistungen verantwortlich zeichnet, die die Bank ihren Kunden bietet – Lohn- und Gehaltsabrechnung, Scheckabgleich usw. Die Bank gliederte das Informationszentrum dieser Abteilung an, mit dem Argument, daß Leute, die Computerleistungen außerhalb der Bank vertreiben und unterstützen können, dazu auch innerhalb fähig seien. Der Abteilungsleiter war erfahren im Umgang mit unzufriedenen und verärgerten Kunden, und dies kam dem Informationszentrum zugute.

Rivalität

In manchen Fällen kam es zwischen dem Management des Informationszentrums und dem der herkömmlichen DV-Entwicklung zu schädlichen Machtkämpfen. Der Manager des Informationszentrums möchte natürlich die Bedürfnisse möglichst vieler Benutzer befriedigen und diese aus dem langsamen, konventionellen DV-Zyklus ausgliedern. Manchmal sind Manager von einem geradezu missionarischen Eifer beseelt. Sie empfinden die konventionelle Entwicklung als beschwerlich, teuer und überholt. Sie geben ihrer Meinung darüber Ausdruck und finden viele Anhänger unter bereits frustrierten Endbenutzern. Sie treten dafür ein, konventionelle Programme nicht für teures Geld zu warten, sondern sie auszurangieren und nach Möglichkeit mit den Methoden des Informationszentrums neu zu entwickeln.

Der Manager der konventionellen DV-Entwicklung fühlt sich dadurch möglicherweise angegriffen und fürchtet, an Boden zu verlieren. Sein Rivale aus dem Informationszentrum erscheint als Held, er nicht. Er zieht über die neuen Methoden her. Oft stößt die Einrichtung oder Erweiterung eines Informationszentrums auf heftigen Widerstand. Aber die vorgebrachten Gründe sind zumeist nicht stichhaltig, verglichen mit den beträchtlichen Produktivitätssteigerungen, die erreicht werden können.

Die Lösung dieses Problems liegt in einem guten Management durch den DV-Leiter, an den der Manager des Informationszentrums und der der konventionellen DV-Abteilung berichten. Der Manager der konventionellen Abteilung sollte ermutigt werden, auch neue Software-Methoden einzusetzen, und dazu aufgefordert werden zu zeigen, wie durch eine Kombination informationstechnischer Methoden mit Sprachen der vierten Generation die Produktivität gesteigert und die Wartungskosten gesenkt werden können. Oft glauben Manager der konventionellen DV-Entwicklung, daß alle *Routine-Aufgaben* in ihren Bereich fallen und daß das Informationszentrum nur für Ad-hoc-Aufgaben (z. B. Systeme zur computerunterstützten Entscheidungsfindung) zuständig sein sollte. Dagegen ist zu sagen, daß es einige Fälle einer erfolgreichen und spektakulären Entwicklung von transaktionsgesteuerten Produktionssystemen gibt.

Kasten 7.2 Aufgaben, die vom Informationszentrum wahrgenommen werden sollten

Durch Berater

- Schulung der Benutzer im Einsatz von Instrumenten und im Erstellen von Anwendungen.
- Benutzermotivation und -schulung sowie Überzeugungsarbeit.
- Ständige Unterstützung zur Verbesserung der Effizienz der Endbenutzer-Datenverarbeitung.
- Einführung von Software und Hardware zur computerunterstützten Entscheidungsfindung für alle Benutzer, die Entscheidungen treffen müssen.
- Benutzerunterstützung mit Personal Computer; Auffinden geeigneter Personal-Computer-Software für den Benutzer.
- Feststellen aller Benutzer, die Hilfsmittel zur Entscheidungsfindung benötigen.
- Erstellen von Anwendungen (ohne Programmierer) zusammen mit dem Benutzer.
- Erstellen und Ändern von Prototypen.
- Angaben zur Änderung von Prototypen, die diese zu funktionstüchtigen Systemen machen.
- Unterstützung bei Wartungsänderungen.
- Beratung bei Benutzerproblemen.
- Unterstützung bei der Behebung von Programmfehlern.
- Entscheidung, ob eine vorgeschlagene Entwicklung für die Entwicklung durch das Informationszentrum geeignet ist, sowie Auswahl von Software und Methoden.
- Demonstrierung der Möglichkeiten des Informationszentrums vor Benutzern, einschließlich des Topmanagements.
- Allgemeine Kommunikation mit dem Topmanagement.
- Kommunikation mit der traditionellen DV-Entwicklung.
- Sicherstellen, daß die verwendeten Daten mit den Datenmodellen des Unternehmens übereinstimmen.
- Enge Verbindung zum Datenverwalter (den Datenverwaltern) bei der Definition und Darstellung von Daten und gegebenenfalls bei der Entwicklung von Datenmodellen.
- Bereitstellen von Informationen für die verschiedenen Stufen des informationstechnischen Prozesses.
- Führung eines Katalogs verfügbarer Anwendungen und Datenbanken.
- Koordination zur Verhinderung von Doppelarbeit in der Anwendungsentwicklung.

- Erstellen von Benutzerdatenbanken und Veranlassen der Extraktion von Daten für Systeme zur Informationswiedergewinnung.
- Unterstützung des Benutzers bei der Lokalisierung benötigter Daten; Veranlassen der Datenkonvertierung (falls nötig).
- Unterstützung des Benutzers bei der Beschaffung der Zugriffsberechtigung auf die benötigten Daten.
- Durchführen von Meetings zum Erfahrungsaustausch zwischen den Benutzern sowie von Workshops, zur Förderung besserer Techniken und größerer Eigenständigkeit der Benutzer.
- Unterstützung der Benutzer bei Beschaffung von Terminal, ID (Benutzeridentifikation), Kennwort, Arbeitsraum, etc.
- Durchführen von Programmen zur Benutzermotivation.
- Darstellung der Vorteile für das Unternehmen.
- Werbung für Einrichtungen und Vorteile des Informationszentrums auf allen Unternehmensebenen.

Durch technische Spezialisten

- Systeminstallation und -unterstützung.
- Lösung von technischen und Software-Problemen.
- Auswahl von Sprachen und Generatoren der vierten Generation sowie der zu verwendenden Versionen.
- Kenntnis und Auswahl von Hilfsmitteln zur Entscheidungsfindung.
- Ständige Weiterbildung in und Beurteilung von Softwareprodukten auf ihre Einsetzbarkeit.
- Unterstützung bei der Auswahl von Verfahren oder Software für eine gegebene Anwendung (Aufgabe des Verfahrensanalytikers).
- Auswahl der Hardware, wo abteilungsinterne Mini- oder Mikrocomputer verwendet werden.
- Kommunikation mit den Lieferanten.
- Überwachung des Systemeinsatzes und Planung zukünftiger Ressourcen.
- Zurückbelastung an den Kunden.
- Abstimmen oder Reorganisieren von Anwendungen zur Erhöhung der Systemleistung.
- Prüfen von Systemeinsatz und Anwendungsqualität.
- Sicherstellen, daß die Benutzer das gewünschte Terminal und den entsprechenden Zugriff auf das Netz haben.
- Durchführen von Datensicherung, -wiederherstellung und -archivierung (Endbenutzerdaten auf peripheren Systemen können in den Gesamtdatensicherungs- und -wiederherstellungsplan einbezogen werden).

Eine bessere Aufgabenteilung läge darin, daß das Informationszentrum alle Arten von benutzergesteuerter Entwicklung fördert und unterstützt (sofern diese sinnvoll sind, was nicht immer der Fall ist); die konventionelle Entwicklung unterstützt alle Entwicklungen, für die DV-Programmierer eingesetzt werden müssen, die in COBOL, PL/1 und neuen Sprachen für DV-Programmierer, wie ADF von IBM und MANTIS von CINCOM, programmieren.

Da Informationszentrum, konventionelle Entwicklung und Service den gleichen Benutzerkreis bedienen (oft mit denselben Datenbanken), ist es entscheidend, daß sie eng zusammenarbeiten und nach den wirtschaftlichsten Möglichkeiten suchen.

Unterstützte Sprachen

Informationszentren unterscheiden sich erheblich hinsichtlich Sprachenauswahl und -umfang. Einige unterstützen nur ein Softwarepaket, z. B. VSPC (Virtual Storage Personal Computing) von IBM oder MAPPER von Univac. In Anbetracht der *vielfältigen* Softwaremöglichkeiten ist es normalerweise vorzuziehen, wenn ein Informationszentrum mehrere Softwarearten unterstützt, sobald es gut eingeführt ist.

Die verwendete Software gibt dem Informationszentrum seine Existenzberechtigung – die richtige Wahl der Software bestimmt seine Qualität.

Das Informationszentrum der Equitable Insurance Company in New York verwendet folgende Software [4]:

Sprachen zur Systemerstellung:	FOCUS RAMIS	Dem Englischen ähnliche Sprachen, die von Managern und Profis verwendet werden
Sprachen zur Modellerstellung:	APL ADRS	Eine Programmier-Sprache (Ein APL-Berichtgenerator)
Statistikpakete:	SAS SPSS	Enthalten viele Formeln für die statistische Analyse
Sprache für Finanzanalyse:	FPS	(Financial Planning System)
Sprachen für Datenabfrage, -manipulation und -auswahl:	QBE ADI FOCUS RAMIS	(Leicht einsetzbare Abfragesprache) (Gibt APL-Programmen Zugriff auf Datenbanken)
Pakete zur Grafikerstellung:	SAS-graph FOCUS	

In diesem Informationszentrum werden zwei Typen von Farbbildschirmstationen verwendet. FOCUS und SAS-graph dienen zur grafischen Anzeige verschiedenster Informationen.

Ein Teil der benötigten Software ist Universal-Software – Abfragesprachen, Berichtgeneratoren und Anwendungsgeneratoren. Ein anderer Teil dient speziellen Anwendungen, z. B. Finanzplanung, Projektsteuerung, Textverarbeitung und computerunterstütztes Konstruieren.

Kommunikationsfähigkeit

Eine besonders wichtige Fähigkeit der Mitarbeiter des Informationszentrums ist die Kommunikation mit dem Endbenutzer. Das Informationszentrum ist oft mit Mitarbeitern besetzt, die als Systemanalytiker ausgebildet sind. Ihre Aufgabe ändert sich grundlegend. Sie schreiben nicht länger Programmanweisungen, zeichnen keine Datenflußdiagramme mehr, etc. Ihre Aufgabe liegt nun mehr in der Beratung: Sie müssen sich die Probleme der Benutzer anhören, eine Lösung dafür finden, den Informationsbedarf des Benutzers festlegen, ihn ermutigen, schulen und ihm neue Ideen verkaufen.

Ein wichtiger Punkt ist die Schulung der Mitarbeiter in neuen Sprachen und neuer Software, aber dies ergibt sich gewöhnlich ganz von selbst. Manchmal ist gerade die erforderliche Kommunikationsfähigkeit das schwierigste Problem. In diesem Fall können entsprechende Kurse eine besonders wertvolle Hilfe sein. Im Anschluß an die Kurse sollte das Verhalten dieser Mitarbeiter sorgfältig überwacht und gelenkt werden, um ihnen dabei zu helfen, sich den Stil und die Methodik eines guten Beraters anzueignen.

Rascher Erfolg

Es ist allgemein wünschenswert, daß ein Informationszentrum nach seiner Gründung *rasch* Erfolg haben sollte. Bleibt dieser rasche Erfolg aus, besteht die Gefahr, daß es als Laune oder DV-Spielzeug angesehen wird, anstatt als Einrichtung, die den Einsatz des Computers im Unternehmen revolutionieren wird.

Von besonderer Bedeutung ist die Auswahl der ersten Benutzer. Empfehlenswert ist eine Gruppe von Benutzern, die sehr an der Entwicklung eigener Abfrage- und Analyseeinrichtungen interessiert sind und von denen sich annehmen läßt, daß sie auf einer Basis gut zusammenarbeiten, die vorderhand möglicherweise nur experimentellen Charakter hat. Hinter ihrer Entwicklungstätigkeit sollte ein starkes Geschäftsinteresse an dem neuen Produkt stehen, so daß eine hohe Rentabilität ersichtlich wird.

Für diese erste Gruppe werden die geeigneten Softwareprodukte ausgewählt, Datenbanken zur Verfügung gestellt, wobei möglicherweise getrennte Benutzerdatenbanken aus vorhandenen Produktionsdatenbanken oder -dateien extrahiert und im Datenverwaltungssystem des verwendeten Entwicklungstools neu aufgebaut werden. Eine geringe Anzahl Benutzer wird geschult und arbeitet eng mit den Mitarbeitern des Informationszentrums zusammen.

Die ersten Erfahrungen mit diesem Service sollten benutzer- und DV-seitig sorgfältig ausgewertet werden. Möglicherweise sind wesentliche Korrekturen nötig. Sind beide Teile der Ansicht, daß gute Arbeit geleistet wird, kann dieser Service auf andere Benutzergruppen erweitert werden.

Festigen des Erfolgs

Wenn sich das DV-Team schließlich seines Erfolgs sicher ist und gute Unterstützung bieten kann, muß das Konzept des Informationszentrums im gesamten Unternehmen *verkauft* werden. Ein Demonstrationszentrum sollte errichtet werden, in dem Vorführungen für die verschiedensten Arten von Benutzern gegeben werden, die den Service des Informationszentrums in Anspruch nehmen sollen.

Äußerst wichtig sind Demonstrationen für das Topmanagement. Sie sollten mit *echten* Firmendaten durchgeführt und so gestaltet werden, daß sie *interessante* Ergebnisse liefern.

In diesen Demonstrationen sollte etwas gezeigt werden, was von grundlegender, unmittelbarer Bedeutung für jeden Manager ist – etwas, was die Qualität einer Arbeit beeinflußt. Der Inhalt der Demonstration sollte auf Geschäftsergebnisse ausgerichtet sein, nicht auf technische Spielereien. Die ergebnisorientierten Daten sollten möglichst attraktiv dargeboten werden, beispielsweise an Farbgrafikbildschirmen.

Verschiedene Geschäftsbereiche sollten dazu aufgefordert werden, Daten für die Demonstration zur Verfügung zu stellen. Mitglieder des EDV-Lenkungsausschusses könnten gebeten werden, eine eigene Demonstration beizusteuern.

Der Autor hatte Gelegenheit, der Demonstration einer Versicherungsgesellschaft beizuwohnen, die für das Topmanagement abgehalten wurde. In der zweistündigen Sitzung ging es fast ausschließlich um Geschäftsergebnisse und Finanzen, nicht um Computertechnologie. Die Daten wurden mit Rücksicht auf die momentanen Problembereiche der betreffenden Führungskräfte erfaßt und in die relationalen Strukturen umgewandelt, die mit der Software manipuliert werden können. Kostenaufgliederungen wurden analysiert, Kapitalflüsse in Form von Farbgrafiken dargestellt und ein Leistungsvergleich mit konkurrierenden Versicherungsgesellschaften angestellt. Um das Interesse zu wecken, das dann tatsächlich auch gezeigt wurde, war es äußerst wichtig, *echte* Daten zu verwenden. Ein wesentlicher Teil des Arbeitsaufwandes wurde in die Entwicklung der Demonstrationen gesteckt. An den Bildschirmen saßen die Personen, die diese Demonstrationen erstellt hatten und daher in der Lage waren, durch rasches Ändern des nicht-verfahrensorientierten Codes die Fragen der Führungskräfte zu beantworten. Diese waren fasziniert davon, wie ihre Geschäftsprobleme untersucht werden konnten: »Was passiert, wenn der Leitzins 19 % erreicht?« – »Welche Auswirkungen hätte die Begrenzung dieses Budgets auf 600 000 Dollar?« – »Warum hat die Travelers Insurance Company in diesem Bereich so gut abgeschnitten?«

Derartige Demonstrationen können ein sehr starkes Verkaufselement darstellen. Sie können zur Verbesserung der Kommunikation zwischen DV-Bereich und Topmanagement beitragen, die oft nicht gut genug ist.

Revisoren

Einige Arten der Computerverwendung durch den Benutzer können für Revisoren Probleme mit sich bringen. Die Möglichkeiten von Betrügereien durch die Benutzer könnten zunehmen. Revisoren müssen wissen, was in diesem Bereich läuft.

Eine Bank findet, daß sich folgendes Arrangement für Revisoren bewährt hat. Jede Anwendung, die von einem Endbenutzer entwickelt wurde, wird formell genehmigt. Der Chefrevisor (ein sehr einflußreicher Mann in der Bank) erhält eine Kopie dieser Genehmigung und eine Kopie der gesamten Dokumentation, die von den Endbenutzern erstellt wird. Die Endbenutzer sind verantwortlich für die eigene Anwendungsdokumentation und müssen sich an die festgelegten Normen halten. Will der Revisor ausführlicheren Einblick in das Benutzersystem, so ist dies eine Angelegenheit des Benutzers. Das Informationszentrum hält sich heraus.

Der Chefrevisor und seine Abteilung wurden selbst zu Hauptbenutzern des Informationszentrums. Diese Arbeitsweise gefiel ihnen, weil sie damit Nachforschungen anstellen und Prüfprogramme schreiben konnten, ohne daß die DV-Abteilung oder die DV-Programmierer im Detail über ihre Arbeit und ihre Absichten informiert waren. Früher besuchten sie alle Zweigstellen in regelmäßigen Abständen und prüften die Bücher manuell auf Unregelmäßigkeiten. Nun schreiben sie Programme, die die Dateien aller Zweigstellen im zentralen Computer durchlaufen. Ein DV-Manager gab zu, daß die Revisoren dieses Programm *wesentlich rascher* erstellten, als es die DV-Abteilung gekonnt hätte [5]. Die Revisoren können diese Programme jederzeit stillschweigend verändern, wodurch die Gründlichkeit, mit der sie Unregelmäßigkeiten aufspüren, verbessert wird.

Auch in anderen Unternehmen sollten Revisoren Benutzer-Software verwenden, um damit noch sorgfältiger prüfen zu können. Die Revisoren sollten zu den ersten Kunden des Informationszentrums gehören.

Wer zahlt?

Bei der benutzergesteuerten Datenverarbeitung ist es im allgemeinen wünschenswert, daß der Benutzer für die Einrichtungen zahlt, die er verwendet.

Einige DV-Organisationen arbeiten eher kosten- als gewinnorientiert. Das Informationszentrum sollte gewinnorientiert arbeiten. Dies hat verschiedene Vorteile:

- Die Benutzerabteilungen müssen ihre Computernutzung oder den Zugriff auf Informationen rechtfertigen.
- Das Informationszentrum hat mehr Interesse am Verkauf und an einem Leistungsniveau, das sein Geld wert ist.
- Es ist für Benutzer einfach, Programme auszuführen, die extrem viel Computerzeit in Anspruch nehmen. Sie dafür zahlen zu lassen, ist wohl die beste Möglichkeit, dieses Problem in den Griff zu bekommen.
- Die Wahrscheinlichkeit, daß plötzlich Spitzen in der Computernutzung auftreten, sinkt; das Wachstum kann also besser geplant und gesteuert werden.

Was soll den Benutzern berechnet werden?

In einigen Unternehmen werden Terminals, Anschlußzeit, CPU-Zeit und Plattenplatz berechnet. Wünscht ein Benutzer, daß eine bestimmte Information auf einem bestehenden Informationssystem verfügbar ist, betreffen die Mehrkosten hauptsächlich den Plattenplatz – und danach kann sich der Preis richten. Einige Organisationen berechnen eine Pauschalgebühr für die Benutzung von Terminals. In einer Organisation wurde ein Terminal des Informationszentrums für monatlich 500 Dollar zur Verfügung gestellt.

Eine andere Organisation berechnete willkürlich 75% des momentanen Kundensatzes für externen Teilnehmerbetrieb. Dadurch wurden die Benutzer motiviert, ihre Nutzung des externen Teilnehmerbetriebs zugunsten interner Einrichtungen einzuschränken.

Es ist fast unmöglich, eine völlig gerechte und vernünftige Berechnungsformel zu finden. Entsprechende Versuche mit komplexen Formeln haben den Benutzer im allgemeinen nur verwirrt. Besser sind einfache, klare Gebühren, so daß der Benutzer budgetieren kann und keine bösen Überraschungen erlebt.

Im allgemeinen empfiehlt es sich, die Einrichtungen des Informationszentrums zu Beginn kostenlos zur Verfügung zu stellen oder zumindest kostenlos für Abteilungen, die das Informationszentrum im ersten Jahr benutzen. Dies bietet einen Anreiz für neue Benutzer, denen die Idee eines Informationszentrums noch fremd ist. Sobald sich die Verwendung des Informationszentrums durchgesetzt hat, werden die Leistungen berechnet.

Kontrolle durch Geschäftsleute

Ziel des Informationszentrums in der kaufmännischen DV sollte es sein, die Geschäftsleute den Einsatz der Datenverarbeitung selbst steuern und kontrollieren zu lassen.

Informationszentrumsmanager:
Unser Motto lautet: »Laßt die Geschäftsleute ihre eigene Datenverarbeitung betreiben.« Unser Geschäft ist es, zu unterstützen.

DV-Leiter:
Wir haben versucht, unser ewiges Problem – aus Programmierern Bankleute zu machen – dadurch zu lösen, daß wir aus Bankleuten Programmierer machen.

Betriebsleiter:
Ein interessantes Nebenprodukt des Informationssystems besteht darin, daß ich nun ein stärkeres Gefühl der Kontrolle habe, während meine Manager ein stärkeres Verantwortungsgefühl haben.

Wir verfügen über alle Informationen zu den Projekten, mit denen sich unser Unternehmen beschäftigt. Die Manager der ersten Ebene verwenden diese Informationen für ihre Tätigkeit; für sie stellen sie eine Führungshilfe dar. Gleichzeitig kann ich mir jederzeit alle Informationen ansehen. Ich dränge sie nicht, indem ich nach bestimmten Berichten frage. Ich kann diese Berichte selbst erstellen. Sehe ich sie mir heute an und finde, daß alles akzeptablen Werten entspricht, mache ich mich an meine normale Arbeit. Meine Manager arbeiten praktisch selbständig; ich brauche sie auf der operationellen Ebene kaum zu überwachen und habe trotzdem mehr Kontrolle.

Benutzer-Chef:
Wir können mögliche Schwierigkeiten viel schneller lokalisieren. Wir bekommen Überblick über Angebot und Nachfrage. Kurzfristige Nachfrageschwankungen und Lieferprobleme werden rasch ausfindig gemacht. Damit sparen wir Geld und können die Kunden besser bedienen.

Benutzer-Chef:
Das Informationszentrum bietet den Topmanagern die Möglichkeit, sich an wesentlichen Entscheidungen zu beteiligen, wenn dies erforderlich ist, und sich herauszuhalten, solange alles glatt läuft. Dadurch können sie *Distanz* zum Tagesgeschäft halten.

Benutzer-Manager:
Viele unserer Leute haben damit begonnen, sich zu Hause eigene Terminals zu installieren. Haben sie ein Problem, so sitzen sie oft bis spät in die Nacht und arbeiten daran.

Ich selbst überprüfe gerne alles um 7 Uhr früh (zu Hause). Wenn ich irgendwelche Maßnahmen treffe oder Nachrichten sende, wissen die Leute zwei Sekunden später Bescheid. Wir können den Tag dann gleich gut beginnen.

Leiter des Informationszentrums:
Das Informationszentrum paßt die Konzepte des militärischen Kommandeurs und der militärischen Kommandozentrale an die Bedürfnisse der Führungskräfte an. Das Informationszentrum ist um die Dynamik des geschäftlichen Entscheidungsprozesses herumgebaut. Um diesen Punkt zu verdeutlichen, können wir uns einen Film über ein NASA-Kontrollzentrum vergegenwärtigen. Zuerst sind wir wahrscheinlich von den Computern und den technischen Anlagen fasziniert und beeindruckt. Betrachten wir jedoch statt dieses statischen Bildes die »Missionskontrolle« – d. h. die Kontrolle einer vollständigen Mission, wie beispielsweise die Rettung der unglückseligen Apollo 13, die Mobilisierung für einen militärischen Alarmzustand oder eine Energiekrise –, so verlagert sich unsere Aufmerksamkeit von der Technologie zur Szenerie des Entscheidungsprozesses. Die Frustration von Führungskräften und Managern über die Management-Informationssysteme ist großenteils auf eine unangebrachte und oft verzerrte Vorstellung der Computerfachleute über die Informations- und Datenverarbeitungsbedürfnisse in der realen Welt dynamischer Geschäftsentscheidungen zurückzuführen. Information kann systematisch »vorgefertigt« werden, so daß sie dieselbe strategische Relevanz und Wertigkeit hat, die sie auch im Kontext der »Kommandozentrale« haben muß.

Leiter des Informationszentrums:
Der Generaldirektor des Unternehmens liebt Diagramme und grafische Darstellungen. Er ist der Ansicht, daß Finanz- und anderes Management sich an Meetings besser beteiligen, wenn die Information grafisch dargestellt wird. Dies ermöglicht dem gesamten Management die Teilnahme. In 15 Minuten entsteht ein Bild der Gesamtsituation. Durch grafisch dargestellte Informationen können Probleme rasch lokalisiert und die Auswirkungen von »Was wäre, wenn . . .-Fragen« rasch erkannt werden. Die Grafik kann Problembereiche verdeutlichen.

Der Erfolg eines Informationszentrums hängt davon ab, bis zu welchem Grad es von den Geschäftsleuten als Mittel akzeptiert wird, mit dem sie ihre Probleme direkt lösen können. Das wird wahrscheinlich nicht eintreten, wenn die Steuerung und Kontrolle in den Händen konventioneller DV-Techniker liegt. Diese Funktion muß Personen mit betriebswirtschaftlichem Hintergrund übertragen werden, die die richtige technische Unterstützung erhalten. Sie müssen attraktive Software für den Benutzer auswählen und die Bedeutung der Hilfsmittel in der gesamten Firma publik machen.

Manche Informationszentren wurden mit APL-Fanatikern besetzt und erreichten nur einen sehr geringen Durchdringungsgrad. APL ist eine äußerst leistungsstarke und wertvolle Sprache, aber die meisten Geschäftsleute brauchen Visicalc, Grafik, relationale Datenbanken, leistungsstarke Berichtgeneratoren und einfach zu verwendende Hilfen zur Entscheidungsfindung.

Benutzerschulung ist eminent wichtig und wurde von den ersten Informationszentren in viel zu geringem Umfang betrieben, als daß sie wirklich Erfolg hätte haben können. Neben breit gestreuten Anwendungskursen sollte das Informationszentrum auch über Räumlichkeiten verfügen, in denen Benutzer nach Wahl video- und computer-unterstützte Lehrgänge besuchen können, wie beispielsweise die der Advanced Technology Library von Deltak.

Es ist vor allem wichtig, daß das Topmanagement den Einfluß und Wert begreift, den das Konzept des Informationszentrums beim Verbessern von Prozeduren einnimmt, und daß es dann dafür sorgt, daß dieses Konzept vom gesamten Unternehmen übernommen wird.

In Kasten 7.3 werden die Gründe für Erfolg und Mißerfolg bzw. Enttäuschung über Informationszentren zusammengefaßt.

Interviewer:
Sie haben selbst ein erfolgreiches Informationszentrum organisiert; welchen Rat würden Sie anderen Unternehmen geben?

Leiter des Informationszentrums:
Das Konzept muß in der gesamten Firma mit Nachdruck verkauft werden, und dies kann nicht auf intellektueller Basis erfolgen. Die Benutzer müssen probieren, sich ans Terminal setzen und herumspielen.

Wir arbeiten Pilotprojekte aus. Wir organisieren Demonstrationen. Wir haben solche für den Generaldirektor, das Topmanagement, das DV-Personal und alle Endbenutzer-Stufen veranstaltet. Wir haben ein Demo-Center und haben so viele Demonstrationen gegeben, daß wir wohl die erfolgreichste Show am Broadway sind!

Interviewer:
Das ist ein ausgezeichneter Rat. Was kann man sonst noch tun?

Leiter des Informationszentrums:
Suchen Sie sich die erfolgreichsten Anwendungen heraus, erfassen Sie Daten dafür, und zeigen Sie, was man damit tun kann. Wählen sie die besten Software-Pakete, vor allem Pakete, mit denen die beste Ausgabe erreicht wird – klare Berichte, optimale Grafik. Verwenden Sie diese mit den wichtigsten Anwendungen, und führen Sie die Ergebnisse den Führungskräften vor, die die Entscheidungen treffen.

Kasten 7.3 Erfolgsrezept für Informationszentren*

Erfolgsgründe	**Gründe für Mißerfolg bzw. Enttäuschung**
• Starke Unterstützung durch das Topmanagement. • Entschlossenheit, den Einsatz von Computern firmenweit zu ändern.	• Topmanagement desinteressiert. • Mangelndes Engagement.

* Nachdruck mit Genehmigung des Technolgy Transfer Institute

• Informationszentrum mit Geschäftsleuten besetzt (entsprechende technische Unterstützung vorhanden).	• Informationszentrum nur mit Technikern besetzt.
• Anfangspersonal mit ausreichender Produktkenntnis, um reibungslosen Ablauf bei ersten Projekten sicherzustellen.	
• Informationszentrum stellt junge Schul-/Studienabgänger ein, die für neue Ideen offen sind und diese auch verbreiten.	• Informationszentrum nur mit Traditionalisten besetzt.
• Personal des Informationszentrums besteht hauptsächlich aus Mitarbeitern, die die Beziehung und den Kontakt zu den Benutzern herstellen können, seine Probleme verstehen und darauf eingehen.	
• Geeignete Mischung von Sprachen und Generatoren wird mit guten Hilfsmitteln unterstützt. (Unnötige Sprachenvielfalt wird vermieden.)	• Begrenzter Einsatz von Sprachen, z. B. nur APL oder nur IBM Software.
• Guter Grafikeinsatz.	
• Ständige Suche nach neuer Hardware. Mitarbeiter des Informationszentrums sollten immer auf der Suche nach besseren Instrumenten sein.	
• Für den Benutzer attraktive Software wird ausgewählt.	• Zu wenig Betonung auf Bedienerfreundlichkeit.
• Kein Anpreisen von Fähigkeiten, solange das nötige Fachwissen, die Erfahrung und die Einrichtungen nicht vorhanden sind (obwohl Bedürfnisse mit den Leitern der Endbenutzer durchgesprochen werden sollen).	• Zu Anfang zu viel Werbung für Informationszentrum – kann nicht liefern, was es verspricht.

• Firmenweit aggressiver Verkauf der Fähigkeiten, sobald sie sich bewährt haben und leistungsstark sind.	• Unfähigkeit, die Möglichkeiten des Informationszentrums aggressiv im gesamten Unternehmen zu verkaufen, sobald sie sich bewährt haben.
• Energischer Informationszentrumsleiter (sobald die nötige Sachkenntnis vorhanden ist), der entschlossen ist, die gesamte Kultur des Computereinsatzes zu ändern.	• Zaghaftes, nicht aggressives, verkaufsschwaches Management.
• Management stark an geschäftlichen Problemen orientiert.	• Akademisches oder technisches Management.
• Ressourcen des Informationszentrums an strategische Geschäftspläne des Unternehmens, kritische Erfolgsfaktor-Analyse und Bedürfnisse des Topmanagements geknüpft.	
• Kenntnis der Maschinenleistungskriteria von Sprachen und Generatoren	• Anwendungen, die auf einem gegebenen System nicht wirtschaftlich laufen.
• Gute Überwachung der Ressourcenverwendung, um sicherzustellen, daß ausreichende Ressourcen verfügbar bleiben.	
• Fähigkeit, häufig verwendete Anwendungen so abzustimmen, das die Systemleistung verbessert wird.	• Übermäßiger Verbrauch von Systemkapazität. Nicht genügend Kapazität für Sprachen der vierten Generation.
• Sorgfältige Koppelung an die Stufen des informationstechnischen Prozesses. Fähigkeit, Benutzer mit Untermengen der Datenmodelle zu versorgen.	• Benutzer erstellen eigene Datenbanken ohne Kontrolle durch die Datenverwaltung; dies führt zu erheblicher Datenredundanz und -inkonsistenz
• Gutes Verständnis und guter Einsatz der Datenanalyse.	• Unfähigkeit zu sorgfältiger Datenanalyse, was zu Integritäts- und Inkonsistenzproblemen führt.

• Herkömmliche DV-Organisation wird zur Mitarbeit gewonnen, stellt Daten von Produktionssystemen zur Verfügung.	
• Fähigkeit auf interne und externe Datenspeicher zuzugreifen; gute Datenextraktoren.	
• Richtlinien für Online-Dokumentation. Gute Online-Bedienerhilfe.	• Fehlen adäquater Anwendungsdokumentation.
• Teamarbeit zwischen Benutzer und Personal des Informationszentrums zur Verbesserung der Anwendungserstellung.	• Anwendungsentwicklung durch den Benutzer wird nicht auf technische Fehler überprüft.
• Benutzer und Anwendungsspezialisten arbeiten Hand in Hand, wo dies zum Erstellen von Anwendungen oder Prototypen nötig ist.	• Restriktive Regelungen, die den Mitarbeitern des Informationszentrums die Entwicklung von Anwendungen *strikt* untersagen.
• Gründliche, breitgestreute Schulung des Personals des Informationszentrums und der Endbenutzer.	• Notwendigkeit von Schulung wird unterschätzt.
• Freie Zutrittsmöglichkeiten zum Informationszentrum und Unterstützung für Anfänger und neue Benutzer.	
• Benutzer haben direkten Zugriff auf video- und computerunterstützte Schulung.	
• Gute Möglichkeiten der Datenkatalogisierung und -extraktion. Informationszentrum sollte als Datenbörse fungieren.	• Unfähigkeit, die vom Benutzer benötigten Daten zu lokalisieren und zu extrahieren.
• Exzellentes Demo-Zentrum mit Projektionswand.	• Unfähigkeit, das »Evangelium« des Informationszentrums zu verbreiten.
• Häufig Veranstaltung von Demos für wichtige Führungskräfte und Mitarbeiter.	

• Demos, die sorgfältig auf dringende geschäftliche Probleme abgestimmt sind. • Integration von Endbenutzer-Terminals, Personal Computer, Büroautomation und Textverarbeitungsfunktionen. • Meetings für Benutzergruppen, um Erfahrungen auszutauschen und Verständnis zu wecken. • Geschickte psychologische Motivation aller potentiellen Benutzer. Erkennen der Benutzer, die für Neuerungen aufgeschlossen sind. • Im Endstadium Betrieb auf Profitbasis. Einfache Berechnungsformel für Benutzergebühren. Informationszentrum sollte als Unternehmen im Unternehmen arbeiten. • Auslegung für angemessene Systemverfügbarkeit.	
• Realistische Einschätzung des erforderlichen Aufwands.	• Übertriebener Optimismus.

8 Die ideale DV-Entwicklungseinrichtung

Einleitung

Der Markt bietet derzeit eine Menge von Anwendungsgeneratoren und Sprachen der vierten Generation an. Sie verwenden eine überraschende Vielfalt von Methoden, syntaktischen und semantischen Strukturen. Perfekt ist aber keine. Alle haben Mängel, die allerdings durch die Lobeshymnen, mit denen sie angepriesen werden, verdeckt werden. Bei einigen lohnt sich eine Korrektur der Mängel und eine Verbesserung der Funktionalität, da sich dies sehr stark auf die DV-Produktivität auswirkt. Bei anderen lohnt sich dieser Aufwand kaum. Manche entpuppen sich als Flop.

Basierend auf der bisher mit dieser Software gemachten Erfahrung können wir nun beschreiben, wie die ideale Entwicklungseinrichtung für den heutigen Stand der Technik in der *kommerziellen Datenverarbeitung* aussehen könnte. In diesem Kapitel werden einige der wünschenswerten Eigenschaften aufgezeigt. Eine detaillierte Beschreibung dieser Eigenschaften enthält »Fourth-Generation Languages« desselben Autors [1].

Datennutzung

Das Kernstück der Einrichtung ist ein Datenbankverwaltungssystem, das weitaus flexibler ist als die Systeme der siebziger Jahre, die als »traditionelle« Systeme bezeichnet werden.

Der Benutzer arbeitet mit einer ausgesprochen benutzerfreundlichen Sprache, mit deren Hilfe er eine Datenbank erstellen kann. Er kann angeben, welche Felder seine Sätze enthalten sollen. Das System fordert ihn zur Eingabe der Details auf, mit denen eine logische Datenbankbeschreibung erstellt wird.

Der Benutzer kann nun – unabhängig von anderen Benutzern – seine persönliche Datenbankstruktur erstellen oder eine vom Unternehmensdatenmodell und -wörterbuch abgeleitete Struktur verwenden (Datenmodell und -wörterbuch werden vom Datenverwalter gewartet). Der Benutzer wird angeregt (oder angehalten), nach Möglichkeit die offiziellen Datendarstellungen zu verwenden.

Der Benutzer kann drei Datenbanktypen einsetzen:

Typ I *Persönliche Datenbank, die unabhängig von den Firmendatenbanken erstellt wird.* Kann vom Benutzer als eine Art »persönliche Ablage« gesehen werden. Obwohl dieser Typ unabhängig ist, wird der Benutzer häufig Datendarstellungen aus dem Datenwörterbuch des Unternehmens verwenden. Das System erleichtert es ihm, dies (online) zu tun.

Typ II *Datenbank, deren Daten aus den Firmendatenbanken extrahiert werden.* Enthält Daten, die von anderen Systemen aktualisiert wurden. Der Benutzer verwendet sie zu seiner eigenen Information und manipuliert sie möglicherweise, indem er damit Berechnungen anstellt und Antworten auf »Was wäre, wenn...«-Fragen entwickelt. Die Daten können periodisch extrahiert werden. Der Benutzer kann die Firmendatenbanken, aus denen die Daten extrahiert werden, nicht verändern.

Typ III *Unternehmensdatenbanken mit gemeinsamem Zugriff.* Der Benutzer hat Zugriff auf Firmendatenbanken, die von anderen Systemen aktualisiert werden. Diese Zugriffsart wird aus Gründen der Datensicherheit, der Datenintegrität und der Systemleistung sorgfältig überwacht. Sicherheitskontrollen können den Benutzer daran hindern, Änderungen an den Daten vorzunehmen. In einigen Fällen wird der Benutzer Daten mit Richtigkeits- und Integritätskontrollen eingeben, die vom Datenverwalter genehmigt wurden.

Grundeinrichtungen

- Erstellen einer Datenbank

Das System macht es dem Benutzer leicht, eine Datenbankstruktur (ein Datenbankschema) zu erstellen oder abzuleiten oder eine bestehende Datenbankstruktur einzusetzen. Für jede dieser Strukturen stellt es die in Abb. 8.1 dargestellten Einrichtungen zur Verfügung.

- Erstellen eines Dateneingabedialogs

Der Benutzer kann die Felder auswählen, in die neue Werte eingegeben werden sollen. Das System fordert Details zu den Integritätsprüfungen an, die auf alle eingegebenen Daten angewendet werden. Sie umfassen Prü-

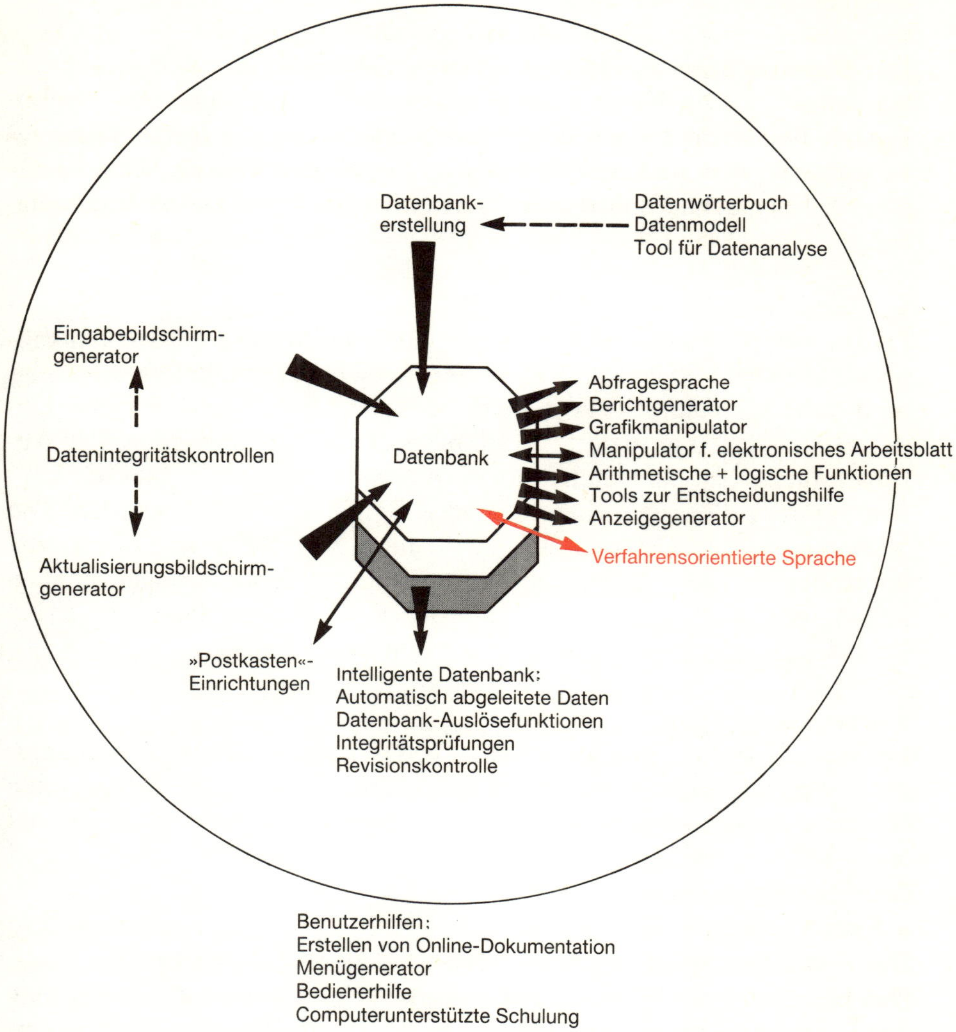

Abbildung 8.1 Bestandteile einer DV-Entwicklungseinrichtung (siehe auch Abb. 8.4)

fungen auf Bereichs- und Datenart, auf erlaubte Werte und Prüfungen mit Querverweisen auf andere Daten. Das System erstellt dann einen bedienerfreundlichen Dateneingabedialog, den auch andere Benutzer verwenden können.

- Erstellen eines Datenaktualisierungsdialogs

Der Benutzer kann Felder in der Datenbank auswählen, die aktualisiert werden sollen. Das System fordert, wie oben, Details zu Integritätsprüfungen an und erstellt dann einen bedienerfreundlichen Datenaktualisierungsdialog, den auch andere Benutzer verwenden können. Es wird das gleiche Eingabebildschirmdesign verwendet wie beim Dateneingabedialog.

- Abfragesprache

Das System bietet ein sehr benutzerfreundliches Mittel zur Datenbankabfrage, sei es für einfache Abfragen, bei denen ein einzelner Satz angezeigt wird, oder für komplexe Abfragen, bei denen Daten unter verschiedensten Bedingungen projiziert, verknüpft oder durchsucht werden. Die Abfragesprache enthält Datenaktualisierungseinrichtungen. Dadurch können mehrere Sätze mit einem einzigen Befehl aktualisiert werden. Die Verwendung dieser Einrichtungen wird durch Sicherheits- und Integritätskontrollen geregelt. Komplexe Anfragen und Aktualisierungen können katalogisiert und namentlich angesprochen werden, so daß sie nicht bei jeder Verwendung von neuem eingegeben werden müssen.

- Berichtsgenerator

Dient zum Erstellen und Formatieren von Berichten. Der Berichtsgenerator ist eine natürliche Erweiterung der Abfragesprache. Die angegebenen Berichtsformate können katalogisiert, namentlich angesprochen und leicht geändert werden.

- Grafikgenerator

Dient zur Erzeugung von Datendiagrammen und deren Manipulation. Der Benutzer kann Formate, Farbgebung, Schattierung und Beschriftung der Diagramme so wählen, daß eine wohl durchdachte Präsentation entsteht. Die Diagrammformate können katalogisiert, namentlich angesprochen und leicht geändert werden.

- Arithmetische Manipulation

Der Benutzer kann mit den Daten arithmetische und andere mathematische Operationen ausführen lassen. Durch solche Operationen werden oft neue Variablen geschaffen, die der Benutzer in seiner Datenbank speichern und für Abfragen, Berichte oder Grafiken verwenden kann. Mit dieser Einrichtung kann der Benutzer »Was wäre, wenn...«-Fragen zu den Daten stellen.

- Abgeleitete Daten

Die Datenbank kann Felder enthalten, die von anderen Feldern abgeleitet wurden, z. B. durch Verwendung eines arithmetischen Ausdrucks. Wird ein Feld bei der Eingabe des Ableitungsausdrucks geändert, so wird das abgeleitete Feld automatisch entsprechend geändert.

- Arbeitsblattmanipulation

Das System bietet Arbeitsblatteinrichtungen (wie Visicalc), mit denen der Benutzer Wertetabellen erstellen und manipulieren kann. Für erfahrenere Benutzer können diese Tabellen auch mehrdimensional sein. Diese Matrizen können mit dem Grafikgenerator angezeigt werden.

- Kommunikation

Der Benutzer kann Nachrichten an andere Benutzer senden. Jeder Benutzer hat einen »Postkorb«. Diese Nachrichten können Berichte oder Diagramme sein, die mit den Generatoren erstellt wurden. Nachrichten können mit dem Vermerk »DRINGEND« versehen werden, worauf das System Maßnahmen ergreift, um die Aufmerksamkeit des Empfängers verstärkt auf diese Nachrichten zu lenken.

- Datenbankauslösefunktionen

Es können Auslösefunktionen angegeben werden, die die Ausführung einer Aktion veranlassen, wenn ein bestimmter Datenwert in einen bestimmten Bereich fällt. Diese Aktion kann darin bestehen, daß ein Benutzer verständigt wird, möglicherweise mit Hilfe der Einrichtung zum Versenden dringender Nachrichten. Die Aktion kann aber auch in der Ausführung einer genannten Prozedur bestehen. Der Wert, auf den sich eine Auslösefunktion bezieht, ist häufig der eines abgeleiteten Feldes.

- Verfahrensorientierte Sprache

Es wird eine verfahrensorientierte Sprache zur Verfügung gestellt, mit der kompliziertere Verfahren ausgedrückt werden können. Diese können Schleifen (oder Rekursion), Bedingungstests, verschachtelte Routinen und Aufrufe von Bibliotheksroutinen enthalten. Die verfahrensorientierte Sprache ist, so weit als möglich, in ihrer Syntax mit den oben erwähnten Einrichtungen verträglich.

Benutzerfreundlichkeit

Alle oben beschriebenen Einrichtungen verwenden nicht-verfahrensorientierte Dialoge, mit Ausnahme der letzteren für die Kodierung von Verfahren. Nicht-verfahrensorientierte Dialoge können äußerst benutzerfreundlich gestaltet werden. Der Erfolg der hier beschriebenen Entwicklungseinrichtung hängt in hohem Maß von der Benutzerfreundlichkeit ihrer Dialoge ab.

Dialoge zwischen Mensch und Computer können als eindimensional und als zweidimensional eingestuft werden. Bei eindimensionalen Dialogen gibt der Benutzer Zeichenketten ein, die vom System gedruckt oder angezeigt werden. Bei zweidimensionalen Dialogen wird ein zweidimensionaler Raum verwendet; Das System erzeugt Anzeigen, auf die der Benutzer durch Bewegen des Positionsanzeigers, durch Eingabe von Daten oder Befehlen und u. U. durch Einsatz von Lichtstift, Finger oder Maus reagiert. Mit zweidimensionalen Dialogen können viele benutzerfreundlichere Schnittstellen erzeugt werden. Diese Dialoge sind hilfreich, obwohl durch Einsatz von Umkehranzeige und Zeichenblinken auch exzellente Monochromdialoge erstellt werden können. Für einige Anwendungen eignet sich ein großer Monochrombildschirm besser als ein kleinerer Farbbildschirm mit geringerer Auflösung, der denselben Preis kostet. Die Einrichtungen für verschiedene Aspekte des Anwendungsüberhangs haben eine kompatible Syntax.

Standardannahmen

Bericht- und Grafikerstellung kann vereinfacht werden, indem dem Benutzer erlaubt wird, eine kurze, einfache Anweisung für die gewünschte Funktion einzugeben – ohne detaillierte Angaben, wie diese formatiert werden sollte. Die Software trifft dann selbst die Formatierungsentscheidungen.

Bei NOMAD2 (von National CSS) gibt der Benutzer beispielsweise nur »LIST« und die Felder an, die der Bericht enthalten soll, z. B., »list persnr name adresse gebdat geschlecht angehörige«. Das System reagiert wie folgt:

Personal-Nummer	Name	Adresse	Geburts-datum	Geschlecht	Angehörige
42	Flint, Heinrich	Bachgasse 10, Leinfelden	01/23/33	M	3
48	Stein, Harro	Hauptstr. 9, Vaihingen	01/10/47	M	1
104	Discher, Anna	Anemonenweg 24, Rohr	06/01/40	W	2
341	Müller, Lise	Postplatz 4, Möhringen	08/04/43	W	1
1328	Rand, Paul	Schillerstr. 105, Stetten	03/20/29	M	2
234	Schmid, Susanne	Charlottenplatz 5, Stuttgart	02/21/45	W	0

In Ermangelung detaillierterer Angaben formatiert das System den Bericht wie vorstehend, setzt Seitenzahlen (wenn nötig) und entsprechende Spaltenüberschriften. Diese Überschriften (z. B. PERSONALNUMMER) werden dem Datenwörterbuch entnommen. Zeilensummen, Spaltensummen und Zwischensummen für einzelne Variable können einfach angefordert werden:

Fordert ein Summe für jede Zeile an

Fordert eine Summe für den gesamten Bericht an

list by prodmane skip2 across months sum (sales)

rowtot total

Prod. Name	Jan. Summe Verk. Pro Monat	Feb. Summe Verk. Pro Monat	März Summe Verk. Pro Monat	Apr. Summe Verk. Pro Monat	Mai Summe Verk. Pro Monat	Juni Summe Verk. Pro Monat	Gesamt-summe Verk. Pro Monat
Hammer	DM 651,38	DM 556,91	DM 470,10	DM 497,56	DM 576,14	DM 316,16	DM 3068,29
Zange	DM 400,68	DM 208,59	DM 442,18	DM 161,11	DM 282,21	DM 444,48	DM 1939,29
Säge	DM 168,23	DM 204,12	DM 278,08	DM 253,55	DM 193,95	DM 243,36	DM 1341,29
Beil	DM 534,90	DM 473,40	DM 581,20	DM1327,45	DM 688,53	DM 885,77	DM 4491,29
	DM1755,19	DM1443,02	DM1771,56	DM2239,67	DM1740,83	DM1889,77	DM10840,04

Einige Berichtsgeneratoren bieten dem Benutzer einen Bildschirm, aus dem er Möglichkeiten für die Formatierung des Berichts auswählen kann. Der zum Paket IDEAL gehörende Berichtsgenerator von ADR bietet zwei Auswahlschirme. Der erste bezieht sich auf den Gesamtbericht insgesamt, wobei der Benutzer den Namen des Berichts, den Abstand zwischen Zeilen oder Spalten, etc. angeben kann. Der zweite Bildschirm führt die in den Bericht aufzunehmenden Felder auf, wobei der Benutzer die Sortierfolge angeben kann sowie für jedes Feld angeben kann, ob Summen, Zwischensummen, Höchst-, Mindest- oder Durchschnittswerte benötigt werden, Spaltenbreiten, Spaltenüberschriften, etc.

Bei NOMAD2 kann der Benutzer »PLOT« statt »LIST« angeben.
Beispiel:
statt

```
LIST BY PRODNAME ACROSS MONTH SUM (SALES)
```

kann er sagen

```
PLOT BY PRODNAME ACROSS MONTH SUM (SALES)
```

Der Benutzer hätte auch die Art der Darstellung angeben können, z. B. Kurven-, Streuungs-, Balken- oder Kreisdiagramm. In obigem Beispiel wurde dazu keine Angabe gemacht, die Software entschied also, welche Diagrammart geeignet ist.

In Abb. 8.2 wird die Darstellung gezeigt, die aus obigem Befehl entstand. Diese Zeichnung enthält möglicherweise zu viele Produkte. Der Benutzer könnte »NEW PLOT« oder »NEW COLOR« nach »BY PRODUCT« angeben, um die Produkte voneinander zu trennen.

Die Angabe nach dem Wort »ACROSS« wird als unabhängige Variable behandelt. Ist sie nicht numerisch, wählt NOMAD2 ein Balkendiagramm, sofern nichts anderes angegeben wird. So würde beispielsweise durch den Befehl »PLOT SALES ACROSS BRANCH OFFICE« ein Balkendiagramm erzeugt. Wird dieses angezeigt, kann der Benutzer immer noch Diagrammart, Farben, Strukturen usw. nach Bedarf ändern.

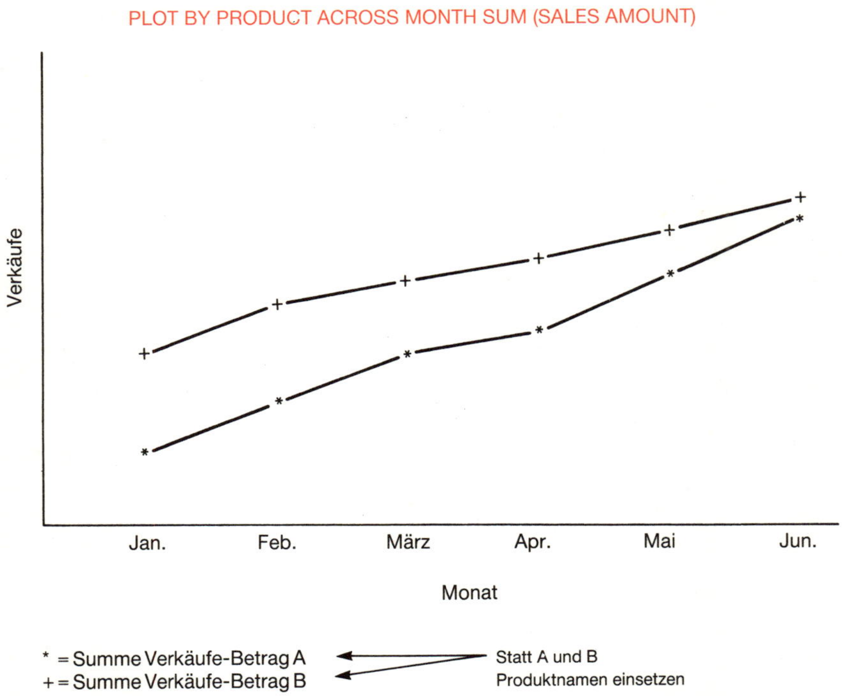

Abbildung 8.2 Verwendung des Befehls PLOT bei NOMAD.

Gliederung in Teilmengen

Eine umfassende Entwicklungssprache kann zu einem komplexen System mit einer verwirrenden Vielfalt von Merkmalen und einem dicken Handbuch werden. Um sie einfach für Anfänger zu machen, sollte sie so ausgelegt sein, daß Untergliederungen möglich sind. Blutige Anfänger werden z. B. nur mit einer Datenbankabfragesprache oder einem Berichtsgenerator oder einer Rechnungsfunktion – in Form eines erweiterten Taschenrechners – konfrontiert. Sobald sie mit einer derartigen Teilmenge *völlig* vertraut sind, werden sie der nächsten Teilmenge ausgesetzt. Beherrschen sie diese, folgt die nächste Stufe, und so weiter.

Untergliederungen dieser Art sind sehr wichtig für die Akzeptanz einer Sprache. Es gibt zahllose Fälle, in denen eine Sprache von denen, die großen Nutzen daraus hätten ziehen können, nicht angenommen wurde, weil sie ihnen für den Anfang zu kompliziert erschien.

»Menschliche« Verwendungshilfen

Obwohl die Syntax des Systems sehr benutzerfreundlich gemacht werden kann, brauchen die Benutzer oft Hilfe und Schulung. Das System sollte ihnen diese online bieten. Die Benutzer sollten jederzeit eine Hilfefunktion aufrufen können. Unter Verwendung von Menüs fragt sie das System, welche Hilfe sie brauchen, und bietet ihnen diese.

Computerunterstützte Anweisung in der Systembedienung sollte in das System eingebaut werden. Sie sollte benutzerfreundlich und in sich geschlossen sein. (Bei der computerunterstützten Unterweisung gibt es wesentliche Qualitätsunterschiede.) Nach einem kurzen Lehrgang sollte der Benutzer in der Lage sein, seine Kenntnisse in der Systembedienung selbst weiter auszubauen.

Erstellt ein Benutzer eine Anwendung, die auch von anderen Benutzern verwendet werden soll, so sollte er für diese eine Online-Hilfsfunktion und eine Dokumentation erstellen. Das System sollte Einrichtungen aufweisen, die dies ohne Schwierigkeiten möglich machen.

Spezifizier-Tools

Der Anwendungsdesigner braucht Möglichkeiten, seine Anwendung zu skizzieren, bevor er sie erstellt (außer sie ist so einfach, daß kein Skizzieren nötig ist). Der Generator enthält ein benutzerfreundliches Skizzierverfahren, das leicht lernbar ist und das Editieren der Skizzen am Bildschirm sowie ihre direkte Umwandlung in Code gestattet.

Für einfache Abfragen und Berichtserstellung ist keine Skizze erforderlich, wohl aber für Prozeduren mit Schleifen oder verschachtelte Routinen. Die für den Endbenutzer wohl einfachste Form der Skizzierung solcher Prozeduren ist das *Datenbankaktionsdiagramm* [2]. Abb. 8.3 zeigt ein Beispiel dafür.

Im Datenbankaktionsdiagramm (DAD) sind die Datenbankbefehle umrahmt dargestellt. Jeder dieser in Abb. 8.3 enthaltenen Befehle ist ein *Lese- oder Aktualisierungsbefehl* für einen einzigen Satz. In einigen Fällen werden zusammengesetzte Befehle verwendet, z. B. für das Durchsuchen einer Satzgruppe. Die vertikalen Klammern in Abb. 8.3 zeigen die Kontrollstruktur des Programms. Klammern mit nur einem oberen Strich geben eine Gruppe von Operationen an, die nur einmal ausgeführt und durch dieselbe Bedingung kontrolliert werden. Klammern mit zwei oberen Stri-

Datenbankaktionsdiagramm (DAD)

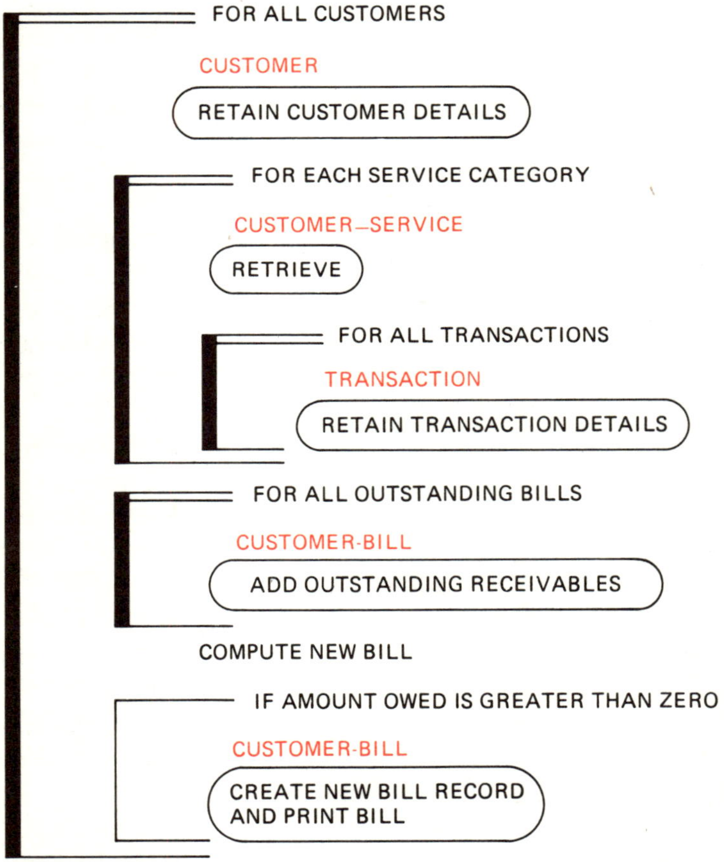

Abbildung 8.3 Datenbankaktionsdiagramm (DAD) [2].

chen geben eine Gruppe von Operationen an, die wiederholt ausgeführt werden. (Ein Doppelstrich in einer Partitur bedeutet Wiederholung.)

Diagramme wie das in Abb. 8.3 dargestellte wurden für die direkte Umwandlung in Code von Sprachen der vierten Generation sowie für größtmögliche Benutzerfreundlichkeit ausgelegt. Die Diagrammtechnik wurde von einem Psychologen entwickelt, so daß sie möglichst leicht zu erlernen und zu verwenden ist, wobei die Regeln des strukturierten Programmierens beachtet werden [3].

Die Entwicklungseinrichtung sollte ein Instrumentarium zum Skizzieren und Aufbereiten der Aktionsdiagramme am Bildschirm und ihrer anschließenden Umwandlung in Code zur Verfügung stellen. Diese Einrichtung stellt eine direkte Verknüpfung mit den Instrumenten des Datenverwalters – dem Datenwörterbuch und dem Datenmodell – dar. Der Anwendungsentwickler kann die Struktur der Sätze sehen, die er verwendet.

Diese Verknüpfung mit den Einrichtungen des Datenverwalters soll den Benutzer oder Analytiker beim automatischen Verwenden oder Erstellen der benötigten Datenbanken unterstützen und trägt dazu bei, daß die Wahrscheinlichkeit der Erstellung inkompatibler Daten verringert wird.

Datenbank

Der Generator verwendet ein *relationales* Datenbankverwaltungssystem, das dynamisch geändert werden kann, wie beispielsweise die Datenbank für SQL von IBM. Das erlaubt die Definition *logischer Benutzersichten*, die aus der größeren Datenstruktur abgeleitet sind. Der Benutzer kann auf diese logischen Sichten Bezug nehmen und sie verwenden. Er kann die Daten in relationaler oder hierarchischer Form betrachten.

Ein Datenbankverwaltungssystem muß viele Eigenschaften besitzen, damit es größtmöglichen Nutzen bringt [4], z. B. Sicherheitskontrollen, Parallelbetriebkontrollen, Zugriffsoptimierung, Systemausfallschutz, Kontrollpunkt/Wiederanlauf, Revisionseinrichtungen, etc. Der Generator besitzt dies. Er ist weitaus mehr als nur eine Gesamtheit von Sprachen-interpretern und -compilern. Er hat eine komplexe Infrastruktur, die dem System die nötigen Fundamente gibt.

Der Benutzer kann rasch die Datenstruktur erstellen, die er verwenden will, und damit können Eingabebildschirme für die Eingabe aller spezifischen Daten erzeugt werden. Ein gutes Beispiel eines Systems für die Datenbankerstellung und die Erzeugung von Dateneingabeeinrichtungen ist das System in der Sprache FOCUS von Information Builders Inc. Ein Beispiel für eine besonders benutzerfreundliche Datenbankabfrage- und -änderungssprache ist Query-by-Example von IBM. Ein gutes Beispiel für einen einfach zu verwendenden Berichtsgenerator ist der Generator in der Sprache IDEAL von ADR. Ein Beispiel für leistungsstarke Geschäftsgrafik ist TELL-A-GRAFF von ISSCO.

Intelligente Datenbankfunktionen

Wir können unterscheiden zwischen dummen und *intelligenten* Datenbanken. Eine dumme Datenbank ist *passiv*. Die Operationen, die mit den Daten durchgeführt werden sollen, werden jedesmal ausdrücklich von einem Benutzer oder von einem Programm angefordert, das mit einer bestimmten Transaktion verbunden ist. Die dumme Datenbank löst keine Aktionen aus. Die gesamte Logik ist mit den Transaktionen und Anwendungen – und nicht mit der Datenbank selbst – verbunden.

Eine intelligente Datenbank besitzt außer der mit bestimmten Transaktionen oder Anwendungen verbundenen Logik auch eine mit bestimmten Daten verbundene Logik. Diese kann automatisch aufgerufen werden, wenn an den Daten bestimmte Änderungen vorgenommen werden. Sie wird unabhängig davon aufgerufen, welche Anwendung oder Transaktion die Änderung hervorruft. Diese mit den Daten verbundene Logik kann für Integritätskontrollen, für die automatische Aktualisierung abgeleiteter Daten, für Revisionskontrollen oder für Auslöser-Operationen verwendet werden. Eine Auslöser-Operation tritt automatisch auf, wenn der Wert eines Feldes in einen angegebenen Bereich fällt. Sie kann eine dringende Nachricht an einen Benutzer senden; sie kann eine Programmoperation aufrufen. Eine intelligente Datenbank kann also, im Unterschied zu einer rein passiven Datenbank, eine aktive Einrichtung sein. Im unteren Teil der Abb. 8.1 sind Funktionen intelligenter Datenbanken angegeben.

Datenverwaltungshilfen

Das System sollte Online-Datenverwaltungshilfen bieten. Es sollte ein Datenwörterbuch haben und Mittel zur Darstellung der verwendeten Datenmodelle, die die Verbindungen zwischen den Datenelementen aufzeigen.

Bei jedem kommerziellen Anwendungsdesign sollte vor dem Entwurf der Verfahren eine Datenanalyse durchgeführt werden [4]. Ein entsprechendes Instrumentarium sollte integriert sein.

Semantische Unstimmigkeit

Die Fähigkeit, relationale Join- und Projekt-Operationen auszuführen, ist ein wesentlicher Aspekt relationaler Datenbanken. Wenn Benutzer relationale Sprachen einsetzen, verwenden sie oft Join- oder Projekt-Operationen. Bedauerlicherweise können diese unter bestimmten Umständen zu ungültigen Ergebnissen führen. Die Verwendung der Sprache scheint korrekt zu sein, und die Ergebnisse erscheinen plausibel, tatsächlich jedoch sind sie falsch. Der Begriff *semantische Unstimmigkeit* wird verwendet, um dieses Problem zu beschreiben [5].

Es besteht die Möglichkeit, Mechanismen zu entwickeln, die den Benutzer warnen, wenn er Anweisungen eingibt, auf die dieses Problem zutreffen könnte [5]. Leider tun dies viele der modernen nicht-verfahrensorientierten Sprachen nicht, und das macht sie gefährlich.

Der Schutz gegen die Gefahr semantischer Unstimmigkeit hängt davon ab, ob die Datenrelationen korrekt gestaltet sind. Alle funktionellen Abhängigkeiten müssen richtig dargestellt sein (ein Thema, das den Rahmen des vorliegenden Berichts sprengen würde). Dann können Warnungen vor semantischer Unstimmigkeit erzeugt werden. Daher sollte die Entwicklungseinrichtung ein *Instrumentarium für die Datenanalyse enthalten.*

Der Benutzer kann zwei Situationen antreffen:

Erstens, die Daten sind vollständig modelliert; in diesem Fall können bei potentiell falscher Datenverwendung Warnungen vor semantischer Unstimmigkeit ausgegeben werden; zweitens, die Daten sind *nicht* vollständig modelliert; in diesem Fall sollten Benutzer, die Join- und Projekt-Operationen durchführen, eine allgemeine Warnung erhalten, etwa entsprechend dem Hinweis des Gesundheitsministeriums auf Zigarettenpakkungen.

Systemkontrollen

Eine Vielzahl anderer Systemkontrollen ist nötig, von denen viele offensichtlicher sind als semantische Unstimmigkeiten. Es werden Mechanismen benötigt, die es mehreren Benutzern ermöglichen, das System gleichzeitig zu verwenden. Dies erfordert Parallelbetriebskontrollen, die ein ungültiges Aktualisieren der Daten verhindern.

Sicherheitskontrollen sind nötig. Es muß Möglichkeiten der Datenwiederherstellung bei Ausfällen oder Systemabstürzen geben, die sicherstellen, daß Daten nicht beschädigt werden oder verlorengehen. Treten Ausfälle auf, müssen die Operationen bis zu dem Punkt zurückgeführt werden, von dem aus sie gefahrlos neu gestartet werden können. Geeignete Wiederanlauf- oder Kontrollpunkte sind nötig.

Instrumente für die Revisoren sind erforderlich, damit diese die Systemverwendung ordnungsgemäß prüfen können. Prüflisten können automatisch erstellt werden.

Code-Erzeugung und -Prüfung

Die Entwicklungseinrichtung hat einen Interpreter, der die für den Menschen entwickelte Syntax in ausführbaren Code umwandelt. Der Interpreter erzeugt den Code, während der Benutzer am Terminal arbeitet, so daß er dann ausgeführt und getestet werden kann. Wie ein menschlicher Dolmetscher erlaubt dieser Interpreter einen unmittelbaren Dialog zwischen Benutzer und System.

Die Entwicklungseinrichtung sollte aber auch einen Compiler besitzen, der einen optimierten Code erzeugt. Ein Compiler arbeitet im Stapelverarbeitungsmodus und kann mehrere Stufen durchlaufen, um den optimierten Code zu erzeugen und Systemressourcen effizient zuzuordnen.

Läuft der Code häufig oder erzeugt er großen Durchsatz, ist ein Compiler nötig, um eine effiziente Nutzung des Systems zu erreichen. Wird der Code für die persönliche Entscheidungsfindung verwendet, wird ein Interpreter benötigt, um einen direkten Dialog zwischen demjenigen, der die Entscheidung fällt, und dem Computer zu erzielen; optimierter Code ist normalerweise nicht nötig. Die gleiche Entwicklungseinrichtung sollte sowohl für die computerunterstützte Entscheidungsfindung als auch für Produktionsläufe verwendet werden können, so daß also Interpreter und Compiler benötigt werden.

Einige Interpreter und Compiler erzeugen eine Sprache der dritten Generation wie COBOL, FORTRAN oder Pascal. Diese muß dann einen anderen Interpreter oder Compiler durchlaufen, damit Maschinencode erzeugt wird. Im allgemeinen ist dies nicht erwünscht, außer um Übertragbarkeit sicherzustellen. Es ist effizienter, Maschinencode *direkt* zu erzeugen.

Es wird manchmal die Ansicht vertreten, der Zwischencode würde den Entwicklern helfen, die mit COBOL, FORTRAN, etc. vertraut sind. In der Praxis hilft er ihnen aber nicht. COBOL ist schwer lesbar und sollte nie von den Entwicklern verändert werden, da dies Fehler und ernste Wartungsprobleme mit sich bringt.

Übertragbarer Code

Das einzige gute Argument für das Erzeugen von Code in einer Sprache der dritten Generation ist das der Übertragbarkeit (d. h., die Programme können auf den Systemen unterschiedlicher Hersteller ausgeführt werden). Leider sind die meisten Sprachen der dritten Generation nicht vollständig auf unterschiedliche Systeme übertragbar. FORTRAN von DEC läuft ohne Veränderungen nicht auf IBM-Systemen, etc.

Eine Ausnahme ist Ada. Hinter Ada steht die Absicht, daß die Ada-Quellencodebestimmungen für alle Systeme genau gleich sein sollten.

Kompilieren in Ada sollte einen tatsächlich übertragbaren Code ergeben. Dies ist für einige Anwendungen äußerst wünschenswert und günstig für Software-Häuser, die ihre Programme an Kunden mit unterschiedlichen Systemen verkaufen wollen.

Code-Prüfung

Es gibt viele Möglichkeiten, die Eingabe des Entwicklers zu prüfen. Alle möglichen Syntax- und Semantikprüfungen sollten vor der Erzeugung von ausführbarem Code durchgeführt werden. Werden bei diesen Prüfungen Unstimmigkeiten, Fehler oder Unvollständigkeiten festgestellt, sollte das System dem Entwickler eine vollständige und leicht verständliche Erklärung geben.

Nachweislich korrekter Code

Im nächsten Kapitel wird eine Methode zum Erstellen von Code besprochen, der mathematisch nachweislich korrekt ist. Eine derartige Methode sollte überall dort angewendet werden, wo dies möglich ist.

Das Erstellen von nachweislich korrekten Spezifikationen und von Code stellt eine Abkehr von Ad-hoc-Methoden zu echter Software-Technik dar. Es ist besonders wichtig bei Spezifikationen mit komplexer Logik und bei Systemen, in denen von verschiedenen Entwicklern erzeugte Module zusammenarbeiten müssen. Im letzteren Fall muß die Schnittstelle zwischen den Modulen nachweislich korrekt sein.

Bibliothek

Es wird eine Bibliothek mit Funktionen, Datenarten, Bildschirmen, Subroutinen und zuvor entwickelten Anwendungen benötigt. Für einige Entwicklungsorganisationen wird das Umfeld einer »Software-Fabrik« benötigt, damit Anwendungen rasch aus zuvor erstellten Modulen entwickelt werden können.

Im Laufe der Zeit entstehen Bibliotheksmodule höherer Ebene. Wenn möglich, sollte die Verknüpfung zu ihnen strenge Verifizierung anwenden, damit Schnittstellenfehler vermieden werden.

Theoretische Prinzipien

Die meisten Sprachen der vierten Generation werden heute von Programmierern »gebastelt« und verbessert, die kein Interesse an der Sprachentheorie haben. Die meisten Informatiker, die sich auf Sprachen spezialisiert haben, interessieren sich nicht für Sprachen der vierten Generation und kennen nicht einmal deren Namen. Dies ähnelt der bisherigen Geschichte der Technik. Newcomen baute 1712 die erste Dampfmaschine mit einem Kolben. Jahrzehntelang waren seine Nachfolger auf diesem Gebiet Mechaniker. Die Wissenschaftler der Epoche interessierten sich nicht für Prinzipien oder Theorie der Dampfmaschine. Vierzig Jahre nach Newcomens Tod stellte John Smeaton, ein Ingenieur, gründliche Forschungen auf diesem Gebiet an, die zu viel besseren Dampfmaschinen führten. Später machten es die thermodynamischen Theorien und der Carnotsche Kreisprozeß den Ingenieuren möglich, Dampfmaschinen mit optimaler Leistungsfähigkeit zu entwickeln.

Irgendwann werden schließlich auch Informatiker Sprachen hoher Produktivität ihre Aufmerksamkeit schenken, und es wird wahrscheinlich zu wesentlichen Verbesserungen kommen.

Infrastruktur

Sprachen und Anwendungsgeneratoren der vierten Generation brauchen zu ihrer Unterstützung eine umfangreiche Infrastruktur. Die Kosten für die Schaffung der Infrastruktur sind oft höher als die Kosten für Spracheninterpreter und Compiler. Für eine gute Entwicklungseinrichtung müssen diese Infrastruktur hervorragend und die Sprachen möglichst benutzerfreundlich sein.

Die Infrastruktur erfordert ein gutes, möglichst flexibles Datenbankverwaltungssystem. Es sollte für die gleichen Daten mehrere *logische Benutzersichten* bieten, die sich auf Feldebene unterscheiden. Die Datenbank muß mehrere Benutzer ohne Integritäts- und Blockadeprobleme gleichzeitig versorgen können. Der Zugriff auf die Daten muß optimiert werden, um eine gute Systemleistung zu erzielen. Das System braucht Sicherheits- und Wiederherstellungseinrichtungen, Prüfpunktverfahren und Schutz gegen Systemabsturz. Die Revisoren brauchen Einrichtungen, um untersuchen zu können, wie das System verwendet wurde. In Abb. 8.4 wird die Infrastruktur gezeigt, die für eine vollständige Nutzbarkeit der Entwicklungseinrichtung erforderlich ist.

Mehrsystem-Infrastruktur

Oft muß das betreffende System auf andere Systeme zugreifen. So werden beispielsweise häufig Daten benötigt, die in anderen Systemen gespeichert sind. Die Verbindung zwischen Systemen wird mit der Verbreitung von Datennetzen und der Zunahme von verteilten Systemen und Kleincomputern immer häufiger werden.

Abb. 8.4 zeigt rechts die Infrastruktur, die für die Verknüpfung mehrerer Systeme erforderlich ist. Die Entwicklungseinrichtung kann selbständig arbeiten oder an andere Systeme angeschlossen werden.

Besonders wichtig ist bei manchen Systemen ein *Datenextraktor*, mit dem Daten aus anderen (oft älteren) Datenbanksystemen zur Verwendung im neuen System extrahiert werden. Die Daten werden übertragen und in der Datenbank der Entwicklungseinrichtung neu strukturiert. Die

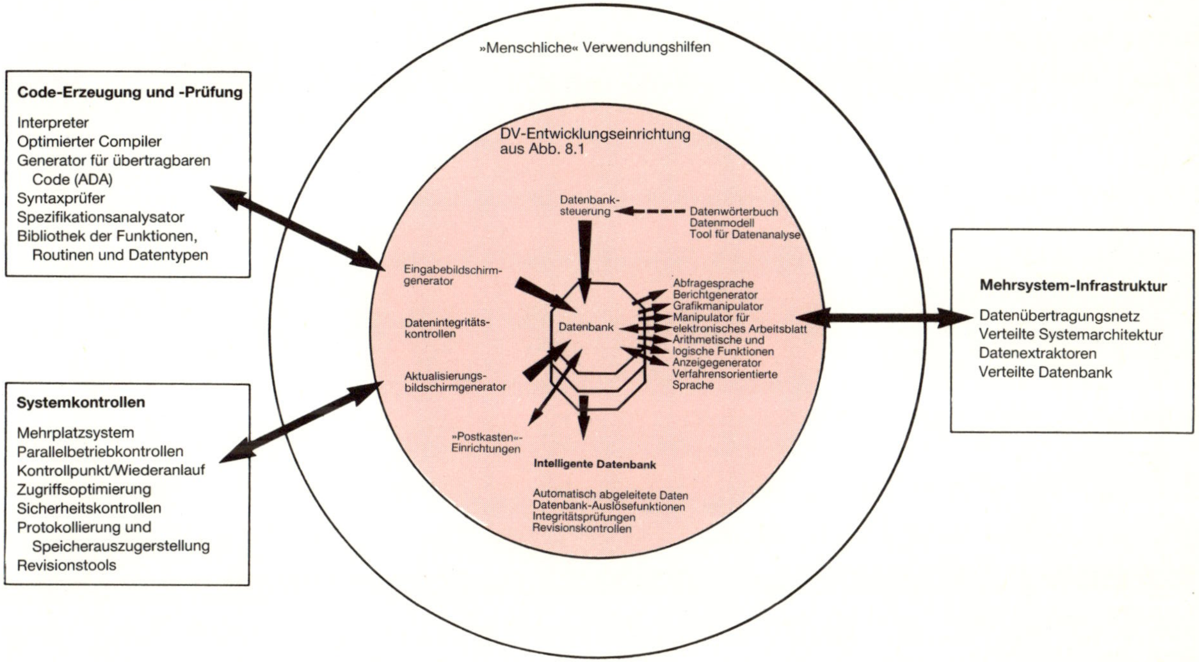

Abbildung 8.4 Erforderliche Infrastruktur für vollständige Nutzbarkeit der Entwicklungseinrichtung.

Datenextraktion kann periodisch, im Echtzeitbetrieb oder ad hoc erfolgen. Die periodische Datenextraktion ist für viele Informationssysteme zweckmäßig.

9 Mathematisch korrektes Systemdesign

Programmdesigner verwenden gewöhnlich Ad-hoc-Verfahren, die von der Systematik der meisten technischen Disziplinen weit entfernt sind. Dies führt zu einem Code, der unmöglich vollständig fehlerfrei gemacht werden kann. Wir haben uns daran gewöhnt, mit Programmen zu leben, die manchmal eigenartige Dinge tun, da es nicht möglich ist, alle ihre versteckten Anomalien zu entdecken.

In diesem Kapitel wird ein Durchbruch in der Software beschrieben, der sich stark auf die Zukunft der Datenverarbeitung auswirken wird. Normalverbrauchern (ohne spezielle mathematische Kenntnisse) wird die Möglichkeit gegeben, mathematisch nachweisbar fehlerfreie Programme zu erstellen.

Mathematischer Nachweis der Richtigkeit

Viele Fachleute haben die Ansicht geäußert, daß der mathematische Zugang zum Programmdesign letztlich die Lösung für das Erstellen von Software höherer Qualität sein muß.

Seit den frühen Schriften Dijkstras zu einer Programmieranalyse [15,20] haben einige wenige Wissenschaftler versucht, mathematische Regeln auf das Programmieren anzuwenden, um so nachweisbar korrekten Code zu erstellen. Es wird eine Vielfalt unterschiedlicher Zugänge zur Ableitung von Richtigkeitsprüfungen eingesetzt [8-21].

Mathematische Verfahren werden für den Richtigkeitsnachweis von Programmen und das Erstellen von Spezifikationstechniken für prüfbare Programme angewendet. Es gibt die unterschiedlichsten Zugänge. Diese sind in Abbildung 9.1 zusammengestellt, die gleichzeitig als Literaturnachweis gelten soll. Eine genaue Zusammenfassung gibt Berg et al.[1].

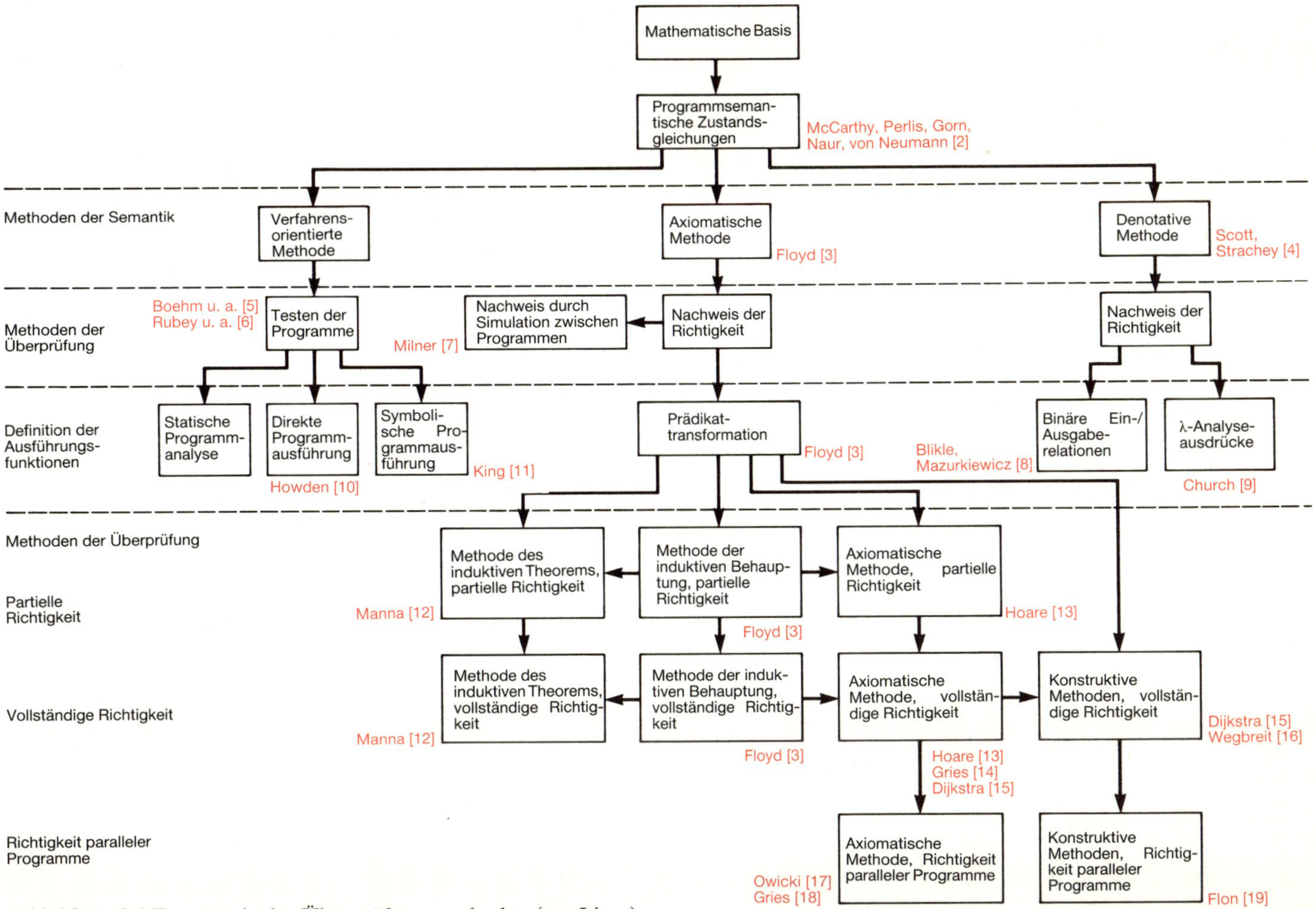

Abbildung 9.1 Taxonomie der Überprüfungsmethoden (aus Lit. 1)

In der Praxis setzt kaum ein Programmierer diese Techniken ein. Das hat zwei Gründe. Zum einen setzen sie ein hohes Maß an mathematischem Verständnis voraus. Selbst für einfache Programme sind mathematische Kenntnisse erforderlich, die weit über die eines normalen Systemanalytikers und Programmierers hinausreichen. Die mathematischen Prüffunktionen sind oft um ein Vielfaches länger als das Programm. Aus diesem Grund wurde das Ganze eher in den Bereich der exotischen Wissenschaften abgedrängt, ohne daß DV-Manager und -Personal ihm viel Aufmerksamkeit schenkten. Zum anderen sind sie auf die meisten praxisbezogenen Programme nicht anwendbar, da diese zu komplex und unsystematisch sind. Sie entsprechen nicht der Mathematik.

Die heutigen Programmiersprachen erlauben jegliche Art von Konstruieren, die eine mathematische Überprüfung ausschließt. Ihre Konzeption ist nicht auf eine mathematische Überprüfung ausgelegt.

Der in diesem Kapitel beschriebene Zugang ist anders. Anstatt Adhoc-Programmierkonstruktionen anzuwenden, wird ausschließlich basierend auf mathematischen Axiomen und Richtigkeitsprüfungen konstruiert. Es wird eine Bibliothek mit nachweisbar korrekten *Operationen* erstellt. Mit diesen Operationen werden exakt definierte *Datentypen* mit Hilfe nachweisbar korrekter *Steuerstrukturen* manipuliert. Entsprechend dem Anwachsen der in der Bibliothek gespeicherten definierten Operationen und Daten können komplexe Syteme verknüpft werden. Wichtigstes Merkmal ist, daß die Mathematik dem typischen Benutzer verborgen bleibt, so daß die Methode leicht zu verwenden ist. Computer-Laien lernen schnell, unter Verwendung dieses grundlegenden Zugangs über die Systeme nachzudenken, die sie brauchen.

Bei diesem Ansatzpunkt werden die bestehenden Programmiersprachen zunächst ignoriert. Die verwendete Software erstellt jedoch automatisch einen Code, der in die herkömmlichen Sprachen wie FORTRAN, Pascal, COBOL und Ada umgewandelt werden kann.

Obwohl man allgemein der Auffassung war, daß mathematisch korrekte Software Zukunftsmusik sei, ist diese neue Technik, die aus der Arbeit von Margaret Hamilton und Saydean Zeldin entstand, sowohl leistungsstark als auch praktisch [21-27]. Die Technik wurde automatisiert, so daß fehlerfreie Systeme von Personen ohne Mathematik- oder Programmierkenntnisse erstellt werden können. Die Software erstellt automatisch einen logisch zuverlässigen Programmcode. Während mathematische Ansätze wie die von Dijkstra nur auf kleine Programme angewendet werden, wurde die Technik von Hamilton und Zeldin mit Erfolg für hochkomplexe Systeme eingesetzt. Darüber hinaus wird diese Technik nicht nur für das Programmdesign, sondern auch für die Systemspezifikation hoher Ebene verwendet. Das Design wird von der Anweisung für Systemfunktionen der höchsten Ebene bis hinunter zur automatischen Code-Erstellung erweitert.

Diese Methode ist so leistungsstark, daß sie als wichtige neue Technologie zur Systemerstellung angesehen werden muß, die in gewissem Sinn die frühen strukturierten Techniken überflüssig macht.

Konventionelle Fehlerbehebung unmöglich

Nachstehende Darstellung veranschaulicht die Probleme der konventionellen Fehlerbehebung:

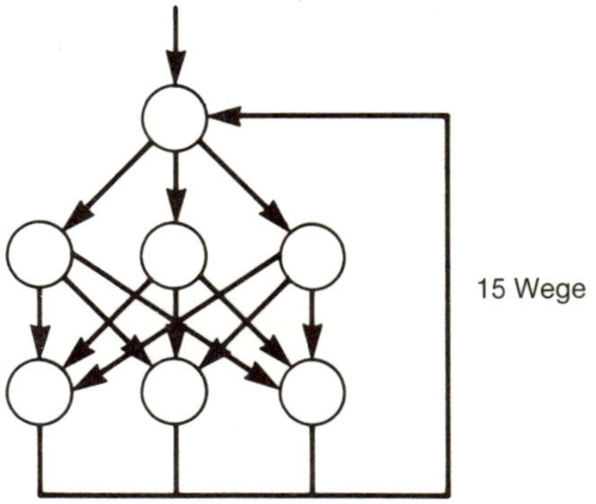

Durch diesen Modul gibt es 206 Billionen verschiedener Pfade. Könnte man jeden innerhalb einer Millisekunde testen, würde der gesamte Test 6000 Jahre dauern.

Ein Gesamttest ist gänzlich unmöglich. Es wurde deshalb eine Art Streß-Test durchgeführt, bei dem so viele unterschiedliche Pfade wie möglich getestet werden, in der Hoffnung, daß auch die nicht getesteten Pfade korrekt sind, wenn die getesteten korrekt sind.

Ziel des herkömmlich strukturierten Designs ist es deshalb, die Anzahl der zu testenden Pfade zu verringern. Dazu werden die Module klein (modularer Aufbau) und die Schnittstellen zwischen den Modulen einfach gehalten sowie die Steuerstrukturen auf leicht zu testende Strukturen begrenzt. Bei komplizierten Programmen gibt es aber noch immer zu viele Pfade für einen Gesamttest. Außerdem haben Programmänderungen, die unerläßlich sind, unabsehbare Folgen. Komplexe Programme bleiben ein Minenfeld, bei dem man niemals sicher sein kann, daß alle Minen entfernt wurden.

Für das mathematisch korrekte Design gilt ein anderer Zugang. Der Designer wird auf Konstruktionen festgelegt, die exakt überprüfbar sind. Mit Hierarchien solcher Konstruktionen lassen sich hochkomplexe Systeme erstellen, die logisch korrekt sind. Da man sich nicht darauf verlassen kann, daß menschliche Lebewesen alle Regeln befolgen, wird jeder Designabschnitt durch die Software bis ins kleinste Detail überprüft.

Higher-Order-Software

Die von Hamilton und Zeldin entwickelte Technik heißt *Higher-Order Software* (HOS, etwa Software höherer Ordnung). Die Software zur Implementierung von HOS kann von einer Firma gleichen Namens bezogen werden [28]. Die Software erzeugt den Programmcode automatisch, herkömmliche Programmierer werden dadurch überflüssig. Ein Systemanalytiker oder ein speziell geschulter Endbenutzer kann die von ihm benötigten Programme erstellen.

Diese Technik stellt eine neue Anschauungsweise von Systemen und Systemspezifikationen dar. Sie ist für jedes System einsetzbar – nicht nur für Software-, sondern auch für Hardware- oder Organisationssysteme.

HOS-Binärbäume

Bei der HOS-Methode werden Systeme mit Hilfe binärer Baumstrukturen dargestellt. Jeder Knoten eines binären Baumes hat keinen oder zwei untergeordnete Knoten. Der Knoten an der Spitze des Baumes heißt *Wurzel*. Knoten, die keine untergeordneten Knoten besitzen, heißen *Blätter*. Es folgen einige Beispiele für binäre Bäume:

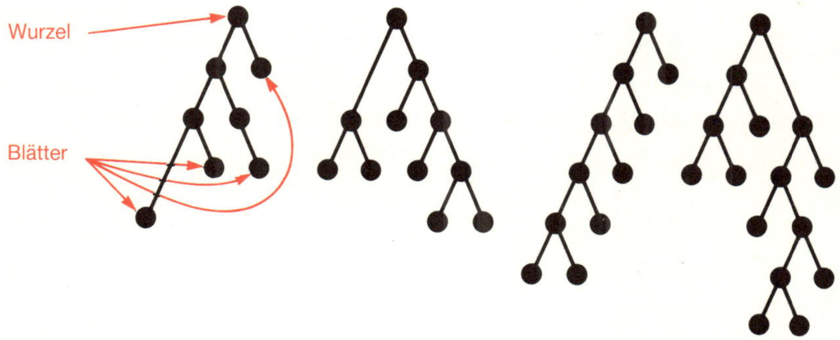

Baum mit sechs Ebenen:

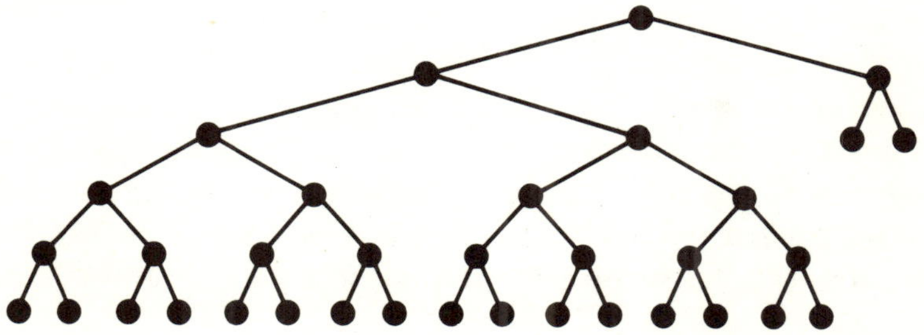

Nachfolgende Strukturen sind *keine* Bäume:

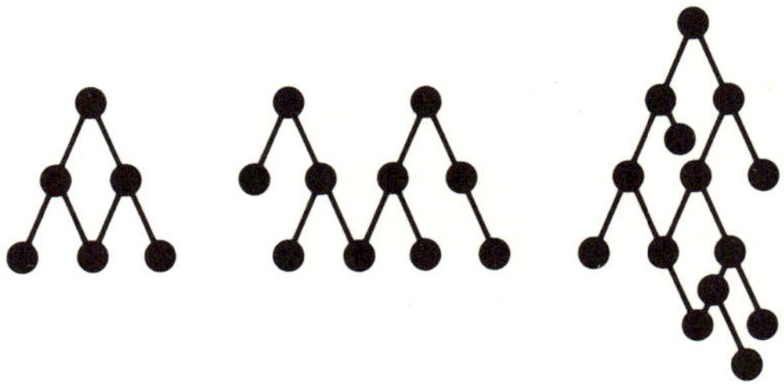

In den Diagrammen wird ein untergeordneter Knoten immer unter seinem übergeordneten Knoten gezeichnet. Ein Ast, der von oben in einen Knoten eintritt, heißt *eingehender* Ast. Ein Ast, der zu einem untergeordneten Knoten führt, heißt *abgehender* Ast.

Geht ein Ast von Knoten *A* ab und in Knoten *B* ein, so ist B der *Kindknoten* zu *A*. Knoten *A* ist der *Elternknoten* zu *B*.

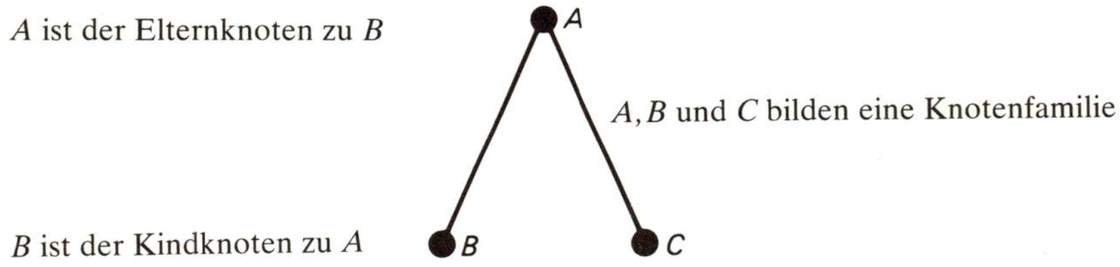

Der Knoten eines Baumes kann die Wurzel eines anderen Baumes sein – ein Baum im Baum. Ein Baum, der als Wurzel einen Zwischenknoten eines anderen Baumes hat, wird als *Unterbaum* bezeichnet.

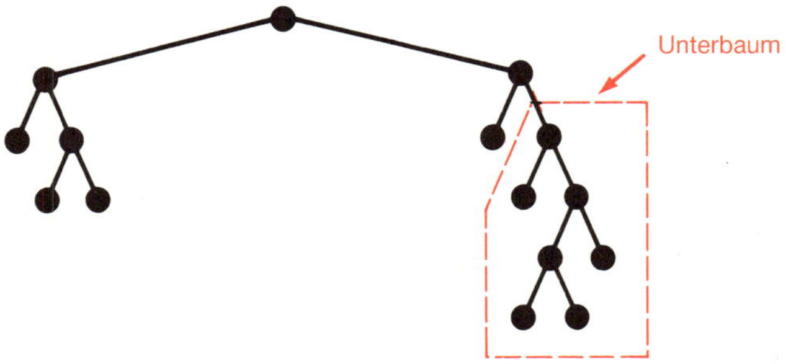

Funktionen

Jeder Knoten eines HOS-Binärbaumes steht für eine *Funktion*. Eine Funktion hat ein oder mehrere *Objekte* als Eingabe und ein oder mehrere *Objekte* als Ausgabe.

Ein Objekt kann ein Datenelement, eine Liste, eine Tabelle, ein Bericht, eine Datei oder eine Datenbank sein oder eine physische Einheit wie ein Schaltkreis, eine Rakete, ein in der Fertigungsplanung befindliches Teil, ein Zug, ein Geleise, Weichen usw.

Mathematischer Bezeichnung entsprechend steht das *Eingabe*objekt bzw. die Eingabeobjekte rechts von der Funktion, das *Ausgabe*objekt bzw. die Ausgabeobjekte links von der Funktion.

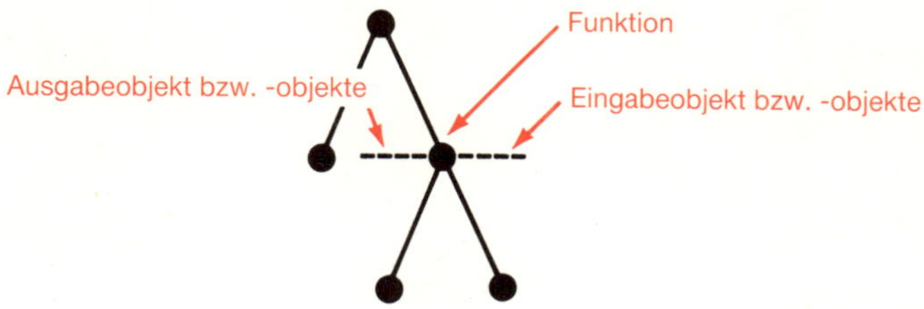

Die Funktion kann eine mathematische Funktion sein. Zum Beispiel:

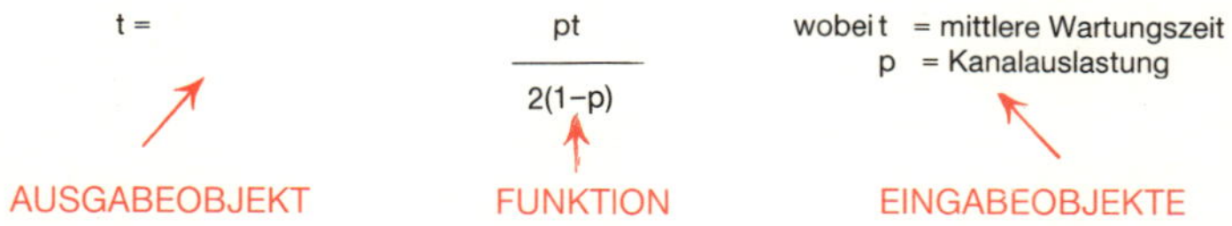

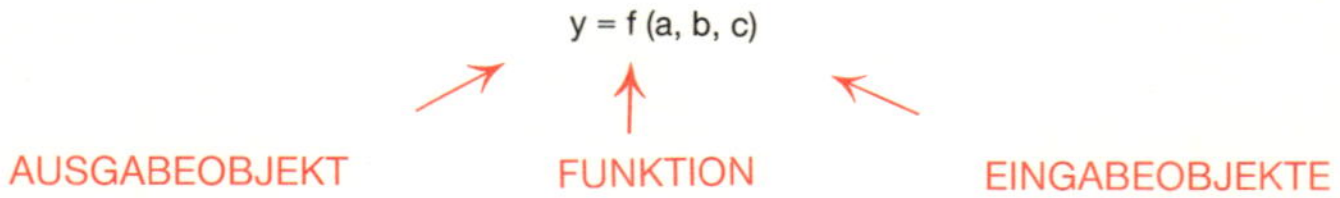

Die Funktion kann ein programmierter Algorithmus sein. Zum Beispiel:

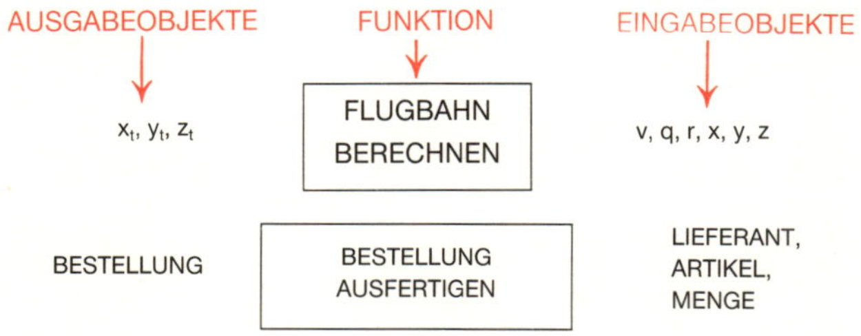

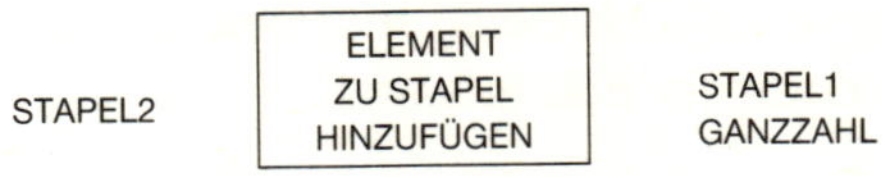

Die Funktion kann eine Anweisung einer nicht-verfahrensorientierten Sprache sein:

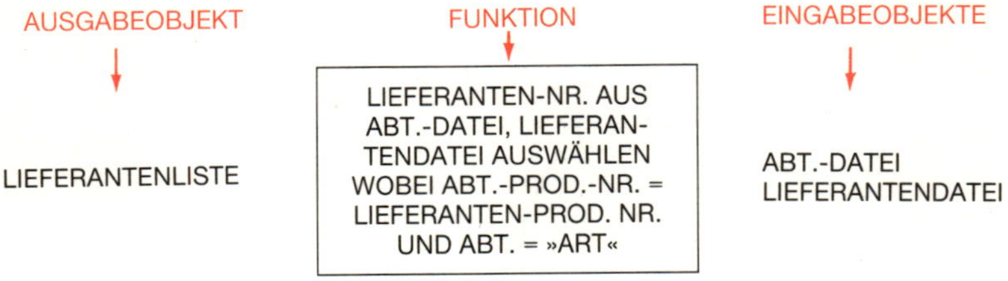

Die Funktion kann eine Programm- oder Subroutinenspezifikation sein. Zum Beispiel:

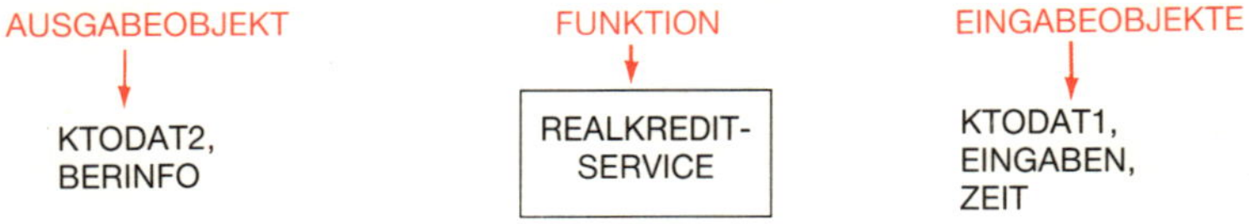

Die Funktion kann eine sehr allgemein gefaßte Anforderungsbeschreibung sein:

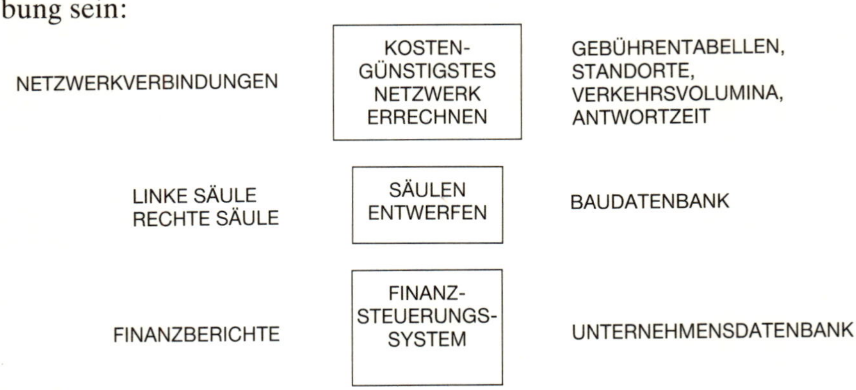

Mit der Bezeichnung lassen sich auch Operationen ausdrücken (und zerlegen), die nicht notwendigerweise mit Datenverarbeitung zu tun haben.

STUHL	STUHL HERSTELLEN	HOLZ 1, HOLZ 2, SCHRAUBEN
PEKINGENTE	ESSEN ZUBEREITEN	ZUTATEN, KÜCHENGERÄTE

In einigen Fällen kann das Ausgabeobjekt einer Funktion demselben Typ angehören wie das Eingabeobjekt. Der Wert des Objekts wird durch die Funktion verändert. Zum Beispiel:

Zeit2	UM EINE STUNDE VORSTELLEN	Zeit1

Zeit2 gehört demselben Datentyp an wie Zeit1, aber ihr Wert hat sich geändert.

Auto2	AUSSCHLACHTEN	Auto1

Auto2 gehört demselben Typ an wie Auto1, es ist aber eine andere Version.

STAPEL2	POP	STAPEL1

»POP« bewirkt bei einem Computerstapel das Entfernen des obersten Elements, so daß das nächste Element zum obersten Element wird. STAPEL2 ist eine Modifikation von STAPEL1.

Das Hinzufügen eines Elements zu einem Stapel erfolgt mit der Funktion PUSH. In der nachstehenden Darstellung wird eine Ganzzahl zu einem Stapel hinzugefügt.

STAPEL2	PUSH	STAPEL1, GANZZAHL

Die oberste Funktion eines Stapels wird mit der Funktion TOP dargestellt:

GANZZAHL	TOP	STAPEL1

In mathematischer Bezeichnung würde das wie folgt aussehen:

STAPEL2 = PUSH (Stapel1, Ganzzahl)
und GANZZAHL = TOP(STAPEL1)

Würde der letzte Befehl für einen leeren Stapel ausgegeben, wäre die Ausgabe ein REJECT-Wert (Zurückweisung).

In mathematischer Bezeichnung wird die Ausgabe einer Funktion manchmal als Eingabe für eine andere Funktion verwendet. So erhält man bei Angabe von PUSH (STAPEL, $GANZZAHL_1$) einen Stapel mit $GANZZAHL_1$ als oberstem Element. Wird daraufhin die Funktion TOP angewendet, so erhält man $GANZZAHL_1$.

Diese beiden Operationen können in einer Anweisung kombiniert werden:

GANZZAHL1 = TOP (PUSH(STAPEL, GANZZAHL1))

Es ist zu beachten, daß solche mathematischen Anweisungen von rechts nach links gelesen werden. Bei $y = f(x)$, beginnen wir mit x, dann wenden wir darauf Funktion f an, um y zu erhalten. Bei obigem Beispiel beginnen wir mit den Eingaben STAPEL und $GANZZAHL_1$, wenden dann auf diese Variablen die Funktion PUSH an, wenden dann auf das Ergebnis die Funktion TOP an und erhalten als Ausgabe $GANZZAHL_1$. Diese Form wird dazu benutzt, die Beziehung zwischen den Funktionen TOP, PUSH, und STACK zu beschreiben.

Von Anforderungsanweisungen zum detaillierten Programmdesign

Die HOS-Baumdiagramme (die »Steuerpläne« genannt werden) verdeutlichen, wie grobe Funktionen der vorstehend beschriebenen Art in Unterfunktionen aufgegliedert werden können. Die *Wurzel* des Baumes ist die Beschreibung, die den gröbsten Überblick gibt. In dem Baum, der sich aus dem endgültigen Design ergibt, stellen die Blätter Funktionen dar, die nicht weiter untergliedert werden müssen. Bei den Blättern kann es sich um elementare Funktionen, um bereits erstellte und in Bibliotheken gespeicherte Funktionen oder um Funktionen handeln, die aus einer externen Quelle geholt werden können.

Das Design kann von oben nach unten oder von unten nach oben erfolgen. Beim abwärts gerichteten Design wird der grobe Überblick sukzessive in immer detaillierte Funktionen aufgegliedert. Beim aufwärts gerichteten Design werden detaillierte Module zu Modulen höherer Ebenen zusammengefaßt, bis das Gesamtziel – das System – erreicht ist.

Bei vielen Verfahren werden Anforderungsbeschreibungen, Spezifikationen, Design höherer Ebenen und detailliertes Programmdesign mit unterschiedlichen (und im Normalfall inkompatiblen) Sprachen erstellt. Bei HOS kann dies alles mit einer Sprache erfolgen. Ein großer Vorzug dieses Verfahrens liegt darin, daß sich der Binärbaum, formal ausgedrückt, von groben Anforderungsbeschreibungen abwärts bis hin zum detaillierten Programmdesign verzweigt. Auf jeder Stufe wird die Struktur automatisch auf Fehler, Auslassungen und Inkonsequenzen geprüft. Aus dem resultierenden Baum wird automatisch der Anwendungscode erzeugt.

Drei elementare Steuerstrukturen

Im Gegensatz zu den meisten strukturierten Methoden ist bei HOS die Aufgliederung einer Funktion in Unterfunktionen (mit anderen Worten, die Beziehung zwischen einem Knoten und seinen beiden Kindknoten) mathematisch genau. Es ist diese formale Darstellung, die zu nachweislich korrektem Code führt.

Die Aufgliederung einer Funktion in ihre beiden Kindknoten erfolgt mit Hilfe einer *Steuerstruktur*. Es gibt *drei elementare Steuerstrukturen*. Sie heißen JOIN, INCLUDE und OR. Weitere Steuerstrukturen können durch Kombination dieser drei Strukturen definiert werden.

JOIN

Angenommen, eine höhere Funktion heißt HOCKER HERSTELLEN. Der Hocker soll aus zwei Holzarten hergestellt werden: SITZHOLZ und BEINHOLZ.

In der Mathematik besagt die Gleichung $y = f(x)$, daß y das Resultat ist, das sich durch Anwendung der Funktion f auf die Variable x ergibt. Entsprechend formulieren wir unsere Anforderung, einen Hocker herzustellen:

HOCKER = HOCKER HERSTELLEN (SITZHOLZ, BEINHOLZ)

Zur Herstellung eines Hockers sind zwei Operationen erforderlich. Es müssen der Sitz und die Beine gefertigt und anschließend diese Teile verbunden werden. Die Funktion HOCKER HERSTELLEN kann somit in die Unterfunktionen TEILE HERSTELLEN und TEILE VERBINDEN aufgegliedert werden. Die Funktion TEILE HERSTELLEN hat zwei Ausgabeobjekte: SITZ und BEINE. Diese Objekte sind die Eingabe für die Funktion TEILE VERBINDEN.

HOCKER = HOCKER HERSTELLEN (SITZHOLZ, BEINHOLZ)

ist also eine Verknüpfung der beiden folgenden Funktionen:

SITZ, BEINE = TEILE HERSTELLEN (SITZHOLZ, BEINHOLZ)
HOCKER = TEILE VERBINDEN (SITZ, BEINE)

In der Baumform stellen wir dies folgendermaßen dar:

Dies ist ein Beispiel für die Verwendung der Steuerstruktur JOIN. Ein Kindknoten hängt dabei vom anderen ab. Die Ausgabe der rechten Funktion (d.h. SITZ, BEINE) muß die Eingabe für die linke Funktion bilden.

Die Eingabe für die rechte Funktion ist mit der Eingabe für den Elternknoten identisch. Die Ausgabe der linken Funktion ist identisch mit der Ausgabe des Elternknoten. Der Effekt der Elternfunktion wird somit reproduziert.

Das Diagramm muß von rechts nach links gelesen werden. (SITZHOLZ, BEINHOLZ) ist die Eingabe für die TEILE HERSTELLEN, dessen Ergebnis SITZ, BEINE ist. Dieses ist die Eingabe für die Funktion TEILE VERBINDEN, die HOCKER ergibt. Die Daten treten in jede Funktion links ein und verlassen sie rechts.

(Mathematiker machen manches anders als normale Menschen. Der Baum wird von rechts nach links, nicht von links nach rechts gelesen, und er hat seine Wurzel oben und seine Blätter unten.)

INCLUDE Die Funktion TEILE HERSTELLEN kann in zwei Funktionen untergliedert werden: SITZ HERSTELLEN und BEINE HERSTELLEN. Der Sitz muß aus SITZHOLZ, die Beine aus BEINHOLZ hergestellt werden. Die beiden Unterfunktionen zu TEILE HERSTELLEN lauten somit

SITZ = SITZ HERSTELLEN (SITZHOLZ)
und BEINE = BEINE HERSTELLEN (BEINHOLZ)

Bei Verknüpfung dieser Unterfunktionen mittels einer INCLUDE-Steuerstruktur erhält man

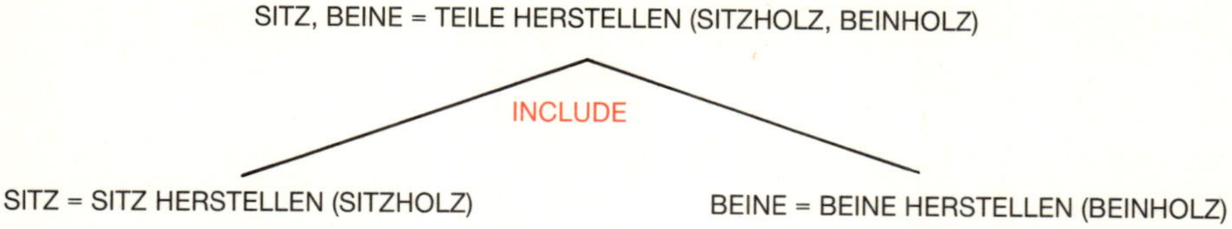

Bei dieser Steuerstruktur sind die beiden Kindknoten unabhängig voneinander. Sie können getrennt voneinander, ja sogar an unterschiedlichen Maschinen ausgeführt werden. Gemeinsam verwenden beide Kindknoten die Eingabedaten der Elternfunktion, und gemeinsam erzeugen sie die Ausgabedaten dieser Funktion.

OR

Wir wollen einmal annehmen, daß die Beine auf zwei Arten hergestellt werden können, entweder durch die Funktion DREHEN oder durch die Funktion SCHNITZEN. Daraus ergibt sich *entweder* BEINE = DREHEN (BEINHOLZ) *oder* BEINE = SCHNITZEN (BEINHOLZ). Um zu entscheiden, welche Wahl zu treffen ist, wird ein Boolescher Ausdruck eingeführt, der richtig oder falsch sein kann. Dazu wird die Steuerstruktur OR wie folgt verwendet:

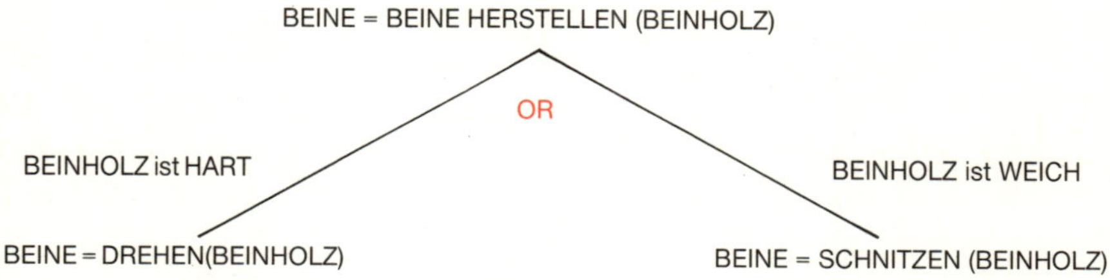

Bei dieser Steuerstruktur erzielt einer der beiden Kindknoten die Wirkung des Elternknoten, aber nicht beide. Die resultierende Ausgabe jedes Kindknotens ist mit der Ausgabe der Elternfunktion identisch (nämlich BEINE).

In Abbildung 9.2 werden die drei elementaren Steuerstrukturen zusammengefaßt.

Steuerpläne

Die drei Steuerstrukturen können zu dem in Abbildung 9.3 dargestellten Baum kombiniert werden. Baumdiagramme dieser Art werden auch Steuerpläne genannt.

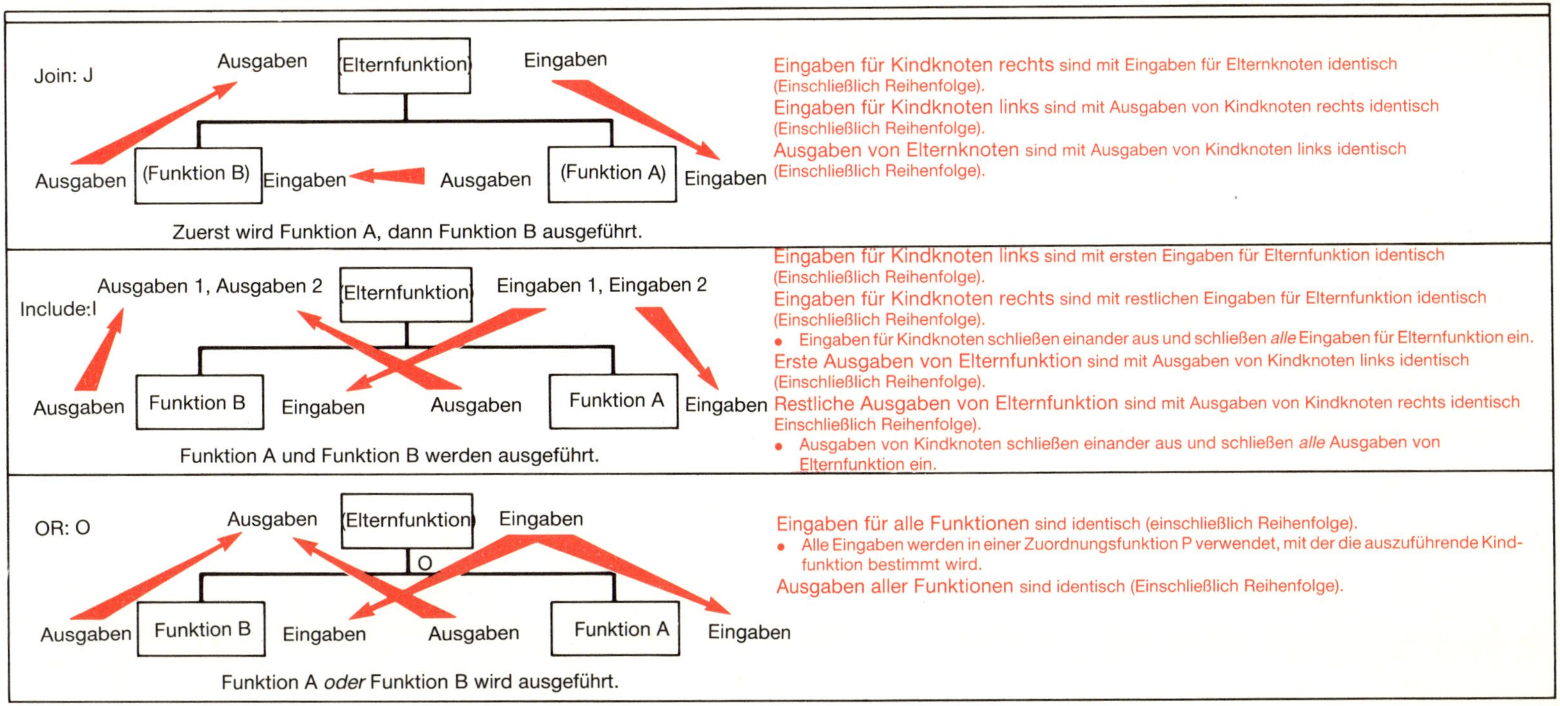

Abbildung 9.2 Die drei elementaren Steuerstrukturen.

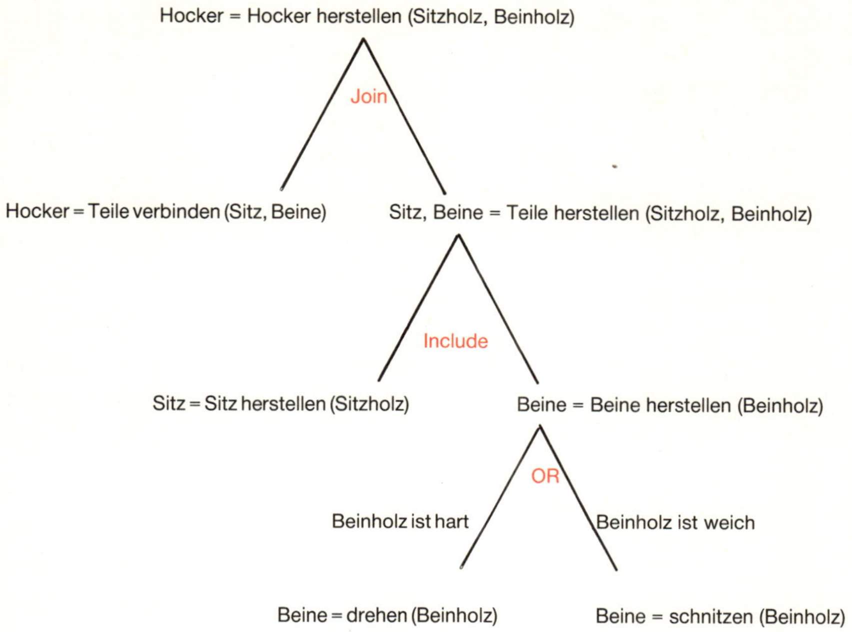

Abbildung 9.3 HOS-Baumstruktur mit den drei elementaren Steuerstrukturen JOIN, INCLUDE und OR. Weitere Steuerstrukturen lassen sich als Kombinationen dieser drei Strukturen definieren. Diagramme dieser Art werden Steuerpläne genannt.

Code-Erzeugung

Durch weiteres binäres Aufgliedern der Funktionen mit JOIN, INCLUDE und OR können Steuerstrukturen erzeugt werden, die mathematisch nachweislich korrekt sind [24].

Die funktionale Untergliederung wird so lange fortgesetzt, bis die Blätterknoten des Binärbaumes erreicht sind, bei denen es sich um bekanntermaßen korrekte *Grundelemente* handelt oder um *Subroutinen*, die selbst mit dieser Methode erstellt wurden. Das Design ist dann vollständig, wenn alle Teile des Baumes in solchen Blättern enden. *Aus dieser Endstruktur kann dann automatisch der Programmcode erzeugt werden.*

Jede Stufe des Designs kann automatisch auf Korrektheit geprüft werden.

Vier Arten von Blätterknoten

Die Knoten der Baumstrukturen stellen *Funktionen* dar. Die *Funktion* wird auch als *Operation* bezeichnet. Jede Funktion wird in Funktionen niedrigerer Ebene mit mehr Details untergliedert, ausgenommen die Funktionen des Baumes, die Blätterknoten darstellen.

Es gibt vier verschiedene Arten von Blätterknoten.

P: Elementare Operation

Hierbei handelt es sich um eine Operation, die nicht in weitere Operationen untergliedert werden kann. Sie ist durch mathematische Axiome genau definiert.

OP: Anderswo definierte Operation

Diese Operation wird in einem anderen Steuerplan weiter untergliedert, der Teil des aktuellen Designs oder in einer Bibliothek gespeichert sein kann.

R: Rekursive Operation

Hierbei handelt es sich um einen speziellen Knoten, mit dem sich Schleifen erzeugen lassen.

XO: Externe Operation

Diese Funktion ist ein externes Programm, das nicht mit der HOS-Methode erstellt wurde. Es kann sich um Herstellersoftware oder um bereits bestehende Benutzerprogramme handeln.

Der Hinweis erübrigt sich, daß die HOS-Software deren Richtigkeit nicht garantieren kann.

Wird keine HOS-fremde Software eingesetzt (externe Operationen), so wird jede Operation letztlich in *elementare Operationen* zerlegt, die mathematisch beschrieben sind.

Die wiederholte Verwendung vordefinierter Funktionen ist entscheidend. Ohne diese hätten die Binärstrukturen zu viele Knoten, als daß sie für ein Design durch den Menschen geeignet wären. Komplexe Programme erfordern die Erstellung von Bibliotheken mit Funktionen und definierten Operationen (z. B. Subroutinen). Dazu gehören ganz allgemeine Funktionen wie etwa vom Benutzer definierbare Steuerstrukturen für *Schleifen*, mathematische Operationen, komplizierte anwendungsunabhängige Funktionen wie etwa Datenbankoperationen und Berichtsgeneratoren sowie anwendungsspezifische Funktionen wie etwa Subroutinen für Auftragsrückstände.

Statisches und dynamisches Testen von Programmen

Es läßt sich zwischen statischem und dynamischem Testen von Programmen unterscheiden.

Dynamisches Testen ist bei allen Programmen erforderlich, die nicht mit einer exakten mathematischen Technik erstellt wurden (dazu zählen die meisten heute verwendeten Programme).

Jeder Ast und jede verwendbare Astkombination muß getestet werden. Wie bereits erörtert, gibt es normalerweise so viele Astkombinationen, daß man nicht sicher sein kann, daß alle getestet werden. Deshalb werden Streßtests durchgeführt; in der Praxis werden aber nicht alle Pfadkombinationen ausgeführt, so daß nicht alle möglichen Codefehler entdeckt werden. Komplexe Software ist berüchtigt für subtile Fehler, die enorm schwer aufzuspüren sein können. Die meisten großen Programme werden nie völlig fehlerfrei.

Statisches Testen besteht in der Prüfung, ob die Funktionen, Datentypen und Steuerstrukturen nach Regeln verwendet werden, die Korrektheit garantieren. Diese Prüfung kann von einem Computer mit absoluter Präzision durchgeführt werden. Ist diese statische Prüfung durchgeführt, erübrigt es sich, *alle* Steuerpfade auf dem Steuerplan durch die Hierarchie hindurch dynamisch zu prüfen. Es werden dann nur einige wenige Steuerpfade geprüft, um sicherzustellen, daß korrekte Ergebnisse erzielt werden.

Es bleibt aber noch zu prüfen, ob die Spezifikationen korrekt sind und den Anforderungen des Benutzers entsprechen und ob nichts vergessen wurde. Ist das vorstehende Beispiel eine vollständige Darstellung der Herstellung eines Hockers, oder wird außer Sitz und Beinen noch etwas anderes gebraucht? Die HOS-Methode macht den Aufwand für Streßtests und für das Auffinden mysteriöser Fehler in der Logik zum größten Teil überflüssig.

Das normalerweise durchgeführte dynamische Testen kann *nicht garantieren*, daß der Code fehlerfrei ist. Wenn man nach fliegenden Untertassen sucht und keine findet, besagt dies nicht, daß es keine gibt, besonders da man nicht weiß, wonach man eigentlich sucht!

Ausschmückungen

Wir haben nun die Grundstrukturen der HOS-Methode beschrieben. Eine mit dieser Methode erstellte Logik ist nachweislich korrekt. Es bedarf jedoch zahlreicher »Ausschmückungen«, um diese Technik anwendungsfreundlich und leistungsstark zu machen.

Es wurde nachgewiesen, daß ein Computer alle arithmetischen und logischen Operationen mit nur drei Instruktionen ausführen kann. Zur Programmierung eines solchen Computers wären jedoch Instrumente erforderlich, die das Programmieren erleichtern: Compiler, Makroinstruktionen, Bibliotheken mit Subroutinen, Berichtsgeneratoren usw. Dasselbe gilt für die HOS-Sprache. Nachdem wir jetzt ein festes Fundament besitzen, können wir aus den drei Grundelementen höhere Steuerstrukturen aufbauen. Wir können Bibliotheken mit definierten Operationen einrichten. Wir können Datenbankmodelle in die HOS-Schrift umsetzen. Wir können mit der HOS-Sprache Berichtsgeneratoren entwickeln, Datenflußdiagramme erstellen oder andere Problembestimmungssprachen in HOS-Ausdrücke umsetzen. Wir können einen Computer für die Implementierung der HOS-Konstruktionen spezifizieren, der die geringen Kosten höchstintegrierter Schaltkreise nutzt und mit mehreren Parallelprozessoren arbeitet.

Es ist möglich, aus den Grundelementen andere Steuerstrukturen aufzubauen. So stellt sich den HOS-Produktentwicklern langfristig die Frage: Welche Steuerstrukturen bringen den Benutzern den größten Nutzen?

Andere Steuerstrukturen lassen sich auf zwei Arten erstellen. Erstens können dies neue Grundelemente sein, die mit neuen Axiomen und nach mathematischen Regeln erstellt wurden, die ihre Korrektheit garantieren. Dies würde jedoch umfangreiche mathematische Kenntnisse voraussetzen und dürfte von HOS-Benutzern im allgemeinen kaum versucht werden.

Zweitens können Steuerstrukturen aus bestehenden Steuerstrukturen erzeugt und bei Bedarf aufgerufen werden. Auf diesem Weg kann ein Benutzer eigene Steuerstrukturen erstellen. Diese werden *definierte Strukturen* genannt.

Es gibt zwei Möglichkeiten, Leistungsstärke und Einsetzbarkeit des HOS-Instrumentariums zu erweitern. Meistens wird eine Bibliothek mit Operationen, z. B. eine Bibliothek mit Subroutinen und aufrufbaren Programmen erstellt. Fast jede HOS-Steuerkarte umfaßt Blöcke, die mit OP (anderswo definierte Operation) oder XO (externe Operation) gekennzeichnet sind. Der Benutzer erstellt ständig neue OP-Blöcke für Operationen, die er noch nicht im Detail oder bereits anderswo spezifiziert hat. Mit der Zeit entsteht so eine umfangreiche Bibliothek definierter Operationen.

Die zweite Möglichkeit, die Einsetzbarkeit des HOS-Instrumentariums zu erweitern, ist die Erstellung definierter Strukturen. Dies ist mit der *Erstellung einer eigenen Sprache* oder zumindest *eines eigenen Dialekts* in HOS vergleichbar. Einige Benutzergruppen verfügen bereits über Sprachen oder Sprachkonstruktionen, die sie verwenden wollen. Sie wollen möglicherweise Schleifen wie etwa DO-WHILE oder REPEAT-UNTIL verwenden. Vielleicht wollen sie auch mit Menüs arbeiten. Vielleicht wollen sie Datenbank-Aktionsdiagramme [29] entwerfen und diese in HOS umsetzen. Es gibt eine Vielzahl derartiger Konstruktionen, mit denen verschiedene Benutzer vertraut sind und die sie verwenden wollen, um die Systementwicklung mit HOS zu vereinfachen.

Ein wichtiger Aspekt der Zukunft von HOS ist die Erstellung höherer Konstruktionen und Sprachen für spezielle Zwecke auf der Grundlage von HOS. Im Gegensatz zu anderen Computersprachen würden sie über zwei wichtige Eigenschaften verfügen: erstens exakte Prüfung der resultierenden Steuerstrukturen, zweitens Möglichkeit der Aufgliederung der höheren Konstruktionen bis hinunter zu den Steuerplänen für die Erstellung detaillierter und oft komplexer Logik.

Durch den Aufbau anderer Konstruktionen mit HOS können wir Techniken entwickeln, die benutzerfreundlich sind oder mit Varianten bereits bekannter Methoden arbeiten. Dabei verstecken wir die ganze Mathematik unter der Oberfläche, wissen aber, daß sie dort zu unserem Schutz vorhanden ist.

HOS-Software

Diese Technik der Erstellung exakter Steuerstrukturen wäre für den manuellen Einsatz sehr mühsam. Ihre generelle Einsetzbarkeit hängt daher von der Automatisierung durch benutzerfreundliche Software ab.

Software für den Einsatz derartiger Techniken muß folgende Bestandteile aufweisen:

1. Eine Sprache, mit der Funktionen und deren Untergliederung in andere Funktionen dargestellt werden kann.
2. Eine interaktive Bildschirmeinrichtung zur Erstellung und Manipulation von Steuerplänen sowie Unterstützung des Benutzers bei der Fehlerkorrektur.
3. Eine Bibliothek mit Datentypen, Elementarfunktionen und bereits definierten Modulen.
4. Eine Analyseroutine, die automatisch prüft, ob alle Regeln befolgt wurden, die nachweislich korrekte Logik ergeben.
5. Ein Generator zum automatischen Erzeugen von Programmcode.

HOS-Software bietet diese Einrichtungen. Sie kann als ein Instrumentarium zur Systemspezifikation betrachtet werden, das im Gegensatz zu anderen derartigen Instrumenten die Logik der Spezifikation genau prüft. Sie ist jedoch sehr viel mehr, da sie den benötigten Code automatisch erzeugt.

Sie kann als Anwendungsgenerator betrachtet werden. Die meisten Generatoren können entweder Berichte oder Dateneingabe-Software oder Datenbankoperationen erstellen, aber nicht *jede* Art von Software.

Das HOS-System kann *jede* Anwendung erstellen und ist besonders für hochkomplexe Logik geeignet.

Der Schlüssel zur leichten Einsetzbarkeit der HOS-Methode ist ein interaktiver Grafikeditor. Die HOS-Baumstrukturen können dann am Bildschirm angezeigt und leicht und rasch manipuliert werden.

Der Designer kann dabei von oben nach unten vorgehen, wobei er hohe Funktionen untergliedert, oder von unten nach oben, wobei er niedrige Funktionen miteinander verknüpft. Das Design wird auf jeder Ebene auf Korrektheit geprüft. Zu jedem Knoten kann der Designer Kommentare anbringen. Wie ein Cutter kann er ganze Unterbäume herausschneiden und zur späteren Verwendung *aufhängen*.

Einem an einem niedrigen Knoten arbeitenden Designer kann auffallen, daß ein benötigter Datentyp in den Knoten der Baumspitze nicht enthalten ist. Er kann diesen Datentyp schnell hinzufügen und ihn in die höheren Knoten einarbeiten.

Der Grafikeditor ist in seiner Anwendung leicht und angenehm. Er verfügt über eine einfache, aber leistungsstarke Syntax. Die meisten Befehle werden über eine einzige Taste eingegeben. Ein Systemanalytiker kann in kurzer Zeit einen kompletten Funktionsbaum erstellen, wenn er die Anwendung gut genug versteht, und er kann ihn auf Korrektheit und Vollständigkeit prüfen. Ihm steht eine Bibliothek mit Datentypen, Grundelementen, bereits definierten Operationen und Steuerstrukturen zur Verfügung.

Die HOS-Software arbeitet mit mehreren unterschiedlichen Codegeneratoren, so daß sie Code in verschiedenen Sprachen zur Ausführung an verschiedenen Computern erzeugen kann.

Eine Möglichkeit, über Systeme nachzudenken

Die HOS-Methode des Systemdesigns wurde in den unterschiedlichsten Situationen eingesetzt. Sie bietet eine hervorragende Möglichkeit, über Axiome und Logik generell nachzudenken – nicht nur computerbezogen.

Diese Technik wurde sowohl für das Design von Hardware als auch von Software verwendet. Sie hat sich als sehr nützlich beim Design integrierter Schaltkreise und elektronischer Hardware [30] erwiesen. Eine Technik zur Erstellung nachweislich korrekten Designs ist bei den zukünftigen hochkomplexen Chips und Mikroplättchen mit ihren Millionen von Bauelementen unerläßlich.

Mit HOS wurde ein komplexes Radarsystem spezifiziert. Es wurde zur Spezifikation eines Teils des Satellitenkommunikationssystems NAVPAK verwendet. Mit seiner Booleschen Logik können elektronische Grundfunktionen wie NAND-und NOR-Schaltungen beschrieben werden. Diese elementaren Strukturen können dann zu komplexen Schaltkreisen verknüpft werden, die garantiert fehlerfrei sind. Die Funktionsweise derartiger Schaltkreise kann simuliert werden, bevor die Hardware gebaut wird.

Die Spezifikationsmethoden für Vorfeldsysteme wurden adaptiert, so daß sie in HOS-Steuerpläne umgesetzt werden können. Dies schafft ein exaktes semantisches Fundament für einen bereits etablierten Benutzerkreis und fördert die Automation der Bestellung von Programmen aus diesen Methoden, indem es eine bereits bestehende Syntax zu einer Syntax mit rechnerfähiger Semantik formalisiert.

Die Steuerpläne können zur Spezifikation eines logisch exakten Designs für Nicht-Computersysteme benutzt werden oder für Systeme, die Mensch und Maschine einschließen. Sie wurden in der Projektsteuerung und für die Zuordnung von Aufgaben, Ressourcen und Beziehungen verwendet. Sie kennzeichnen eindeutig sequentielle und parallele Aktivitäten. Sie wurden auch für das Design eines Systems mit mehreren Robotern in einem französischen Krankenhaus verwendet.

Diese Methode wurde in der Harvard Law School zum Studium der Gesetze und ihrer Beziehung zur Verfassung der USA vorgeschlagen. Komplizierte Rechtsbereiche, z. B. das Steuerrecht, ließen sich mit ihr transparenter machen und von Widersprüchen befreien. Durch Computerunterstützung für Gesetzgeber und Anwälte ließ sich die ständig zunehmende Kostenbelastung im Rechtswesen verringern.

Die Technik wurde für die Analyse der Programmiersprache Ada verwendet [31,32], wobei subtile Fehler in der Spezifikation entdeckt wurden. Eine solche Analyse ist nützlich beim Compiler-, Interpreter- und Implementierungsdesign, aber sie geht noch darüber hinaus. Sie liefert eine kontextfreie Grammatik (Syntax), die die Struktur von Ketten einer Computersprache aufzeigt und so die Zuordnung semantischer Werte zu den Ketten bestimmt. Damit ließe sich eine Sprachenspezifikation erzeugen, die völlig formal ist. Eine mit HOS erstellte Sprachenspezifikation ist völlig machinenunabhängig und logisch nachprüfbar. Mit HOS-Instrumenten ließe sich ein Compiler oder die Optimierung eines Compilers simulieren. Dies ist eine hervorragende Möglichkeit, neue Sprachen zu studieren und zu spezifizieren.

Die HOS-Technik wurde für das Design eines Mikroprozessors verwendet. Besonders interessant ist die Möglichkeit des Designs eines Computers, auf dem Programme, die mit dieser Methode erstellt wurden, laufen sollen. Es ist wünschenswert, daß die Computer der Zukunft im Mehrprozessorbetrieb arbeiten, bei dem zahlreiche Mikroprozessoren zu einer größeren Maschine zusammengefaßt sind. Derartige Mehrprozessorarchitekturen sind bereits entwickelt worden, es erwies sich jedoch als schwierig, die Programme so aufzugliedern, daß sie auf mehreren parallel arbeitenden Prozessoren laufen können. Mit HOS entworfene Programme können für den Parallelbetrieb aufgegliedert werden. Die INCLUDE-Konstruktion etwa verlangt, daß zwei voneinander unabhängige Aktivitäten ausgeführt werden. Ein großes System umfaßt viele INCLUDE-Konstruktionen, die Parallelverarbeitung gestatten.

Neue Maschinen benötigen neue Betriebssysteme. Bei den Betriebssystemen der Vergangenheit hatte man mit subtilen Fehlern zu kämpfen, die manchmal ungeheuer schwer zu finden waren. Scheinbar triviale Modifikationen von Betriebssystemen konnten Kettenreaktionen ungeahnter Probleme auslösen.

Die Fehlerkorrektur führt zu neuen Fehlern, so daß immer mehr Zeit darauf verwendet wird, diese sekundären Probleme zu beheben, anstatt die Struktur zu korrigieren, die den ursprünglichen Fehler verursachte. Nach seinen Erfahrungen mit der Entwicklung von OS 360 klagte Fred Brooks: »Die Wartung von Programmen ist ein Prozeß, der die Entropie vergrößert; sie kann selbst bei geschicktester Durchführung das Abgleiten des Systems in einen Zustand irreparabler Veralterung nur verzögern.« [33]. Wenn komplexe Systeme mit Techniken wie HOS entworfen werden, trifft dies nicht zu. Änderungen können vorgenommen werden, ohne Kettenreaktionen von Fehlern auszulösen. Garantiert logischer Code eliminiert die meisten Zeit-, Blockade- und anderen Probleme. Die Bibliothek mit den nachweislich korrekten Systemmodulen wird ständig größer. Komplexe Software kann endlich auf eine solide technische Disziplin gegründet werden.

Komplexe Software ohne diese Technik zu erstellen ist wie der Bau einer Brücke ohne statische Berechnung. Die frühen Brückenbauer verwendeten zur Sicherheit massive Konstruktionen. Dennoch stürzten ihre Brücken manchmal ein. Die riesigen Code-Mengen in den heutigen Betriebssystemen könnten durch viel kleinere, kompaktere und nachweislich korrekte Konstruktionen ersetzt werden.

Der Autor prüfte kürzlich eine Reihe hochkomplexer Systemspezifikationen, die mit herkömmlichen Techniken erstellt worden waren und später mit HOS überarbeitet wurden. Das exakte Tool deckte in den Originalspezifikationen (über hundert Mannjahre Arbeitsaufwand) Tausende von Fehlern, Auslassungen und Inkonsequenzen auf. Die meisten komplexen Spezifikationen sind ähnlich unzureichend. Es ist Zeit, daß stärker automatisierte und exaktere Tools für die Erstellung komplexer Spezifikationen verwendet werden.

10 Die Auswirkungen computerunterstützten Softwaredesigns

Die Revolution

Techniken, wie sie in Kapitel 9 beschrieben wurden, kündigen eine tiefgreifende Revolution in der Datenverarbeitung an. Sie sind der Revolution im technischen Design, im Chip-Design usw. vergleichbar, die durch CAD (Computer Aided Design) ausgelöst wurde. Wir *müssen* CAD auch für die Softwareerstellung verwenden. Diese Revolution hat zwei Aspekte: erstens ihre Auswirkungen auf Kodierung und Fehlerbeseitigung, zweitens – und dies ist vielleicht wichtiger – ihre Auswirkungen auf die Spezifikation von Systemen.

Auswirkungen auf das Programmieren

Es wird keine Ad-hoc-Kodierung, die so anfällig für die Schwächen des menschlichen Kodierers ist, mehr geben. In diese Richtung *muß* die Computertechnik fortschreiten. Die Programmkodierung, wie wir sie heute kennen, *muß* verschwinden. Sie ist zu fehleranfällig, zu teuer, und schafft Ergebnisse, die zu schwer zu modifizieren sind. In jeder normalen Programmierabteilung ist der Ausspruch: »Es hätte wirklich nicht schlimmer kommen können«, zu einer regelrechten Gesetzmäßigkeit geworden. Das Programmieren ist eine unmenschliche Forderung an den Menschen, weil es von ihm verlangt, über seine Fähigkeiten hinausgehende Leistungen zu erbringen – nämlich perfekte, komplizierte und komplexe Logik zu erstellen, die leicht verständlich und modifizierbar ist. Das ist jedoch eine Aufgabe für Computer und nicht für Menschen.

Unser Gehirn kann komplexe Logik und komplizierte Details nicht fehlerlos verarbeiten. Wir brauchen eine enge Partnerschaft zwischen unserem kreativen Gehirn und einer elektronischen Maschine, die die gewaltige Fülle von Details präzise verarbeitet.

Mit Ad-hoc-Methoden erstellte, komplexe Software besitzt eine erstaunliche Vielzahl von Pfadkombinationen, die getestet werden müssen. In der Praxis können sie aber unmöglich alle gründlich überprüft werden. Versucht wird es mit Streßtests, bei denen das System mit einer großen Menge von Testfällen »überschwemmt« wird. Bei Streßtests ist es unter Umständen schwierig, einen auftretenden Fehler zu erkennen oder zu lokalisieren, und da können viele Fehler auf Pfaden lauern, die von dem Streßtest zufällig nicht erfaßt werden.

Deswegen sind die meisten großen Systeme niemals völlig fehlerfrei. Gelegentlich tun sie rätselhafte Dinge. Darum werden sie Test höherer Ebene unterzogen, so daß keine Banktransaktionen verlorengehen oder folgenschwere Fehler auftreten. Die meisten weniger schwerwiegenden Fehler können erkannt und beseitigt werden, wenn sie auftreten. Zu mancher Software gibt es lange Listen mit Fehlern, die zwar erkannt aber noch nicht gefunden wurden. Viele andere wurden wahrscheinlich noch gar nicht erkannt.

Als dieser Bericht geschrieben wurde, meldete die *MIS Week* in einer Schlagzeile, daß in einem bestimmten System nur noch 30 Fehler vorhanden waren [1]. Man könnte nun fragen: »Woher will man das wissen?« Wenn das System noch 30 nicht auffindbare Fehler hat, sind vermutlich noch weit mehr darin verborgen. In einer späteren Ausgabe berichtete diese Publikation, daß bei dem gleichen System von 900 Fehlern 600 behoben werden konnten.

Eines der eher merkwürdigen Phänomene unseres Computerzeitalters ist, daß die acht größten Wirtschaftsprüfungsunternehmen hohe Summen für die »Bestätigung« bestimmter Programme berechnen, obwohl es keine Sicherheit geben kann, daß diese Programme richtig laufen. Wären sie mit HOS-ähnlichen Instrumenten erstellt worden, hätten sie bedenkenlos bestätigt werden können.

Bei der Entwicklung komplexer Systeme einschließlich solcher mit vielen Schleifen, werden unter Verwendung von HOS-Instrumenten alle möglichen Pfade aus mathematisch bewiesenen Grundelementen aufgebaut. *Es gibt keine unbekannten Pfade.*

Bei allen Programmen, die nicht mit exakten, mathematischen Techniken erstellt wurden (der Großteil der heute existierenden Programmme gehört zu dieser Gruppe), müssen dynamische Tests durchgeführt werden. Jeder Zweig und jede nutzbare Zweigkombination müßten getestet werden, wenn dies möglich wäre. Bei Codegeneratoren werden die meisten Fehler durch eine *statische* Prüfung entdeckt, manche auch durch Tests spezifischer Fälle, die das Hervorbringen korrekter Ergebnisse sicherstellen sollen.

Auswirkungen auf die Spezifikationen

Eine Verbesserung der Programmmiertechniken (selbst eine gewaltige Verbesserung) ist allein nicht ausreichend. Das größte Problem beim Programmieren sind meistens unzureichende Spezifikationen. Die in Kapitel 9 beschriebene Technik ist eine Art Spezifikationssprache. Spezifikationen werden mit Hilfe eines Grafik-Tools erstellt, das ihre Inkonsequenzen und Fehler aufdeckt. Sind die Spezifikationsbeschreibungen unzureichend, (und dies sind sie am Anfang alle), so werden sie so lange berichtigt und in weitere Details aufgegliedert, bis aus ihnen ein nachweislich korrekter Code erzeugt werden kann.

Programmierer wollen unbedingt etwas kodieren, und Manager haben das beruhigende Gefühl, daß etwas getan wird, wenn ein Code produziert wird. Es ist jedoch letztlich sehr teuer, den Code ohne exakte Spezifikationen zu produzieren. Der Code muß geändert werden, und die Kosten dieser Änderung sind gewöhnlich wesentlich höher als die Kosten der eingentlichen Erstellung.

Ein Grundsatz der strukturierten Analyse ist, daß bei den Vorfeldspezifikationen mehr Aufwand betrieben werden sollte, um später bei der teuren Codeänderung und -wartung Zeit zu sparen. Das Problem bei den meisten strukturierten Analysetechniken liegt jedoch darin, daß sie nicht konsistent sind.

Auch bei diesen Techniken werden die meisten Fehler im erstellten Code immer noch durch ungenaue Spezifikationen verursacht. Die in Kapitel 9 beschriebene Methode erzwingt exakte, fehlerfreie Spezifikationen.

Der Mensch braucht benutzerfreundliche, nicht verfahrensorientierte Techniken, mit denen er dem Computer seine Wünsche mitteilen kann. Da seine Anforderungsbeschreibungen meistens nicht rechnerfähig sind, muß der Computer dem Benutzer dabei helfen, sie Schritt für Schritt zu verfeinern, bis sie *rechnerfähig sind.*

Mit fortschreitender Automation der Programmierung können die vorherrschenden Spezifikationssprachen anders gestaltet werden als die in Kapitel 9 beschriebenen, doch müssen sie fähig sein, *die Ergebnisse groben menschlichen Nachdenkens über Anforderungen in eine rechnerfähige Form umzusetzen und diese schrittweise zu verfeinern, bis die benötigten Ressourcen automatisch zugeordnet und ein korrekter Maschinencode erzeugt werden kann.*

Was bedeutet »nachweislich korrekt«?

Was meinen wir eigentlich, wenn wir von »nachweislich korrekten« Programmen oder Spezifikationen sprechen?

»Nachweislich korrekter Code« bedeutet nicht, daß das Programm unbedingt fehlerfrei ist. Wir können den Computer immer noch unsinnige Dinge tun lassen. Wenn wir ein Programm zur Wettervorhersage erstellen, das auf den Mondphasen und auf dem Verhalten von Murmeltieren basiert, nützt auch keine Mathematik. »Nachweislich korrekter Code« wird die Prognosen meines Börsenmaklers nicht verbessern.

Allerdings wird die Mehrzahl der Fehler in heutigen Programmen durch die Mechanik des Programmierens, wie inkonsistente Daten, Folgefehler usw., hervorgerufen. Derartige Mängel können behoben werden. Wir können eine Maschine schaffen, bei der die Zahnräder und Hebel korrekt ineinandergreifen.

Die Mathematik kann keine Fehler im *Konzept* eines Programms ausschließen. Mit jeder Methode läßt sich korrekter Code für unsinnige Operationen erstellen. In alten Märchen erfüllt ein magischer Gegenstand, wie Aladins Wunderlampe, die Wünsche seines Besitzers, prüft aber nicht, ob die Erfüllung eines Wunsches für den Besitzer auch wirklich gut ist. Diese Märchen sind uns eine philosophische Warnung, nicht das Falsche zu wünschen.

Nicht aus philosophischen Gründen, sondern aufgrund unserer Fahrlässigkeit können wir Spezifikationstools die falschen Befehle geben. Das ist eine neue Version der Regel *Unsinnige Eingabe – Unsinnige Ausgabe*. Schlecht konzipierte oder falsch beschriebene Anforderungen führen zu korrektem Code für die Ausführung dieser falschen Anforderungen. Es ist durchaus möglich, einen korrekten Steuerplan in HOS für die Lösung des falschen Problems zu erstellen. Die Software prüft zwar, ob der Steuerplan nach mathematischen Regeln korrekt ist, aber das Ergebnis ist falsch, da das falsche Problem gelöst wurde.

Syntax und Semantik

Bei Sprachen kann zwischen Syntax und Semantik unterschieden werden. *Syntax* bezieht sich darauf, *wie* etwas gesagt wird. Semantik bezieht sich darauf, *was* gesagt wird.

Das *Oxford English Dictionary* definiert *Syntax* als »Satzkonstruktion; die grammatische Anordnung von Wörtern (in einer Sprache); Regelwerk, das diese Anordnung bestimmt.« Es definiert *Semantik* als »Bedeutungsinhalte in einer Sprache betreffend«.

Die meisten Compiler und Interpreter prüfen auf *Syntax*fehler – Orthographiefehler, Befehle ohne die erforderlichen Variablen, fehlende ENDE-Anweisungen und so weiter. Sie können nicht die *Bedeutungsinhalte* der Sprache prüfen. Höher entwickelte Sprachen als die Programmiersprachen können teilweise prüfen, *was* gesagt wird, und nicht nur *wie* es gesagt wird. Die HOS-Software prüft, soweit sie kann, *was* gesagt wird. Entsprechen die Operationen und Datenreferenzen den Grundaxiomen? Unsinnige Eingabe – Unsinnige Ausgabe kann vorkommen, doch wird interne Logik darauf geprüft, was sie tut. Diese Art von interner Semantikprüfung stellt einen wesentlichen Fortschritt in Richtung auf eine automatisierte Designprüfung dar.

Die Erstellung von Spezifikationen in einer von der jeweiligen Technologie unabhängigen Form ist wünschenswert, da sich Maschinen und Software verändern. Dazu ist eine festgelegte Semantik erforderlich. Diese Semantik kann in verschiedenen Syntaxformen wie z. B. COBOL, FORTRAN, Ada, und so weiter ausgedrückt werden. Auf die alten Methoden trifft das Gegenteil zu. Die Sprachen haben eine festgelegte Syntax, aber eine unkontrollierte Semantik. Spezifikationssprachen besitzen eine kontrollierte Semantik, die in eine Vielzahl von Syntaxformen umgesetzt werden kann.

Interne und externe Semantik

Man könnte zwischen interner und externer Semantik unterscheiden. *Interne Semantik* bezieht sich darauf, ob das Gesagte den in den Grundaxiomen aufgestellten Regeln entspricht. *Externe Semantik* bezieht sich darauf, ob das System das richtige Problem löst.Techniken zum Nachweis der Richtigkeit eines Programms können die interne Semantik prüfen und im allgemeinen nicht die externe Semantik.

Man könnte einem Science-fiction-Roboter den Auftrag geben: »Bring mir einen Blartini mit Schuß.« Er wird uns dann auf einen *Syntax*fehler hinweisen und fragen, ob das Wort »Blartini« »Martini« heißen sollte. Wenn wir ihm sagen, er soll einen trockenen Martini mit Seven-up bringen, wird er uns auf einen *Semantik*fehler hinweisen. Unser Auftrag verstößt gegen ein Grundaxiom der Martinizubereitung.

Wenn wir einen Wodka-Martini wünschen und ihm nur sagen: »Bring mir einen trockenen Martini mit Schuß«, bringt er vielleicht einen Gin-Martini. In diesem Fall liegt ein *externer Semantik*fehler vor, den die Software nicht erkannt hat.

Wir könnten nun sagen, der Roboter hätte eigentlich erkennen müssen, daß unsere Spezifikationen unvollständig waren. Er hätte wissen müssen, daß es zwei Martiniarten gibt, und fragen sollen: »Wodka oder Gin?« Es gibt noch andere Optionen. Er könnte fragen: »Mit oder ohne Eis?«

Aber wo soll er aufhören? Er könnte fragen: »Gordon's, Juniper, Beefeater, Boodles, Tanqueray, Bombay, Schenley, Skol, London, Mr. Boston, Burnett's, Crystal Palace, Seagram's, Calvert, Booth's, Fleischmann's, S.S. Pierce, Five O'clock, Gilbey's,...«, bis wir die Geduld verlieren und sagen: »Jetzt hol doch schon das verflixte Zeug.«

Rechnerfähige Spezifikationen müssen sehr detailliert sein oder aber *Standardoptionen* besitzen. Standardoptionen werden in den einfachereren, nicht verfahrensorientierten Sprachen wie zum Beispiel Berichtsgeneratoren häufig verwendet. Sie sind aber auch anderswo nützlich. Wir möchten ja gerne, daß die Software möglichst ihre eigene Intelligenz benutzt, um unsere Anforderungen zu verstehen und die Details einzufügen, damit wir Arbeit sparen und keine Fehler in den Spezifikationen beseitigen müssen.

Eine Möglichkeit, über Systeme nachzudenken

Spezifikationssprachen und Grafik-Tools bieten *die Möglichkeit, über Systeme nachzudenken,* was zu präziseren Spezifikationen und präziserem Design führt. Auf ihren unterschiedlichen Ebenen sollten sie sowohl für den qualifizierten Endbenutzer als auch für den Computerspezialisten verständlich sein. Sie sollten die Möglichkeit bieten, eine Brücke über den Abgrund zwischen diesen unterschiedlichen Gruppen zu schlagen.

Das Konzept der Rechnungslegung oder der doppelten Buchführung kann in HOS- oder anderen Spezifikationsdiagrammen dargestellt werden. Die Vorstellungen der Planung von Unternehmensressourcen, der Fertigungsplanung, oder der Projektsteuerung können in Form solcher Diagramme aufgezeichnet werden. Komplexe technische Operationen, Roboterfunktionen oder der Zugverkehr auf einer Eisenbahnstrecke können mit solchen Diagrammen dargestellt werden. Andere Diagrammarten, die die menschliche Kommunikation unterstützen, sind ebenfalls wünschenswert, doch müßten sie, wenn sie zur Grundlage von Systemspezifikationen werden sollen, so exakt sein, daß sie in eine Form umgewandelt werden können, aus der ein korrekter Code erzeugt werden kann.

Normen

Der Autor stand vor kurzem mit einem Normenausschuß in Verbindung, der sich mit den rasch zunehmenden Normen für Datennetze befaßte. Dieser Ausschuß erstellte ein mehrere hundert Seiten umfassendes Dokument, in dem sehr detailliert ein Normentwurf spezifiziert wurde. Zielsetzung des Entwurfs war, die »Kompatibilität zwischen Maschinen unterschiedlicher Hersteller sicherzustellen.« Dazu enthielt er Spezifikationen, »die gemeinsame

Schnittstellen und Protokolle festlegen«. Wie alle diese Normen war auch diese nicht nachweislich korrekt oder gar nachweislich rechnerfähig. Neben anderen Notation enthielt sie Zustandsdiagramme, die leicht in die korrekte HOS-Notation umgesetzt werden könnten. Nachdem sie in dieser Schreibweise vorlägen, könnten sie mit dem Grafik-Editor manipuliert werden. Außerdem könnte der Code automatisch erzeugt und getestet werden. Alle Ausschüsse für Computernormen sollten ihre Schreibweise auf nachweislich korrekte Formen umstellen.

Nachdem wir nun wissen, daß zukünftige Normen, zukünftige Netzwerkschnittstellen, zukünftige Betriebssysteme, zukünftige Datenbankverwaltungssysteme, usw., möglich sind, sollte alles mit einem exakten, nachweislich korrekten Design erstellt werden, das dazu beiträgt, Redundanzen auszuschließen und absolut korrekte Schnittstellen zwischen den Modulen zu erzwingen.

Software jeder Art sollte einen Hinweis tragen, der besagt, ob sie auf einer exakten, mathematischen Grundlage erstellt wurde.

Prüfen und Testen

Zwischen *Prüfen* und *Testen* kann unterschieden werden. Mit Prüfen meinen wir die Untersuchung der Spezifikationen eines Systems auf logische Vollständigkeit und Stimmigkeit und auf die Beachtung exakter Regeln. Mit Testen meinen wir die Prüfung auf Korrektheit durch den Nachweis, daß das System wunschgemäß arbeitet. *Prüfen* erfolgt automatisch und statisch durch Code-erzeugende Software. Testen erfolgt durch Untersuchung konkreter Fälle im Verhalten des Zielsystems. Das System muß Testfälle bearbeiten, damit sichergestellt werden kann, ob die Algorithmen die vom Designer beabsichtigten Ergebnisse liefern.

Bei der konventionellen Systementwicklung müssen nahezu alle Tests nach der Programmierung durchgeführt werden.Das ist teuer, und die Korrektur der Fehler, die in diesem späten Stadium gefunden wurden, ist noch teurer. Abbildung 5.2 zeigte, daß die Korrektur früh erkannter Fehler um ein bis zwei Größenordnungen billiger ist. Mit den besten, neuen Sprachen können die meisten Fehler früh erkannt werden. Die Software analysiert die höheren Spezifikationen, die dann bei der schrittweisen Aufgliederung in Details jeweils erneut reanalysiert werden können. Darüber hinaus führt der Designer entsprechend dem Fortschritt seiner Arbeit Testfälle an Modulen durch.

Prüfungen sollten in jedem Stadium des Designprozesses stattfinden. Hamilton und Zeldin drücken dies folgendermaßen aus: *Design* bedeutet Denken. *Prüfen* bedeutet Überdenken. Zu jedem Designschritt sollte es einen entsprechenden Prüfschritt geben. Manchmal sind Designprozeß und Prüfprozeß identisch. Dies trifft dann zu, wenn gewisse Designcharakteristika zur Verhinderung unnötiger Prüfungen mit eingebaut werden. In diesem Fall erübrigen sich aufgrund des Designs manche Prüfanforderungen im System [2].

Um automatisch prüfen zu können, muß das Design in eine rechnerfähige Form umgesetzt werden. Eine exakte Prüfung sollte bei jedem Schritt des Designprozesses durchgeführt werden.

Die Vertrauenswürdigkeit der Module erhöhen

Geprüfte und getestete Module werden in der Systembibliothek gespeichert. Sie gelten dann als einwandfrei und müssen nicht erneut geprüft werden. Sie werden also *nur einmal* geprüft. Unter Umständen werden sie nochmals getestet, wenn sie in neu definierten Systemen eingesetzt werden.

Die Bibliothek mit den geprüften Modulen wächst, und diese Module können zu größeren Modulen verknüpft werden. Jedes neue Design sollte möglichst viele dieser Bibliothekmodule verwenden. Dies verringert den Prüf- und Testaufwand.

Systeme können folglich mit Techniken definiert werden, bei denen sich bestimmte Prüfungen erübrigen. Werden Techniken durchgesetzt, die Daten- und Folgefehler ausschließen, so besteht keine Notwendigkeit, nach diesen Fehlern zu suchen. Wenn ein Computer als Teil eines Systems verwendet wird, so prüft man nicht seine interne Verdrahtung. Man geht davon aus, daß sie richtig ist. Ebenso sollten wir möglichst vielen Softwaremodulen trauen können und sie zu größeren, vertrauenswürdigen Modulen verknüpfen. Das Wachstum und der maximale Gebrauch von Bibliotheken mit geprüften Modulen spielen also bei der Verringerung von Testzeit und -kosten eine wichtige Rolle.

Produktivitätssteigerung

Die ersten Erfahrungen mit HOS-Tools zeigen, daß erhebliche Produktivitätssteigerungen in der Anwendungsentwicklung erreicht werden. Dafür gibt es verschiedene Gründe:

1. Es gibt keine Programmkodierung; der Code wird automatisch erzeugt.
2. Sehr zeitraubende, dynamische Tests und Fehlerkorrekturen entfallen weitgehend.
3. Wird ein Fehler korrigiert oder eine Änderung vorgenommen, so werden die Auswirkungen auf andere Systemteile *exakt* erkannt und sofort mit dem Grafik-Editor manipuliert.
4. Die Steuerpläne sind trotz ihrer Größe und Komplexität hochmodular und lassen sich schnell und problemlos mit dem Grafik-Editor manipulieren.

5. *Definierte Operationen* und *definierte Strukturen* werden erstellt, die eine umfassende Makrosprache für spezifische Anwendungsbereiche und Systemgesichtspunkte bilden.
6. Frühzeitiges Feedback trägt zur Konsistenz und Vollständigkeit der Systemspezifikationen bei.
7. Die Bibliothek schließt Schnittstellenprobleme zwischen getrennt erstellten Systemmodulen weitgehend aus.
8. Die Bibliothek fördert die maximale, wiederholte Verwendung von Code-Modulen und die minimale Erstellung von redundantem Code.

Mittlerweile werden viele nicht verfahrensorientierte Sprachen und Codegeneratoren verwendet. Bei den guten ist normalerweise eine Produktivitätssteigerung um eine Größenordnung zu beobachten [3]. Die meisten Generatoren erstellen relativ einfache Anwendungen. Einige können sogar äußerst komplexe Logik erstellen und eine Vielzahl von getrennt entwickelten Bibliothekmodulen korrekt miteinander verknüpfen.

Kosteneinsparungen Abbildung 10.1 zeigt eine typische Aufstellung der Kosten eines großen Systemprojekts mit klassischem Entwicklungszyklus. Bei Verwendung von Codegeneratoren entfallen die Programmierkosten ganz und die Testkosten weitgehend.

Prozentuale Kosten

	Entwicklungsaufwand	Fehler finden und beseitigen	Gesamt
Entwicklung			
Spezifikation und Design	5	5	10
Programmierung	5		5
Prüfen und Testen		10	10
Gesamt	10	15	25
Wartung			
Verbleibende Fehler		7.5	7.5
Spezifikation und Design	13.5	13.5	27
Programmierung	13.5		13.5
Prüfen und Testen		27	27
Gesamt	27	48	75
Gesamtkosten	37	63	100

Abbildung 10.1 Kosten beim klassischen Entwicklungszyklus (aus Lit. 4).

Der Wartungsaufwand ist geringer, da das ursprüngliche System gründlich spezifiziert wurde. Die Wartung kann wesentlich leichter und schneller durchgeführt werden.

Erheblich mehr Sorgfalt muß auf das Spezifikationsstadium verwendet werden. Man könnte meinen, daß die Spezifikation mehr Zeit beanspruchen wird, weil sie gründlich sein muß. Dies ist nicht der Fall. Bei den ersten Beispielen für die Verwendung von HOS-Tools wie auch bei anderen Formen des computerunterstützten Designs, wurden die Spezifikations- und Designkosten durch die abwärts gerichtete Kommunikation mit dem Tool durch die Schnelligkeit des Grafik-Editors und durch die automatische Erkennung von Fehlern, Folgewidrigkeiten und Unvollständigkeiten im Gegenteil auf die Hälfte reduziert. Ein mit unpräzisen Methoden arbeitendes Komitee braucht viel mehr Zeit als eine kleine Gruppe, die präzise, leistungsstarke Methoden einsetzt.

Auswirkungen des Programmumfangs

Bei großen Programmen wird eine geringere Programmiererproduktivität erreicht als bei kleinen Programmen. Abbildung 10.2 zeigt eine typische Aufteilung. Bei sehr großen Programmen beträgt die Produktivität fast ein Zehntel der bei kleinen Programmen erreichten Produktivität [5].

Es gibt mehrere Gründe, warum die Produktivität bei großen Programmen schlechter ist als bei kleinen. Erstens ist das Programmiererteam größer. Dies erfordert mehr formales Zusammenwirken der Beteiligten und bietet mehr Raum für Fehlkommunikation. Die Festkosten für die Abstimmung aller Teile eines großen Programms sind daher beträchtlich.

Kleine Programme werden oft von einer Person erstellt, die über alle Programmteile Bescheid weiß. Bei großen Systemen ist Planung und Schreibarbeit notwendig, um den Entwicklungszyklus zu steuern. Die verschiedenen Schreibarbeiten bei großen Systemen summieren sich manchmal zu über 50 englischen Wörtern für jede Zeile Quellencode im System [6/7].

Bei großen Systemen, wo der Programmierer an einem Projekt länger als ein Jahr arbeitet, lassen Interesse und Produktivität oftmals beträchtlich nach. Bei einem kleinen Projekt kann der Programmierer zügig arbeiten und schnell fertig werden.

Das Testen sehr großer Programme ist unverhältnismäßig zeitaufwendig. Die Anzahl der zu testenden Kombinationen, steigt ungefähr mit dem Quadrat der Programmgröße. Die Schnittstellenprobleme zwischen den Modulen werden bei großen Programmen sehr zahlreich und schwierig. Die Streßtests werden langwierig und unbefriedigend, da viele Fehler nicht gefunden werden. Wenn ein Fehler berichtigt wurde, kann dies in

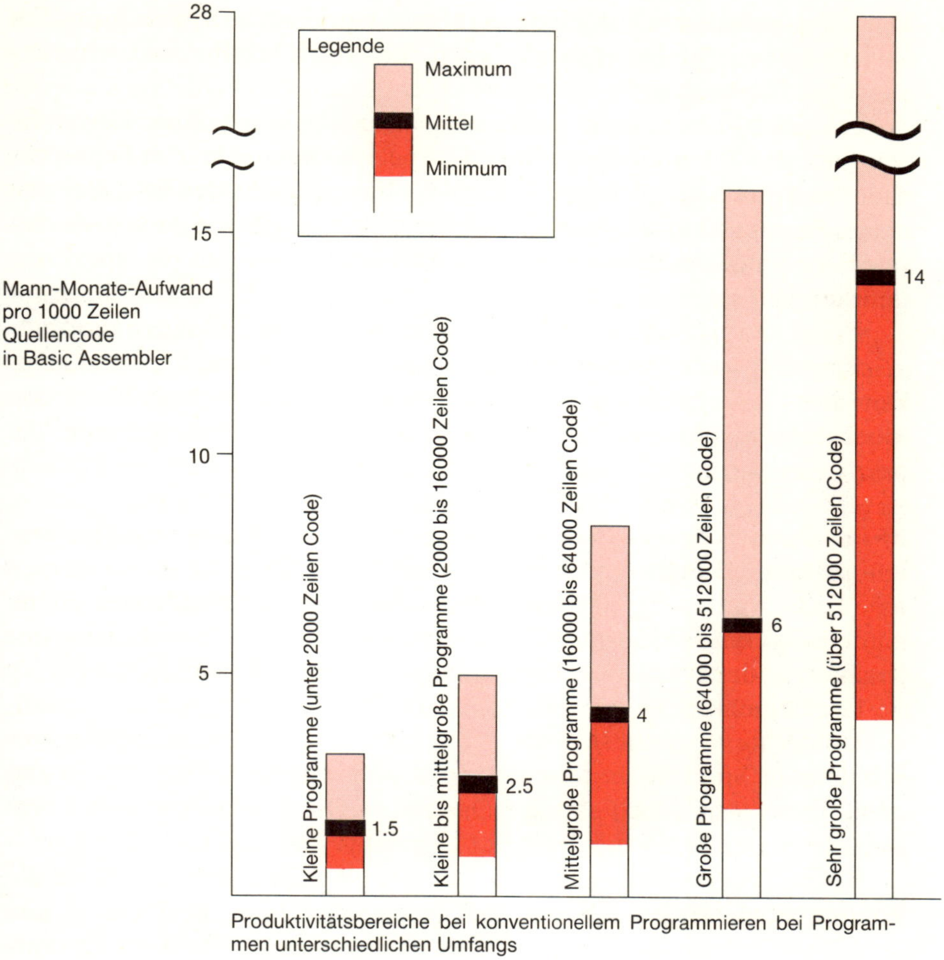

Abbildung 10.2 Bei großen Programmen wird eine geringere Programmiererproduktivität erreicht als bei kleinen Programmen (aus Lit. 5).

anderen Programmteilen unvorhergesehene Konsequenzen haben, die wiederum schwer zu finden sind.

Codegeneratoren mit exakter Prüfung wirken sich unmittelbar auf all diese Probleme aus. Sie steuern exakt Kontrollen aller Schnittstellen zwischen den Modulen. Die Module passen dann genau zusammen. Die Code-Erzeugung ist so viel schneller als die manuelle Kodierung, daß ein großes Arbeitsteam nicht erforderlich ist. Eine Person kann 10 Programmierer ersetzen. Drei Personen können ein dreißigköpfiges Team ersetzen. Dadurch nehmen die Kommunikationsprobleme erheblich ab. Die verschiedenen Mitglieder des Teams wirken alle über die gleiche computerisierte Darstellung und Bibliothek zusammen. Wird eine Veränderung vorgenommen, so werden die Konsequenzen automatisch auf dem Bildschirm angezeigt und können rasch korrigiert werden. Das Auffinden von Fehlern wird an den Anfang des Entwicklungszyklus verlagert. Streßtests werden weitgehend durch statische Überprüfung ersetzt. Einzelne Module oder Systemteile mit fehlenden Modulen können online durch Simulation getestet werden.

Bei einem typischen Entwicklungsprojekt sitzt ein Programmierer an seinem Schreibtisch und wird jeden Morgen mit einem Stoß Notizen und Berichten über vorgenommene Änderungen begrüßt. Oft schenkt er ihnen nur einen zynischen Blick und ist überzeugt, daß er weder die Zeit hat, sie zu lesen, noch die Fähigkeit, sich an alles zu erinnern und entsprechend zu reagieren. Jemand, so hofft er, wird sie schon in eine Datei aufnehmen. Mit den neuen Tools erfolgt die Kontrolle der Änderungen weitgehend automatisch. Die von jeder Veränderung betroffenen Bereiche werden automatisch entdeckt, und das System stellt sicher, daß alle sich daraus ergebenden Angleichungen vorgenommen werden. Diese Angleichungen liegen dann in der Online-Repräsentation des Systems vor, die jeder Entwickler benutzt.

Durch nicht verfahrensorientierte Sprachen und Codegeneratoren schrumpfen viele Programmiererteams auf Ein-Mann-Projekte zusammen. Dies kann durch strenge Datenverwaltungstechniken von hoher Qualität verstärkt werden [8].

Fehlerstatistiken

Bei einigen großen Projekten wurde eine detaillierte Analyse der begangenen Fehler vorgenommen. Es ist interessant, zurückzublicken und abzuschätzen, wie viele Fehler mit Hilfe der in Kapitel 9 beschriebenen Techniken hätten verhindert werden können.

Abbildung 10.3 zeigt Statistiken der vor dem Flug beim Nasa-Projekt Apollo entdeckten Software-Fehler. Dabei handelte es sich um *nach* der Implementierung und Auslieferung des Codes entdeckte Fehler. Weit mehr Fehler waren vermutlich durch Programmierer während der Implementierung entdeckt worden. Insgesamt 73% der Fehler waren Software- bzw. Software-Schnittstellenfehler. Bei großen Projekten ist das normal. Wenn alle Software für ein Projekt mit einer Methodologie wie HOS erstellt würde, würden *nach* der Implementierung keine Schnittstellenfehler mehr entdeckt. Die Schnittstellen werden mit mathematischer Präzision definiert, und Einzelheiten über alle Module und ihre Schnittstellendefinitionen sind in der Bibliothek gespeichert. 44% der Fehler wurden manuell und viele durch dynamische Testläufe gefunden. Mit den neuen Tools könnten die meisten Fehler bei statischen Überprüfungen gefunden werden.

Es gab Schätzungen, nach denen 30% der Fehler durch einen besseren Programmierstil – eine gutstrukturierte Programmiermethode – hätten verhindert werden können. 87 % der in Abbildung 10.3 im unteren Teil dargestellten Fehler wären bei Verwendung von den HOS-Techniken ähnlichen Prüfungsmethoden vor der Codeausgabe entdeckt worden. Dreizehn Prozent der Fehler waren konzeptionelle Probleme oder Probleme infolge von Anforderungsänderungen, die durch mathematische Prüfung nicht entdeckt worden wären.

Bezeichnenderweise war die Spezifikation unvollständig oder entsprach nicht der ursprünglichen Absicht des Designers.

Hamilton und Zeldin [9] bezeichnen diese verbleibenden 13% von Feh-

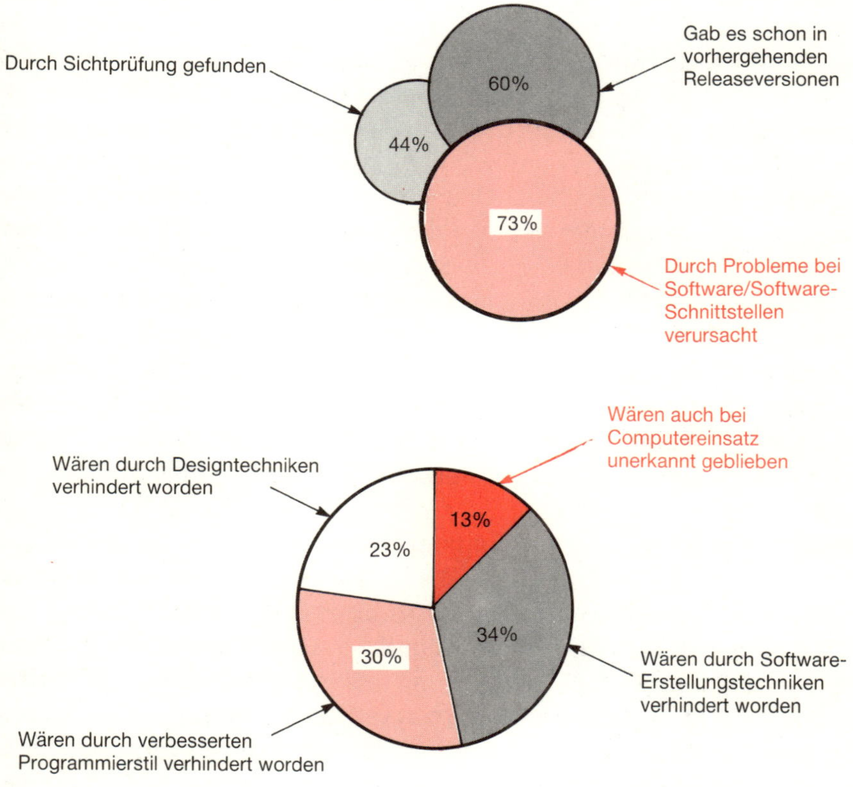

Abbildung 10.3 Verteilung der offiziell vor dem Flug aufgetretenen Software-Fehler bei Apollo (aus Lit. 4).

lern als das »13%-Problem.« Wenn Codeerzeugung und -prüfung automatisiert sind und eine Präzision bei der Spezifikation zwingend ist, können die Entwickler mehr Zeit für die übergeordneten Aspekte des Projektes aufwenden, indem sie die Systembeschreibung der höheren Ebene mit den Endbenutzern und dem Management durchgehen und versuchen, alle Spezifikations- und Auslassungsfehler auszumerzen.

Die schnellstmögliche Anzeige von Ergebnissen und die Fähigkeit, Simulationen an der Datenstation vorzunehmen, helfen den Entwicklern, externe Semantikfehler zu entdecken. Bessere Grundsatz-Methodologien mit dem Ziel einer korrekteren Systemkonzeption können die 13% unter Umständen reduzieren. Hierzu gehören auch gründliche Datenmodellierung und Ereignisdiagramme.

Menschliche Systemkomponenten

Ein besonders interessanter Fehler trat bei Apollo 11 auf. Kurz vor dem Aufsetzen der Fähre auf dem Mond informierte ein Warnsignal die Astronauten, daß die Kapsel nicht landen solle. Dieses haarsträubende Signal war nicht korrekt.

Der Fehler war die Folge eines falschen Eintrags in der Checkliste des Astronauten. Dadurch wurde der Astronaut veranlaßt, einen unrichtigen Schritt mit der Hardware vorzunehmen, was die Software wiederum dazu veranlaßte, etwas als gegeben hinzunehmen, was nicht gegeben war. Hier liegt also ein Systemfehler vor, bei dem das System die Wechselwirkung zwischen Hardware, Software und Menschen beinhaltet.

Techniken wie HOS können bei allgemeinen Systemen angewendet werden, bei denen die Wechselwirkung von Hardware, Software und Menschen in Diagrammen aufgezeichnet wird, so daß Checklisten für den Menschen ebenso wie andere Systemkomponenten nachweislich korrekt sein können. Dadurch hätten zum Beispiel einige der Probleme bei den Betriebsabläufen von Atomkraftwerken verhindert werden können.

Software-Fabriken

Da Computer zusehends zahlreicher und billiger werden, ist es notwendig, Software-Fabriken zu errichten, in denen die Software auf professionelle, kostengünstige und den industrietechnischen Verfahren ähnliche Art hergestellt werden kann. Eine Methodologie ist notwendig, mit der standardmäßige, fehlerfreie Bauteile erstellt, katalogisiert und so verbunden werden können, daß Schnittstellenfehler vermieden werden. Je größer die Zuverlässigkeit der Bauteile ist, desto größer und umfangreicher können sie konzipiert werden.

Die Methodologie muß gewisse Bauteile modifizierbar gestalten, so daß sie den Bedürfnissen der Endbenutzer angepaßt werden können. Einige der Bauteile sollten hochflexible Berichtsgeneratoren, Formulargeneratoren, Bildschirmsteuerprogramme und Datenbankeinrichtungen sein.

Softwarefabriken werden oft einen austauschbaren Code erstellen müssen, der auf allen Maschinen läuft. Dies kann durch einen Ada-Generator erreicht werden, vorausgesetzt, daß alle Hersteller sich auf eine gemeinsame Standardspezifikation der Ada-Sprache einigen.

Kasten 10.1 nennt Möglichkeiten, wie konsistente Spezifikationssprachen und Codegeneratoren zur Lösung der Probleme der traditionellen Software-Entwicklung beitragen können.

Kasten 10.1

Probleme bei der traditionellen Entwicklung	**Auswirkungen konsistenter Spezifikationssprachen mit Code-Generatoren**
Die Entwicklung ist zu langwierig	Entwicklung ist schneller
Die Entwicklungskosten sind zu hoch	Enorme Verringerung der Entwicklungskosten
Die Programmierung erfolgt manuell	Programmieren erfolgt automatisch
Die meisten Fehler werden *nach* der Kodierung entdeckt	Die meisten Fehler werden *vor* der Implementierung gefunden
Die meisten Fehler werden manuell oder bei *dynamischen* Testläufen gefunden	Die meisten Fehler werden durch *automatische* und *statische* Analyse gefunden
Einige Fehler werden *nie* gefunden	Nahezu alle Fehler werden entdeckt
Fehlende Übereinstimmung zwischen Anforderungen und Spezifikationen Fehlende Übereinstimmung zwischen Spezifikationen und Design Fehlende Übereinstimmung zwischen Design und Code	Jede Ebene ist eine präzise Fortführung der vorhergehenden Ebene

Unvollständige und inkonsistente Spezifikationen	In sich vollständige, konsistente Spezifikationen werden erzwungen
Viele Schnittstellenfehler und fehlende Übereinstimmung bei Subsystemen (73% der Fehler bei Projekt Apollo)	Konsistente, nachweislich korrekte Schnittstellen zwischen Subsystemen
Keine Garantie für Funktionstüchtigkeit nach der Implementierung	Garantie für Funktionstüchtigkeit nach der Implementierung
Große Entwicklungsteams: ernsthafte Kommunikationsprobleme	Kleine Gruppen oder Ein-Mann-Teams; kaum Kommunikationsprobleme
Extremer Verwaltungsaufwand für Managementsteuerung	Wegfall eines Großteils der Schreibarbeit
Entwicklung von redundantem Code	Identifikation allgemein gebräuchlicher Module; Verwendung allgemein gebräuchlicher Module wird erleichtert
Verschiedene Wissenschaftler, die das Rad immer neu erfinden	Bibliotheksmechanismen mit konsistenten Schnittstellen erleichtern die Erstellung von wiederverwendbaren Strukturen
Schwierig zu warten	Leicht zu warten
Modifikationen lösen eine Kettenreaktion von neuen Fehlern aus	Die Auswirkungen aller Modifikationen werden offenkundig und klar
Sukzessive Wartung vermindert die Codequalität	Nach jeder Veränderung wird qualitativ hochwertiger Code neu erzeugt
Probleme der Übertragbarkeit	Ein Design kann für verschiedene Umgebungen neu geschaffen werden

11 Die Veränderung im Entwicklungszyklus

Einleitung

Die meisten der in diesem Buch angesprochenen Methodologien verändern den traditionellen Entwicklungszyklus von Grund auf. Abb. 11.1 veranschaulicht den Entwicklungszyklus. Verschiedene Organisationen haben eigene Zyklusversionen. Die Abbildungen 11.2 und 11.3 veranschaulichen zwei dieser Versionen.

Formales Management der Systementwicklung setzt voraus, daß gewisse Dokumente erstellt und in jedem Stadium Überprüfungen durchgeführt werden. Die Phasen des Entwicklungszyklus werden in Subzyklen und Checklisten, wie in Abbildung 11.4 dargestellt, unterteilt. Diese Zykluskomponenten sind wichtig, um dem Entwicklungspersonal die notwendigen Anweisungen geben zu können, einmal, um Richtlinien vorgeben zu können und zum anderen, um sicherzustellen, daß nichts Wichtiges vergessen wurde.

Für den Entwicklungszyklus entworfene Managementrichtlinien haben in vielen Organisationen Gesetzeskraft angenommen. Und doch gibt es in Verbindung mit dem traditionellen Entwicklungszyklus offensichtlich große Probleme. Der traditionelle Entwicklungszyklus entstand, bevor nachstehende Instrumentarien und Techniken vorhanden waren.

- Nicht verfahrensorientierte Sprachen
- Techniken, die Programmcode automatisch erzeugen
- Vom Computer verarbeitbare Spezifikationssprachen
- Konsistente Überprüfungstechniken
- Tools für die formale Datenmodellierung
- Techniken für die strategische Datenplanung
- Informationstechnik

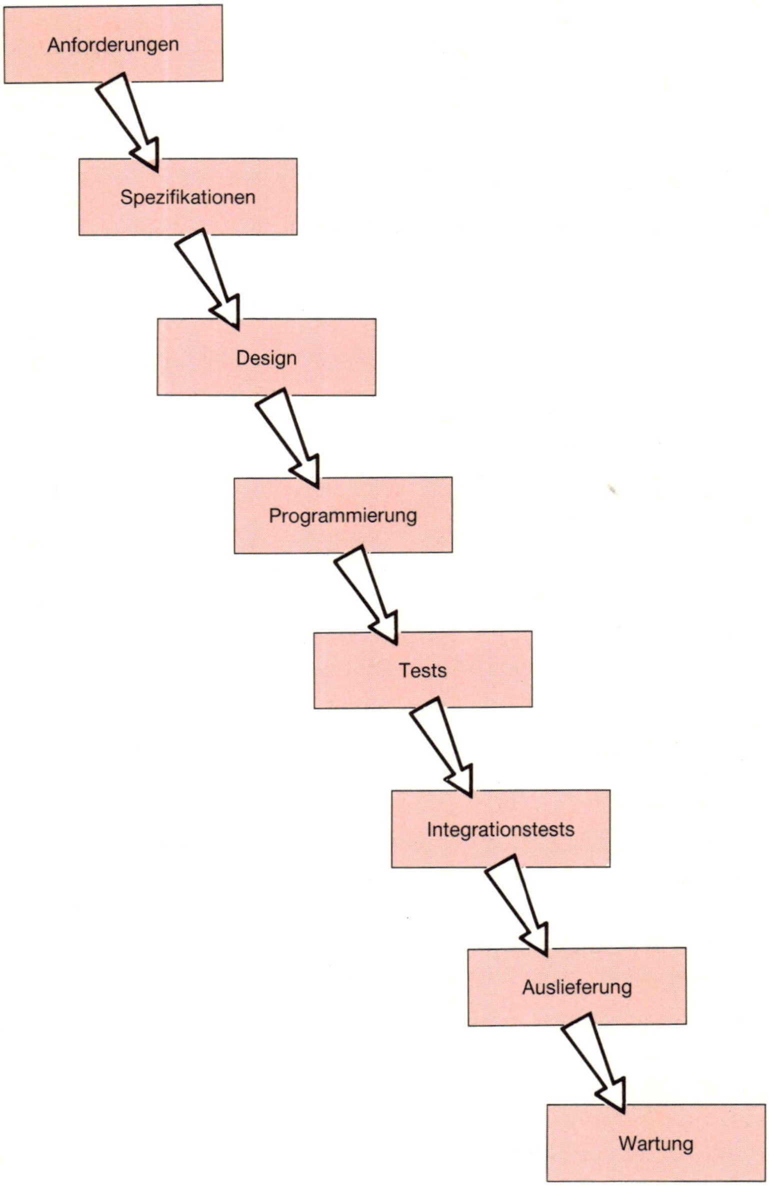

Abbildung 11.1 Traditioneller Entwicklungszyklus.

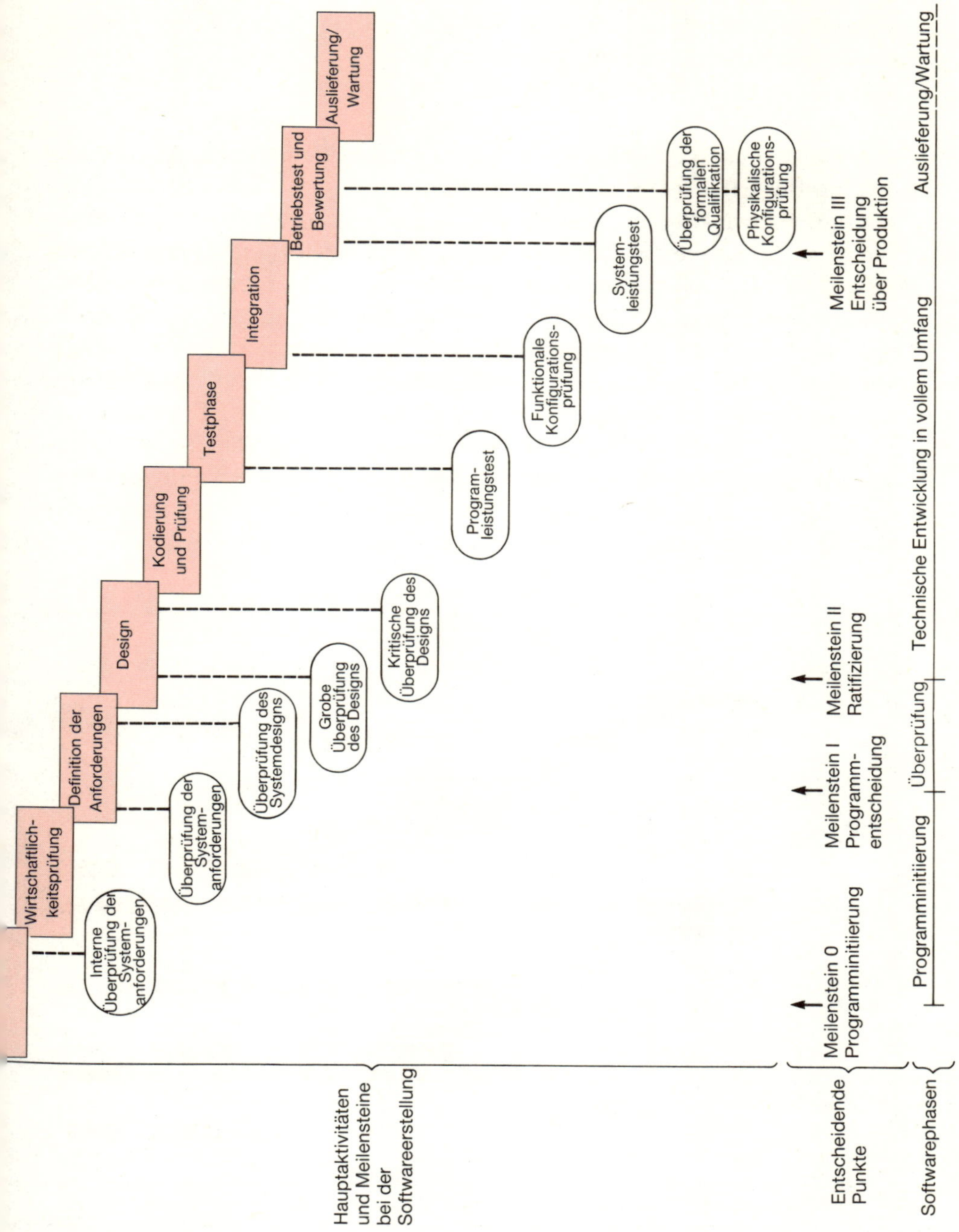

Abbildung 11.2 Traditioneller Entwicklungszyklus für Systeme. Die hier dargestellten Überprüfungen und Meilensteine werden vom US-Verteidigungsministerium gefordert.

- Sprachen für die schnelle Prototypenerstellung
- Sprachen für Endbenutzer
- Verteilte Verarbeitung und Mikrocomputer
- Das Konzept der Informationszentren

Alle diese Techniken und Instrumentarien haben bedeutende Auswirkungen auf die Effektivität des Computereinsatzes. Jede Technik und jedes Instrument würde den traditionellen Entwicklungszyklus verändern. Wenn sie kombiniert werden, lassen sie den Entwicklungszyklus veraltet erscheinen. Er braucht ein vollständig neues Design, das die Checklistenpunkte beibehält, die eine gründliche Planung sicherstellen. In jedem Stadium muß der Entwicklungszyklus neu überprüft werden, um *einen maximalen Automationsgrad* in der Systemtechnik zu erreichen, um *sorgfältig erstellte Datenmodelle einzufügen*, was oft von spezifischen Projekten unabhängig ist, um Flexibilität sicherzustellen, so daß die Systeme, *wenn nötig, problemlos verändert werden können,* und um den Endbenutzern Einrichtungen bereitzustellen, mit denen sie die benötigten Informationen *aufrufen und selbständig manipulieren* können.

SYSTEM DEVELOPMENT LIFE CYCLE

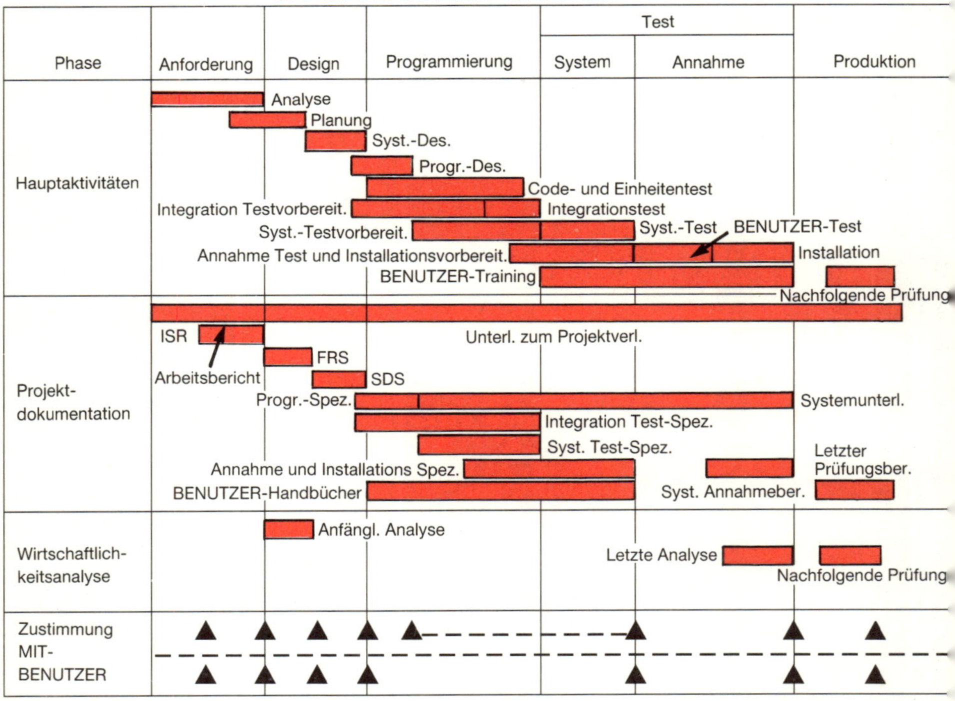

Abbildung 11.3 Entwicklungszyklus von Systemen in einer kommerziellen Organisation.

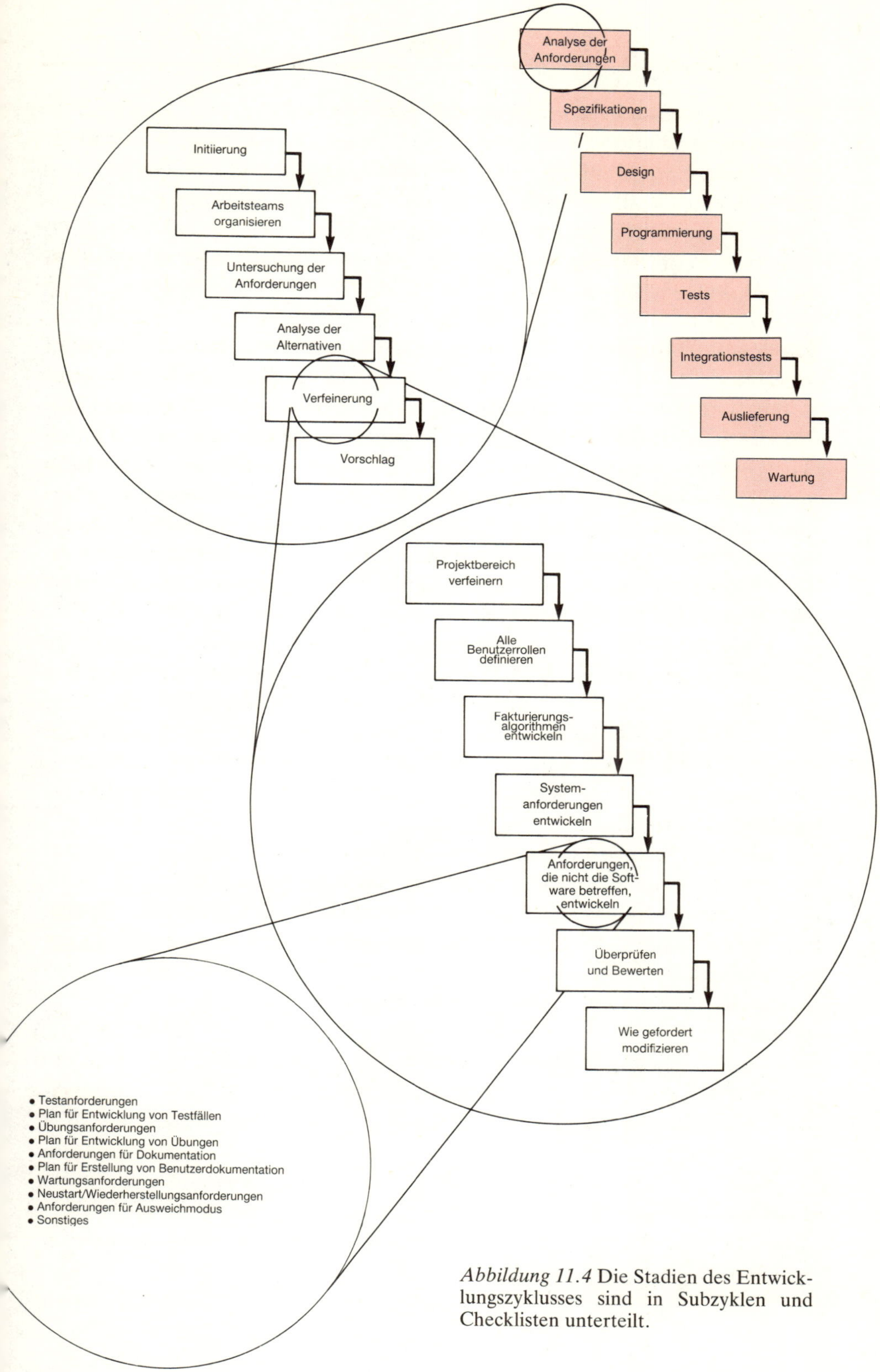

Abbildung 11.4 Die Stadien des Entwicklungszyklusses sind in Subzyklen und Checklisten unterteilt.

Bei Verwendung von Anwendungsgeneratoren entfällt die Phase der Programmkodierung; Tests und Integrationstest werden radikal verändert und gekürzt, und Anforderungen, Spezifikationen und Design der Logik werden vollständig verändert und integriert. Der Zeitraum, der für die Anwendungserstellung erforderlich ist, verringert sich von Jahren auf Monate bei komplexen Anwendungen und von Monaten auf Stunden bei einfachen Anwendungen.

Die Methodologienvielfalt

Viele Organisationen haben, als sie die Ernsthaftigkeit der Probleme in der Datenverarbeitung erkannten, damit begonnen, »Methodologien« für die Systemplanung und -entwicklung zu erstellen und zu verkaufen. Methodologien werden von Herstellern, Software-Häusern, EDV-Beratern, Revisionsfirmen, Universitätsprofessoren und von neuen, eigens zu diesem Zweck gegründeten Unternehmen verkauft. Manager, die die *Computerworld* lesen, werden mit einer derartigen Vielfalt von Methodologien konfrontiert, daß sie sie oft allesamt ignorieren und nur diejenigen Methodologien weiterverwenden, die ihnen vertraut sind.

Viele der Methodologien sind ganz und gar veraltet, auch viele mit hohen Preisen, bändefüllender Dokumentation und beeindruckenden Vertriebsbeauftragten. Ihre Verwendung garantiert niedrige Leistung, hohe Wartungskosten und die Unfähigkeit, Änderungen vorzunehmen. Sie formalisieren die in der Vergangenheit eingeschlagenen Wege, können die Systementwicklung nicht automatisieren und fördern eine übermäßige, unnötige Bürokratie.

Der DV-Leiter sollte sich darüber bewußtwerden, daß die Computertechnik zur Zeit die einschneidendsten Veränderungen in ihrer Geschichte erfährt, und sollte sorgfältig Methodologien vermeiden, die manuell orientierte Techniken der Vergangenheit konservieren.

Wonach sollte ein Manager bei neuen Methodologien suchen? Vor allem nach *Automation*. Wir müssen die Arbeit des Analytikers und des Programmierers soweit wie möglich automatisieren. Diese Automation muß das Wissen der Endbenutzer nutzbar machen, eine problemlose Kommunikation mit dem Endbenutzer ermöglichen, und sie muß auf flexible Art und Weise den sich ändernden Bedürfnissen der Endbenutzer anpaßbar sein.

Kasten 11.1 gibt einen Überblick über die Eigenschaften, die in der Datenverarbeitung benötigt werden. Manchmal wird bemerkt, daß Systemanalytiker dazu neigen, jede Arbeit zu automatisieren, außer der eigenen.

Kasten 11.1 Was brauchen wir bei DV-Methodologien?

- *Automation.* Die Arbeit des Analytikers und des Programmierers sollte soweit wie möglich automatisiert werden.
- *Vermeidung handschriftlichen Programmierens.* Handschriftliches Programmieren ist zu langsam, schwerfällig und fehlerträchtig. Es sollte ein optimaler Gebrauch von Codegeneratoren gemacht werden.
- *Schnelligkeit.* Es werden Techniken benötigt, die sehr schnell Ergebnisse erzielen.
- *Veränderlichkeit.* Es werden Techniken benötigt, die es ermöglichen, Programme schnell und ohne die Kosten und Verzögerungen der traditionellen Wartung zu ändern.
- *Überprüfen auf Fehlerlosigkeit.* Alle Fehler in Syntax und interner Semantik sollten automatisch entdeckt werden. Maximale Unterstützung sollte zum leichten Auffinden von externen Semantikfehlern bereitgestellt werden.
- *Vermeiden eines Großteils der dynamischen Tests.* Dynamische Tests sind langsam, teuer und führen nicht zur Auffindung aller Fehler.
- *Techniken, die die Kommunikation mit Endbenutzern erleichtern.* Das Wissen der Endbenutzer muß nutzbar gemacht werden, und auf ihre Bedürfnisse muß flexibel reagiert werden. Benutzer sollten in der Lage sein, jedes Stadium der Systementwicklung zu überprüfen.
- *Benutzergesteuerter Computereinsatz.* Benutzer sollten in der Lage sein, ihre eigenen Abfrage- und Änderungssprachen, Berichtsgeneratoren, Sprachen für die computerunterstützte Entscheidungsfindung und Spezifikationssprachen zu verwenden.
- *Stabiles Datenbankdesign.* Die Automation der Datenmodellierung ist notwendig und muß mit Techniken verbunden werden, die die Datenbanken zu einem soliden Grundstein machen.
- *Schnelle Datenbanksprachen.* Es sollten Sprachen verwendet werden, die es ermöglichen, neue Informationen aus einer Datenbank für das Management aufzurufen, wenn sie tatsächlich benötigt werden.
- *Unternehmensweite Datenplanung.* Es sollte eine Datenplanung vorgenommen werden, um einen Effekt wie beim Turmbau von Babel zu vermeiden, daß nämlich verschiedene Analytiker Daten erzeugen, die identisch, aber inkompatibel sind.
- *Gesamtplanung.* Komplexe Organisationen benötigen eine Ge-

samtplanung, um zu Online-Verfahren überzugehen und diese den modernen Verhältnissen anzupassen.

- *Hilfsmittel zur Vermeidung von Redundanzen.* Es wird eine Methodologie benötigt, die Redundanzen vermeidet und die die Neuerfindung des Rades verhindert.
- *Modularität.* Systeme sollten in leicht überschaubare Module unterteilt sein. Änderungen sollten an Ort und Stelle *innerhalb* des Moduls vorgenommen werden können. Jegliche Auswirkung von außerhalb eines Moduls vorgenommenen Änderungen sollten *konsistent* nachvollziehbar sein.
- *Kontrolle der Fähigkeit zur Zusammenarbeit.* Eine formale, konsistente Technik wird benötigt, um sicherzustellen, daß getrennt entwickelte Systeme und Module korrekt zusammenwirken.
- *Tatsächlich verwendbare Bibliothekssteuerung.* Es sollte eine ständig anwachsende Bibliothek für Programmodule und eine Methodologie vorhanden sein, mit der die Module allen Forschern zugänglich und bekanntgemacht werden.
- *Automatisierte Änderungskontrolle.* Wenn Änderungen vorgenommen werden, sollten deren Konsequenzen automatisch angezeigt werden, und alle sich daraus ergebenden Korrekturen sollten in der Bibliothek aufgeführt werden.
- *Zunehmende Leistungsstärke.* Die Methodologie sollte die Entwicklung von leistungsstärkeren Mechanismen, die mit Mechanismen einer niedrigeren Ebene erstellt werden, begünstigen.
- *Alternative Dialekte.* Alternative Hilfsmittel für Konzeption, Zeichnung und Design von Systemen sind dort erlaubt, wo sie hilfreich sind und automatisch mit der grundlegenden Darstellung verknüpft werden.
- *Integrierte Tools.* Tools, die die o. g. Zielsetzungen verwirklichen helfen, sollten zusammenarbeiten und manuelle Brücken, die zu Fehlern führen, vermeiden. Sie sollten eine allgemein gebräuchliche Syntax und wann immer möglich auch Grafiken verwenden.

Personal im Entwicklungszyklus

Im traditionellen Entwicklungszyklus steigt die Zahl der beschäftigten Personen, wie in Abbildung 11.5 dargestellt, gegen Ende des Zyklus an. Es sind mehr Programmierer als Spezifizierer beteiligt, und das Testen ist sehr aufwendig. Manchmal macht sich Besorgnis darüber breit, daß bei einem Projekt der fristgemäße Termin nicht gehalten werden kann, und man zieht in einer späten Phase noch zusätzliche Programmierer hinzu (oft mit katastrophalen Ergebnissen).

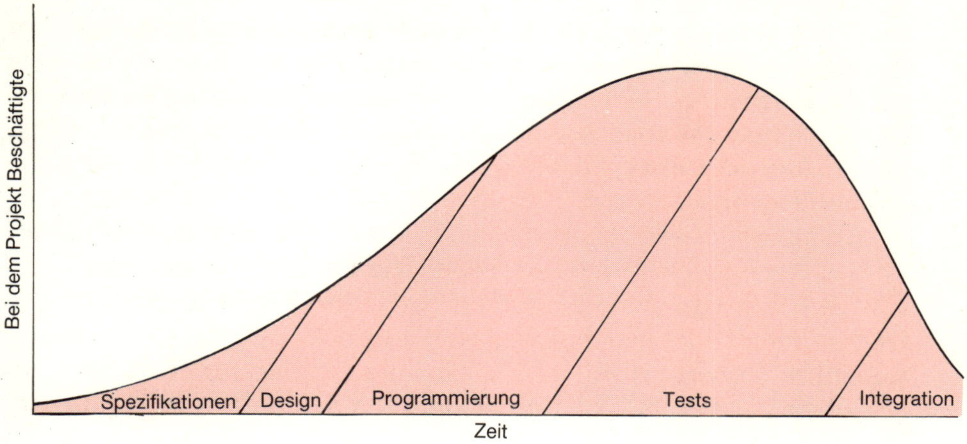

Abbildung 11.5 Personalbedarf beim traditionellen Entwicklungszyklus.

In den siebziger Jahren kam aufgrund der Besorgnis, daß der Anfangsabschnitt im Entwicklungszyklus nicht adäquat war, die strukturierte Analyse auf. Es war klar, daß schlechte Qualität und unvollständige Spezifikationen die Ursache für eine unangemessene Kodierung waren. Schlecht definierte Spezifikationen führen dazu, daß Falsches kodiert wird, erschweren die Tests, machen die Managementsteuerung zunichte und führen oft zum Scheitern des Projektes.

Die Phase der Analyse wurde oft falsch gedeutet, da sie die Verwendung von präzisen Tools nicht gestattete. Mit dem Aufkommen präziserer Instrumentarien und Techniken wurde der Analyse des Anfangsabschnittes mehr Aufmerksamkeit geschenkt. Die in Abbildung 11.5 dargestellte Form änderte sich ein wenig. Der größere Aufwand am Zyklusanfang

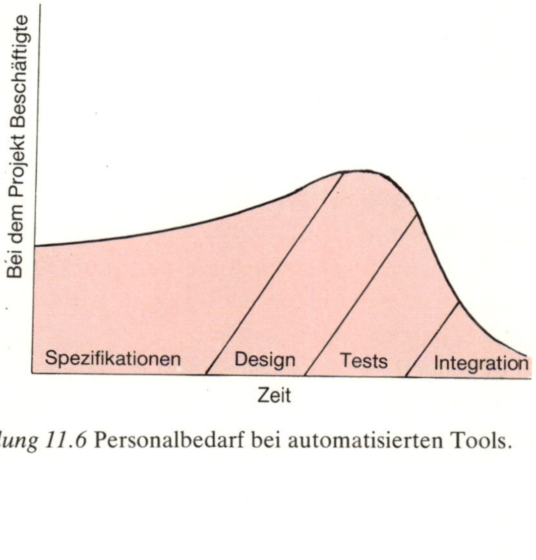

Abbildung 11.6 Personalbedarf bei automatisierten Tools.

führte zu einem geringeren Aufwand im späteren Projektverlauf. Die strukturierte Analyse war jedoch noch immer weit davon entfernt, eine präzise Disziplin zu sein. Erst mit den rechnerfähigen Spezifikationssprachen erkennen wir erste Ansätze von hoher Präzision am Zyklusanfang. Dies macht sich am Projektende sehr bezahlt und verkürzt die gesamte Zyklusdauer entscheidend.

Abbildung 11.6 veranschaulicht den Zeit- und Personalbedarf bei Verwendung von automatisierteren Tools. Die Programmkodierung ist verschwunden. Programmtests sind auf ein geringes Maß beschränkt. Die Überprüfung findet nun zu Beginn des Entwicklungszyklus statt, wo sie wesentlich kostengünstiger ist. Die gesamte Entwicklungszeit ist wesentlich kürzer, und die Kosten wurden drastisch reduziert.

Eliminierung unnötiger Tools und Prozeduren

Mit der Entstehung des Managements für den traditionellen Entwicklungszyklus wurden viele Prozeduren und Tools erstellt, um dessen Probleme zu lösen. Diese Prozeduren wurden zu starren Regeln gemacht, um eine Kontrolle des Managements über den Entwicklungszyklus zu ermöglichen. Viele der ursprünglichen Probleme werden durch computerunterstützte Designtools und Codegeneratoren eliminiert, so daß die damit in Verbindung stehenden Prozeduren folglich nicht mehr notwendig sind. Die Prozeduren im Entwicklungszyklus müssen kritisch untersucht und, sofern angemessen, eliminiert werden. Dadurch wird sehr viel zeitaufwendige Arbeit eingespart.

Zu den Problemen, die zeitaufwendige Prozeduren hervorgerufen haben, gehören:

- Probleme bei der Leitung großer Arbeitsteams
- Nicht automatisierte Kontrolle von Änderungen
- Management der manuellen Dokumentation
- Probleme der dynamischen Tests
- Instrumente für Streßtests
- Schwierigkeiten, die Auswirkungen von Änderungen oder Fehlerbeseitigungen nachzuvollziehen (der Effekt der Wellenbewegung); die Beseitigung eines Fehlers rief oft weitere Fehler hervor
- Schwierigkeiten bei der Kontrolle von Änderungen des Quellencodes
- Kommunikationsprobleme unter den Programmierern
- Schnittstellenfehler
- Fehlende Übereinstimmung zwischen Anforderungssprache (normalerweise Englisch), Spezifikationsdiagrammen und Programmdesign
- Fehler bei der Umwandlung des Designs in Code

Diese Probleme werden weitgehend durch computerunterstützte Designtools mit Codegeneratoren beseitigt. Die Eliminierung von zeitaufwendigen, langwierigen oder teuren Verfahren ist ein wesentlicher Aspekt der Veränderung des Entwicklungszyklus.

Nicht nur Prozeduren, sondern auch ein Großteil der Software kann abgeschafft werden. Eine Menge Software erledigt Aufgaben, die unnötig sind. Höhere Programmiersprachen, Compiler, Testhilfen, Wartungshilfen und viele Funktionen des Betriebssystems werden überflüssig. Compiler für Sprachen wie FORTRAN verfügen über viele Funktionen, welche die durch FORTRAN verursachten Probleme lösen müssen. Diese Probleme können beseitigt werden. Betriebssysteme haben Funktionen, die mit unkontrollierten Unterbrechungen, Sackgassen und anderen Problemen, die im ursprünglichen Design beseitigt werden können, fertig werden müssen. Netzwerksoftware besitzt hochkomplexe Funktionen, die die Wiederherstellung nach heiklen Stillständen und Interferenzproblemen unterstützen. Viele derartige Probleme würden bei dem HOS-Design ähnlichen Verfahren erst gar nicht auftauchen. Testtools benötigen viel Zeit, um immer wieder nach Fehlern zu suchen, die nachweislich nicht vorliegen sollten.

Eine Herausforderung für computerunterstützte Designtechniken und nicht verfahrensorientierte Sprachen liegt denn auch darin, möglichst viel Ballast über Bord zu werfen. Wir sollten an Verfahren, Dokumentationen, Wartung, Ausbildung, Computerzeit, Compilern, Testhilfen, unnötigen Softwarenmechanismen, Wiederherstellungshilfen und Arbeitszeit so viel abschaffen, wie sinnvoll ist. Einiges kann durch neue Entwicklungsmethoden abgeschafft werden; anderes geht an die Grundfesten komplexer Software und macht die Entstehung von neuen Generationen derartiger Software erforderlich.

Verwendung anderer Methodologien für den Anfangsabschnitt

Die HOS-Software kann durch die Verbindung mit vertrauten, leistungsstarken oder benutzerfreundlichen Methodologien für den Anfangsabschnitt akzeptabler und leichter verwendbar gestaltet werden. Das Ausmaß, in dem das computerunterstützte Design solche Methodologien umfaßt, dürfte den Erfolgsgrad bestimmen.

Verschiedene Methodologien sind für die Gesamtplanung und das Gesamtdesign von Computersystemen geeignet. Oftmals ist es wünschenswert, diese zwar beizubehalten und zu erweitern, sie aber in konsistente Überprüfungstechniken, Grafiken und automatisierte Codeerzeugung einzubinden.

Obwohl leistungsstarke Methodologien für den Anfangsabschnitt existieren, die die konzeptionelle Klarheit des Systemdesigns verbessern und einen Überblick für unternehmensspezifische Datenverarbeitung erstellen können, sind viele dieser Methodologien nicht konsistent. Die von ihnen erstellten Spezifikationen sind (entgegen den Behauptungen der Verkäufer) inkonsistent, unvollständig, redundant und mehrdeutig. Den HOS-Tools ähnliche Tools enthüllen diese Schwachstellen. Mit ihnen erstelltes Design in HOS umzusetzen, ist ein wichtiger Schritt. Dadurch werden Probleme zu Beginn entdeckt, wo sie leichter zu berichtigen sind, und nicht erst in der Abschlußphase, wo sie katastrophale Auswirkungen haben.

In einem Fall wurde ein Modul, das Bestandteil eines intelligenten Kampfsystems war [1], in einer Mischung aus Englisch, Gleichungen und der Spezifikationssprache SREM [2] dokumentiert. Die Übersetzung in HOS enthüllte und beseitigte eine Vielzahl von Designmängeln [1].

Das US-Verteidigungsministerium hat eine Reihe von Methodologien zur Verbesserung und Integration der Herstellungsverfahren seiner Zulieferer großzügig finanziert. Die Bezeichnung dafür lautet ICAM (integrated computer-aided manufacturing = integrierte, computerunterstützte Herstellung) [3]. Für ICAM wurde eine Spezifikationstechnik namens IDEF [4] erstellt. IDEF verwendet einen Diagrammtyp, der komplexe Datenflüsse und -verhältnisse darstellt, leicht verständlich und leicht zu handhaben ist. Unter dem Aspekt der Computerlesbarkeit handelt es sich dabei um keine vollkommen konsistente Technik. Mit HOS wurde eine rechnerfähige Version von IDEF erstellt, so daß diese wertvolle Technik konsistent wurde [5]. Ein Grafiktool wurde spezifiziert, das als IDEF-O Schreibmaschine bezeichnet werden könnte [6]. Durch Betätigen einer einzigen Taste kann ein Kasten, ein Pfeilpfad, ein Pfeilende, ein Umschalten zur nächsten Lokation usw. produziert werden. Die Pfeile bewegen sich auf einheitlichen und vorhersehbaren Pfaden. Dieses Diagramm wird zum Bestandteil einer vom Computer verarbeitbaren Spezifikation. Diese ist direkt mit den HOS-Steuerplänen verbunden, die auch analysiert werden können, und von denen ein korrekter Code erzeugt werden kann.

Methodologien für den Anfangsabschnitt so anzupassen, daß sie rechnerfähig werden, hat zwei bedeutende Auswirkungen. Erstens wird dadurch die Erstellung von konsistenten Spezifikationen erzwungen; Folgewidrigkeiten, Unklarheiten und Unvollkommenheiten werden eliminiert. Zweitens wird dadurch die automatische Erzeugung von korrektem Code ermöglicht, wird der Entwicklungszyklus wie in Abb. 11.6 dargestellt beschleunigt und werden die Entwicklungskosten erheblich gesenkt.

Diese Einbindung von Methodologien ermöglicht es, benutzerfreundliche Spezifikationseinrichtungen wie Berichts- und Grafikgeneratoren einzubeziehen. Die Vorteile vertrauter Methodologien können dadurch beibehalten werden, und Benutzer erhalten die Möglichkeit, »ihre eigene Sprache zu sprechen«.

Datenmodellierung und Entwicklungszyklus

Der DV-Entwicklungszyklus der siebziger Jahre umschloß gewöhnlich das Daten-Design. Man erkannte, daß Daten auf einer unternehmensweiten Basis geplant werden müssen und daß dies sinnvoll ist, weil Dateneinheiten sich nicht sehr verändern, auch wenn Art und Weise, in der Daten verwendet werden, sich erheblich verändert. Durch wirkungsvolle Datenverwaltung wurde schließlich damit begonnen, die Planung und Gestaltung der Daten vom Entwicklungszyklus individueller Projekte zu trennen [7]. Wie wir in Kapitel 6 festgestellt haben, werden durch die Datenmodellierung die den Daten innewohnenden Assoziationen veranschaulicht, die von allen Anwendungen dieser Daten weitgehend unabhängig sind.

Existieren erst einmal kanonische Datenmodelle, geht das Design von Anwendungen leichter und schneller vonstatten, wodurch eine weitere Fehlerkategorie beseitigt wird. Gut durchgeführte Datenverwaltung verkürzt den Anfangsabschnitt von Projektentwicklungszyklen. Codegeneratoren verkürzen den Endabschnitt. Dort, wo Codegeneratoren leicht eingesetzt werden können, entfällt bei bestimmten Projekten der Entwicklungszyklus im eigentlichen Sinne des Wortes. Wir werden erleben, daß Anwendungen aus einer vorher existierenden Datenbank innerhalb von Tagen, und Berichte sogar innerhalb von Stunden erstellt werden.

Kontinuierliches Erstellen von Informationsressourcen

Anstatt an eine Abfolge von Projekten zu denken, von denen jedes seinen eigenen diskreten Entwicklungszyklus durchläuft, sollte ein Unternehmen an ein kontinuierliches Erstellen von Informationsressourcen denken. Es wird einige große Projekte mit einem langwierigen Entwicklungszyklus geben, aber vielen der neuen Benutzer-Bedürfnisse wird durch nicht verfahrensorientierte Sprachen, die schon existierende Datenbanken nutzen, Rechnung getragen werden. Oft werden Daten aus existierenden Dateien oder Datenbanken abgerufen, mit relationalen Datenverwaltungssystemen restrukturiert, und durch leistungsstarke, nicht verfahrensorientierte Sprachen manipuliert. Der Gebrauch einiger Sprachen ist ausreichend vereinfacht, so daß Endbenutzer sie mit Unterstützung des Personals im Informationszentrum benutzen können. Einige Anwendungen sind zu komplex, um von den betreffenden Benutzern erstellt zu werden, können aber als Prototyp von DV-Angestellten rasch erstellt werden.

Abbildung 11.7 veranschaulicht das notwendige Kontinuum von Planung und Design, das sich von der strategischen Planung für die höhere Verwaltungsebene bis hin zur Anwendungserstellung erstreckt. Während in der linken Hälfte von Abbildung 11.7 Funktionen dargestellt sind, bezieht sich die rechte Hälfte auf Daten. Der obere Teil veranschaulicht die Planung der höchsten Ebene. Links wird eine Übersicht über das gesamte Unternehmen gegeben, die die strategische Planung für die benötigten Informationssysteme beinhaltet. Rechts wurde eine strategische Datenplanung durchgeführt und ein Diagramm der Dateneinheiten im Unternehmen erstellt [7].

Das Einheitendiagramm in der oberen, rechten Ecke von Abb. 11.7 ist im rechten Mittelabschnitt im Detail ausgeführt. Hier liegt die Aufgabe des Datenverwalters darin, unveränderliche, kanonische Datenmodelle zu erstellen, Übereinstimmung bei den Definitionen der Daten zu erzielen und diese in einem Datenlexikon aufzuführen.

Der linke Mittelabschnitt bezieht sich auf die Anforderungsplanung von Anwendungen und die Erstellung von Spezifikationen. Die Spezifikationen werden so lange detailliert, bis eine Anwendung erstellt werden kann. Der untere, linke Abschnitt zeigt das Anwendungsdesign.

Anwendungen werden unter Benutzung des Datenmodells entworfen. Ein Submodell der Daten für diese besondere Anwendung wird aus dem Gesamtmodell herausgelöst, und ein Datenzugriffssteuerplan wird gezeichnet, der die Zugriffspfade innerhalb der Daten aufzeigt. Das Datenmodell und die Steuerpläne werden in der Bibliothek gespeichert.

Die Sammlung von Datenzugriffsplänen für ein Hardware-System bildet die Grundlage für das *physische* Design und Layout der Datenbank, wie sie im unteren, rechten Teil von Abbildung 11.7 aufgezeigt sind. Erläuterungen zum Datenmodell, zum Beispiel Kardinalpunkte (bei eins-zu-viele-Entsprechungen, *wie viele* Einträge eines Datensatzes sind miteinander verbunden), unterstützen das physische Design.

Bei einigen Verwendungszwecken von Daten wird der linke Mittelabschnitt von Abb. 11.7 umgangen. Mittels problemlos verwendbarer Sprachen und ohne detailliertes Design oder Spezifikationen erstellen zu müssen, können aus den Datenbanken direkt Berichte erstellt werden Informationen abgerufen und manipuliert werden, oder Unterstützungshilfen für die Entscheidungsfindung erstellt werden.

Die roten Pfeile in Abb. 11.7 repräsentieren automatisierbare Verbindungen. Für die strategische Datenplanung, die Datenmodellierung, die Darstellung im Datenlexikon, die Herauslösung von Submodellen und Datenzugriffsplänen, die Darstellung von Anforderungen, Spezifikationen und Anwendungsdesign, die Überprüfung des Designs, die Codie-

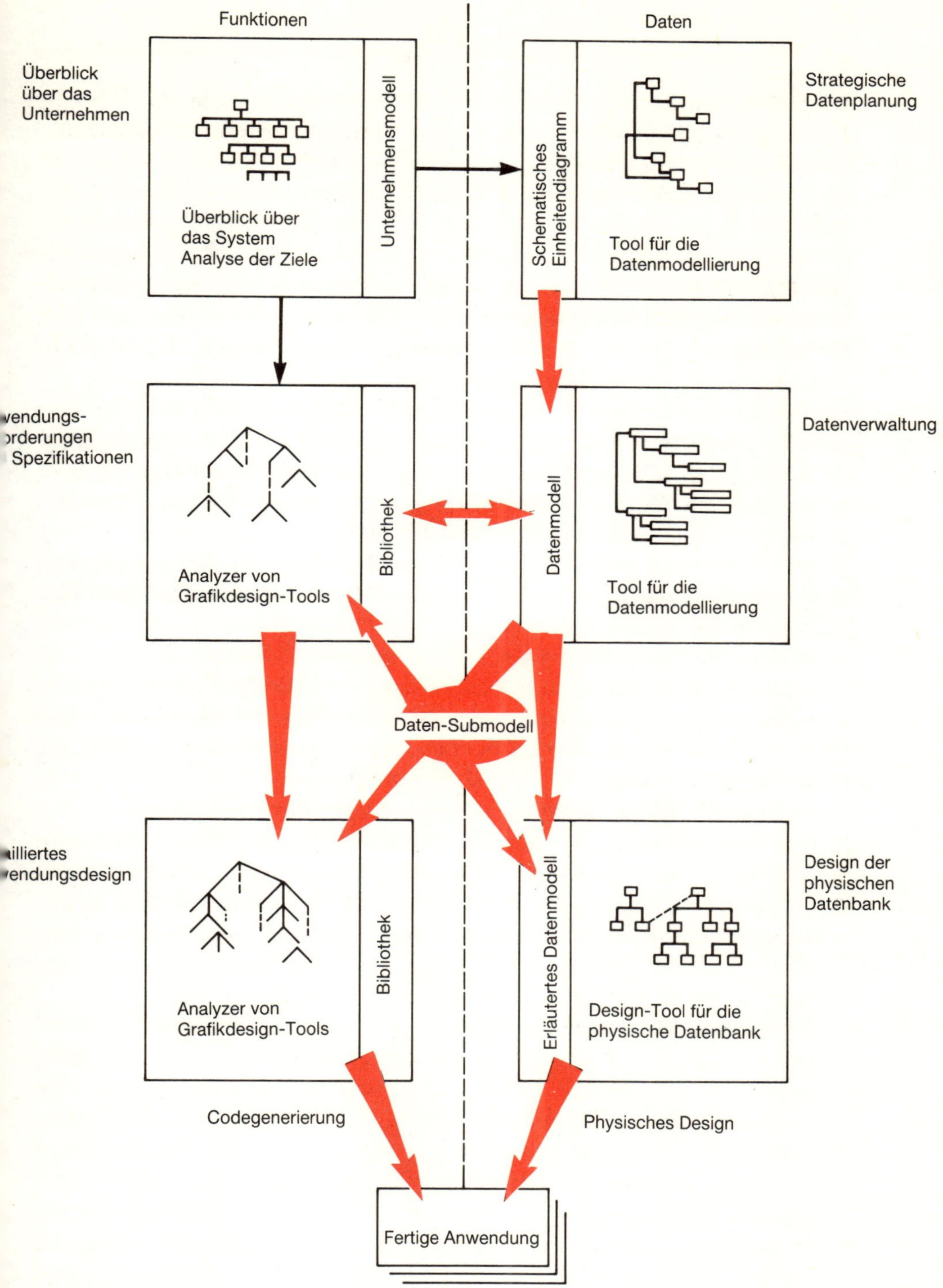

Abbildung 11.7 Design, das sich von der strategischen Planung auf höchster Ebene bis hin zur fertigen Anwendung erstreckt. Die Pfeile verdeutlichen automatisierbare Verbindungen.

rung sowie für das physische Design wird eine kompatible Tool-Familie benötigt. Diese Tool-Familie wird unter Verwendung interaktiver Grafiktechniken die Werkbank des Systemberaters der Zukunft bilden und einen sprunghaften Anstieg der Effektivität in der Systemerstellung bewirken.

Minimieren der Interaktion zwischen Entwicklern

Wenn komplexe Interaktionen bei der Arbeit verschiedener Programmierer auftreten, wird der Fortschritt gebremst. Einem komplexen Programmierprojekt, das der Terminplanung gewöhnlich hinterherläuft, kann nicht durch Zugabe weiterer Arbeitskräfte geholfen werden. Fred Brooks betont in seinem Buch *The Mythical Man-Month* [8], daß Mann und Monat nur dann austauschbare Faktoren sind, wenn eine Aufgabe unter vielen Mitarbeitern, *bei denen keinerlei Kommunikation untereinander auftritt*, aufgeteilt werden kann (Abb. 11.8). Dies gilt für Arbeiten wie das Pflücken von Äpfeln oder das Anstreichen von Kriegsschiffen. Für große konventionelle Programmierprojekte trifft dies aber bei weitem nicht zu.

Wenn eine Aufgabe aufgrund von sequentiellen Beschränkungen nicht auf mehrere Arbeiter verteilt werden kann, würde die Zugabe weiterer Arbeitskräfte keine Auswirkungen auf den Fertigstellungstermin haben (Abb. 11.9). Um ein Kind zu bekommen, benötigt man neun Monate, gleichgültig wie viele Mütter damit beauftragt sind.

Bei einem Programmierprojekt entspricht die Ausbildungszeit der Schwangerschaftszeit; man kann sie nicht beschleunigen. Je mehr Leute dem Projekt zugeteilt werden, desto mehr müssen hinsichtlich der Zielsetzungen und Einzelheiten des Projekts unterrichtet werden. Die Kommunikationsschwierigkeiten nehmen zu. Wenn drei Leute beim Essen mitein-

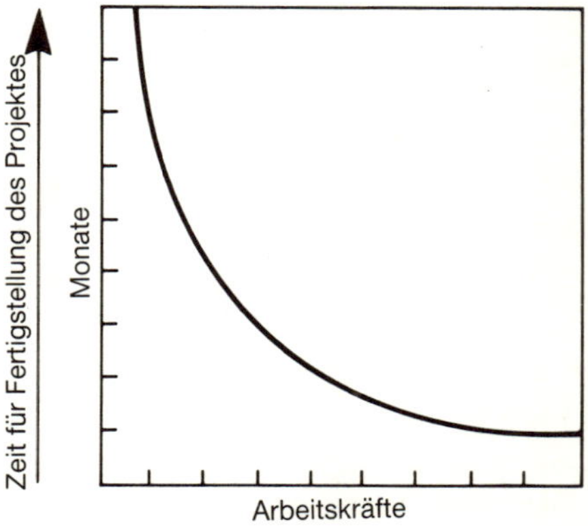

Abbildung 11.8 Zeit/Arbeitskraft-Diagramm bei vollkommen aufteilbaren Aufgaben (aus Lit. 8).

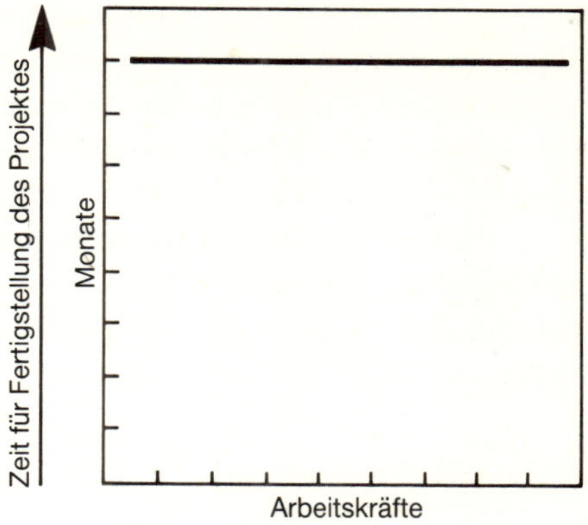

Abbildung 11.9 Zeit/Arbeitskraft-Diagramm bei nicht aufteilbaren Aufgaben (aus Lit. 8).

ander anstoßen, bedeutet das dreimal anstoßen; bei vier Leuten muß sechsmal angestoßen werden; bei fünf Leuten zehnmal. Bei 46 Personen klingen die Gläser mehr als tausendmal; die Beteiligten verbringen ihre ganze Zeit mit Anstoßen anstatt mit Trinken. Brooks hat in Abb. 11.10 verdeutlicht, wie die für die Fertigstellung des Projektes bemessene Zeit verlängert und nicht verkürzt wird, wenn zu viele Mitarbeiter beteiligt sind und dadurch die Kommunikation immer komplexer wird.

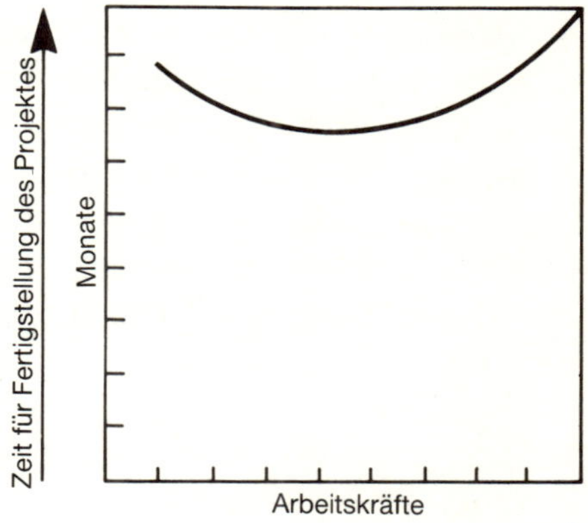

Abbildung 11.10 Zeit/Arbeitskraft-Diagramm bei Aufgaben mit komplexen Wechselbeziehungen (aus Lit. 8).

Um die Produktivität bei komplexen Systementwicklungen zu steigern, ist es notwendig, die Interaktionen unter den Entwicklern auf ein Minimum zu reduzieren. Dies kann auf mehrere Arten geschehen:

- Verwenden Sie die leistungsstärkste Entwicklungssoftware. Sprachen der vierten Generation ermöglichen einem Entwickler, das zu erreichen, wozu 10 Mitarbeiter bei Verwendung von Sprachen der dritten Generation notwendig gewesen wären. Ein 10-Personen-Projekt kann zu einem Ein-Mann-Projekt werden.

- Arbeiten Sie mit den fähigsten und leistungsstärksten Leuten (zu den höchsten Gehältern). Ein kleines Team von schnell vorwärtskommenden Entwicklern ist besser als ein großes Team von langsam arbeitenden Entwicklern.
- Wenden Sie die Prinzipien der Informationstechnik an. Dadurch kann die kommerzielle Datenverarbeitung in Ein-Mann-Projekte unterteilt werden. Die getrennten Projekte werden über das gemeinsame Datenmodell, das vor dem Entwicklungsprozeß erstellt wird, untereinander verbunden.
- Benutzen Sie ein Entwicklungs-Tool, das konsistente Schnittstellen zwischen den von verschiedenen Entwicklern erstellten Modulen erzwingt.

Ein-Mann-Projekte

Das Ideal ist ein Ein-Mann-Projekt. Die Informationstechnik – kombiniert mit Sprachen der vierten Generation, vom Computer verarbeitbaren Spezifikationssprachen, Codegeneratoren usw. – macht dies möglich. Ein-Mann-Projekte verringern nicht nur die Zahl der für die wechselseitige Kommunikation und für Meetings erforderlichen Arbeitskräfte, sie sind auch in anderer Hinsicht attraktiv. Der betreffende Mitarbeiter kann sorgfältig ausgewählt werden. Er ist für seine Arbeit verantwortlich. Er kann seine Unproduktivität nicht durch andere Mitarbeiter entschuldigen. Er kann sich nicht vor der Verantwortung drücken. Er wird vielmehr stolz auf seine Arbeit sein. Er kann motiviert, bewertet und angemessen belohnt werden.

Besonders wichtig ist der Umstand, daß ein qualifizierter Entwickler sich für seine Aufgabe begeistern kann. Ihm bleibt mehr Freiraum für seine Kreativität. Ihm bleibt ein größerer Freiraum für ausgezeichnete Leistungen. Wenn sich Mitarbeiter für ihre Aufgabe begeistern und stolz auf sie sind, neigen sie dazu, wesentlich härter zu arbeiten.

Es ließe sich vieles dafür geltend machen, alle komplexen menschlichen Bestrebungen auf Ein-Mann-Projekte zu verlagern, bei denen der betreffende Mitarbeiter die Instrumentarien hat, um elegante und leistungsfähige Resultate zu erzielen. Tools, die dem Mitarbeiter die Möglichkeit geben, Systeme selbständig zu erstellen, regen seine Kreativität stark an. Er darf Ideen entwickeln und sie in die Praxis umsetzen. Er ist frei von bürokratischen Behinderungen.

Entwicklungszyklen für Prototypen

Wir haben festgestellt, daß es triftige Gründe für die Erstellung von Prototypsystemen gibt. Diese Prototypen ergänzen oft Vorabspezifikationen. Manchmal ersetzen sie die gesamte Spezifikation. Es ist leichter, schneller und befriedigender für einen Analytiker, mit den entsprechenden Instrumenten Prototypen zu erstellen, als schriftlich detaillierte Spezifikationen auszuarbeiten.

Wenn Datenmodelle existieren, verläuft die Prototypenerstellung im allgemeinen schneller. Falls nicht, stellt die Datenanalyse ein wesentliches Stadium für ein gutes Prototypendesign dar. Oft muß ein Prototyp modifiziert werden, nachdem Endbenutzer ihn eingesetzt haben. Dies ist in vielen Fällen der eigentliche Sinn der Prototypenerstellung. Es wird ein zweiter Prototyp geschaffen. In einigen Fällen werden viele Prototypversionen erstellt.

Ein außerordentlich komplexes System für die Finanzplanung durchlief sechs Prototypstadien. Für die Erstellung des ersten Prototyps wurden etwa drei Monate aufgewendet. Die Benutzer testeten ihn eine Woche lang. Viele Änderungen mußten vorgenommen werden, und es wurden etwa zwei Wochen benötigt, um die zweite Version zu erstellen. Für jede nachfolgende Version wurde etwas weniger Zeit beansprucht. Mit der sechsten Prototypversion war das System fertiggestellt. Danach hieß es, daß das System aufgrund seiner großen Komplexität mit Sicherheit nicht mit COBOL hätte erstellt werden können.

Bei dieser Art der Entwicklung wird der traditionelle Zyklus durch einen Zyklus von sukzessiv verbesserten Prototypen ersetzt. Die Verbesserung kann wie die Wartung ein fortlaufender Vorgang sein. Dies wird oft als »Prototypenzyklus« oder als »Protozyklus« bezeichnet. Wenn Hochleistungscomputer in diese Art der Entwicklung eingebunden werden, ist eine Sprache notwendig, die Änderungen leichtmacht und die compiliert werden kann, so daß sie einen hocheffizienten Code ergibt.

Eine Vielzahl von Entwicklungszyklen

Es liegt klar auf der Hand, daß es nicht mehr nur eine formale Art von Entwicklungszyklus für Systeme gibt. Verschiedene Arten von Entwicklungszyklen sind für verschiedene Arten von Entwicklungs-Methodologien und -Tools geeignet. Es ist wünschenswert zu Beginn eines wichtigen Projektes, den geeigneten Entwicklungszyklus nach Methodologien und Tools aufzuzeichnen.

12 Strategisches Planen

Ein warnendes Beispiel

Das US-Verteidigungsministerium erstellte in den siebziger Jahren viele Systeme, die als automatische Kampfsysteme bezeichnet werden. Jedes System war, einzeln betrachtet, beeindruckend, und die meisten funktionierten gut. Unglücklicherweise aber arbeiteten die Systeme nicht so *zusammen*, wie sie es eigentlich sollten. Wenn tatsächlich ein Krieg ausbräche, müßten die Systeme bestimmte Informationen austauschen und für Befehls- und Kontrollfunktionen auf höherer Ebene von einer Vielzahl anderer Systeme Informationen abrufen. Um die Systeme kompatibel zu gestalten und ihre Wirkung für die Befehlshaber zu erhöhen, mußten große Veränderungen vorgenommen werden. Diese Veränderungen waren jedoch sehr teuer und schwierig. (Wenn Militärs »teuer« sagen, meinen sie über die Maßen teuer!)

Manchmal sind die mit komplexen Systemen beim Militär gemachten Erfahrungen den mit der Computeranwendung in Unternehmen gemachten um Jahre voraus, und Lehren, die aus Militärsystemen gezogen wurden, dringen langsam in die zivile Praxis durch. SAGE und AUTOVON haben beispielsweise der Welt viele Erkenntnisse über Echtzeit- und Übertragungssysteme gebracht. Die enormen Kosten infolge der Inkompatibilität vieler Systeme entstanden bei Informationssystemen privater Unternehmen und der Regierung insbesondere, seit Minicomputer und separate Netzwerksysteme weitere Verbreitung fanden.

Die Systeme des US-Verteidigungsministeriums wurden unabhängig voneinander entwickelt, was auch so sein muß, und die Probleme des Informationsaustauschs wurden in verschiedenen Untersuchungen und Direktiven im Zusammenhang mit dem Army Tactical Command and Control Master Plan (ATACCOMAP) und dem ARTADS Interface Management Plan (AIMP) angesprochen. Trotzdem stellte sich nach der Implementierung der separat entwickelten Systeme heraus, daß diese Untersuchungen nicht detailliert genug gewesen waren.

Es hatte eine starke Verbreitung unabhängiger Systeme stattgefunden, nicht aber eine ausreichend detaillierte Planung, wie die Systeme zusammenwirken sollten. Das Verteidigungsministerium beschrieb das Ergebnis als eine »ineffektive und unwirtschaftliche Situation«, bei der der notwendige Informationsaustausch zwischen automatisierten Systemen oftmals nicht möglich ist [1].

Es wurde eine Lösung gefunden: das Army Battlefield Interface Concept (ABIC) [2]. ABIC wurde erfunden, um die Voraussetzungen für Schnittstellen und Zusammenarbeit von US-Kampfsystemen zu erkunden. Dadurch erhielten Systementwickler Unterstützung in Architekturfragen. ABIC umfaßte die rückwirkende Anpassung existierender Systeme, so daß diese kooperieren konnten. Es organisierte die finanziellen Mittel, die notwendig waren, um Software- *und Hardware*-Einrichtungen zu entwickeln, die über Schnittstellen getrennte Systeme zusammenwirken ließen. 1978 behandelte ABIC 48 automatisierte Kampfsysteme, 1979 waren es 100 Systeme.

Zukünftige Planung

Die Ausgaben für die rückwirkenden Anpassungen waren immens, und die Gefahr, Systeme zu besitzen, die nicht zusammenarbeiten, versetzte alle in Alarmbereitschaft. Damit sich solche Situationen in der Zukunft nicht wiederholen, plant ABIC die Schnittstellen bis ins Detail und die Zusammenarbeit von Systemen für sieben Jahre im voraus. Jedes Jahr wird der hierarchische Plan weiter aufgerollt. 1980 behandelte ABIC alle Systeme, die 1987 zusammenarbeiten sollen; 1981 bezieht sich ABIC auf 1988 usw.

In einem Unternehmen ist die Planung von Informationsressourcen lebenswichtig. Versäumte strategische Planung in der DV hat zu *extrem* teuren Modifikationen und Neubildungen geführt und das Topmanagement daran gehindert, die benötigten Informationen zu erhalten.

Ein Ziel der strategischen Planung besteht darin, die Teile der Informationssysteme dort kompatibel zu gestalten, wo es notwendig ist. Die meisten Systeme werden sich weiterentwickeln, und während sie sich weiterentwickeln, müssen sie weiterhin Daten austauschen können. Dazu ist eine logische und physische Kompatibilität nötig. Die Notwendigkeit von Schnittstellen und wechselseitigem Austausch zwischen getrennten Systemen ist oftmals weit unterschätzt worden. Aufgrund der Inkompatibilität müssen Veränderungen vorgenommen werden, und diese Veränderungen können sehr teuer sein.

Die Notwendigkeit der Planung auf höchster Ebene

Es ist undenkbar, ein Opernhaus ohne einen Generalplan zu erbauen. Wenn der Generalplan einmal entworfen ist, können getrennte Arbeitsgruppen sich mit einzelnen Komponenten auseinandersetzen. Die unternehmensspezifische Informationstechnik steht dem Bau eines Opernhauses an Komplexität in nichts nach, und doch wird sie in den meisten Unternehmen ohne einen ausreichend detaillierten Generalplan durchgeführt, der die Übereinstimmung der Komponenten gewährleistet.

Der Gesamtarchitekt des Opernhauses kann das detaillierte Design der Orgel, der Bühnenmechanismen, der Lautsprecheranlage oder anderer Subsysteme unmöglich verständlich spezifizieren. Für deren Entwicklung sind verschiedene, autonom arbeitende Arbeitsgruppen zuständig. Stellen Sie sich aber vor, was passieren würde, wenn diese Gruppen voll Enthusiasmus ihre eigenen Subsysteme ohne jegliche Koordination durch die übergeordnete Stelle erstellen würden.

Die DV-Welt ist voll von begeisterten Subsystemdesignern, die in Ruhe gelassen werden wollen. Ihre Zahl steigt zusehends, da Kleincomputer sich mehr und mehr verbreiten und Endbenutzer lernen, ihre eigenen Einrichtungen zu nutzen. In vielen Fällen leisten sie ausgezeichnete Arbeit. Allerdings überlappen sich die von ihnen benutzten Datenarten grundlegend, was oft nicht erkannt wird. Die Subsysteme müssen miteinander verbunden werden, doch oft kann dies nicht ohne Umwandlung geschehen. Wenn die Notwendigkeit für eine Umwandlung offensichtlich wird, ist sie oft zu teuer, und so bleiben inkompatible Systeme weiterhin bestehen, die die Integration der vom Management benötigten Daten erschweren oder unmöglich machen.

Ein gutes Systemdesign vermeidet übermäßige Komplexität. Unternehmensspezifische Informationssysteme sollten aus isolierten Modulen zusammengesetzt sein, die so einfach sind, daß sie ein effizientes Design zulassen, die vom Designteam vollkommen verstanden werden, deren Wartungskosten gering sind und die für Entwicklungsmethodologien höchster Produktivität (wie zum Beispiel die Verwendung von hochentwickelten Datenbanksprachen) geeignet sind. Aber die Modulen müssen zueinander passen, und das werden sie nur, wenn ihr Design gemäß einer Planung durch eine übergeordnete Stelle und mit geeigneten Design-Tools durchgeführt wird.

Die Gefahr bei integrierter Systemplanung

Mit ABIC rückte das Militär von individueller Systementwicklung ab und machte den Versuch einer funktionell integrierten Entwicklungsmethode. Es wird eine integrierte Planung und Verwaltung von Netzwerken durchgeführt, es werden Normen entwickelt und durchgesetzt, und es werden Datenformate, Definition sowie Datenaustausch geplant. Allgemein gebräuchliche Software und Systemkonfigurationen werden – wo notwendig – verwendet, um das horizontale und vertikale Zusammenwirken von Systemen zu unterstützen. Eine Philosophie der vollkommenen Optimierung wird verfochten, selbst wenn dies auf Kosten eines oder mehrerer individueller Systeme geschehen muß.

Die Gefahr bei hochintegrierter Systemplanung liegt in unserer Unfähigkeit, die Systemanforderungen der Zukunft in allen Einzelheiten zu verstehen. Obwohl es wünschenswert ist, die Systeme so zu entwerfen, daß sie zusammen arbeiten können, ist es *vollkommen* unpraktikabel, alle Systeme, die ein Unternehmen benötigen wird, zu planen oder zu verstehen. Vollkommen integrierte Systeme gehen weit über unsere Fähigkeiten hinaus, und nahezu alle Versuche zu deren Erstellung sind katastrophal gescheitert.

Statt dessen wird Freiraum für Benutzerbereiche benötigt, damit die Benutzer Eigeninitiative für die Erstellung von für sie brauchbaren Systemen entwickeln, jedoch nicht, ohne gewisse Regeln zu beachten. Sie gestalten ihre Systeme so, daß sie *mit einem Regelvorrat übereinstimmen, durch den der Datenaustausch heute und in Zukunft gesichert wird.*

Zu viel zentrale Lenkung

In einigen Unternehmen rebellieren Benutzer und Topmanagement entschieden gegen jegliche Erwägung einer zentralen Planung in der Datenverarbeitung. Sie haben sich an die Vorteile gewöhnt, die sie durch die Erstellung ihrer eigenen Systeme haben. Die weit entfernte DV-Abteilung, so sagen sie, will und kann ihre wirklichen Bedürfnisse nicht verstehen. Sie wollen ihre eigenen Informationsressourcen. Sie wollen in der Lage sein, ihre eigenen Prozeduren zu erstellen und zu modifizieren, und zwar auf schnellstem Wege.

Was meine eigene Lebensanschauung angeht, so möchte ich nicht in einer Welt leben, in der der Staat zuviel Einfluß besitzt. Ich möchte die Freiheit haben, meine Angelegenheiten selbst zu erledigen und meine Probleme selbst zu lösen. Ich möchte aber auch nicht in einer Gesellschaft ohne Staatsapparat leben. Ich möchte, daß die Schneider arbeiten und daß das Telefon funktioniert. Die Gesellschaft benötigt eine Infrastruktur, die Gesetz und Ordnung und gewisse Dienstleistungen sichert und ihre Mitglieder so frei wie möglich ihr eigenes Leben führen läßt.

In der Datenverwaltung eignen sich die Benutzer sehr schnell wesentlich größere Fähigkeiten an. Dieser Trend wird durch benutzerfreundliche Software noch fortgesetzt werden. Aber wie bei den Kampfsystemen des US-Verteidigungsministeriums ist es auch hier notwendig, daß die Systeme Daten untereinander austauschen können.

Um die Zusammenarbeit zu gewährleisten, sind zwei Designcharakteristika erforderlich:

1. Die separaten Systeme müssen eine Schnittstelle zu einem gebräuchlichen Netzwerk besitzen, damit sie Daten austauschen können.
2. Die separaten Systeme sollten kompatible Daten in ihren Dateien oder Datenbanken besitzen, die einem allgemeinen Datenmodell entsprechend strukturiert sind.

Wenn geeignete Normen für Netzwerke und Daten erstellt werden können, so daß individuelle Systeme verhältnismäßig unveränderlich sind, dann können diese von relativ kleinen Arbeitsgruppen erstellt werden, deren Arbeitsbereich so klar umrissen ist, daß er leicht zu verstehen und zu überschauen ist.

Das Ziel zukünftiger Planung sollte kein großes, allumfassendes Design sein, sondern eine unveränderliche Infrastruktur, in die kleine, modulare Designversionen eingebunden werden können. Das große, allumfassende Design ist zu komplex mit seiner unermeßlichen Zahl an Interaktionen, die unweigerlich zu einer unermeßlichen Zahl an verwickelten und teuren Veränderungen führen. Die Infrastruktur sollte aus einem *minimalen* Regelvorrat bestehen, der notwendig ist, damit die verschiedenen, modularen Systeme die Fähigkeit zur Zusammenarbeit besitzen. Ein gutes unternehmensspezifisches Netzwerk und unveränderliche, unternehmensspezifische Datenmodelle verkleinern nicht, sondern vergrößern den Freiraum der Benutzergruppen, die benötigten Informationsressourcen selbst zu erstellen. Produktiver Individualismus wird durch eine organisierte Gesellschaft ermöglicht.

Drei Arten der strategischen Planung

Die strategische Planung in der Informationstechnologie muß, wie in Abbildung 12.1 dargestellt, auf drei Ebenen stattfinden.

1. Strategische Geschäftsplanung

Die meisten Unternehmen besitzen einen strategischen Geschäftsplan, und alle Unternehmen *sollten* grundsätzliche Ziele, Strategien und Zielbereiche des Unternehmens darin niederlegen. Er ist weitgehend unabhän-

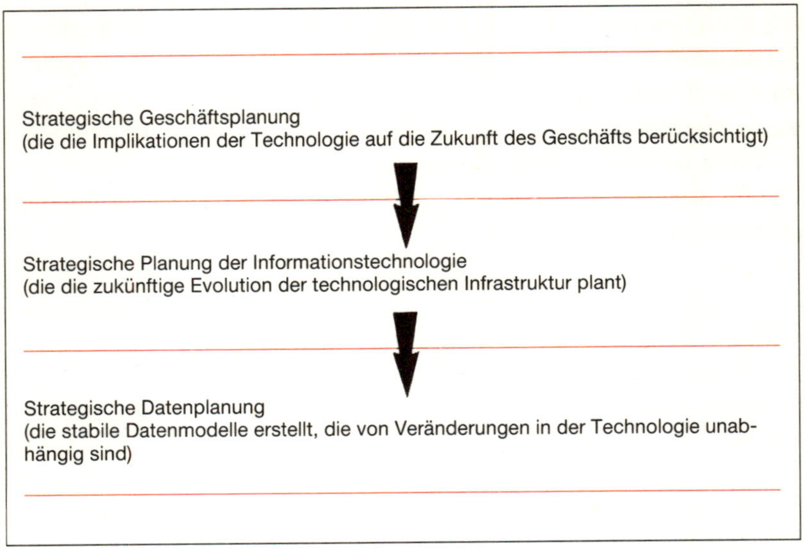

Abbildung 12.1 Ein Unternehmen muß drei Arten der strategischen Planung durchführen. Diese drei Arten sind in Abbildung 12.2 dargestellt.

gig von der Technologie, abgesehen davon, daß die Technologie heute alle Aspekte in einem Unternehmen und in einigen Fällen die Art der Geschäfte, die ein Unternehmen abwickelt, verändert. Die Technologie verändert die Produkte, die Herstellungsverfahren (und somit die Produktmöglichkeiten), die Dienstleistungen, den Informationsfluß sowie die Entscheidungsfindung und somit die Managementstruktur. Neue Möglichkeiten und neue Varianten des Wettbewerbs entstehen rasch in vielen Unternehmen.

2. Strategische Planung der Informationstechnologie

Das Wachstum der Computernetzwerke in einem Unternehmen muß ebenso wie die Verbreitung von verteilten Systemen, Datenbanken und die Automation im Büro geplant werden. Erfolgt keine Planung, wird sich ein Wirrwarr von inkompatiblen Systemen wie Unkraut in einem Garten ausbreiten. Im Gegensatz zu Unkraut können inkompatible Systeme nur unter extremen Schwierigkeiten entfernt werden, wenn sie erst einmal Wurzeln geschlagen haben.

3. Strategische Datenplanung

Wie in Kapitel 6 erläutert wurde, sollten die Dateneinheiten und ihre Attribute, auf die in einem Unternehmen gemeinsam zugegriffen wird, unabhängig von Anwendungen und Systemen definiert werden. Wir wissen, daß sich die Technologie bis ins Unvorstellbare verändern wird, die Daten aber stabil bleiben, wenn eine gründliche Datenanalyse und Datenverwaltung durchgeführt wurde. Die Datenmodelle werden beständig sein; es werden vergleichsweise geringe Veränderungen und Anpassungen über Jahre hinweg vorgenommen werden müssen, und die Daten werden in vielen verschiedenartigen Systemen und Datenbanken Verwendung finden.

Abbildung 12.2 erläutert diese Planung in detaillierterer Form.

Strategische Planung der Informationstechnologie

Die strategische Planung der technologischen Infrastruktur muß einige Jahre vorausblicken, einen Überblick der in der Zukunft benötigten Einrichtungen gewinnen und sich schließlich die Frage stellen: »Wie kommen wir von hier dorthin?«

Von hier dorthin zu gelangen, kann nur durch eine Aufeinanderfolge von Projekten bewerkstelligt werden, von denen jedes auch Aussicht auf Erfolg hat. Die bei jedem Projekt erstellten Einrichtungen sollten dort ineinandergreifen, wo es notwendig ist, doch sollten die Interaktionen zwischen den Projekten, wie oben beschrieben, minimal sein. Jedes Projekt sollte so klein und modular wie möglich sein und von einem kleinen Team in verhältnismäßig kurzer Zeit fertiggestellt werden können. Bei der strategischen Planung sollte versucht werden, die Anforderungen des Unternehmens in kleine Projekte zu unterteilen, von denen jedes bis auf die notwendige Übereinstimmung mit dem Gesamtplan autonom sein kann.

Der Blick in die Zukunft kann die Bedürfnisse der Benutzer nicht mit absoluter Weitsicht identifizieren. Was wir benötigen, ist das Design einer Infrastruktur, die das autonome Anwachsen unabhängiger Projekte ermöglicht. Wenn wir einen neuen Typus von Stadt für die Zukunft entwerfen würden, könnten wir unmöglich wissen, wie die Leute dort leben würden oder welche Art Haus sie besitzen möchten. Wir *könnten* das Straßennetz, das Transportsystem, die öffentlichen Einrichtungen, die Bibliotheken, die Einkaufsbereiche, die Theater und die Serviceeinrichtungen planen. Bevölkerung und Unternehmer könnten innerhalb dieser geplanten Infrastruktur frei ihre eigenen Häuser bauen und ihren Lebensstil selbst bestimmen.

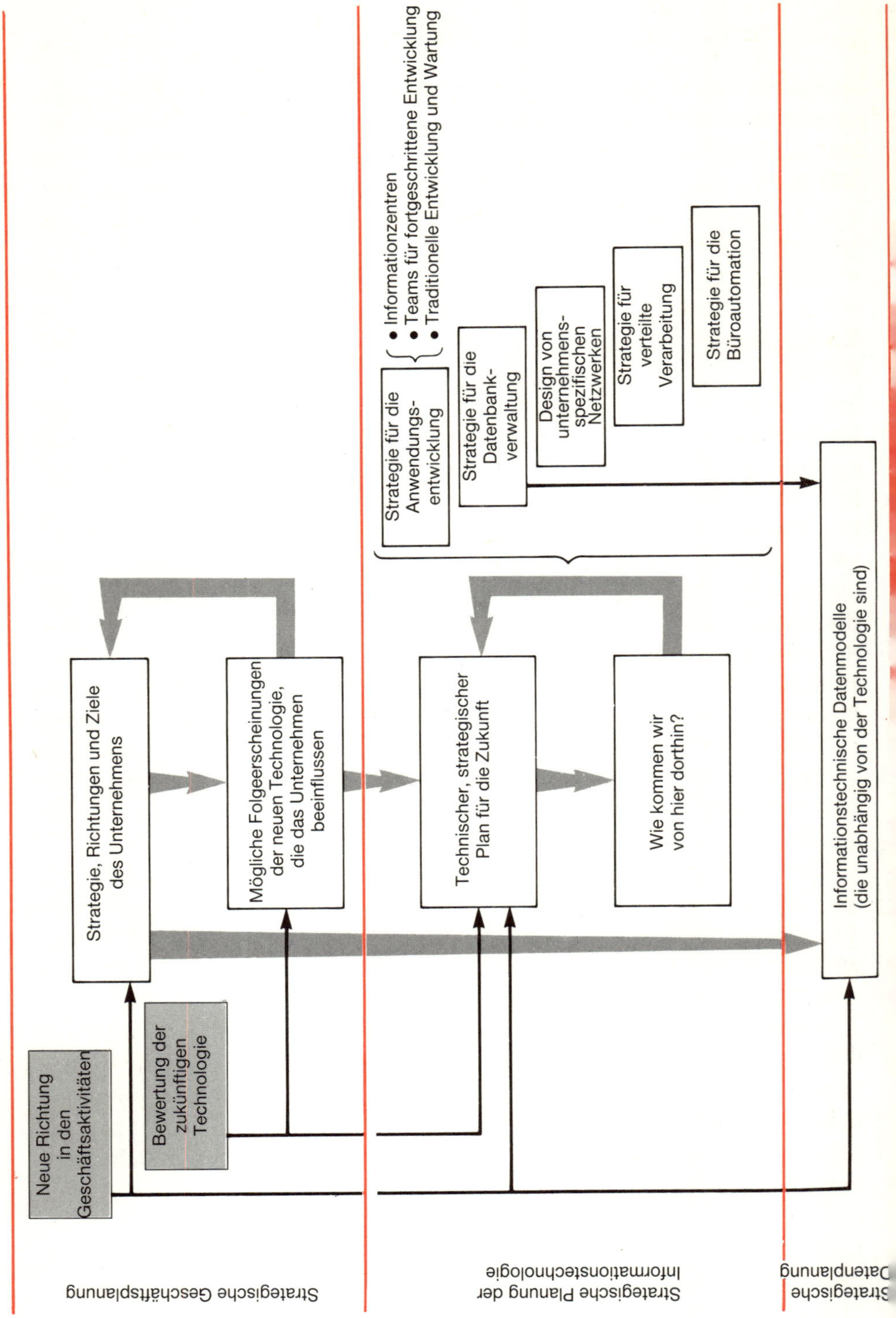

Abbildung 12.2 Detaillierte Darstellung der drei Arten der strategischen Planung

Aspekte der strategischen Planung im technischen Bereich

Der strategische Plan im technischen Bereich (s. Abb. 12.2) hat mehrere Aspekte:

- Strategie für die Anwendungserstellung
- Strategie für die Datenbankverwaltung
- Planung und Design von unternehmensspezifischen Netzwerken
- Strategie für dezentralisierte Verarbeitung
- Strategie für Büroautomation

Für jedes dieser Gebiete muß die Planung ausreichend detailliert vorgenommen werden, so daß sie für den einzelnen Mitarbeiter bei einem Projekt implementierbare Normen und Richtlinien bereitstellt. Für diese fünf Bereiche werden unterschiedliche Kenntnisse vorausgesetzt, so daß jeweils ein anderer Mitarbeiter verantwortlich sein kann. Die erforderlichen Qualifikationen für die in Kapitel 6 beschriebene Planung der Informationstechnik sind zum Beispiel ganz anderer Natur als die, die für die Planung der Netzwerke oder der Büroautomation notwendig sind. In einigen großen Unternehmen wurden getrennte Maßnahmen bezüglich dieser Planungsbereiche ergriffen.

Die *Strategie für die Anwendungserstellung* bezieht sich auf das, worum es in Teil I dieses Buches primär geht – um die Änderung der Methodologien für die Anwendungserstellung, so daß wesentlich höhere Produktivität, niedrige Wartungskosten, benutzergesteuerte Entwicklung, weniger Fehler und schnelle Erstellung von Instrumenten zur computerunterstützten Entscheidungsfindung erzielt werden. Die Strategie sollte mit der Auswahl von Sprachen der vierten Generation, mit relationalen Datenbanken und Entwicklungs-Tools, mit der Einrichtung von Informationszentren und von Teams für die fortgeschrittene Entwicklung einhergehen.

Eng verbunden mit der Strategie für die Anwendungserstellung ist die Strategie für die in Kapitel 6 beschriebene *Informationstechnik*. Diese Techniken (Abb. 6.4) dienen dazu, die Entscheidungsträger und die Anwendungsersteller mit den richtigen Informationen zu versorgen. Bei guter Ausführung hat dies großen Einfluß auf die Senkung der Wartungsunkosten.

Die Netzwerkplanung sollte sich mit jeder Form der Telekommunikation beschäftigen – Stimmen, Daten, elektronische Post, Telekonferenzen, großflächige und lokale Netzwerke. Sie sollte die Protokollumwandlungsmechanismen planen, die Vorrichtungen mit unterschiedlichen Steuerprozeduren für Link-Operationen ermöglichen, um miteinander zu kommunizieren [3]. Schließlich muß in einem Unternehmen eine umfassende, hochflexible Einrichtung für Datennetzwerke erstellt werden. Es gibt eine Vielzahl von Möglichkeiten für die Durchführung, und sie erfordern eine langfristige Planung. In der Vergangenheit haben viele Unternehmen ihre Netzwerke nicht korrekt geplant. Dadurch entstanden zahllose inkompatible Fernverarbeitungssysteme, und es ergab sich die Notwendigkeit späterer Umwandlungen, die manchmal extrem teuer sind.

Die Umwandlung (Wartung), die aufgrund versäumter Planungen notwendig wird, ist oft weit mehr als bloße Umwandlung der Zugriffsmethode. Die Datenstationen müssen verändert werden, damit sie allgemein gebräuchliche Netzwerkprotokolle verwenden, weshalb der Dialog der Datenstation in Anwendungsprogramme verändert werden muß. Die Veränderung des Dialogs der Datenstation führt oft zu Veränderungen der Datensatzstrukturen. Diese Datensätze werden von zahllosen Anwendungen verwendet.

Normen für die dezentralisierte Verarbeitung [4] haben eine größere Reichweite als Normen für Netzwerke. Die Architektur für die dezentralisierte Verarbeitung beinhaltet komplexe Funktionen, die über das eigentliche Übertragungssubsystem hinausgehen. Die Planung für die dezentralisierte Verarbeitung schließt mit ein, daß eine Auswahl der zu verwendenden Softwarearchitekturen getroffen wird. Eine Proliferation von Software muß verhindert werden, da unterschiedliche Architekturen auf höheren Ebenen oft inkompatibel sind und sich oft auf verschiedene Arten weiterentwickeln. Wenn mehr als eine Art von Softwarearchitektur verwendet wird, muß die Planung vorsehen, welche Unternehmensbereiche welche Architektur verwenden sollen und wie diese ineinandergreifen.

Die Planung der Büroautomation macht den Versuch, die Einrichtungen zu bestimmen, die in dem Büro der Zukunft benötigt werden. Textverarbeitung, Systeme für die elektronische Post, elektronische Ablage- und Archiviersysteme, intelligente Kopiergeräte, Datenstationen für die Anzeige von Dokumenten usw. müssen zusammenwirken und benötigen somit eine hierarchische Planung. Ein zielloser und unkoordinierter Kauf von Bürosystemen führt in der Zukunft zu hohen Ausgaben für Umwandlungen und Austausch. Die Datenstation im Büro der Zukunft muß auf Datenverarbeitungseinrichtungen ebenso wie auf Büroautomationseinrichtungen zugreifen können. Für die Büroautomation und die Datenverarbeitung ist vielfach eine kombinierte Software notwendig. Beide Arten von Einrichtungen müssen gemeinsam lokale Netzwerke, Austauschnetzwerke und oft großflächige Netzwerke benutzen. Eine versäumte hierarchische Planung der Büroautomation hat oft dazu geführt, daß DV-Einrichtungen ebenso wie Büroautomationseinrichtungen verändert werden mußten, wodurch entsprechende Unkosten bei der Programmwartung verursacht wurden.

Design für verteilte Systeme

Die für verteilte Systeme verantwortlichen Designer eines Unternehmens sollten zwei gegensätzliche Bilder vor Augen haben. Das eine ist ein Teller Spaghetti, auf dem sich alle Spaghetti bewegen, wenn man an einer Nudel zieht. Das andere Bild stellt separate Knoten dar, die dem Benutzer einfach zu lösen erscheinen – bei welchen die Komplexität unter der Oberfläche versteckt liegt. Das verbindende Netzwerk ist standardisiert, flexibel und macht den unkomplizierten Eindruck des Telefonnetzes, bei dem die Komplexität unter der Oberfläche verborgen liegt. Die versteckte Komplexität ist viel größer, als die meisten Systemanalytiker glauben, weshalb sie in keinem Fall verändert oder an ihr herumgebastelt werden sollte.

Netzwerke

Wünschenswerte Eigenschaften eines Computernetzwerks sind, daß es wie das Telefonnetz autonom, störungsfrei und leicht zu bedienen ist. Die Maschinen sollten leicht und überall angeschlossen werden können und Übertragungen an jede andere Anschlußstelle vornehmen können. Leider besitzt ein Großteil der Netzwerksoftware diese Eigenschaften nicht. Eine bestimmte Art von Software ist komplex, benötigt sorgfältige Netzwerkplanung und entwickelt sich rasch weiter. Für viele Geräte kann sie nicht verwendet werden. Und schlimmer noch, sie ist mit der Netzwerksoftware anderer Hersteller inkompatibel.

Deshalb muß eine sorgfältige Planung vorgenommen werden, damit Schwierigkeiten bei der Wartung vermieden werden [3]. Oft neigen die Hersteller dazu, diese Inkompatibilitätsprobleme durch Erstellung von Programmen für ferne Bildschirme, durch Modifizieren der Netzwerksoftware oder durch die Erstellung von Software für die wechselseitige Verbindung von Maschinen zu lösen. Diese Verfahrensweise führt in nahezu allen Fällen später unausweichlich zu hohen Wartungskosten, da die Software der Zulieferer sich rasch weiterentwickelt. Allen bisherigen Erfahrungen zufolge sind wir der Meinung, daß Verbraucher niemals die Netzwerksoftware der Lieferanten verändern und nach Möglichkeit vermeiden sollten, ihre eigene Software zu schreiben. Finden Sie kurzfristige Softwarelösungen, selbst wenn dadurch die Zahl der verwendbaren Konfigurationen für den Augenblick eingeschränkt wird! Der Versuch, einzigartige Netzwerklösungen zu finden, erwies sich fast immer als weit teurer als erwartet, und auf lange Sicht trägt dies eher dazu bei, die Zahl der verwendbaren

Konfigurationen zu vermindern, als einfach die Entwicklung bei den Zulieferern abzuwarten.

Wie kann dann die inkompatible Netzwerksoftware zweier Lieferanten verwendet werden? Die Netzwerke sollten getrennt eingesetzt werden, und dort, wo Datensätze zwischen beiden ausgetauscht werden müssen, sollte dies über einfache und *locker gekoppelte* Verbindungen erfolgen. Es gibt verschiedene Möglichkeiten, Netzwerke locker zu koppeln. Bänder oder Platten können offline zwischen den Maschinen ausgetauscht werden. Ein Gerät des einen Netzwerkes kann eine standardisierte E/A-Peripherieeinheit eines Computers des anderen Netzwerkes nachahmen. Einfache Start/Stop- oder BSC-Verbindungen können zwischen den verschiedenen Geräten hergestellt werden (mit Unterstützung der Software). Beide Maschinentypen können an ein lokales Netzwerk angeschlossen werden. Unter Umständen kann eine computergesteuerte Nebenstellenanlage für die Protokollumwandlung vorgesehen werden.

Entwicklungslinie

Sowohl die Software als auch die Hardware werden sich wahrscheinlich rasch weiterentwickeln. Obwohl diese Evolution alle Möglichkeiten des Computers verbessert, kann sie die Wartungsprobleme noch erschweren, wenn sie nicht korrekt gehandhabt wird. Um die Probleme zu mindern, haben die meisten Hersteller eine Entwicklungslinie für die Evolution der Systeme ihrer Kunden vorausgeplant. Die Gesamtzeit für die Erstellung eines Computers mit neuer Architektur beträgt im allgemeinen ungefähr sechs Jahre, und die Hersteller planen deshalb ihre Produktreihe einige Jahre im voraus, ohne dies notwendigerweise öffentlich kundzutun.

Wenn ein Verbraucher der Entwicklungslinie eines bedeutenden Lieferanten folgt, werden dadurch normalerweise die Wartungskosten für die Systeme vermindert. Für den Verbraucher zahlt es sich aus, wenn er versucht, die Entwicklungslinie seiner Lieferanten zu erkennen. Je besser er die künftige Entwicklung begreift, desto besser kann er für die Senkung der Wartungskosten Sorge tragen.

Einige Lieferanten, einschließlich der IBM, veröffentlichen ihre zukünftige Produktplanung – abgesehen von einigen allgemeinen Schilderungen – nicht. Der Verbraucher muß somit entscheiden, ob sich ein teilweise blindes Vertrauen in die Entwicklungslinie seines Lieferanten lohnt. Im Falle der IBM *ist* es oft lohnenswert, was die Senkung der Wartungskosten betrifft, doch sind Auswirkungen auf die Anwendungserstellung die Folge, die bewertet werden müssen.

Oft weicht der Verbraucher von der Entwicklungslinie seines Lieferanten ab, ohne die Folgeerscheinungen für die Wartung zu erkennen. Ein

Lieferant kann zum Beispiel komplexe Software für die Verbindung von verteilten Systemen planen, und der Kunde installiert fremde Eingabe/Ausgabe-Prozessoren; bei der Ankunft der neuen Software stellt sich dann heraus, daß sie nicht mit den Prozessoren arbeitet. Der Lieferant kann ein aktives Datenverzeichnis planen, das ein künftiges Datenbankverwaltungssystem, Einrichtungen für die Fernverarbeitung und sehr hoch entwickelte Sprachen steuern soll, doch der Verbraucher installiert ein fremdes Datenverzeichnis, das nicht in dieser Weise eingesetzt werden kann.

Die Planung der Entwicklungslinie sollte mit den Lieferanten besprochen werden, damit später teure Wartungsmaßnahmen vermieden werden.

Planlos kombinierte Systeme

Es ist wünschenswert, die Verflechtung von Hardware- und Softwarekombinationen, die sich jeweils getrennt entwickeln, zu vermeiden. Eine Bank verfügt beispielsweise über einen Großcomputer ohne eigenes Datenbankverwaltungssystem. Das Datenbankverwaltungssystem eines Softwarehauses wird ohne Datenverzeichnis verwendet. Der DFV-Monitor eines anderen Herstellers wird zusammen mit Datenstationen von wiederum anderen Lieferanten verwendet. Diese Kombination ist schwerfällig und birgt viele Softwareprobleme. Jegliche Änderung ist ein Alptraum. Die Manager der mittleren Ebene in dieser Bank waren sehr ungehalten darüber, daß sie die benötigten Anwendungen nicht erhielten und verfolgten fortan die Politik, Mikrocomputer zu implementieren.

Diese mußten jedoch Daten vom Großcomputer abrufen und an den Großcomputer weiterleiten, so daß weitere Systemverbindungen notwendig wurden.

Planlos kombinierte Systeme – Hardware/Software-Kombinationen, die hohe Wartungskosten zur Folge haben – entstehen meist durch das Fehlen einer strategischen Planung. Kasten 12.1 enthält eine Liste von Beispielen für Systemprobleme, die zu teurer Wartung führen, durch hierarchische Planung jedoch vermieden werden können.

Einbeziehung des Topmanagements

Aus zwei wichtigen Gründen muß das Topmanagement in die strategische Planung einbezogen werden.

Erstens verstoßen die Pläne, die erstellt werden, oft gegen die Unternehmenspolitik – sie überschneiden sich in separat verwalteten Bereichen, und Manager der mittleren Ebene neiden sich oft gegenseitig ihren Machtbereich. Ohne Anweisungen des Topmanagements werden alle möglichen Argumente ersonnen werden, um von den Plänen abzurücken.

Kasten 12.1 Beispiele für Systemprobleme, die zu teurer Wartung führen, durch hierarchische Planung jedoch vermieden werden können.

- Die Verbindung von Maschinen untereinander durch Fernübertragung ist schwierig, da sie unterschiedliche Prozeduren für die Leitungssteuerung verwenden.
- Architekturen für Computernetzwerke von verschiedenen Herstellern sind von Grund auf inkompatibel.
- Selbst wenn bei dem Transportnetzwerk Kompatibilität erzielt werden kann, ist die außerhalb des Transportnetzwerkes verwendete Herstellersoftware untereinander vollkommen inkompatibel.
- Verschiedene Arten der Datenbanksoftware sind inkompatibel (auch wenn man die verteilten Datenbanken außer acht läßt).
- Die *Umwandlung* von Dateistrukturen in andere Dateistrukturen oder Datenbankstrukturen ist teuer (manchmal unerschwinglich).
- Die Technologie entwickelt sich rasch weiter, und die Umstellung auf bessere Technologien kann bei verteilten Systemen schwierig sein, wenn sie nicht vorher geplant wurde.
- Selbst wenn die gesamte Software kompatibel ist, können ernste Probleme durch inkompatible Datenfelder und Datenstrukturen aufgrund von unzulänglicher Datenverwaltung in einer Organisation entstehen.
- Datenstationen für die Büroautomation können nicht an Datenverarbeitungseinrichtungen angeschlossen werden.

Zweitens ist es wahrscheinlich, daß das Unternehmen, der Informationsbedarf, die strategische Richtung und die geographischen Lokationen sich verändern. Spitzenmanager wissen am besten, welche Veränderungen wahrscheinlich oder wünschenswert sind. Sie wissen, welche neuen Geschäftsbereiche möglich sind. Sie erkennen die für den Erfolg des Unternehmens ausschlaggebenden Faktoren, die mit der Planung der Informationsressourcen in enger Verbindung stehen.

Genau wie beim ABIC-Versuch des US-Verteidigungsministeriums müssen die Pläne jedes Jahr überprüft und weiterentwickelt werden. ABIC plant sieben Jahre im voraus. Für einige Unternehmen mag eine solche Planung zu langfristig sein, vor allem da die große Geschwindigkeit, mit der die Evolution in der Technologie fortschreitet, die Zukunft noch undeutlicher erscheinen läßt. Fünf Jahre scheinen für die meisten Unternehmen eine angemessenen Zeitspanne zu sein. Die Erstellung der strategischen Infrastruktur benötigt sehr viel Zeit, so daß eine kürzere Zeitspanne als fünf Jahre unter Umständen für die Planung von Netzwerken und verteilten Systemen nicht ausreicht.

Zusammenfassung

Im allgemeinen gilt bei der Erstellung von Systemen, daß die Wartungskosten um so geringer sein werden, je besser das Bild von der Zukunft ist. Die Endbenutzer benötigen, insbesondere wenn sie Sprachen der vierten Generation verwenden, ein hohes Maß an Spontaneität bei der Erstellung von neuen Prozeduren und der Erzeugung von Information. Die Möglichkeiten dazu sind wesentlich besser, wenn die Planung von Netzwerken, Datenstationen und Datensystemen gründlich durchgeführt und sorgfältig implementiert wurde. Die strategische Planung von Informationsressourcen ist ein Vorgang, der die höchsten Managementebenen mit einbeziehen sollte.

13 Bewältigen einer Revolution

Widerstand gegen Änderungen

Grundlegende Änderungen bei Methodologien stoßen auf starken emotionellen Widerstand. Napoleon weigerte sich, an Dampfschiffe zu glauben, obwohl bereits 20 Jahre seit dem Einsatz des ersten Dampfschiffs vergangen waren und obwohl er damit Nelsons Flotte an einem windstillen Tag hinter sich gelassen hätte.

Einige der in diesem Buch besprochenen Methodologien sind ein großer Schritt weg vom traditionellen Programmieren, aber sie werden auf Widerstand stoßen. Viele Programmierer werden sie ablehnen, da sie der gottgegebenen Ordnung zu widersprechen scheinen. Vielen Systemanalytikern werden sie erst gar nicht bewußtwerden, da sie zu sehr mit »Katastropheneinsätzen« beschäftigt sind, um den Einsatz ungeeigneter Methodologien wiedergutzumachen. In vielen Einrichtungen wollen zumindest einige DV-Profis neue Techniken einführen, werden aber daran vom DV-Management gehindert.

Einwand gegen Veränderungen

Viele Führungskräfte im Computerbereich sehen zwar die Gründe für Veränderungen, wissen aber nicht so recht, was sie damit anfangen sollen. Sie haben zu viel in bereits vorhandene Systeme investiert, um jetzt umstellen zu können, oder sie glauben dies zumindest. Das Argument wird immer schwerwiegender, da immer mehr investiert wird, und es immer schwieriger wird die alten Systeme umzustellen.

Dieses Argument ist eine tödliche Falle. Die alten Systeme werden immer schlechter, und die DV ist immer weniger fähig, auf die Notwendigkeit von Änderungen und von neuen Systemen zu reagieren. Neulinge ha-

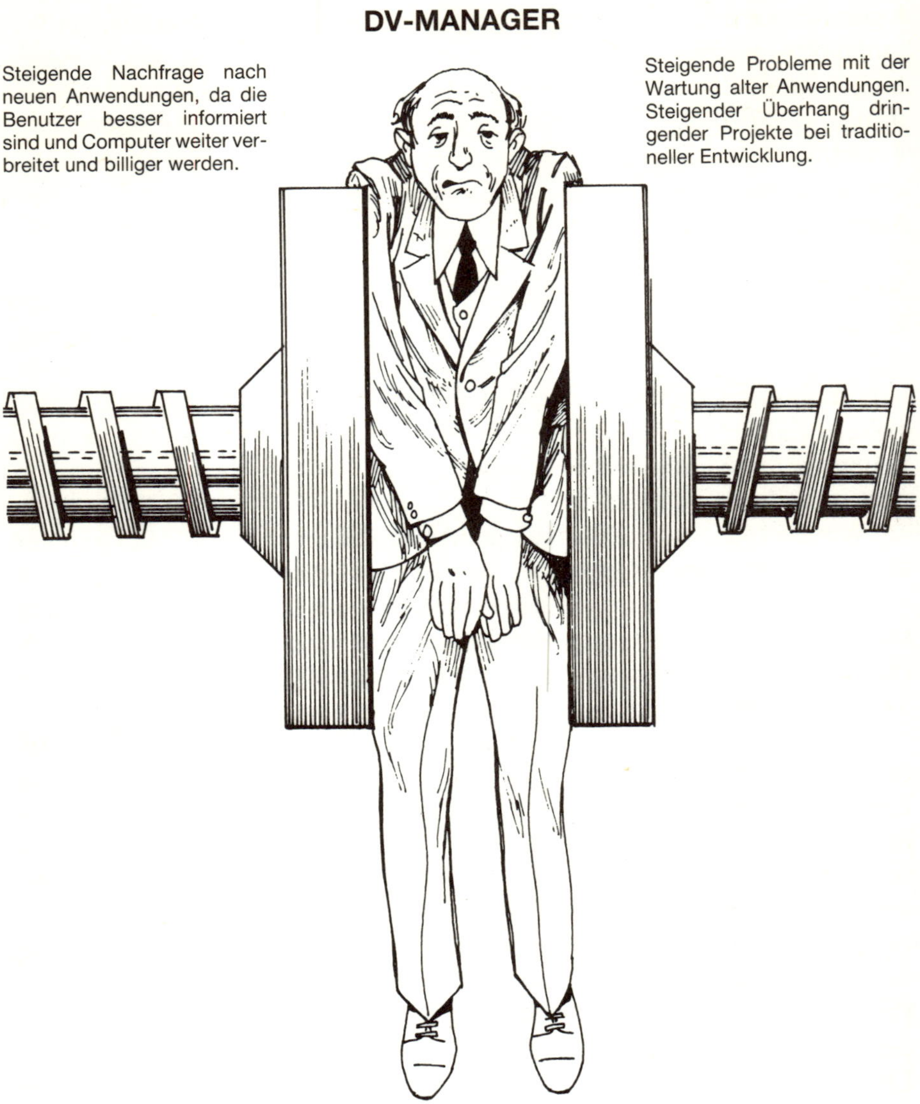

Abbildung 13.1

ben einen riesigen Wettbewerbsvorsprung, wenn sie gleich in leistungsstarke Techniken einsteigen.

Viele DV-Führungskräfte befinden sich in der in Abb. 13.1 gezeigten Zwickmühle. Die Nachfrage nach neuen Anwendungen steigt, da die Endbenutzer immer besser über die Datenverarbeitung unterrichtet sind. Sie haben bereits in der Schule einiges darüber gelernt. Ihre Kinder haben Hobby-Computer. Sie wissen, daß Computer billiger werden, und so überlegen sie, wie bessere Informationen oder der verbesserte Einsatz von Terminals ihnen helfen könnten. Unterdessen muß die überlastete DV-Abteilung immer mehr Zeit für die Wartung alter Systeme und die Abwicklung dringender Projekte aufwenden. Die dringenden Projekte haben enge Termine, so daß es der DV-Manager nicht wagt, mit unerprobten Methoden zu experimentieren. Für kritische Projekte verwendet er weiterhin Methoden, die er kennt und von denen er weiß, daß sie funktionieren.

Neue Entwicklungskanäle

Die Falle aus Abb. 13.1 schnappt immer weiter zu, bis wir ein Gegenmittel finden. Die Lösung für die meisten alteingesessenen Unternehmen liegt in alternativen Entwicklungskanälen, die leistungsstarke Techniken einsetzen. Die neuen Techniken werden bei bestimmten ausgewählten neuen Systemen angewendet, die sich nicht im kritischen Bereich befinden.

Wo grundlegend neue Techniken angewendet werden, empfiehlt sich die Schaffung eines separaten Entwicklungsteams. Wir werden es als »Team für fortgeschrittene Entwicklung« bezeichnen. Der Teamleiter sollte DV-Erfahrung haben und Experte für die neuen Techniken sein. Das Team kann großenteils aus Berufsanfängern bestehen, da diese neue Techniken schnell lernen.

Die Systementwicklung in großen Unternehmen kann nicht von heute auf morgen von herkömmlichen Methoden auf grundlegend neue Techniken umgestellt werden. Diese müssen schrittweise eingeführt werden und ihren Platz unter anderen leistungsstarken, neuen Einrichtungen finden, wie Abfragesprachen, Berichtsgeneratoren, Anwendungsgeneratoren und Sprachen, die für Endbenutzer entwickelt wurden.

Der Einsatz neuer Methoden sollte nicht als Forschungsarbeit gewertet werden. Er sollte vielmehr als Erstellen von Anwendungen mit höherer Produktivität angesehen werden. Hat das Team an der Wand die Aufforderung »DENKEN!« hängen, ersetzen Sie sie durch »FERTIGSTELLEN!« Das Ziel besteht darin, bestimmte Anwendungen auszuarbeiten und die daraus resultierende Produktivität zu *messen*. Stellt es sich heraus, daß die neue Methode besser funktioniert als die alte, können weitere Anwendungen auf diese Entwicklungsform umgestellt werden.

Es ist beabsichtigt, daß dieses Team für fortgeschrittene Entwicklung wächst, die besten Methoden findet und sie bei einer steigenden Anzahl von Systemen anwendet. Das traditionelle Entwicklungsteam sollte nach und nach zu neuen Techniken übergehen. Sobald alte Systeme zu teuer in der Wartung werden oder größere Änderungen erforderlich werden, erfolgt eine Umstrukturierung mit leistungsstarken Methoden.

Informationszentren

In den meisten Unternehmen ist es heute wünschenswert, daß Informationszentren eingerichtet werden (wie in Kapitel 7 beschrieben), um damit die benutzergesteuerte Datenverarbeitung zu fördern, zu unterstützen und zu kontrollieren. Dies ist eine andere Art Kanal für die Systementwicklung, mit dem der DV-Überhang der traditionellen Entwicklung bewußt umgangen wird.

Die Software und die Methodologien, die für Informationszentren, benutzergesteuerte Datenverarbeitung und Hilfen zur persönlichen Entscheidungsfindung geeignet sind, unterscheiden sich von denen, die sich für routinemäßige Hochleistungscomputereinsätze eignen. Die Leitung eines Informationszentrums muß sich grundlegend von der eines Teams für fortgeschrittene Entwicklungen unterscheiden, das Produktionssysteme, Routineanwendungen oder Systeme mit komplexer Logik erstellt. Der Entwicklungskanal des Informationszentrums sollte von dem des Teams für fortgeschrittene Entwicklung getrennt sein. Das Informationszentrum unterstützt die Adhoc-Entwicklung durch den – oder in Zusammenarbeit mit dem – Endbenutzer; das Team unterstützt die Entwicklung durch DV-Profis.

Drei Kanäle

Ein MIS-Manager (MIS = Management Information System) kann seine Organisation in drei Bereiche aufteilen (siehe Abb. 13.2). Er kann einen Manager einsetzen, dem alle Informationszentren unterstehen, und einen anderen, der die Verantwortung für alle Teams für fortgeschrittene Entwicklung trägt.

Ziel sollte es sein – wegen der bereits besprochenen Probleme –, immer weniger auf traditionelle Art zu programmieren und schließlich nur noch neue Methoden einzusetzen. Dies wird in herkömmlichen DV-Abteilungen viel Zeit in Anspruch nehmen, da viele bestehende Programme gewartet oder umgewandelt werden müssen und da es schwierig ist, die Mitarbeiter dieser Abteilungen dazu zu bringen, neue Methoden anzunehmen.

Die in Abb. 13.2 gezeigten Bereiche sollten miteinander in Wettbewerb stehen. Die Abteilung, die die besten Ergebnisse liefert, sollte am meisten gefördert werden. Die Abteilungen, die langsame, teure, starre oder nicht zufriedenstellende Ergebnisse bringen, sollten nach und nach ersetzt werden.

Ein DV-Manager, der nicht einen bestimmten Teil seines Budgets in Methodologien steckt, die zu rascherer Entwicklung und höherer Automation führen, bringt sich selbst um die Chance, der langsam zuschnappenden Falle in Abb. 13.1 zu entkommen.

Schwierigkeiten beim Ablegen alter Methoden

Es gibt einen Aspekt bei leistungsstarken neuen Sprachen und Techniken, der für den DV-Profi etwas alarmierend ist. Schulabgänger lernen und beherrschen die neuen Techniken oft schneller als viele etablierte Programmierer. Dieses Phänomen wurde bei vielen Anwendungsgeneratoren und Sprachen der vierten Generation beobachtet und gemessen. Bei IBM wird ADF intensiv für die interne DV-Entwicklung eingesetzt. Bei vielen ADF-Anwendern wurden Leistungsmessungen durchgeführt, die ergaben, daß Schulabgänger im Durchschnitt wesentlich besser abschnitten als erfahrene Programmierer. Mitarbeiter von National CSS bezeichnen manchmal die NOMAD-Programme, die von eingefleischten COBOL-Programmierern geschrieben wurden, als »NOBOL«-Programme. Die COBOL-Programmierer, die in COBOL-artigen Ausdrücken denken, verwenden die leistungsstarken, aber andersgearteten Konstruktionen der NOMAD-Sprache nicht. Mit HOS haben DV-Laien überraschend schnelle Ergebnisse bei der Erstellung nachweislich korrekter Programme erzielt, während erfahrene Programmierer diese Technik oft als benutzerunfreundlich beschreiben, da sich ihre schwer erarbeitete Erfahrung mit Schleifen, Verzweigungen, Testhilfetechniken, usw. nicht auf das neue Instrumentarium anwenden läßt.

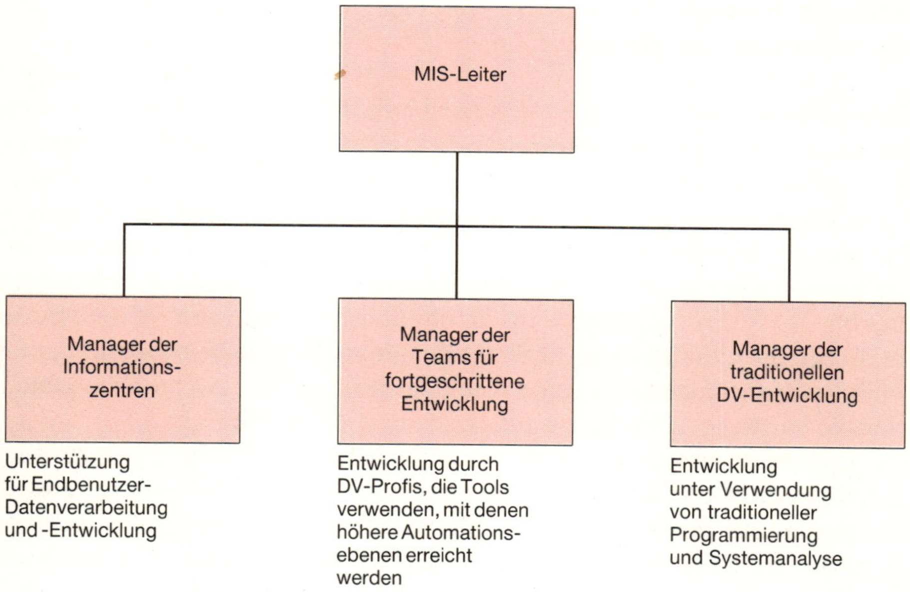

Abbildung 13.2 Drei getrennte Entwicklungskanäle

Die neue Entwicklungssoftware erfordert einen neuen Zugang zum System. Der erfahrene Programmierer oder Analytiker muß viele seiner momentanen Denkschemata ablegen. Er hat jedoch viel verwertbare Erfahrung, und so ist es für ihn eine Herausforderung, sein Wissen in die Arbeit mit einer Methodologie zu stecken, die ihm weit mehr Leistung bietet. Er muß sein hart erarbeitetes Systemdesign-Wissen beiseite schieben und in die Zukunft denken. Die neuen Techniken sind einfacher als konventionelles Programmieren, sobald man sich mit ihnen vertraut gemacht hat.

Anhang II-E ist ein Manifest für Programmierer. Sie sollten an ihre berufliche Karriere denken und sich dazu entschließen, durch Erlernen neuer Techniken ihre Leistungsfähigkeit so weit wie möglich zu stärken. Dies setzt aber die Bereitschaft voraus, viel Neues zu lernen. Einige der besten Programmierer neuer Sprachen wie RAMIS oder FOCUS, die der Autor getroffen hat, waren ehemals COBOL-Programmierer, die sich die neuen Techniken gewissenhaft angeeignet haben. Ihre Erfahrung gibt ihnen eine breitere Verständnisbasis, als Neulinge sie haben, und gibt ihnen die Möglichkeit, Fehler zu vermeiden. Wenn Firmen Anwendungsgeneratoren oder neue Arten von Software für die Anwendungsentwicklung ausprobieren, sollten sie sich des Kulturschock-Phänomens bewußt sein und der Schwierigkeiten, die erfahrene Programmierer und Analytiker mit dem Ablegen alter Techniken haben. Für neue Entwicklungsarten sollte eine Firma Mitarbeiter auswählen, die das Talent besitzen, sich neue Techniken rasch anzueignen, und Schul-/Studienabgänger – wenn möglich von Wirtschaftsuniversitäten – mit ihnen zusammenarbeiten lassen.

Schul-/Studienabgänger

Die Änderung in der DV-Kultur kann dann am schnellsten durch Einrichten getrennter Entwicklungskanäle erreicht werden, wenn viele Schul-/Studienabgänger beschäftigt werden, die stark motiviert sind, neue Techniken zu erlernen und durch ihren Einsatz möglichst schnell Ergebnisse zu erhalten. Diese neuen Kanäle sollten von einem ausgesprochen neuerungsfreudigen DV-Profi geleitet werden, der fähig ist, die neuen Methoden zu verstehen, sie funktionstüchtig zu machen, und der sich ihrer Gefahren bewußt ist. Manchmal schlägt ein Projekt nach Jahren der Anstrengung fehl, weil die Software für die Anwendung ungeeignet ist oder nicht die erforderliche Systemleistung erbringt. Manchmal werden bei schneller Entwicklung die erforderlichen Kontrollen ignoriert, wie z.B. Sicherheitskontrollen, Prüfpunkte, Integritätskontrollen oder Revisionsfähigkeit. Erfahrung und Fachwissen sind nötig, um diese Gefahren zu erkennen und zu vermeiden. Eine Kombination aus innovativer und erfahrener Führung und kreativem, jungem, unverbrauchtem Talent ist erforderlich.

Die kreative Komponente zum Einsatz der neuen Software kommt oft vom Endbenutzer. Die Leiter der neuen Kanäle sollten ihre Augen nach Benutzern mit diesem Potential offenhalten.

Revolutionen kommen von außen

In vielen der spektakulärsten Fallstudien, die der Autor untersuchte, stellte es sich heraus, daß die Einführung von grundlegend neuen DV-Methoden meist von außerhalb der DV-Abteilungen kam. Die Endbenutzer haben Wege gefunden, dringende Probleme mit neuen Methoden zu lösen.

Betrachtet man die Geschichte von Revolutionen im allgemeinen, so stellt man fest, daß drastische Veränderungen normalerweise nicht vom Establishment ausgehen. Revolutionen kommen im Regelfall von außen. Mönche lösen keine Klöster auf.

Kein Mitglied der Dampfmaschinenindustrie war interessiert an Design oder Einführung von Elektromotoren. In den USA gab es einen großen und erfolgreichen Industriezweig, der elektronische Vakuumröhren herstellte. *Keines* dieser großen Unternehmen spielt eine wesentliche Rolle in der Halbleiterindustrie, die die Vakuumröhre verdrängte. Kein einziges Mitglied einer Telefongesellschaft war an Design und Einführung der ersten DATEX-P-Netze (Arpanet und Telenet) beteiligt. Die ersten Sprachen der vierten Generation kamen nicht von den Computer-Herstellern, die riesige Abteilungen für Programmiersprachenforschung haben.

Die etablierten Unternehmen können sich schnell der Revolution anpassen, sobald diese ein *fait accompli* darstellt. Firmen mit Werkzeugmaschinen, die von Dampfmaschinen betrieben wurden, kauften Elektromotoren. Die riesige Telefongesellschaft GTE kaufte den DATEX-P-Hersteller Telenet auf. DV-Abteilungen schließen sich manchmal an Systeme an, die von Benutzern entwickelt wurden, oder gliedern diese ein.

Ein MIS-Leiter, der grundlegende Änderungen vornehmen will, könnte Leute von außerhalb einstellen, die sich die Fähigkeit angeeignet haben, Ergebnisse mit neuen Sprachen und Instrumenten schnell und kompetent zu erzielen. Er sollte zur Kenntnis nehmen, daß das Topmanagement in bestimmten Fällen den MIS-Leiter durch gleiche Maßnahmen ersetzt oder umgeht.

Fallstudie einer DV-Revolution

Ein besonders spektakuläres Beispiel für eine Revolution im Systembereich ist die amerikanische Eisenbahngesellschaft Santa Fe Railroad. Santa Fe ist eine Eisenbahngesellschaft mit einem Streckennetz von 12 000 Meilen, fast 2000 Lokomotiven, 66 500 Waggons und 34 000 Angestellten. Die Jahreseinkünfte übersteigen 2 Milliarden Dollar.

In den siebziger Jahren nahmen die »Huckepack«-Transporte rapide zu. Dabei werden Lastwagen-Anhänger auf flache Güterwagen verladen und per Bahn transportiert. Damit wird Kraftstoff gespart. Um in diesem lukrativen Geschäft zu bleiben, muß die Eisenbahn einen gleichbleibend exzellenten Service bieten; andernfalls kehrt der Transport wieder auf die Straße zurück. Huckepack-Verkehr erzeugt Unmengen von Schreibarbeit. Der Frachtbahnhof Corwith in Chicago ist die größte Huckepack-Verladestelle weltweit, und die Schreibarbeiten dort nahmen katastrophale Ausmaße an. Corwith ist nicht viel kleiner als die weltgrößten Terminals für Containerverschiffung, wie Rotterdam oder San Francisco. Zu Spitzenzeiten fahren alle 50 Minuten Züge ab, und oft liegt nur eine Stunde zwischen der Ankunft des Lastzuges an der Kontrollstation und der Abfahrt des Zuges. Es war fast unmöglich, in dieser Zeit 100 Begleitscheine auszufüllen. Die Begleitscheine mußten über Fernschreiber zu einem Zentralcomputer in Topeka, Kansas, geschickt werden. Die Begleitscheine aus Chikago trafen im Rechenzentrum oft nur wenige Stunden vor der Ankunft des Zuges in Los Angeles oder San Francisco ein.

Die Frachtbriefe mußten nach Abfahrt des Zuges auf die Begleitscheine abgestimmt werden. Es konnte vorkommen, daß ein Angestellter den Frachtbrief bearbeitete und ein anderer den Begleitschein, aber keine richtige Abstimmung erfolgte. Ablage- und Suchprozesse nahmen riesige Ausmaße an. Als Corwith in Administration erstickte, wurde die Eisenbahn wegen falscher Abrechnungen der Lagerkosten mit hohen Geldstrafen von der Interstate Commerce Commission belegt.

Der Frachtverkehr nahm rapide zu. Es war klar, daß andere Frachtbahnhöfe bald Probleme in der gleichen Größenordnung wie Corwith haben würden. Die Einstellung zusätzlicher Angestellter vergrößerte das Problem der Abstimmung der riesigen Papierstapel.

Während Corwith in Papier erstickte, ging die Datenverarbeitung in Programmierproblemen unter. Ein neuer, supermoderner Verladebahnhof wurde in Barstow, Kalifornien, errichtet; er ist vollständig computergesteuert. Angesichts der riesigen Kosten war die DV-Abteilung der Santa-Fe-Gesellschaft gezwungen, alle Beteiligten zur termingerechten Fertigstellung der jeweiligen Programme anzuhalten. Es wurden traditionelle Analyse- und Programmiermethoden verwendet. Wie viele andere hatte die DV-Abteilung mehr als alle Hände voll zu tun.

Corwith stellte ein Krisenkomitee zusammen, das OX-Komitee, das sich mit diesen Problemen beschäftigen sollte. Es setzte sich aus vier Mitarbeitern zusammen:

- Einem Buchhalter
- Einem Mitarbeiter für den Bereich Frachtzugbetrieb, mit Erfahrungen in der Unternehmensforschung, aber ohne DV-Erfahrung
- Einem Management-Trainee
- Einem Organisationsleiter in Corwith

Die beiden ersten interessierten sich für neue Software von Univac, genannt MAPPER, die sich zu diesem Zeitpunkt noch auf einer frühen Entwicklungsstufe befand. MAPPER ist ein Online-System, mit dem der Benutzer Dateien und Berichte erstellen und Prozeduren an Bildschirmstationen durchführen kann. MAPPER verwendet eine relationale Datenbank, die sich der Endbenutzer als eine Serie elektronischer Ablagen vorstellen kann. Der Benutzer kann die Dateien und Dateneingabebildschirme entwerfen, Daten mischen, sortieren und suchen, Berechnungen durchführen sowie Berichte und Druckausgaben erzeugen.

Die Santa-Fe-Gesellschaft verwendete damals nur IBM Computer und die DV-Abteilung sah keinen Grund dafür, ein damals unerprobtes Softwaresystem mit zu übernehmen, das auf einem revolutionären Konzept auf der Hardware einer fremden Zulieferfirma basierte. So stieß die Endbenutzergruppe auf Ablehnung und wurde nicht unterstützt. Sie besorgte sich den billigsten Computer, auf dem MAPPER ausgeführt werden konnte, ein gebrauchtes System 1106. Sie waren sich selbst überlassen!

Die erste Anwendung, die diese Benutzergruppe erstellte, war ein System für das Rechnungswesen. Da es aber die Rechnungsschreibung in der kritischen Stoßzeit zu sehr verzögerte, wurde es nach fünf Tagen wieder aufgegeben, und die Sachbearbeiter kehrten zur manuellen Methode zurück.

Univac nahm einige Änderungen an der Software vor. Desaster wie fatale Speicherbelegungen mußten vermieden werden. Die Systemdesigner arbeiteten an einer besseren Methode zur Dateiaktualisierung. Die Sachbearbeiter wurden besser geschult. Ein zweiter Versuch wurde fünf Wochen nach dem ersten durchgeführt. Dieses Mal war er erfolgreich, und die Schreibmaschinen für die manuelle Rechnungserstellung wurden für immer in den Keller verbannt!

Das war der Anfang einer Entwicklung, die eine der spektakulärsten DV-Erfolgsgeschichten der Welt werden sollte. Innerhalb von 17 Monaten wurde von einem Endbenutzer-Team, bestehend aus maximal vier ganztagsbeschäftigten Mitgliedern, jede Sachbearbeiterfunktion in Corwith auf Computerbetrieb umgestellt. Keiner dieser Benutzer konnte auf frühere DV-Erfahrungen zurückgreifen. Inzwischen arbeiteten auf dem neuen Bahnhof in Barstow 20 ganztagsbeschäftigte professionelle Programmierer zwei Jahre lang, um nur eines der vielen in Corwith entwickelten Systeme – das Frachtbahnhofsystem – fertigzustellen.

Die Corwith-Anwendungen wurden an viele andere Frachtbahnhöfe im ganzen Land weitergegeben. Andere Endbenutzer, die diesen Erfolg beobachteten, entwickelten eigene Wege, um ihre Probleme mit MAPPER zu lösen. Eine Vielzahl von Management-Berichten wurde erstellt. Die Marketing-Mitarbeiter mußten jedes Jahr ein Quellenverzeichnis für die Vertriebsbeauftragten im Feld erstellen, in dem die wichtigsten Kunden der Eisenbahngesellschaft Santa Fe aufgezeigt wurden, mit Angaben zur Ladung, wo das Volumen zunahm oder geringer wurde, etc. Dies war üblicherweise ein Dreimonatsprojekt, bei dem ein Textprozessor zum Erstellen von Hunderten von Seiten verwendet wurde. Die Benutzer fanden heraus, wie man dies mit MAPPER bewältigen konnte, und nun dauerte dieses Projekt ca. eine Woche.

Ein paar Jahre nach dem Start verfügte das System über ca. 2000 Bildschirmstationen und 800 Drucker. Täglich werden ungefähr 60 Millionen Eingabe-/Ausgabeoperationen und 600 Millionen Berichtszeilen erstellt. Benutzer initiieren ca. 420 000 Prozeduren täglich. In Spitzenzeiten führt das System ca. 100 Transaktionen pro Sekunde durch.

Die Fehlerrate bei der Eingabe von Begleitscheinen fiel in Corwith von 3% auf 0,2% (das entspricht einem Fünfzehntel der vorherigen Rate). An das System wurden Terminal-Mikrocomputer angehängt, damit wichtige Funktionen auch dann durchgeführt werden konnten, wenn das Zentralsystem oder die Datenfernverarbeitung versagte.

Die Anwendungen, die von Endbenutzern entwickelt wurden, nahmen zu dem Zeitpunkt, zu dem sie geschrieben wurden, sechs der größten Großrechner von Univac (1100/82) und viele Mikrocomputer-Terminals in Anspruch, wogegen die Anwendungen der DV-Abteilung ein IBM-System 3033 und ein Amdahl System V8 benötigten.

Die in Corwith abgewickelte Fracht verdoppelte sich nach der Installation der Anwendungen, wobei die Anzahl der in der Administration beschäftigten Mitarbeiter nicht erhöht wurde. Die Standardmessung für Produktivität ist Tonnenkilometer/Arbeitsstunde-Umsatz. In den fünf Jahren vor der Einführung des Systems stieg dieser Index um 13%, in den fünf Jahren danach um 28%. Diese Steigerung war zum Großteil auf Anwendungen zurückzuführen, die von Benutzern entwickelt wurden. Ein Wall-Street-Analytiker gab in einem Bericht an, daß das System den Aktienwert praktisch um 1,50 US-Doller erhöht hatte.

Kreativität

Es gibt noch viele andere Beispiele für Benutzer, die ihre eigenen Probleme mit der Datenverarbeitung lösen. Sie sind in ihrer Art sehr unterschiedlich. Viele sind kompliziert, interessant und unterscheiden sich von der traditionellen DV. Die traditionellen DV-Sprachen (COBOL, PL/1, FORTRAN und Assembler) werden so gut wie nie verwendet. Dies ist einer der heute wertvollsten Trends im Einsatz von Computern.

Viele der wichtigsten Beispiele für Benutzer-Datenverarbeitung sind Geschichten einer Rebellion. Wie im Fall der Gesellschaft Santa Fe wären sie nie passiert, wenn man sich strikt an die DV-Richtlinien gehalten hätte, genauso wie der Elektromotor nie von der Dampfmaschinenindustrie erfunden worden wäre. Weitere neue, technologische Anwendungsmöglichkeiten entstehen in Umgebungen, wo Unternehmungsgeist gefördert wird und Rebellen nicht unterdrückt werden. Rebellen, Unternehmer und Erfinder wirken oft weltfremd auf die Gesellschaft. Mitarbeiter von Entwicklungsabteilungen großer Firmen lachten über Jobs und Wasniac, als diese den ersten Apple-Computer in ihrer Garage bauten. Anderson und Sheppard, die Initiatoren des Santa-Fe-Projekts meinen, dieses Projekt wäre deshalb entstanden, weil sie viel zu wenig Ahnung von DV hatten, um zu wissen, daß es als unmöglich galt.

Kreativität entsteht dort, wo wir die Rebellen freisetzen. Dieser Schaffensdrang braucht jedoch viel Unterstützung. Erfindung ist 1% Eingebung und 99% Schufterei. Endbenutzer, die Computer zur Lösung ihrer Probleme einsetzen wollen, brauchen Schulung, Unterstützung, Kapital und Hilfsmittel. Erstellen sie große Anwendungen, wie im Fall von Santa Fe, benötigen sie ein professionelles Design der Hardware-Konfiguration, Netze, Datenbanken, etc. Endbenutzer können beim Erstellen von Systemen alle Arten von Fehlern machen – manchmal allerdings kostspielige Fehler.

Kreative Partnerschaft

Die Bewältigung dieser Probleme erfordert eine kreative Partnerschaft. Benutzer sollten dazu aufgefordert werden, Lösungen für ihre Probleme zu finden, und die DV-Profis sollten bei der Ausarbeitung effizienter und tatsächlich einsatzfähiger Lösungen behilflich sein.

Das Informationszentrum ist ein Mechanismus für diese kreative Partnerschaft. Manchmal vertreten die Benutzer jedoch die Meinung, daß das Informationszentrum an einen »Benutzerleiter« berichten sollte (s. Abb. 13.3), und nicht an einen DV-Leiter (wie in Abb. 13.2). Die DV-Abteilung wird manchmal mit Problemen assoziiert, und das Zentrum, das die Datenverarbeitung durch den Benutzer unterstützt, sollte sich außerhalb der

DV-Abteilung befinden, d. h. weg von diesen Problemen. Es sollte ihm freistehen, die Hardware – oft Mini- oder Mikrocomputer – zu wählen, die vom Zentralcomputer und seinem Heer von Systemprogrammierern unabhängig ist.

Diese Ansicht wird stark unterstützt von den Computerlieferanten, deren Systeme in der DV-Abteilung nicht vertreten sind. Andere Lieferanten sehen den einzigen Weg, ihre Hardware einer Firma zu verkaufen, deren DV-Abteilung vom IBM Systemen dominiert wird, darin, direkt an die Endbenutzer zu verkaufen und für die Organisationsform in Abb. 13.3 einzutreten.

Für die Organisation in Abb. 13.2 spricht, daß das Informationszentrum an die Datenverwaltung, die Netze und Informationsquellen, die die DV-Abteilung plant und kontrolliert, angeschlossen sein muß. Damit dies gut funktioniert, muß der MIS-Leiter in Abb. 13.2 das Informationszentrum so führen, daß ein hohes Maß an Kreativität möglich ist und so revolutionäre Entwicklungen wie die Geschichte von Santa Fe stattfinden können.

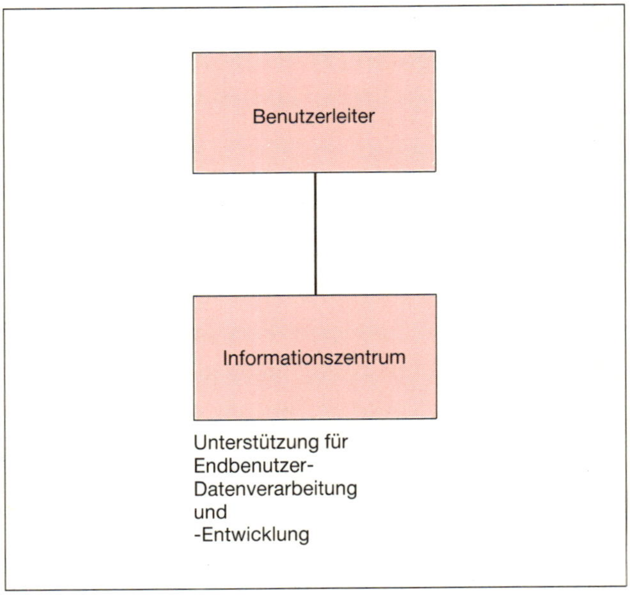

Abbildung 13.3 Es wird manchmal die Meinung vertreten, das Informationszentrum sollte nicht Teil der DV-Abteilung sein und nicht, wie in Abb. 13.2 gezeigt, an einen gemeinsamen Leiter, sondern an einen eigenen »Benutzerleiter« berichten.

Benutzer mit Pioniergeist

Wir schaffen Veränderungen in der Kultur. Die neuen DV-Entwicklungsmethoden stellen eine Kulturveränderung für Analytiker und Programmierer dar. Das Büro der Zukunft ist eine Kulturveränderung für Management und Verwaltungsangestellte. Datenverarbeitung, die vom Benutzer selbst erstellt wird, ist eine Kulturveränderung für alle Beteiligten.

Die meisten Leute wünschen keine Veränderungen ihrer Kultur. Sie ziehen bekannte Verfahren vor, bei denen sie sich bequem entspannen können. Einige Leute in fast jedem Umfeld sind allerdings abenteuerlustiger. Sie wollen ihre Grenzen kennenlernen, neue Ideen ausprobieren und neue Methoden versuchen. Um eine Kulturveränderung herbeiführen zu können, müssen diese Leute ausfindig gemacht werden. Gewöhnlich ist es klar, wo sie zu suchen sind.

Diese Pioniere werden die neuen Systeme testen, werden versuchen, sie anzupassen, und es macht ihnen Spaß, neue Wege zu gehen. Sie können motiviert werden, diese neuen Ideen in der Praxis zu verwirklichen, und oft begeistern sie sich daran. Sie sind stolz darauf, sich selbst für Pioniere halten zu können. Sie stehen in scharfem Kontrast zu der anonymen Masse der Leute, die keine Pionierarbeit leisten wollen.

Das Management sollte Pilotprojekte mit diesen »Pionieren« starten. Sind diese nicht aufs erste erfolgreich, kann das Management mit diesen Pionieren Änderungen ausarbeiten. Funktionieren sie, werden sie der nächsten Ebene der Kulturveränderer vorgestellt, den Benutzern mit etwas weniger Pioniergeist, und dann denen mit noch weniger Pioniergeist, etc. Und schließlich werden auch die konservativsten, wenn auch zögernd, zur Überzeugung kommen, daß auch sie sich anpassen müssen, da ihre Kollegen dies bereits getan haben. Nur der Druck der Masse setzt sie in Bewegung.

Motivation

Revolutionen sind geprägt durch starke Motivation; andernfalls würde man die Risiken nicht eingehen. Manchmal geht die Motivation von einer leidenschaftlichen oder sehr ungewöhnlichen Persönlichkeit aus. Oft entsteht sie, weil der Status quo unerträglich ist. Beim Beispiel der Gesellschaft Santa Fe führte das sich stetig verschlimmernde Verwaltungschaos in Corwith zu verzweifelten Maßnahmen. Manchmal kommt es zu einer Revolution, weil die Personen, die die Macht innehaben, indifferent, arrogant und tyrannisch sind oder weil man mit ihnen nicht kommunizieren kann. In der Verzweiflung sagen sich Endbenutzer: »Zum Teufel mit der Datenverarbeitung«, und gehen ihre eigenen Wege.

Will das Management eine Revolution herbeiführen, so muß es motivieren. Mit gutdosierter psychologischer Motivation können die erforderlichen Änderungen gelenkt werden. In vielen der aggressivsten Beispiele für eine Hinwendung zu revolutionären Methodologien kann man die bewußte Motivation einzelner feststellen. Diesen Einzelpersonen wird gesagt, sie würden Geschichte machen. Ein »Benutzer des Monats« kann monatlich gewählt und sichtbar für seine Neuerungen geehrt werden. Die Besten werden ihrem Erfolg entsprechend bezahlt. Die besten Teilnehmer werden in einen Elite-Klub aufgenommen, der an einem mondänen Ort ein jährliches Symposium abhält. Eine Atmosphäre des Anreizes wird erzeugt, in der Teilnehmer extrem hart arbeiten, um ihre Welt zu verändern.

Direktiven für einen alternativen Zugang zu spezifischen Bedürfnissen

Das DV-Personal wird nicht notwendigerweise aus eigenem Antrieb zu neuen Methoden überwechseln. Die alten Methoden sind zu tief verwurzelt. Ein erstklassiger DV-Leiter eines Unternehmens, mit einem Budget von 18 Millionen US-Dollar, wohnte einem Seminar des Autors bei. In seiner Organisation wurden ausschließlich Sprachen der dritten Generation verwendet, vor allem COBOL. Er entschloß sich dazu, einige der schrittweisen Produktivitätsänderungen anzustreben, die der Autor beschrieb.

Er setzte im gesamten Bereich eine Betriebsführung durch Zielvorgabe ein und änderte rasch die Zielsetzungen des *gesamten* DV-Personals dahingehend, daß ihr höchstes Ziel nun darin bestand, ein Projekt zu finden, bei dem Anwendungsgeneratoren oder Sprachen der vierten Generation zu dem Zweck eingesetzt werden konnten, die Entwicklungsproduktivität beträchtlich zu steigern. Dies wurde zum obersten Ziel für jeden DV-Mitarbeiter gemacht. Auch wenn für ihr eigenes Projekt dann kein Bedarf mehr bestand, sollten sie für die Initiierung eines derartigen Projektes die beste Beurteilung erhalten. Diese hohe Einstufung wirkte sich direkt auf Lohnerhöhungen und Aufstiegsmöglichkeiten aus.

Das Ergebnis war gleich Null! In der gesamten riesigen Organisation wurden keine derartigen Projekte durch DV-Personal eingeführt.

In der Zwischenzeit hatten Endbenutzer, die Probleme hatten, weil sie die benötigten Anwendungen nicht erhielten, RAMIS II entdeckt, eine angemessen benutzerfreundliche Sprache der vierten Generation. Die Kultur der Anwendungsentwicklung mit RAMIS II verbreitete sich wie ein Fieber in großen Endbenutzerbereichen. Die Produktivität von RAMIS II beim Erzielen von Resultaten war um 1000% höher als bei herkömmlichen DV-Großprojekten.

Bei vielen der spektakulärsten Fallstudien kam die Einführung grundlegend neuer DV-Methoden von außerhalb der DV-Abteilung. Die Endbenutzer haben Wege gefunden, dringende Probleme mit den neuen Methoden zu lösen.

Ein DV-Manager, der die DV-Methoden ändern will, muß sehr viel direktere Maßnahmen ergreifen, als nur die Zielvorgaben zu ändern. Er muß passende Projekte ausfindig machen, die mit neuer Software entwickelt werden können, die Software auswählen und die geeigneten Personen damit beauftragen, sich die Software zum Erstellen der betreffenden Anwendungen anzueignen und diese einzusetzen. Anstatt zu sagen: »Wir müssen unsere Methoden ändern«, muß er sagen: »Projekt X wird mit Software Y entwickelt, verantwortlich dafür ist Z, und der Fertigstellungstermin ist wie folgt . . .«

Oft wird er einen Assistenten benötigen, der die Software und die Projekte auswählt.

Einschränken leistungsschwacher Entwicklung

Das Ziel der Organisation in Abb. 13.2 liegt darin, die zwei linken Kanäle so lange anwachsen zu lassen, bis sie die gesamte Anwendungsentwicklung übernehmen. Der rechte Kanal – die traditionelle COBOL- oder PL/1-Entwicklung – sollte so weit reduziert werden, daß er sich auf die Wartung der Systeme beschränkt, die noch nicht umgestellt wurden. Da diese Wartung teuer ist, sollten Systeme, die viel Wartung erfordern, mit neuen Methoden neu entwickelt werden.

Ein Problem bei der Organisation in Abb. 13.2 ist der Kampfgeist des Managers des rechten Kanals, der seinen Bereich dahinschwinden sieht. In den meisten Bereichen menschlicher Anstrengungen ist es manchmal erforderlich, einen Manager mit dem Rückzug zu betrauen.

Dies kann eine wichtige und verantwortungsvolle Aufgabe sein. Die Truppen brauchen manchmal einen General, der den Rückzug befiehlt. Der Leiter des rechten Kanals in Abb. 13.2 muß einsehen, daß dies seine eigentliche Aufgabe ist. Er muß motiviert sein, den Rückzug gut zu leiten, und muß entsprechend entlohnt werden. Einige DV-Manager ziehen diese Stellung vor, weil sie etwas leiten können, wovon sie etwas verstehen. Ein Manager, der nur noch fünf Jahre bis zur Pensionierung hat, kann darin einen relativ angenehmen Abschluß seiner Karriere sehen.

Das Problem besteht bei vielen Unternehmen darin, daß der Manager der traditionellen DV-Abteilung nicht darüber informiert wird, daß er einen Rückzug leiten soll, und nicht entsprechend motiviert wird. Er klammert sich an sein »Reich« und bewirkt damit, daß die traditionellen Methoden und ihre Probleme fortbestehen.

Die Alternative zum Abbau des rechten Kanals ist, ihn auf wesentlich produktivere Methoden umzustellen. Das Verhältnis der durch die drei

Bereiche in Abb. 13.2 und deren Mitarbeiter erzielten Ergebnisse sollte für alle sichtbar veröffentlicht werden. Dies veranlaßt die Mitarbeiter des rechten Kanals, die leistungsstarken Instrumentarien zu fordern. Sie müssen auf diese Weise motiviert werden, um ihre eigene Produktivität zu steigern. Ohne diesen sichtbaren Wettstreit tendiert die rechte Gruppe dazu, sich mit den alten, langsamen Methoden zufriedenzugeben.

Teil II DIE ZUKUNFT

Mit freundlicher Genehmigung der Treuhänder des Britischen Museums reproduziert.

14 Unternehmer, die reich werden

Die Gelegenheit

Die Computer-, Mikroelektronik- und Software-industrie hat vielen Leuten zu einem Reichtum verholfen, der die Grenzen des Erträumten übersteigt. Manchmal, wenn diejenigen, die es geschafft haben, sich zu später Stunde in einem Nachtclub treffen, nennen sie ihren Kollegen eine Zahl, die eine Potenz von 10 darstellt, um ihr geschätztes Vermögen auszudrücken. Es gibt Tausende von 6ern, mehrere hundert 7er, reichlich 8er und mindestens dreimal die 9. Einige dieser Leute arbeiten für IBM und andere führende Computerhersteller. Die meisten sind Unternehmer oder arbeiten für kleinere Unternehmen, in welchen sie maßgeblich an der Entwicklung beteiligt waren. Allein Apple brachte einige hundert Sechserpotenzen hervor.

Im Laufe der nächsten 10 Jahre werden die unternehmerischen Möglichkeiten in der Informationstechnik die der letzten 10 Jahre übersteigen. Der betroffene Leser sollte sich fragen, ob er sich weiterhin mit einer Fünferpotenz zufriedengibt.

Neue Trends

In der Computertechnologie zeichnen sich wahrhaft enorme Veränderungen ab:

Die Automation der Automation
Leistungsstarke, nicht verfahrensorientierte Programmiersprachen und Generatoren
Neue Hardware zur Ausführung dieser Sprachen
Leistungsstarke, relationale Datenbanksprachen
Neue Hardware zur Ausführung relationaler Datenbankoperationen
Datenbanksysteme

Mikrocomputer mit genügend großer Speicherkapazität zur Ausführung leistungsstarker Programmiersprachen
Für den Benutzer attraktive Software
Leistungsstarke Personal Computer im Netzverbund
Leistungsstarke, verteilte Systeme mit Anschluß an lokale Netzwerke
Einschneidende Veränderungen in der Kommunikation Mensch – Computer
Software und Hardware (kombiniert) zur computerunterstützten Entscheidungsfindung
Spiele und Instrumente zur persönlichen Verwendung auf Digitalplatten
Nachweisbar korrekte Designtechniken zur Softwareerstellung
Neue Hardware zur schnellen Ausführung dieser Techniken
Softwarefabriken mit Techniken zur automatisierten Erstellung von Software
Nachweisbar korrekte Designtechniken zur Erstellung von Mikrochips
Sehr komplexe Mikroplättchen
Anwendungen von Techniken künstlicher Intelligenz
Expertensysteme
Informationsgesteuerte Systeme
Inferenz- und Lernsysteme
Hardware zur Ausführung der o.g. Techniken
Informationsgesteuerte Personal Computer
Geräte mit Parallelbetrieb, die die Vorteile von VLSI nutzen
Nicht-von-Neumann-Computer
Intelligente Roboter
Informationsgesteuerte Mikroelektronik für Roboter
Automatisierte Fabriken
Höher entwickelte CAD/CAM-Anwendungen
Neue Hardware für die o.g. Techniken
Tragbare Datenstationen und Computer, sowie Kleinstrechner und -datenstationen
Übertragung von Daten durch Paketvermittlung
Neue Arten von Informationseinrichtungen
Höher entwickelte, computerunterstützte Unterrichtsmethoden (einschließlich Videoplatten)
Die Verbindung von Computer und Fernsehen

Die neuen Trends, für die hier nur kurz einige Beispiele genannt wurden, bieten Unternehmern enorme Möglichkeiten.

Erfolgreiche Unternehmer

Der Unternehmer hat gegenüber großen Organisationen verschiedene Vorteile. Er kann behende neue Richtungen einschlagen, und die Datentechnik breitet sich heute in so viele Richtungen aus wie eine von einem Löwen gejagte Antilopenherde. Der Unternehmer wird nicht durch schon existierende Produkte, Verfahren und Normen eingeschränkt. Er hat minimale Festkosten. Er kann frei improvisieren und seinem Erfindungsreichtum den maximalen Spielraum lassen. Kreative und hervorragende Leute können frei und ohne bürokratische Beschränkungen agieren. Es muß allerdings eine Einschränkung gemacht werden: auf dem Markt verkaufen sich nur solche Produkte gut, die zu Preisen hergestellt wurden, welche ein Unternehmen erst rentabel machen. Dieses Kriterium muß ständig und vorbehaltlos überprüft werden. Jeder Angestellte in einem neuen Unternehmen muß so weit wie möglich an diesem Kriterium gemessen werden.

Der Unternehmer hat jedoch auch erhebliche Nachteile gegenüber großen Organisationen. Im allgemeinen sind seine Geldmittel knapp. Ihm stehen keine perfekten Ressourcen zur Verfügung. Er verfügt nicht über die Hilfsmittel eines Großunternehmens. Anfangs ist noch kein Verkaufspersonal vorhanden. Wenn ein Großprojekt ein Mißerfolg wird, könnte dies den Ruin des neuen Unternehmens bedeuten, während sich der Mißerfolg in der Wachstumskurve eines Großunternehmens nur in Form eines geringfügigen Knickes abzeichnet.

Viele Unternehmen im technischen Bereich erzeugen hervorragende Produkte, scheitern jedoch an Kapitalmangel, unzureichenden Vertriebsmöglichkeiten, ungenügenden Führungsqualitäten, Abwanderung von Schlüsselkräften, die Konkurrenzbetriebe eröffnen, und an dem generellen Fehlen von Perspektiven. Aufgrund dieser Managementprobleme bewerten kapitalstarke Spekulanten die Unternehmen bei Investitionsfragen eher nach ihren Managementfähigkeiten als nach ihren Ideen oder Produkten. Es ist besser, in Leute als in Ideen zu investieren, obwohl die Ideen sehr bedeutend sind.

Erfolgreiche Unternehmer und alle ihre Mitarbeiter müssen sehr hart arbeiten. Sie ziehen zusammen in den Kampf. Sie erleben alle Aufregungen einer kämpferischen Auseinandersetzung. Risiko und Belohnung sind hoch. Hier ist kein Platz für Hasenfüße, Bürokraten, Bedächtige oder Wissenschaftler, die abseits von der Realität des Marktes arbeiten. Für tüchtige Unternehmer ist das Leben ein Abenteuer. Ihnen bereitet dieser Kampf Freude.

Realitätsfremde Entwicklung

Im australischen Wortschatz existiert das etwas geringschätzige Wort »wank« [1]. Es beschreibt eine Form von wissenschaftlicher Arbeit, die keinen praktischen Nutzen bringt. Merkwürdigerweise fand sich weder in meinem Wörterbuch noch im Sprachschatz meiner Kollegen eine Entsprechung für diesen umgangssprachlichen Ausdruck. Dieser Ausdruck beschreibt ein echtes Problem. Eine stetig steigende Zahl von Wissenschaftlern betreibt Forschungen, entwickelt oder diskutiert Ideen, die wahrscheinlich nie in die Realität umgesetzt werden. Diese Leute glauben oft, praxisnah zu sein, sind jedoch völlig realitätsfremd. Ihre Ideen werden nie auf dem Verbrauchermarkt getestet. Ein einziger innerhalb dieser intellektuellen Gruppen ausgesprochener Satz kann der Ausdruck für eine umfassende Ideenkette sein. Wenn ihnen jedoch derartige Sätze von anderen Abteilungen detailliert erläutert werden, nicken sie nur höflich, aber verständnislos. Hermann Kahn bemerkte dazu, daß gebildete Unfähigkeit wohl »das einzige, wichtige Problem für die entwickelte Welt darstelle« [2]. Er stellt fest, daß seit dem Zweiten Weltkrieg eine erstaunlich enge Verbindung zwischen höherer Bildung und fehlendem Realitätsbezug besteht.

Wenn wir ein Phänomen nicht in Worte fassen können, denken wir entweder nicht darüber nach oder sprechen nicht darüber. Für den Ausdruck »wanker« muß ein allgemein verständlicher und publizierbarer Ausdruck gefunden werden. Sobald dieser Ausdruck in Führungskreisen bekannt ist, werden sie eine endlose Reihe von Beispielen nennen. Wenn das Problem beim Namen genannt wird, entschließen sich die Unternehmer, es zu bekämpfen. Der Präsident einer Gesellschaft teilte in einem Fernschreiben an den Autor mit, daß er »DIE FORSCHUNG WELTWEIT KONSOLIDIERE, MIT DEM ZIEL, SIE VON RANKERN ZU SÄUBERN«. (Western Union – die Telegrafengesellschaft – übermittelte das Wort falsch.) Vielleicht ist das Problem so folgenschwer, weil ein allgemein bekannter Ausdruck dafür fehlt.

Bürokratie

Alle kreativen Organisationen müssen gegen zwei Arten von Krebsgeschwüren ankämpfen. Gegen »Wanking« und gegen Bürokratie. Die Wanker und Bürokraten breiten sich bei jeder noch so unbedeutenden Gelegenheit aus.

Leider unterstützen Computer und Automation im Verwaltungsbereich die Wucherung dieser Geschwüre. Die Datentechnik spricht all jene Hochschulabsolventen an, die in einer dem Universitätsklima ähnlichen, intellektuellen Atmosphäre arbeiten möchten und von ehrgeizigen Plänen, Gewinne zu erzielen, abgerückt sind. Die Automation im Büro findet ihre Anhänger in all den Bürokraten, die starre Verfahrensabläufe und Formblätter erstellen.

Ein Unternehmer, der darum bemüht ist, Gewinne zu erzielen und seinen Kapitalfluß nicht in die roten Zahlen zu leiten, muß ein feines Gespür für die Ansätze von nicht unbedingt erforderlichen Aktivitäten besitzen und sie im Keim ersticken. Er sollte in der Lage sein, überflüssiges Ausfüllen von Formblättern, Forschung um der Forschung willen, anmaßendes

Verhalten, Verfassen von Berichten zum reinen Zeitvertreib, nutzlose Rundschreiben, Bestreben von Angestellten, sich selbst ein Denkmal zu setzen, und Aktivitäten, die ausgeführt werden, weil sie intellektuellen Wert besitzen, Bewunderung einbringen, dem Ego schmeicheln, um der Möglichkeiten der Datentechnik willen ausgeführt werden oder einfach in Mode sind, in den Ansätzen zu erkennen. Der Prüfstein für all diese Aktivitäten ist der nachweisbare Effekt auf Marktpositionen und den Kapitalfluß.

Lösungen für Kapitalengpässe

Ein Erfolgsrezept, das sich im Laufe der Zeit bewährt hat, besteht darin, Lösungen für schwierige und tatsächlich vorhandene Probleme zu finden, insbesonders für solche, die starke Auswirkungen auf die Ertragszahlen haben. In Kasten 1.1 sind Probleme im Bereich der Datenverarbeitung aufgelistet. Ein generelles Problem bei Computern liegt darin, daß sie für den Großteil der Benutzer zu kompliziert sind. Sie werden nicht in dem Maße eingesetzt, wie sie sollten.

Neue Software

In den vorausgehenden 13 Kapiteln wurden Lösungen für die Probleme in der Datenverarbeitung erörtert, die heute in der Praxis angewendet werden. Die Verwirklichung dieser Lösungsvorschläge und die Verbesserung der dafür notwendigen Software garantieren große finanzielle Erfolge.

Die Computerindustrie befindet sich an einem Totpunkt. Nachdem 20 Jahre lang Programmiersprachen der dritten Generation verwendet wurden, wissen wir heute, daß entschieden bessere Wege zur Erstellung von Systemen beschritten werden können. Die neuen Möglichkeiten, die hier diskutiert wurden, sind für Unternehmer eine potentielle Goldgrube. Der Großteil der neuen Sprachen kommt, wie seinerzeit der Elektromotor, nicht von den etablierten Computerfirmen.

Die Sprache LINC, die von Burroughs vertrieben wird, wurde von zwei Neuseeländern erfunden, wobei der eine die Aufgaben des Technikers und der andere die des Ausführenden übernahm. Anfänglich betrachteten sie ihre Arbeit als Freizeitbeschäftigung, um das Überhangproblem in ihren Installationen zu beheben. Die Firma Burroughs, die selbst keine derartigen Sprachen oder Programmgeneratoren entwickelt hatte, kaufte LINC (nachdem sie sich mit dem Autor dieses Buches beraten hatte) und machte die beiden Erfinder damit zu Millionären.

Einige dieser neuen Sprachen und Programmgeneratoren ermöglichen die Einrichtung von Softwarefabriken, die qualitativ weitaus bessere Software schneller und billiger produzieren können. Je weiter eine Software-fabrik die Erstellung ihrer eigenen Bibliothek vorantreibt, desto mehr Möglichkeiten besitzt sie, Software für ihre Kunden zu erstellen.

Veränderungen der Hardware

In der Computerindustrie herrschte von je her die weit verbreitete Ansicht, daß die Entwicklung der Hardware der Software weit voraus sei. Nun hat die Software in gewissem Sinne die Hardware überholt. Die Sprachen der vierten Generation, die Anwendungsgeneratoren, die Möglichkeit, nachweisbar korrekte Logik zu erstellen, relationale Datenbanksprachen, informationsgesteuerte Software, englischsprachige Abfragesprachen und CAD/CAM-Sprachen stellen eine Herausforderung dar, die Hardware so zu verändern, daß sie weitaus kostengünstiger eingesetzt werden kann.

Gleichzeitig verändern sich die Verfahren für das Hardwaredesign entscheidend. Mikroprozessoren sinken rapide im Preis. Wir wissen, daß wesentlich leistungsstärkere 32-Bit-Mikroprozessoren produziert werden können. Ihre Verarbeitungsgeschwindigkeit wird erheblich steigen, und durch die Serienproduktion werden sie sehr billig.

In den Anfängen der Computerherstellung galt die Regel, daß je größer der Prozessor, desto billiger die Ausführung einer Anweisung sei. Im allgemeinen verhielten sich die Kosten pro Anweisung umgekehrt proportional zum Quadrat der Maschinengröße. Heute sind die Kosten pro Anweisung bei einem kleinen Mikrocomputer bei weitem geringer als bei einem Großcomputer. Zur Zeit der Entstehung dieses Buches kostet ein großer Computer ungefähr DM 900,– pro kips (thousand instructions per second = tausend Anweisungen pro Sekunde), während ein Mikrocomputer weniger als 3 DM pro kips kostet. Dies ist jedoch ein ungerechter Vergleich, da ein großer Computer einen wesentlich reichhaltigeren Befehlsvorrat hat als ein Mikrocomputer. Man hat allerdings Chips erstellt, die einen ebenso großen Befehlsvorrat besitzen wie ein Großcomputer. IBM hat gezeigt, daß das System 370 auf ein Chip paßt. Wenn diese Chips serienmäßig hergestellt werden, werden sie in kürzester Zeit billiger. Darüber hinaus werden die Mikroprozessoren, die in den Computern der Zukunft parallel eingesetzt werden, für die meisten Zwecke nicht den großen Befehlsvorrat benötigen wie die heutigen Großcomputer. Verschiedene Prozessoren werden verschiedene Funktionen ausführen. Nicht verfahrensorientierte Funktionen werden mittels relativ einfacher, aber schnell arbeitender Prozessoren für die Ausführung zerlegt. Die große Herausforderung der Zukunft liegt darin, Hardwarearchitekturen zu entwickeln, bei welchen eine große Anzahl von billigen, schnell arbeitenden Mikroprozessoren parallel eingesetzt werden kann.

Einige hochentwickelte, parallel arbeitende Geräte wurden schon konstruiert, und wieder andere wurden simuliert. Sie waren für hochspezielle Anwendungen wie seismische Vektorrechnung von großem Nutzen, wurden jedoch im allgemeinen nicht für die herkömmliche Datenverarbeitung eingesetzt. Einer der Hauptgründe liegt darin, daß Anwendungen für die Datenverarbeitung in den von-Neumann-Sprachen ähnlichen Programmiersprachen geschrieben wurden.

Nicht-von-Neumann-Sprachen

Von Neumann, der bedeutendste Computerpionier, schuf die uns heute bekannte und allseits geschätzte Computerarchitektur. Dieser Computer führt Befehle einzeln und der Reihe nach aus, führt Tests durch und verzweigt zu anderen Stellen im Programmablauf. Mit Hilfe der Tests und Programmzweige können Anweisungsschleifen verwendet werden. Die Sprachen COBOL, Ada, PL/1 oder Pascal wurden zwar nicht von von Neumann erfunden, doch sind sie eine Art von-Neumann-Sprache, da sie wie von-Neumann-Sprachen mit Tests, Programmzweigen und Schleifen sequentielle Anweisungen verwenden. Sie wurden für ein effizienteres Arbeiten mit von-Neumann-Anlagen erfunden. In der Denkweise der meisten Programmierer ist dieser Aufbau so fest verankert, daß sie andere zweckmäßige Möglichkeiten, einem Computer Befehle zu geben, nicht erkennen.

In den achtziger Jahren wurde erstmals *in großem Umfang* Gebrauch von nicht verfahrensorientierten Sprachen gemacht, die schnelle Ergebnisse ermöglichen und daher für die Leistungsstärke der Computer von großer Bedeutung sind. Diese »Nicht-von-Neumann-Sprachen« fordern die Herstellung von »Nicht-von-Neumann-Hardware« heraus, bei der die neuen Programmiersprachen wirkungsvoller eingesetzt werden können.

Es gibt eine Vielzahl von »Nicht-von-Neumann-Sprachen«, die eine parallele Verarbeitung ermöglichen – Sprachen, die Sets verarbeiten, wie z.B. SETL, oder Relationen, wie z. B. SQL und die in den anderen relationalen Datenbanksprachen; Programmiersprachen für Simulation, wie SIMULA; Sprachen für die Verarbeitung von Zeichenfolgen, wie SNOBOL, oder Sprachen für die Textverarbeitung, wobei unterschiedliche Teile der Zeichenfolgen oder des Textes gleichzeitig in verschiedenen Geräten verarbeitet werden können; Sprachen für Grafiken; Sprachen für künstliche Intelligenz, wie z.B. LISP oder PROLOG, bei welchen mehrere Inferenzen gleichzeitig verarbeitet werden können. Einige dieser Sprachen verwenden eine grundlegend andere Art von Anweisung als die von-Neumann-Sprachen, z . B. die in Kapitel 9 besprochene HOS-Sprache für die Erzeugung von nachweisbar korrektem Code. Der ersten

»Nicht-von-Neumann-Computer« für die Ausführung dieser Sprachen werden jetzt hergestellt.

Mikrocode

Die meisten Anwendungsgeneratoren liefern Standardbausteine, die der Benutzer zur raschen Erstellung von Anwendungen zusammensetzen kann. Derartige Bausteine beinhalten Menuauswahlbildschirme, Funktionen zur Berichtserzeugung, standardmäßige Zugriffsmethoden für die Datenverwaltung, Erzeugung von Dateneingabebildschirmen, Datenschutzroutinen, Gültigkeitsprüfungen, Suchfunktionen, Sortierfunktionen, Nachrichtenbildschirme und vieles mehr.

Hardwaredesigner können auf diesen allgemeingültigen Routinen und Subroutinen aufbauen. Eine Zugangsmöglichkeit ist die Mikrocodierung der Generatorroutinen, wie es zum Beispiel bei dem System SEQUEL der Firma Microdata für die Implementierung des Generators ALL (Application Language Liberator) gemacht wurde. Auf diese Weise erzeugte Anwendungen laufen schneller als Anwendungen, die mit Hilfe konventioneller Programmiertechniken erstellt wurden.

Tandem-Architekturen

In großem Umfang wurde erstmals bei den Systemen der Firma Tandem Inc. von Parellelverarbeitung in der kommerziellen Datenverarbeitung Gebrauch gemacht. Das Tandem-System wurde so konzipiert, daß bei der Verarbeitung eines Transaktionsstroms die Transaktionen an jeden der bis zu 16 Prozessoren geleitet werden konnten. Wenn ein oder mehrere Porzessoren defekt sind, ist das System als Ganzes immer noch betriebsbereit. Insofern liegt der Hauptverdienst der Firma Tandem darin, daß ihre Systeme *nonstop* arbeiten und im Gegensatz zu herkömmlichen Systemen nicht zeitweise ausfallen. Eine leistungsfähige Parallelverarbeitung erfordert ein ganz anderes Betriebssystem als traditionelle Computer. Jeder Tandem-Prozessor *hatte seinen eigenen Speicher*, während sich die Prozessoren in traditionellen Mehrprozessorkonfigurationen den Speicherbereich teilen mußten. Das Tandembetriebssystem war *nachrichtengesteuert*. Die Prozessoren tauschten ständig Nachrichten über einen Hochgeschwindigkeitbus aus, der aus Sicherheitsgründen zweifach vorgesehen war.

Die Firma Tandem hat der Welt damit bewiesen, daß es möglich ist, Online-Datenverarbeitungssysteme herzustellen, die nicht durch Defekt ausfallen können. Diese Eigenschaft ist heute für viele Verwendungszwecke des Computers von großer Bedeutung. Das Tandem-Konzept könnte auf mehr als 16 Parallel-Prozessoren ausgeweitet werden, die infolge serienmäßiger Herstellung relativ billig wären, da durch die Höchstintegration (VLSI) die Dichte steigt und die Kosten sinken. Eine Erweiterung dieses Konzeptes könnte über separate Prozessoren für die Datenübertragung und für Datenbankoperationen verfügen.

Trotz ihrer Parallelkonfiguration waren die Tandem-Prozessoren von-Neumann-Maschinen, die für die Arbeit mit von von-Neumann-Sprachen ausgerichtet waren. Das Tandem-System verfügt über Compiler und Interpreter zur Umsetzung des nicht verfahrensorientierten Codes in von-Neumannsche Anweisungen.

Relationale Systeme Mit der Verbreitung von relationalen Datenbanken entwickelten sich relationale Sprachen. Einige sind sehr bedienerfreundlich und ermöglichen dem Benutzer, die Masse der Daten sinnvoll auszuwerten. Sie stellen einen wesentlichen Bestandteil der zukünftigen Systeme für die computerunterstützte Entscheidungsfindung dar.

Einige relationale Sprachen basieren auf Zeichenfolgen, z.B. SQL von IBM. Andere verwenden englische Benutzerdialoge, z.B. INTELLECT (neuerdings von IBM vertrieben) der Artificial Intelligence Corporation. Einige sind Bildschirmsprachen, bei welchen der Dialog über zweidimensionale Datenanzeigen erfolgt, (z. B. bei Query-by-Example von IBM). Wieder andere ermöglichen dem Benutzer, eigene elektronische Ablagesysteme und für persönliche geschäftliche Belange notwendige Prozeduren zu erstellen, wie beispielsweise MAPPER von Univac.

Die relationalen Sprachen machen eine neue Hardware dringend erforderlich. Die Angaben des Benutzers lösen häufig Datensuch- oder Sortierfunktionen oder relationale *Verknüpfungs-* und *Projekt-* Operationen aus. Bei konventioneller Hardware wird auf jeden Datensatz einzeln zugegriffen und die Suche, das Verknüpfen usw. werden mit einem konventionellen Befehlsvorrat durchgeführt. Dies ist sehr zeitaufwendig und relativ teuer. Oftmals werden unzulässig lange Antwortzeiten benötigt.

Statt dessen sollten die Daten so organisiert werden, daß viele Leseköpfe Teile der Daten gleichzeitig lesen können. Diese getrennten Datenströme sollten in getrennte Mikrocomputer ausgegeben werden, die alle die gewünschte Operation ausführen.

Wenn der Benutzer z.B. folgende Anweisung gibt,

```
SELECT RETAILER, DATE, QUANTITY
FROM DELIVERY, LINE-ITEM
WHERE DELIVERY. ORDER # = LINE-ITEM. ORDER #
AND PRODUCT = EXTRA-STRENGTH-TYLENOL
```

würden alle Mikroprozessoren gleichzeitig ihren Teil des Datenstromes nach Einzelhändlern absuchen, die Lieferung von Insektenvertilgungsmittel erhalten haben.

Das erste im Handel erhältliche relationale System mit parallel arbeitenden Prozessoren war das System CAFS von ICL. Dieser Computer benötigte erstaunlich kurze Antwortzeiten für Anweisungen, die das Absuchen von vielen Datensätzen verlangen. Außerdem hatte das System interessante Auswirkungen auf die ersten damit betriebenen Installationen. Es gab weit weniger Stapelverarbeitungs- und Sortierläufe. Endlose Ausdrucke verschwanden mehr und mehr zugunsten der Datenanzeige an Datenstationen. Jetzt war es möglich, den Datenbestand durchzublättern und Informationen anzeigen zu lassen, ohne vorher MIS-Programme zu schreiben. Eine Abteilung, in der drei Programmierer gearbeitet haben, konnte diese bei anderen Programmen einsetzen, da sie nicht mehr benötigt wurden. Die Probleme, die bei den früheren MIS-Systemen in Form von unzuverlässigen Informationen entstanden, waren nun gelöst. Die Daten konnten problemlos geändert und verbessert werden. Da die Daten wesentlich einfacher gesichtet werden konnten, wurden effektivere Kontrollen möglich.

Verträglichkeitsprüfungen wurden häufiger vorgenommen. Es scheint also, daß eine parallele, relationale Maschine ein wesentlicher Bestandteil für viele zukünftige Informationssysteme und Systeme für die computerunterstützte Entscheidungsfindung ist.

Ein HOS-System

Ein relationaler Parallel-Prozessor bedeutet für eine bestimmte Kategorie nicht verfahrensorientierter Sprachen eine relativ vernünftige Verbesserung der Hardware. Einige andere Arten der nicht verfahrensorientierten Sprachen erfordern ebenfalls eine drastische Veränderung der Hardware.

Die HOS-Technik (Kapitel 9), die zur Erstellung von nachweisbar korrektem Code für komplexe Systeme genutzt wird, umfaßt drei primitive Kontrollstrukturen, die sich von denen konventioneller Computer wesentlich unterscheiden: JOIN, INCLUDE und OR. Alle komplizierteren Steuerstrukturen basieren auf diesen drei primitiven Strukturen. Man könnte einen Computer zur Ausführung dieser primitiven Strukturen in Verbindung mit primitiven *Operationen*, z.B. mathematischen Funktionen, erstellen.

Eine solche Anlage würde erheblich schneller arbeiten als die heutigen Computer. Zeit könnte auf dreierlei Arten eingespart werden. Erstens würde der erzeugte Code direkt der Anlage entsprechen. Dadurch könnte der große Aufwand für die Abstimmung der heutigen Anweisungsarten auf die vollkommen unterschiedlichen Sprachoperationen vermieden werden. Zweitens könnte die Verarbeitungsgeschwindigkeit der Chips in Mikroprozessoren wesentlich gesteigert werden, da ihr Befehlsvorrat relativ gering ist, und drittens geben die HOS-Diagramme Aufschluß darüber, wo Operationen parallel ausgeführt werden können.

Mit Hilfe der einfachen Kontrollstruktur INCLUDE können zwei Operationen parallel und unabhängig voneinander ausgeführt werden. Die einfache Struktur JOIN zeigt, daß zwei Operationen sequentiell ausgeführt werden können, möglicherweise in getrennten Prozessoren, wenn die Ausgabe der rechten Operation von einem Prozessor in den anderen weitergegeben wird, wo sie dann zur Eingabe der linken Operation wird.

Die HOS-Aufteilung gibt somit eindeutig Aufschluß über Operationen, die parallel oder sequentiell in getrennten Prozessoren ablaufen können. Es ist daher möglich, eine hochentwickelte Parallelmaschine zu konstruieren, die aus vielen, serienmäßig hergestellten und schnellen Prozessoren zur Ausführung der primitiven HOS-Strukturen besteht.

Bei einem derartigen Gerät (sei es mittels HOS-Technik oder einer anderen, entsprechend konsistenten Verfahrensweise hergestellt), sollten Betriebssystem und Datenbankverwaltungssystem keine getrennten und von der Hardwarearchitektur unabhängigen Einrichtungen sein. Hardware und Steuersoftware sollten ein zusammengehöriges Design bilden und mit Steuerplänen ausgestattet sein, die das Hardware- und das Softwaredesign veranschaulichen und Aufschluß über deren Zusammenwirken geben. Es bietet sich also die interessante Möglichkeit, einen Computer herzustellen, der relativ kostengünstig und schnell ist, und eine fehlerfreie Logik liefert.

Grafikprozessoren

Ein Bild sagt mehr als tausend Worte. Das Problem bei grafischen Darstellungen liegt in der dafür notwendigen umfangreichen Verarbeitung. Bei herkömmlichen Computern benötigte man für kompliziertere Grafikdarstellungen sehr teure Großcomputer.

Für die Grafikverarbeitung ist ein Parallelbetrieb praktisch unerläßlich. Verschiedene Bildteile können gleichzeitig zerlegt oder zusammengefügt werden. Verschiedene Prozessoren können zur gleichen Zeit unterschiedliche Funktionen ausführen. Oft braucht ein herkömmlicher Computer mehr als eine Minute zur schrittweisen Erstellung von anspruchsvolleren Grafikdarstellungen. Mit mehreren, relativ billigen und parallel eingesetzten Prozessoren kann dies sehr viel schneller geschehen. Im Parallelbetrieb arbeitende Prozessoren wurden bis jetzt für wissenschaftliche Zwecke, Strukturerkennung, zur Verarbeitung von über Robotersensoren aufgenommenen Bildern usw. verwendet.

Informationsgesteuerte Verarbeitung

Da die Preise für parallel eingesetzte Prozessoren fallen, werden verschiedene Verwendungszwecke von Computern wirtschaftlich. Viele Anwendungen aus der Forschung über die künstliche Intelligenz erfordern eine parallele Datenverarbeitung. Eine der wichtigsten ist die Erstellung von *spezialisierten Systemen*.

Informationsgesteuerte Technologie wird, wie nachfolgend erklärt, zur Erstellung von Systemen für Fachgebiete genutzt. Ein informationsgesteuertes System speichert logische Inferenzen und muß viele dieser Inferenzen verarbeiten, um zu dem im spezialisierten System benötigten Ergebnis zu gelangen. Unterschiedliche Inferenzen können gleichzeitig in getrennten Prozessoren verarbeitet werden. Ein Gerät, das Inferenzen verarbeitet, muß an eine relationale Datenbank angeschlossen sein, die mit hoher Geschwindigkeit relationale Algebraoperationen in der Hardware durchführen kann.

Ein Personal Computer mit einer Vielzahl von parallel eingesetzten Prozessoren kann für die Inferenzverarbeitung ausgerichtet werden. Kleine, informationsgesteuerte Personal Computer werden auf dem Markt erhältlich sein. Sie werden erhebliche Auswirkungen auf die Verwendungsmöglichkeiten von Computern bei bestimmten Arten der Entscheidungsfindung haben.

Eine der großen Herausforderungen an die heutige Computertechnik besteht darin, zu erkennen, welche spezialisierten Systeme vermutlich von Nutzen sein werden, und wie diese an andere Informationssysteme angeschlossen werden sollten. Einige Unternehmer bereiten sich nun auf eine neue Ära in der Computertechnik vor: spezialisierte Systeme und informationsgesteuerte Systeme.

Menschliche Sprache

Eines der Hauptziele ist, die Computer für Bediener ohne DV-Kenntnis so benutzerfreundlich wie möglich zu gestalten. Die Verarbeitung von menschlichen Sprachen ist ein wesentlicher Schritt in diese Richtung. Die englische Sprache ist überraschend zweideutig und komplex. Der Computer muß also über viele Informationen verfügen, um diese unlogischen Satzgefüge entwirren zu können.

In einigen U-Bahn-Gängen sind Schilder mit der Aufschrift »DOGS MUST BE CARRIED ON THE ESCALATOR« (Bei Benutzung der Rolltreppe müssen Hunde getragen werden) angebracht. Bei wörtlicher Übersetzung durch einen Computer würde dies bedeuten, daß sich alle Leute, die die Rolltreppe benutzen möchten, zuerst einen Hund beschaffen müssen, den sie tragen können. Die englische Sprache (wie auch die deutsche) ist voll von solch problematischen sprachlichen Verkürzungen und Doppeldeutigkeiten.

Trotzdem werden Fortschritte mit Geräten erzielt, die die menschliche Sprache übersetzen und maschinell verarbeitbar machen. Ein wichtiges Hilfsmittel bei dieser Entwicklung wird die informationsgesteuerte Technologie sein, so daß die zur Erstellung von spezialisierten Systemen benötigte Software und Hardware auch für die Interpretation der menschlichen Sprache benutzt werden wird.

Wenn die Eingabe in Datenstationen großenteils in englischer Sprache erfolgen würde, könnten serienmäßig gefertigte EDV-Einheiten zur Erkennung von Wörtern und einfachen Grammatikstrukturen gebaut werden. Diese elektronische Wörterbucheinheit ist nicht teuer und wird bei den Fremdsprachenprogrammen für die billigen Taschenrechner verwendet, die in Kaufhäusern erhältlich sind. Auch hier ist die Verwendung von serienmäßig hergestellten Mikrobauteilen kostengünstiger als der Gebrauch von Großcomputern, so daß Datenstationen für die Eingabe in englischer Sprache konzipiert werden könnten.

Betriebssysteme und Software

Drastische Veränderungen in der Architektur von Großcomputern und damit auch drastische Veränderungen der Betriebssysteme und der zugehörigen Software, wie z.B. Datenbankverwaltungssysteme und Netzwerksoftware, sind unzweifelhaft erforderlich.

Beim Vergleich der Verarbeitungsgeschwindigkeit zweier Geräte wird oftmals die Mips-Geschwindigkeit genannt (millions of instructions per second = Millionen Anweisungen pro Sekunde), ohne jedoch genau die damit verbundene Betriebssoftware zu betrachten. Bei einigen Großcomputern müssen für eine Online-Datenbankaktualisierung einer Transaktion über ein Netzwerk mehr als 100 000 Anweisungen im Betriebssystem, dem Datenbankverwaltungssystem und der Steuersoftware für das Netzwerk ausgeführt werden. Möglicherweise werden für die gleiche Transaktion weniger als 1000 *Anwendungs-* Anweisungen zur Ausführung benötigt. Der Aufwand ist ungleich höher als eigentlich erforderlich. Bei anderen kleinen Computern ist für eine entsprechende Transaktion nur ein Aufwand von 5000 Befehlen notwendig.

Die Betriebssoftware ist nicht nur in bezug auf die Betriebsmittel des Gerätes kostspielig, sondern auch, was den Personalbedarf anbelangt. Systemprogrammierer mit besonders hoher Qualifikation sind erforderlich. Sie sind jedoch teuer, schwer zu bekommen und zu führen. Es ist durchaus möglich, komplexe Computer einzusetzen, bei welchen keine Systemprogrammierer benötigt werden. Den Beweis dafür haben einige Gerätearchitekturen geliefert. Sie enthalten Hilfsmittel, die es dem normalen Computerbenutzer ermöglichen, die Systemkonfiguration zu verändern und die Systemleistung zu optimieren.

Die Komplexität größerer Betriebssysteme hat überhand genommen. Veränderungen vorzunehmen, ist schwierig und teuer. Sie werden im allgemeinen nur nach und nach durchgeführt. Viele dieser Veränderungen fügen jedoch der ohnehin schon generell vorhandenden Komplexität noch eine weitere Komponente hinzu.

Software-Hardware-Kombinationen

In der Vergangenheit haben einige Unternehmen neue Hardware und andere wiederum neue Software eingeführt. Wenige waren Hersteller für beides. Die Zukunft für Unternehmer liegt jetzt in der Herstellung von neuen, kombinierten Software- und Hardwarepaketen mit integriertem Design.

Möglicherweise werden die neuen Computer von neuen Firmen hergestellt. Wahrscheinlich wachsen diese Firmen schneller als die Firma Tandem oder die Lieferanten der ersten Minicomputer, wenn sie von vornherein die Lösung der in Teil I dieses Buches besprochenen Probleme in Angriff nehmen. Wir brauchen für den Benutzer attraktive, nicht verfahrensorientierte Techniken, die die Leistung der Anlagen steigern, da sie viele serienmäßig hergestellte und untereinander kombinierte Mikroprozessoren verwenden. Der hohe Bedarf der Wirtschaftswelt an Computern, die direkter eingesetzt werden können, ist eine der größten Herausforderungen an die Unternehmer unserer Zeit.

Die neuen Hardware- und Software-Architekturen müssen in Abhängikeit voneinander entwickelt werden. Das Design der kombinierten Logik sollte nachweisbar korrekt sein. Computerunterstützte Design-Tools wurden schon sowohl für das Design der Hardware als auch für das der Software verwendet und können für kombinierte Lösungen eingesetzt werden.

Notwendigerweise wird die Software für hochentwickelte, parallel eingesetzte Geräte kompliziert und schwierig sein. Wenn in der Softwareentwicklung Probleme auftauchen, können diese nicht durch Notlösungen, wie das Hinzuziehen unzähliger Kodierer, beseitigt werden. Dem Design muß von Anfang an ein konsistentes Konzept zugrunde liegen. Hardware und Software sind Teile des gleichen Designs, und ein Integrationsversuch muß beide Teile berücksichtigen.

Die Computerindustrie muß heute von Grund auf bessere Geräte bauen, für die die sehr komplexen, serienmäßig hergestellten, Mikroplättchen sowie die Software mit Hilfe von integrierter, konsistenter Technik geplant werden. Es gibt eindeutig viele Möglichkeiten, die Unterstützung von leistungsstarken, parallel eingesetzten Programmiersprachen für Endbenutzer zu gewährleisten. Letztendlich wird der herkömmliche Computer, der jeweils eine sequentielle Anweisung ausführt, von Anlagen verdrängt oder ersetzt werden, die viele zusammenwirkende Mikroprozessoren verwenden. Der Computer von heute ist einem einsamen Geiger vergleichbar, der durch ein ganzes Orchester ersetzt wird.

15 Kommt die nächste Generation aus Japan?

Änderung der ursprünglichen Konzeption

Die zweite, dritte und vierte Computergeneration war jeweils eine Weiterentwicklung der vorausgehenden Generation, die mit entscheidenden, technischen Verbesserungen ausgerüstet war. Diese Computergenerationen entstammten meist der westlichen Welt. Dagegen scheint der ursprüngliche Entwurf für die fünfte Computergeneration aus Japan gekommen zu sein. Für diese nächste Generation ist gemäß den Worten von Kazuhiro Fuchi, dem Projektleiter der fünften Generation in Japan, »*eine grundlegende Änderung der ursprünglichen Konzeption unvermeidlich*«. [1]. Die angesprochene Änderung ist einschneidend, aufregend, und ihre Entwicklung ist teuer. Sie wird die Computerindustrie und die Verwendungsmöglichkeiten von Computern in der Gesellschaft erheblich beeinflussen.

Die Japaner haben lange in dem Ruf gestanden, Meister im Kopieren und im Verbessern der westlichen Technologie zu sein. Dies hat in Japan vielleicht zu einer Art Minderwertigkeitskomplex geführt, und einige technische Leiter drängen darauf, daß Japan in der technischen Entwicklung führt und nicht hinterherhinkt. Für die programmatische Rede einer Konferenz über die fünfte Generation schrieben T. Moto-Oka und seine Geschäftspartner: »Es ist wichtig, daß wir aufhören, fangen zu spielen und damit anfangen, in Forschung und Entwicklung kreativ zu werden und die Führungsrolle zu übernehmen . . . Diese (fünfte Computergeneration) wird großen Einfluß auf Forschung und Entwicklung in anderen industriellen Bereichen haben« [2].

Die erste Ankündigung der fünften Generation durch die Japaner war für die westlichen Forschungslaboratorien eine große Überraschung. Soweit der Autor dieses Buches informiert ist, wurde zu dieser Zeit nichts dergleichen entwickelt oder geplant. Die Wahrscheinlichkeit, daß eine breite Palette von Geräten, die sich vollkommen von dem herkömmlichen Computer unterscheiden, zuerst von den Japanern gebaut und auf den Markt gebracht wird, ist sehr groß, da die traditionellen Computergroßfirmen eine zu starke finanzielle Verpflichtung aufgrund ihrer vorhandenen Marktposition haben.

Fallen für den Westen

Einige der japanischen Präsentationen der fünften Computergeneration beginnen mit der Behauptung, daß die westliche Computertechnologie in verschiedenen Fallen festsitze:

von-Neumann-Architektur
Umfangreiche Betriebssysteme
Festklammern an Programmiersprachen der dritten Generation
Nicht relationale Datenbankverwaltungssysteme
Große Kundeninvestition in vorhandene Programme
Finanzielle Beteiligungsrechte zur Verhinderung von revolutionären (im Gegensatz zu evolutionären) Veränderungen

Die Japaner machen diese Fallen für die Verhinderung einer grundlegend neuen Konzeption der kommenden Computergeneration in der westlichen Industrie verantwortlich. Sie betrachten die westliche Computerindustrie als einen im Morast steckengebliebenen Riesen, der sich verzweifelt darum bemüht, herauszukommen, während die japanische Computerindustrie ihm behende davonläuft.

Die Kosten in der Technologie sinken derartig, daß auf allen Gesellschaftsebenen Computer verwendet werden sollten. Im sozialen Bereich bieten sich viele Gelegenheiten und Problemstellungen, bei welchen der Einsatz von Computern vorteilhaft wäre. Allerdings ist die Bedienung der heutigen Computer für viele gesellschaftlich wertvolle Funktionen zu schwierig. Die fünfte Generation muß für dieses Problem geeignete Lösungen finden. Um eine natürliche Interaktion zwischen Computer und Benutzer zu gewährleisten, sollten Bilder, natürliche und menschliche Sprachen verwendet werden. Mittel zur Bereitstellung und Verarbeitung von Erfahrungswerten im Computer sind notwendig, damit der Computer intelligent erscheint und weit über die Fähigkeiten des menschlichen Gehirns hinausgehende Sachkenntnis für bestimmte, hochspezialisierte Gebiete liefern kann.

Informationsgesteuerte Technologie

In den siebziger Jahren erstellten mit künstlicher Intelligenz beschäftigte Gruppen einige in finanzieller Hinsicht attraktive Anwendungen, bei welchen informationsgesteuerte Technologie eingesetzt wurde. Eine Datenbank enthält Daten; eine Informationsbank enthält gleichzeitig Daten und Aussagen zu diesen Daten. Die Aussagen liegen symbolisch in für Computer verarbeitbarer Form vor. Der Computer organisiert und speichert sie und kann sie zur Herleitung von Inferenzen verarbeiten.

Beispiele für solche Aussagen sind:

KUH ist ein TIER
KUH produziert MILCH
3083 ist ein COMPUTER
3083 wird hergestellt von IBM

PATHOGENE in Verbindung mit GASTROINTESTINALEM TRAKT sind ENTEROCOCCUS, CLOSTRIDIUM-GANGRENE, BACTEROIDE, KLEBISELLA, PSEUDOMONAS, E.COLI, ENTEROBACTER, PROTEUS.

Ein informationsgesteuertes System kann solche Aussagen speichern und sie so kombinieren, daß andere Aussagen davon abgeleitet werden können. Zum Beispiel:

FÜR ORGANISMUS 1: (Die MORPHOLOGIE von ORGANISMUS ist COCCUS) ist FALSCH.

Die Ableitungen sind das Ergebnis syllogistischer Inferenzen, die auf der Grundlage der Aussagen ausgeführt werden. Eine syllogistische Inferenz wird von zwei Aussagen unterstützt. Eine Aussage enthält den Begriff, der das *Subjekt* der Schlußfolgerung darstellt; die andere Aussage enthält den Begriff, der das *Prädikat* der Schlußfolgerung ist. Beide Aussagen enthalten einen Begriff, der in der Schlußfolgerung nicht enthalten ist. Eine typische Syllogistikform könnte die beiden Aussagen »Jedes A ist B« und »Jedes B ist C« enthalten und zur Schlußfolgerung »Jedes A ist C« führen.

Wie ein Datenbanksystem, das eine sehr große Anzahl von Daten enthalten kann, kann ein informationsgesteuertes System weit mehr Aussagen bereitstellen, als ein menschlicher Experte, zum Beispiel ein Arzt, im Gehirn speichern kann. Ein solches System kann Inferenzen verarbeiten, die diese Aussagen extrem schnell anwenden.

Der menschliche Experte kann dem Computer Fragen zu seinen Ableitungen stellen:

Arzt WURDE REGEL 163 VERWENDET, UM ANGABEN ÜBER ORGANISMUS 1 BEREITZUSTELLEN?

Computer REGEL 163 WURDE IM KONTEXT VON ORGANISMUS 1 VERWENDET, WAR ABER UNZULÄSSIG, DA ES NICHT STIMMT, DASS DER PATIENT EINE DIE GESCHLECHTS- UND HARNWEGE BEEINFLUSSENDE BEHANDLUNG HATTE (SATZ 3).

Die japanische, fünfte Computergeneration hat das Ziel, bis 1990 eine informationsgesteuerte Anlage herzustellen, die auf bis zu 100 Millionen Datenfelder (die bis zu tausend Byte Speicherplatz benötigen) und auf 20 000 zusätzliche Aussagen (»Regeln« genannt) zugreifen kann. Anfangs wird die informationsgesteuerte Anlage ein separates Inferenzgerät zur Verarbeitung der Aussagen verwenden. Später wird dieses Inferenzgerät in die informationsgesteuerte Anlage integriert. Das Inferenzgerät wird in der Lage sein, 100 Millionen bis 1 Milliarde logische Inferenzen pro Sekunde zu verarbeiten. Die Inferenzen können weitgehend parallel verarbeitet werden. Deshalb wird eine für hochentwickelten Parallelbetrieb ausgerichtete Konzeption verwendet, die von den niedrigen Kosten zukünftiger Mikrocomputer profitieren wird. Der Kontrollmechanismus und die dafür notwendige Software sind vollkommen neuartig und komplex.

Zusätzlich zu Großcomputern der fünften Generation werden informationsgesteuerte, Inferenzen verarbeitende *Personal* Computer produziert. Diese werden früher hergestellt werden, und von den vielen potentiellen Benutzern erhofft man wertvolle Rückschlüsse.

Da informationsgesteuerte Systeme wirtschaftlicher werden, wird das Entstehen einer starken Dienstleistungsindustrie erwartet, die das menschliche Wissen in computerverständliche Form bringt. So wie die Entwicklung von Telespielen und PC-Software großen Profit brachte, kann in Zukunft wahrscheinlich mit der Erstellung von Informationsbanken ein Vermögen gemacht werden.

Expertensysteme

Einige Arten der informationsgesteuerten Systeme werden als *Expertensysteme* bezeichnet. Sie codifizieren das Wissen eines speziellen Fachgebietes. Der Computer als Experte kann anschließend von einem anderen Experten zur Ergänzung des eigenen Wissens oder auch von Laien benutzt werden, die daraus ihre Sachkenntnis beziehen. Ein Beispiel für die erstere Möglichkeit wäre ein Arzt. Er ist zwar selbst ein Experte, doch die Medizin ist ein derart komplexes Gebiet, daß er die Unterstützung eines »Spezialisten« benötigt.

Eines der bekanntesten Expertensysteme in der Medizin ist MYCIN, ein System zur Diagnostizierung einer bestimmten Art von Infektionskrankheiten [3]. Die Anzahl der erfolgreichen Diagnosen ist höher als bei nahezu allen Ärzten, ausgenommen derjenigen, die sich auf diesen Therapiezweig spezialisiert haben. Ein praktischer Arzt benötigt Sachkenntnis auf mehreren hundert medizinischen Fachgebieten wie diesem, und kann unmöglich in mehr als einigen wenigen Bereichen ein Experte sein. Der Arzt der Zukunft kann einen Koffer mit in den Deckel eingebautem Bildschirm mit sich führen, um auf spezialisierte, medizinische Systeme zugreifen zu können. Kasten 15.1 enthält eine Liste einiger im Gebrauch befindlicher Expertensysteme.

Expertensysteme für Systemexperten

Jemand, der die Unterstützung durch ein Expertensystem besonders benötigt, ist der Experte für das Systemdesign. Die Arbeit des Systemanalytikers wird komplexer. Er soll interessantere Systeme erstellen, und dies wesentlich schneller, indem er automatisierte Hilfsmittel dazu nutzt – die Automation der Automation. Systemberater müssen mit höher entwickelten Konfigurationen arbeiten – dezentralisierte Verarbeitung, verteilte Daten, komplexe Netzwerke, Konfigurationen mit sehr kleinen und sehr großen Computern, Notwendigkeit von hoher Verläßlichkeit und Verwendbarkeit.

Kasten 15.1 Einige existierende Expertensysteme auf der Grundlage von informationsgesteuerter Technologie

- Diagnose und Therapieempfehlungen bei Infektionskrankheiten [3]
- Automatische Analyse und Synthese bei computerunterstütztem Design [4]
- Design komplexer, mikroelektronischer Chips
- Fehlerdiagnose für die gesamte Ausrüstung von Unterseebohranlagen
- Interpretation von Luft- und Satellitenbildern
- Intelligente, computerunterstützte Anweisungen
- Unterstützung bei der Fehlerbeseitigung in komplexen Schaltungen
- Unterstützung bei der Fehlerbeseitigung in komplexer Software
- Interaktive Auswertung von Mineralienfunden
- Unterstützung bei der Auswertung von Daten über Ölquellen

- Analyse von chemischen Strukturen der Röntgen-Kristallografie und von Daten des Massenspektrums
- Intelligente Bedienerschnittstellen in komplexen Systemen
- Isolation von Funktionsstörungen in der Computerausrüstung
- Unterstützung von Systemberatern beim Design von DEC VAX-Konfigurationen
- Monitorüberwachung von Patienten auf Intensivstationen
- Analyse und Interpretation von Schallreflexionen
- Analyse von Informationen über potentielle ölvorkommen
- Unterstüzung von Bedienern bei der Fehlerdiagnose in Atomkraftwerken
- Unterstützung zur Verminderung der Steuerzahlungen
- Interpretation von Meßdaten

Der Systemberater braucht Unterstützung bei Fragen der Kostensenkung und Leistungsoptimierung. Hilfestellung beim Gebrauch der Instrumente erhält er durch informationsgesteuerte Techniken.

Für die Spezifikation von Systemen wird ein hohes Maß an Unterstützung benötigt. Heute drängt man im allgemeinen darauf, daß mit dem Programmieren begonnen wird, noch bevor die Spezifikationen eindeutig geklärt sind. Die Spezifikationen sollten jedoch präzise genug sein, um die Programme automatisch erzeugen zu können. Heute wird dies durch Programmgeneratoren wie ADF, DMS von IBM oder umfassendere Spezifikationssprachen erreicht. In Zukunft wird ein viel umfangreicherer Bestand an Modulen und Instrumenten in einer Bibliothek verfügbar sein. Der Analytiker benötigt Hilfe bei der Auswahl von verwendbaren Modulen und Instrumenten bzw. Hilfsanweisungen für deren Gebrauch. Die Softwarefabrik der Zukunft wird ihre Produkte von vornherein mit einer Informationsbank zur Unterstützung der Benutzer ausrüsten.

Die Benutzerschnittstelle

Von besonderem Interesse ist die Tatsache, daß die informationsgesteuerte Verarbeitung von Inferenzen dazu beitragen kann, die Bedienerfreundlichkeit von Computern erheblich zu verbessern. Sie kann verschiedentlich genutzt werden:

- Verarbeitung von menschlichen Sprachen, so daß eine Kommunikation in englischer oder japanischer Sprache zwischen Benutzer und Maschine ermöglicht wird

- Unterstützung bei der Bedienung des Gerätes
- Unterstützung bei der Lokalisierung von Daten, Wissen und Software (die in der Bibliothek der Anlage oder an anderen Stellen gespeichert wird und auf die über das Netzwerk zugegriffen werden kann)
- Umfassende Verwendung von grafischen Darstellungen
- Diagnose von Funktionsstörungen, Problemen und Bedienerfehlern
- Unterstützung bei der Erstellung von Spezifikationen, aus welchen Programme automatisch erzeugt werden

In den Zielsetzungen und Haushaltsplänen für die Entwicklung der fünften Computergeneration wird wiederholt darauf hingewiesen, daß die Benutzerschnittstelle das System für die breite Öffentlichkeit, nicht nur für Fachkräfte, leicht zugänglich machen muß. Die Öffentlichkeit wird ihren eigenen, freundlichen Rechnungsführer, medizinischen Diagnostiker und Experten auf anderen Gebieten besitzen, mit dem man problemlos kommunizieren kann, der Fragen stellt, um eine Verständigungsebene zwischen sich und ihnen herzustellen, und der sie schrittweise und korrekt durch die Anwendungen führt.

Interne Informationsbanken

Informationsgesteuerte Computer werden interne Informationsbanken für ihren eigenen Gebrauch besitzen. Die wichtigste Informationsbank wird diejenige für die menschliche Sprache sein, die das Vokabular und die grammatischen Regeln der Sprache enthält. Dadurch wird eine Kommunikation zwischen Software und Endbenutzer ermöglicht. Eine System-Informationsbank wird Spezifikationen für das System selbst und seine Software enthalten. Dadurch wird die Unterstützung für Bediener, Konfigurationspersonal, Systemberater und Benutzer gewährleistet. Eine Informationsbank zur Erstellung von Anwendungen unterstützt Systemanalytiker oder Benutzer bei der Verwendung von Anwendungsgeneratoren.

In japanischen Unterlagen heißt es, daß die fünfte Computergeneration eine »allgemeine Informationsbank, dem menschlichen Verstand vergleichbar« [1], enthalten wird. Der Terminus »menschlicher Verstand« ist jedoch im Zusammenhang mit der Entwicklung von künstlicher Intelligenz von jeher ein schwer abgrenzbarer Begriff gewesen.

Selbst der Verstand eines Hundes benötigt einen sehr umfassenden Vorrat an Erfahrungen. Bis heute war es leichter, Systeme zu erstellen, die auf ein begrenztes Gebiet »spezialisiert« sind, als Systeme, die Ansätze von »menschlichem Verstand« aufweisen.

Die in Kasten 15.1 aufgelisteten, informationsgesteuerten Systeme unterstützen alle den hochqualifizierten Spezialisten. Da derartige Systeme in Zukunft billiger und leichter zu verstehen sein werden, werden sie nahezu alle Mitglieder der Gesellschaft ansprechen. Drei Aspekte der fünften Generation werden dafür verantwortlich sein: die Verbesserung der Verständigung zwischen Mensch und Maschine; die Fähigkeit informationsgesteuerter Systeme, ständig dazuzulernen und ihren Vorrat an Sachkenntnis zu erweitern; und die Möglichkeit, über 100 Millionen logische Inferenzen pro Sekunde zu verarbeiten. (Das menschliche Gehirn schafft unter Umständen 10 Inferenzen pro Sekunde bei bestimmten Funktionen, bei anderen weit weniger.)

Die Japaner legen bei den Zielsetzungen für ihre fünfte Computergeneration großen Wert auf die Unterstützung der Kommunikation zwischen Mensch und Maschine. Die integrierte Informationsbank für menschliche Sprachen und der »menschliche Verstand« sind ebenso ein Teil dessen wie die nachdrücklich geforderte Verarbeitung von gesprochener Sprache und Bildern. Mit diesen Einrichtungen werden hochentwickelte Abfragesprachen und Hilfsmittel für die Sprachübersetzung erstellt.

Eine der außergewöhnlichsten Passagen in der japanischen Literatur lautet [5]:

Ein unehrenhafter Ruf Japans könnte wie folgt in drei Aussagen ausgedrückt werden:

1. Das Denken der Japaner ist unverständlich.
2. Japan bemüht sich nicht, das für den Benutzer notwendige Know-how weltweit zu verbreiten.
3. Der Japaner ist zu zurückhaltend, um seine Meinung offen zu äußern, und stört damit die Atmosphäre einer Sitzung.

   Der Computer der fünften Generation wird eine Anlage sein, die problemlos Fremdsprachen sprechen und hören kann und daher solche Sprachbarrieren durchbricht. Die Ausländer werden dann einsehen, daß die Japaner keine Marsmenschen, sondern ganz normale menschliche Wesen sind.

Informationserwerb

Ein informationsgesteuertes System ist so konzipiert, daß es fortwährend in seinem Spezialbereich dazulernt. Wird ihm eine Frage gestellt, die es nicht versteht, bittet es um Erklärungen. Anschließend werden die Erklärungen analysiert, auf Übereinstimmung mit den schon vorhandenen Aussagen geprüft und gespeichert. Das System zur Unterstützung des Informationserwerbs ist für das schnellere Anwachsen von Informationsbanken von großer Bedeutung.

Der Informationserwerb kann automatisch, halbautomatisch oder manuell erfolgen. Das letztlich angestrebte Ziel liegt in der Entwicklung von vollautomatischen Systemen, die Sachkenntnis auf einem speziellen Fachgebiet direkt von computerlesbaren Quellen beziehen und selbst organisieren. In der Literatur wird von informationsgesteuerten Selbstversorgersystemen gesprochen. Da der vollautomatische Informationserwerb problematisch ist, werden anfangs halbautomatische Systeme erstellt. Diese Systeme ermöglichen dem Spezialisten eines Fachgebietes die Interaktion mit der Informationsbank. Anforderungen an solche Systeme sind:

- Der Spezialist auf dem betreffenden Gebiet braucht nicht zu wissen, wie die Informationen in der Software verschlüsselt sein müssen. Er gibt sein Wissen mittels einer ihm vertrauten Sprache oder Technik in das System ein. Das System stellt seine Fragen in einer natürlichen Sprache.
- Das informationsgesteuerte System prüft die Schlüssigkeit der eingegebenen Informationen automatisch.
- Das System unterstützt den Spezialisten, so daß er brauchbare und vollständige Sachkenntnis vorweisen kann. Sobald es auf lückenhafte Informationen stößt, stellt es Rückfragen.

Die Software für den Erwerb von Sachkenntnis muß hinreichend benutzerfreundlich sein, damit alle Spezialisten, die ihr Wissen speichern wollen, dies überall tun können. Die Produktion und Verwendung von informationsgesteuerten Techniken wird sich zu einer elektronischen Verlagsindustrie entwickeln.

Die Palette von informationsgesteuerten Systemen reicht von sehr großer bis zu sehr kleiner Bauweise. Heute gibt es Großcomputer, Minicomputer, Personal Computer und spezielle Microcomputer, die in vielen Produkten enthalten sind. Das gleiche gilt für informationsgesteuerte Systeme. Es wird große Bibliotheksanlagen geben, und große Firmen werden ihre eigenen Großcomputer für Informationsbanken besitzen. Informationsgesteuerte Personal Computer werden bei Geschäftsleuten, Hobbyprogrammierern und Verbrauchern Anklang finden. Alle Gerätearten, die heute in irgendeiner Form mit Microcomputern ausgerüstet sind, werden in Zukunft Mikroinformationsbanken für Funktionen wie Diagnosen, vorbeugende Wartung, Bedienerunterstützung, optische Systeme, intelligente Robotersteuerung usw. enthalten.

Fachwissen wird in Zukunft im Teilnehmerbetrieb über weltweite Datennetze verfügbar sein. Viele solcher Systeme werden erstellt werden, um wie Bücher in einer Bibliothek zur Verfügung zu stehen. Ein informationsgesteuertes System wird Zugriffsmöglichkeiten auf andere informationsgesteuerte Systeme haben. Ein Benutzer, der eine Informationsbank zu einem bestimmten Fachgebiet sucht, benötigt unter Umständen die Hilfe eines Systems, das bei der Lokalisierung der zur Verfügung stehenden Informationsbanken helfen kann. Er benutzt dann eine Informationsbank für Informationsbanken, die als Netzwerk-Schaltzentrale dient.

Verbrauchersysteme

Einige Anwendungen von informationsgesteuerten Systemen, wie Expertensysteme für die Reduzierung von Einkommenssteuerzahlungen, für medizinische Diagnose, für Ausbildung, Investitionen, Ratschläge in Börsenfragen und möglicherweise auch für Empfehlungen für die Gartenarbeit, für Kochrezepte und verschiedene Hobbys, werden großen Zuspruch auf dem Verbrauchermarkt finden. Weit ausgefallenere Computerspiele mit größerem Bildungswert können hergestellt werden. Informationsbanken für den Hausgebrauch können auf Bildplatten (digitale Audio-Discs, DAD) gespeichert werden, die zur Zeit in der digitalen HiFi-Technik aufkommen. Diese billigen, benutzerorientierten Platten können serienmäßig hergestellt werden und besitzen eine Speicherkapazität von zwei Milliarden Bit.

Durch dem Videotext ähnliche Einrichtungen (an das Telefonnetz angeschlossene Fernsehgeräte) kann der Benutzer entfernte, informationsgesteuerte Systeme für Anwendungen wie Urlaubsplanung, Reisekostenvergleich, Reisedienste, Versicherungsdienste, Berufsberatung und so weiter anwählen. Medizinische Fernuntersuchungen über ein Online-Telefon sind dann vermutlich an der Tagesordnung.

Eine lebenslange Ausbildung wird in zunehmendem Maße vorteilhafter, da die Technologie die Arbeitsplätze innerhalb der Gesellschaft entscheidend verändert. Informationsgesteuerte Systeme weisen viele Möglichkeiten für eine computerunterstützte Ausbildung auf.

Auswirkungen auf die Wirtschaft

Der wirtschaftliche Bereich ist oft in drei Sektoren unterteilt: die Grundstoffindustrie, wie Landwirtschaft, Fischerei, Bergbau und Forstwirtschaft; die verarbeitende Industrie; und die Dienstleistungen, wie Handwerk, Rechtswesen, Transportwesen und Verwaltung. Bis jetzt bewirkte die Automation eine Steigerung der Produktivität in der verarbeitenden Industrie, ohne jedoch besonders starke Auswirkungen auf die Grundstoffindustrie und den Bereich der Dienstleistungen zu haben. Die Produktivität in der verarbeitenden Industrie wird zweifellos durch den Einsatz von robotergesteuerten Verfahren und Fertigungsstraßen noch weiter erhöht.

Da das Ungleichgwicht bei der Produktivität andauert, kommt es zu sozialen Mißverhältnissen. Kosten für Dienstleistungen und Rechtshilfe steigen stetig an. Die medizinische und schulische Versorgung sowie die soziale Fürsorge werden erheblich teurer. Die Regierung wird einen ständig steigenden Teil der Bevölkerung beschäftigen, so daß die Steuern ins unerträgliche steigen.

Aus japanischer Sicht liegt ein Hauptgrund für den Bedarf an informationsgesteuerten Systemen in den bedeutenden Auswirkungen, die sie auf die Produktivität in den Bereichen der Grundstoffindustrie und der Dienstleistungen haben werden. In der Grundstoffindustrie werden bessere Informationen über Mineralvorkommen, Anbaumöglichkeiten, Kunstdünger, Rohstoffreserven, Fischerei, Wetter, Wiederaufbereitung usw. benötigt. Automatisch gesteuerte, hydroponische Farmen werden pflanzliche Nahrungsmittel erzeugen. Teilweise robotergesteuerte Fischerei wird möglich sein. Heute ist Japan weit von landwirtschaftlicher Autarkie entfernt. Japan hat eine 40mal höhere Bevölkerungsdichte als die USA, und mehr als die Hälfte des Landes ist gebirgig, so daß keine landwirtschaftliche Nutzung möglich ist. In der Literatur über die fünfte Computergeneration in Japan heißt es, daß diese Computer Japan zu landwirtschaftlicher Autarkie verhelfen könnten.

Im Bereich der Dienstleistungen sind die Vorteile vielleicht offensichtlicher. Ärzte, Krankenhäuser, Rechtsanwälte, Rechnungsprüfer, Buchhalter und Behörden könnten alle problemlos Gebrauch von informationsgesteuerten Systemen machen, die dazu dienen, die Arbeit von Spezialisten zu automatisieren und zu vervollständigen. Die ersten experimentellen Einsätze von informationsgesteuerten Systemen im Bereich der medizinischen Diagnose waren außerordentlich erfolgreich [3].

In der westlichen Welt verschlingen Rechtsanwälte und Verwaltungsmaßnahmen einen ständig anwachsenden Teil des Bruttosozialproduktes. (In Japan mit seinen 3000 Rechtsanwälten ist dieses Problem unwesentlich.) Einige nordamerikanische Gerichtshöfe sind hoffnungslos überlastet. Der Oberste Gerichtshof hat zur Zeit der Entstehung dieses Buches beinahe 6000 unerledigte Fälle vorliegen; im vergangenen Jahr wurden nur 141 und in der ersten Hälfte dieses Jahres nur 17 rechtskräftige Urteile gefällt. In Deutschland ist es ähnlich.

Ein informationsgesteuertes System wäre für Juristen sicherlich ein außerordentlich nützliches Instrumentarium. Es könnte auf alle Gesetze und relevanten Fälle zugreifen und schnell Präzedenzfälle ausfindig machen. Wie das schon existierende System für die medizinische Diagnose könnte es Urteile fällen. Ein Richter könnte dann seine Begründung überprüfen. Die Systeme der fünften Generation werden ebenfalls starke Auswirkungen auf die Produktivität in der verarbeitenden Industrie haben.

Die Kosten für die Verwaltung sind innerhalb der letzten zehn Jahre erschreckend gestiegen. Während die Produktivität in der Fertigung beträchtlich größer wurde, stagnierte die Produktivität in der Verwaltung. Die japanischen Verfechter der fünften Computergeneration glauben an deren großen Einfluß auf die Büroarbeit: »Die Japaner, die sich leicht einer neuen Umgebung anpassen können, sind in der Lage, den Nutzen hochentwickelter Bürosysteme für die Verarbeitung von Daten mittels verschiedener Medien, wie Bildern, grafischen Darstellungen, gesprochener Information und ähnlichem, zu erkennen und somit weltweit Pioniere der Büroautomation zu werden« [1].

Informationsgesteuerte Systeme werden Büroangestellten bei der Verwendung von hochentwickelten Hilfsinstrumenten, wie beim Auffinden von Notizen zu bestimmten Themen, beim Lokalisieren von Dateien und bei der Anleitung für Prozeduren unterstützen. Sie werden Rechnungsprüfern bei deren Nachforschungen behilflich sein.

Buchhalter sind Spezialisten, deren Arbeit weitgehend automatisiert werden kann. Die geeignetsten Buchführungspraktiken und Vorschläge für die Finanzwirtschaft können in informationsgesteuerten Systemen erfaßt werden. Computer der fünften Generation können dabei helfen, die unglaubliche Vielzahl von Steuergesetzen zu meistern, so daß ein Unternehmen seine Steuerzahlungen legal auf ein Minimum reduzieren kann. Der Buchhalter und Steuerberater in Form des Computers wird ebenso kleinen Firmen als auch großen Unternehmen zur Verfügung stehen und von ihnen selbst eingesetzt werden, da die Datenstationen bedienerfreundlich sind und den Benutzer unterstützen.

Für alle Planungsarbeiten sind Zugriffsmöglichkeiten auf gespeichertes Wissen von großem Nutzen. Die innerhalb eines Unternehmens angewandten Regeln werden im Expertensystem erfaßt, welches dadurch stetig anwachsendes Wissen über die Organisation speichert und bei Bedarf Rückfragen stellt. Wenn ein leitender Angestellter eine Sitzung vorbereiten oder ein Vertriebsbeauftragter ein Angebot ausarbeiten muß, können sie auf das Expertensystem zurückgreifen.

Eine Neuerung, die die Arbeit im Büro entscheidend verändern wird, ist die Textverarbeitung durch Spracheingabe. Der Manager oder die Sekretärin spricht, und die Worte werden am Bildschirm angezeigt. Wenn das Gerät Sprachteile falsch versteht, kann der Benutzer diese manuell korrigieren, Begriffe hinzufügen und die Eingabe ändern. Viele der heutigen Funktionen einer menschlichen Sekretärin werden dann kaum mehr notwendig sein.

Informationsgesteuerte Systeme werden Unterstützung bei komplexesten Entscheidungen liefern. Die Tools für die Unternehmensforschung werden oftmals nicht genutzt, da die Entscheidungsträger deren Handhabung meist für zu schwierig halten. Die fünfte Computergeneration sollte Hilfsmittel mit komplexen Computerabläufen entwickeln, deren Bedienung unkompliziert ist – Regressionsanalyse, Techniken zur Erstellung von Prognosen, lineares Programmieren, nicht-lineares Programmieren, komplexe Zeit- und Ressourcenplanung, kritische Konjunkturanalyse, Optimierung des Arbeitsablaufes in einem Betrieb, Reduzierung der Übertragungskosten, Optimierung des Liefertransportes usw. Solche Computer können angewiesen werden, Erfahrungen zu sammeln und diese auszuwerten, so daß eine größere Anzahl von Erfahrungswerten zur Entscheidungsfindung bereitsteht.

Die computerunterstützte Planung und Technik wird erheblich von den Expertensystemen profitieren, die dem Designer intelligente Hilfestellung leisten. Ein Großteil der Herstellungsverfahren wird von Robotern übernommen. Ein Roboter kann schweißen oder andere Tätigkeiten an Stellen ausüben, die für den Menschen unzugänglich sind. Drastische Veränderungen in der Fertigung sind notwendig, um die Vorteile von Robotern voll auszuschöpfen, und auch die Konzeption der Roboter verändert sich in zunehmendem Maße.

Die heutigen Roboter sind nicht intelligent, können nicht sehen und benutzen nur einen Arm. Die Roboter der Zukunft werden sehen können und über andere Sinne verfügen, die an informationsgesteuerte Systeme angeschlossen sind, wodurch die Roboter die Möglichkeit haben, die wahrgenommenen Dinge logisch einzuordnen. Für einen Roboter ist es ebenso wichtig, mehr als einen Arm zu besitzen, wie für den menschlichen Arbeiter oder eine Spinne. Allerdings wird dazu eine komplexe Prozeßsteuerung benötigt, damit die Arme zusammenarbeiten und sich nicht gegenseitig behindern. Die ersten intelligenten Robotersysteme am Stanford Research Institute benutzten informationsgesteuerte Software, ähnlich der Software, die für die Erstellung von Expertensystemen verwendet wird.

Roboter können an Orten eingesetzt werden, die für den Menschen nicht zugänglich sind – bei hohen und tiefen Temperaturen, im Vakuum, in Hochdruckkammern, in radioaktiven Bereichen usw. Dadurch werden die Produktionsmöglichkeiten erweitert. Die Roboter der Zukunft werden im Weltraum und unter Wasser eingesetzt werden. Sie werden gefährliche Bergbauverfahren automatisieren. Wir werden auch in Zukunft viele Arbeiter für den Kohleabbau benötigen; es ist jedoch undenkbar, daß es sich dabei um Menschen handelt.

Auf den Reisfeldern in Südostasien werden Roboter geradlinige Anbaureihen nacheinander bearbeiten. Sie werden die jungen Reissprossen pflanzen, deren Wachstum überwachen und sie schließlich abernten. Eine in einem Krankenhaus tätige Gruppe in Frankreich arbeitet an einem Roboter, der die Rouinearbeiten einer Krankenschwester erledigen soll. In den Bereichen der Landwirtschaft, des hydroponischen Anbaus, der Fischerei, der Fischfarmen, der Forstwirtschaft und vielen anderen Grundstoffindustriezweigen gibt es zahllose Einsatzmöglichkeiten für intelligente Roboter.

Ein Roboter steigert die Produktivität am meisten, wenn er unbeaufsichtigt arbeiten kann. Unbeaufsichtigte Roboter können 24 Stunden pro Tag arbeiten. Es gibt schon Fabriken, in welchen eine Schicht von Menschen und drei andere Schichten von Robotern ausgeführt werden. Die Menschen überlassen den Robotern genügend Arbeit für die gesamte Nachtschicht. Wenn es intelligente Roboter gibt, können unbemannte Fabriken in weit größerem Umfang errichtet werden. Solche Maschinen werden an einen zentralen Koordinationscomputer angeschlossen, der den gesamten Produktionsverlauf überwacht und bei Bedarf intelligente Maßnahmen ergreift.

Informationsgesteuerte Mechanismen müssen nicht unbedingt groß sein. Für viele Roboteranwendungen ist Intelligenz sehr wichtig, aber eine kleine Informationsbank ausreichend. Kleine Einheiten können serienmäßig hergestellt und so programmiert werden, daß sie eine Vielzahl von intelligenten Maschinen steuern können.

Ähnlich wie bei der Gerätewartung könnten kleine informationsgesteuerte Einheiten Fehler erkennen, Störungen frühzeitig anzeigen, und gewährleisten, daß vorbeugende Wartungsmaßnahmen ordnungsgemäß durchgeführt wurden. Solche Diagnose- und Wartungsmodule werden vermutlich für Telefonsysteme, Computer, Bohranlagen, Kraftwerke, Maschineninstallationen auf Farmen und für PKWs gebaut. In den Entwicklungsländern fallen Traktoren und andere Maschinen oft aufgrund von nicht ordnungsgemäßer Wartung aus. In diese Anlagen eingebaute, intelligente Einheiten könnten das Problem lösen, indem sie den menschlichen Bediener gegebenenfalls anweisen, Öl nachzufüllen oder Teile auszuwechseln.

In einigen sehr kleinen Fabriken werden schon Maschinenwerkzeuge in Form von Robotern verwendet. Durch intelligente Maschinen besteht für kleine Fabriken die Möglichkeit, die hohe Produktivität eines großen Werkes zu erreichen. Einige Fabriken werden Kleinunternehmen sein, die von einem Menschen und seinen Robotern betrieben werden.

Roboter machen keine Flüchtigkeitsfehler, wie sie Menschen unterlaufen können. Von Robotern hergestellte Produkte weisen weniger Mängel auf. Informationsgesteuerte Roboter bewirken nicht nur die Verbesserung des Produktdesigns, sondern auch niedrigere Herstellungskosten und höhere Produktqualität. Bis jetzt hatte Japan bei der Einführung von Robotern in die Industrie größeren Erfolg als die restliche Welt. Der Westen und seine Verbündeten müssen auf diese Herausforderung reagieren, ansonsten wird ihre Arbeitssituation schlechter und ihr Wohlstand geringer. In der programmatischen Rede anläßlich der ersten Konferenz über die fünfte Computergeneration in Japan hieß es: »Die Produkte unseres Landes werden aufgrund ihrer Leistungsstärke, ihres Designs und ihrer informationsintensiven Qualitäten unschlagbare Spezialisten auf den jeweiligen Fachgebieten sein« [1].

16 Unternehmer und Regierung

Japans Drohung

Wenn ein Industrieland in der Forschung auf dem Gebiet der Datentechnologie hinter den Mitbewerbern zurückbleibt, sind negative Auswirkungen auf seine industrielle Leistungsstärke und seine Zahlungsbilanz die Folge. Die britische Regierung hat beispielsweise errechnet, daß Großbritanniens passive Handelsbilanz für Produkte der Datentechnologie bis 1990 1,6 Milliarden US-Dollar erreichen könnte [1]. Darüber hinaus hieß es: »Wenn wir uns in der Datentechnologie keine starke, konkurrenzfähige Position auf dem Weltmarkt verschaffen können, wird die Leistungsstärke unserer verarbeitenden Industrie und der Dienstleistungsindustrie erheblich beeinträchtigt« [2].

Viele andere Länder stehen in der Entwicklung neuer Computertechnik wesentlich schlechter da als Großbritannien. Die japanischen Aktivitäten auf diesem Gebiet stellen eine Bedrohung für den Westen dar, die verheerende Auswirkungen auf die Wirtschaftslage haben könnte.

In den meisten entwickelten Ländern gehen Erträge und Arbeitsplätze bei den traditionellen »Schornstein«-Industriebetrieben zurück. Diese Industrien wandern langsam in Gebiete wie Südostasien und Brasilien ab, wo die Arbeitskräfte billiger sind; außerdem sinkt die Nachfrage nach einigen ihrer Produkte. Die »Schornstein«-Industrie wird teilweise durch Betriebe für hochentwickelte Technologien ersetzt.

Die Aufwendungen für elektronische Geräte und Software steigen ständig und werden vermutlich in den neunziger Jahren ungefähr 7% des Bruttosozialproduktes in entwickelten Ländern betragen. In vielen Ländern werden einfach nicht die notwendigen Forschungen betrieben, um im Bereich der Computertechnologie weiterhin mit an der Spitze liegen zu können. Ein Teil der Forschungen ist sehr teuer und setzt erhebliche, kooperative Bemühungen voraus.

In den frühen achtziger Jahren wurden einige Regierungen und Gurus durch die Aktivitäten der Japaner in Alarmbereitschaft versetzt. Die japanische Regierung unterstützte Bemühungen zur Zusammenarbeit zwischen Regierung, Industrie und Hochschulen bei der Entwicklung fortgeschrittener Computertechnologien. Die Presse bezeichnet solche kooperativen Körperschaften als »Incorporated Japan«.

Die japanische Regierung steckte enorme Summen – in einer Größenordnung von durchschnittlich 100 Millionen US-Dollar – in die Entwicklung der nachstehenden Technologien:

- Fortgeschrittene Herstellungsverfahren für Mikrochips
- Verarbeitungssysteme für Rasterdarstellungen
- Hochgeschwindigkeitscomputer
- Betriebssysteme
- Optoelektronik
- Hochentwickelte, parallel betriebene Supercomputer

Im Oktober 1981 enthüllte Japan sein aufregendes Projekt – die fünfte Computergeneration –, das von der Regierung finanziell noch stärker unterstützt werden sollte. Kasten 16.1 enthält die Auflistung einiger technischer Ziele der fünften Generation, die bis 1990 realisiert werden sollen.

Kasten 16.1 Japans Zielsetzungen bei der Entwicklung der fünften Computergeneration bis 1990 [3]

Großcomputer

- Eine hochentwickelte, parallel betriebene Anlage mit 1000 bis 10 000 Prozessoren.
- Festkörperspeicher mit 1000 bis 10 000 Megabyte.
- 1 bis 10 Millarden Befehle pro Sekunde.

Personal Computer

- 32 parallel arbeitende Prozessoren.
- Festkörperspeicher mit 10 Megabyte.
- 10 Millionen Befehle pro Sekunde.

Logische Programmiergeräte

- Eine Anlage für die Verarbeitung von Sprachen mit den dafür logischen Voraussetzungen:
  a) PROLOG-System
  b) Neues Sprachensystem
- Eine serienmäßig hergestellte Basisanlage, die 100000 lips (logical inferences per second = logische Inferenzen pro Sekunde) verarbeiten kann.
- Personal Computer mit mehreren Basisanlagen, die 100 000 bis 1 Million lips pro Sekunde verarbeiten können.
- Großcomputer mit vielen Basisanlagen, die 50 Millionen bis 1 Milliarde lips verarbeiten können.

Numerische Rechenmaschine

- Serienmäßig hergestellte Prozessorelemente, die 4 Millionen Flops (floating-point operations per second = Gleitkommaoperationen pro Sekunde) ausführen können.
- Ein parallel betriebenes Verarbeitungssystem, das gleichzeitig 1000 derartige Prozessoren steuern kann und somit eine allgemeine Leistung von 1 Milliarde Flops erbringt.
- Entwicklung von neuen, schnelleren Prozessorelementen, die 40 bis 100 Millionen Flops ausführen können.
- Platten mit einem Magnetkopf pro Spur und einem Speichervolumen von 50 – 60 Milliarden Byte.
- Betriebssysteme für Spezialzwecke.
- Hochentwickelte Sprachcompiler.

Relationale Datenbanksysteme

- Relationale Datenbanksysteme, für relationale Algebraoperationen (z. B. Such-, Verknüpfungs-, Projektoperationen) mit mindestens 500 bis 600 parallel arbeitenden Prozessoren.
- Speicherkapazität für relationale Operationen von hoher Geschwindigkeit: 10 bis 100 Millionen Byte.
- Speicherkapazität für relationale Operationen von mittlerer und hoher Geschwindigkeit: 100 Millionen bis 10 Milliarden Byte.
- Speicherkapazität für langsame und mittelschnelle, relationale Operationen: 10 bis 1000 Milliarden Byte.
- Verarbeitungsdurchsatz von Basistransaktionen: 10 000 Transaktionen pro Sekunde. (Die heutigen Von-Neumann-Maschinen können maximal ca. 100 Transaktionen pro Sekunde ausführen.)

Informationsgesteuertes System

- Speicherung und Wiederauffindung von 20 000 Inferenzen (Regeln) und 100 Millionen Datenfeldern. (Ein Datenfeld benötigt bis zu 1000 Byte Speicherplatz.)

Inferenzmaschine

- Ein Inferenzgerät, das 100 Millionen bis 1 Milliarde logische Inferenzen pro Sekunde (lips) verarbeiten kann (Ein lips ist eine syllogistische Inferenz pro Sekunde.
  Dazu sind bei von-Neumann-Computern 100 bis 1000 Befehle pro Sekunde notwendig. Die heutigen Großcomputer können daher ungefähr 10 000 bis 100 000 lips verarbeiten.
  Inferenzgeräte werden durch den Einsatz von vielen parallel arbeitenden Prozessoren eine hohe lips-Rate erzielen.)

Bildschirme mit grafischer und bildlicher Darstellung.

- Bildschirm und Tabletts mit einem Auflösungsvermögen von 10 000 x 10 000 Bildelementen.
- Intelligente Funktionen für die Verarbeitung von grafischen und bildlichen Darstellungen. Software und Hardware, die dem Benutzer die reibungslose Interaktion mit dem Computer durch bildliche und grafische Darstellungen ermöglichen.

Phonetisches Textverarbeitungssystem

- Ein System, das 10 000 gesprochene Worte verstehen kann, gleichzeitig deren Bedeutung analysiert und automatisch Fehler beseitigt.
- Generierung von vollständigen, verständlichen Sätzen.

Auf phonetische Eingabe reagierende Systeme

- Verstehen 10 000 gesprochener Wörter.
- Verstehen den Inhalt gesprochener Fragen und Verstehen und Entschlüsseln von Doppeldeutigkeiten.
- Verarbeiten phonetische Eingabe in Echtzeit.
- Eine hochentwickelte Struktur zur Ermöglichung natürlicher Umwandlung.
- Verarbeiten von geprochenem Englisch und Japanisch.

Verarbeitung natürlicher Sprachen

- Grammatische Zerlegung natürlicher Sprachen mittels einer Informationsbank für Sprachen, mit 10 000 Wörtern und 2000 Regeln.
- Semantische Analyse.
- Erkennung und Auflösung von Doppeldeutigkeiten.
- Logische Analyse.
- Satzbau und Redesynthese.
- Überwindung der Sprachlücke zwischen Computer und Benutzer.

Der Alvey-Bericht

In Europa verbreitet sich zusehends die Ansicht, daß die kommenden Jahre im Zeichen eines Wettrennens zwischen den USA und Japan im Bereich der hochentwickelten Technologie stehen würden, bei dem Europa weit abgeschlagen zurückbleibt. Der Alvey-Bericht gibt Aufschluß über die Reaktion der britischen Regierung [2]. Darin heißt es: »Es müssen dringend Schritte zur Verbesserung unserer allgemeinen Wettbewerbsfähigkeit in der Informationstechnik unternommen werden . . . Wenn wir uns in der Informationstechnologie keine starke, konkurrenzfähige Position auf dem Weltmarkt verschaffen können, wird die Leistungsstärke unserer verarbeitenden Industrie und der Dienstleistungsindustrie erheblich beeinträchtigt.« Der Bericht stellt heraus, daß das Hauptziel des japanischen Programms der Einsatz hochentwickelter Systeme in den Gesellschaftsbereichen sei, in welchen erhöhte Leistungsstärke und Produktivität den größten Nutzen bringen würden.

Abschließend heißt es, daß dem momentanen Trend zufolge, Großbritanniens Marktanteile geringer werden. »Unsere Aufgabenstellung ist klar umrissen. Wir können uns entweder bemühen, zu den Marktführern bei diesen Technologien zu gehören; oder wir verlassen uns auf importierte Technologie; oder wir scheiden ganz aus dem Rennen aus.

Letzteres betrachten wir nicht als vernünftige Alternative und obwohl wir nie vollkommenen autark sein werden, ist die Abhängigkeit von importierter Technologie ebensowenig als eine angemessene Strategie zu betrachten« [2].

Das Alvey-Komitee kam zu dem Ergebnis, daß Großbritannien ein nationales Programm für hochentwickelte Informationstechnologie (AIT) erhalten sollte, das über einen Zeitraum von fünf Jahren 320 Milliarden Pfund (= 560 Milliarden US-Dollar) kosten würde. Zwei Drittel davon sollten von der Regierung, ein Drittel von der Industrie entrichtet werden.

(In Japan beträgt der Beitrag der Regierung zum Forschungsfond 100%.) Das Programm sollte ein gemeinsames Unternehmen der Regierung, des akademischen Forschungszweigs und der Industrie sein. Alle Ergebnisse sollten der britischen Informationstechnikindustrie, auch denjenigen Unternehmen, die nicht am Programm beteiligt waren, zur Verfügung gestellt werden.

Im Programm sind »vor-wettbewerbsmäßige« Situationen vorgesehen. Je vermarktungsfähiger die Produkte werden, desto schwieriger gestaltet sich die Zusammenarbeit. Das Programm schließt eine Beteiligung ausländischer, multinationaler Unternehmen aus, es sei denn, sie leisten einen bestimmten, für das Programm wichtigen Beitrag, und der Verbleib von technischen Informationen innerhalb Großbritanniens ist garantiert.

Verschiedene andere Länder verfügen über ein weitgehend ähnliches Regierungsprogramm, oder ziehen dessen Erstellung zumindest in Erwägung. Das Europäische Parlament hat ein europäisches Programm mit Namen ESPRIT vorgeschlagen.

In den USA hat sich ein Konsortium aus Computerfirmen zur Gründung einer Organisation für kooperative Forschung gebildet.

Vier Grundstock-technologien

Das Programm beinhaltet die nachstehend aufgeführten vier Schlüsseltechnologien, die den *Grundstock* für die Entwicklung verschiedener Produkte bilden:

1. Softwaretechnik

- Die Entwicklung der Instrumente und Techniken zur Erstellung von zuverlässiger Software mit hohem Leistungsvermögen.
- Die Entwicklung von »Fabriken für Informationssysteme«, die integrierte Hardware- und Softwaretools, Bibliotheken, Datenbanken und Kommunikationsnetzwerke zur Softwareentwicklung produzieren.
- Der Wechsel von Ad-hoc-Design und -Programmierung zu vollkommen technischer und weitgehend automatisierter Softwareerstellung.

2. Bedienerschnittstelle

- Entwicklung von Ein- und Ausgabevorrichtungen zur Verbesserung der Kommunikation zwischen Mensch und Computer.
- Sprachverarbeitung.
- Verarbeitung von bildlichen Darstellungen.
- Verbesserung der Dialoge an Datenstationen.

- Verbesserung der Symbiose und der kognitiven Kompatibilität zwischen Benutzer und System.
- Analyse der menschlichen Vorgehensweise bei der Lösung von Problemen und Erstellung von Systemen, die mit dem menschlichen Denken kompatibel sind.

3. Intelligente informationsgesteuerte Systeme

- Alle Aspekte von informationsgesteuerten Systemen (s. Kapitel 15) erforschen.
- Erstellung von Demonstrationsprojekten.
- Entwicklung von umfassendem Lernmaterial über dieses zur Zeit noch weitgehend unbekannte Gebiet.

4. VLSI-Technik

- Entwicklung der Möglichkeiten, Chips zu spezifizieren, planen, erstellen und testen, bei welchen auf einer Fläche von 1 qcm ungefähr 1 Million logische Verknüpfungsglieder angeordnet sind, die jeweils den Zeitverzug auf eine Nanosekunde reduzieren können.
- Erstellung von Hilfsmitteln für das computerunterstützte Design von komplexen, fehlerfreien Chips.
- Erstellung spezieller Chips für neue Gebiete, wie Spracherkennung, Verarbeitung grafischer Darstellungen und informationsgesteuerte Systeme.
- Erforschung neuer Verfahren zur Chipherstellung.

Begeisterung

Von Regierungen initiierte, technische Projekte, die die Welt verändert haben, sind solche, die sich außerordentlich ehrgeizige Ziele gesetzt hatten – Ziele, die mit größter Sicherheit von einzelnen Unternehmen nicht erreicht worden wären – die Mondlandung, der Flug von Voyager zu Jupiter und Saturn und das Projekt Manhattan. Manchmal hatten solche Projekte eine wirtschaftliche Katastrophe zur Folge, wie zum Beispiel der Bau und Einsatz der Concorde, da Rechnungs- und Bilanzführung von Managern, für die Fehler den wirtschaftlichen Bankrott bedeuten können, nicht durchgeführt wurden. Einige Regierungsprogramme wurden aufgrund dringender Bedürfnisse erstellt, wie zum Beispiel das Programm des US-Verteidigungsministeriums für die Entwicklung von Hochgeschwindigkeitschips (VHSIC) für künftige Verteidigungssysteme.

Projekte mit ungewöhnlich ehrgeizigen Zielen haben oft deshalb Erfolg, weil sie eine Art mitreißende Begeisterung und ein Gefühl von großer Dringlichkeit unter den Beteiligten hervorrufen, wodurch diese zu fieberhaftem Arbeiten angetrieben werden. Das menschliche Denkvermögen kann durch extrem starke Motivierung zu erstaunlichen Leistungen angeregt werden. Junge Menschen haben den Mut, scheinbar unerreichbare Ziele in Angriff zu nehmen und sind erfolgreich.

Das japanische Projekt der fünften Computergeneration scheint ein Beispiel dafür zu sein. Japan ist ein Land, in dem das Alter große Verehrung genießt. Ältere Führungskräfte füllen die Reihen der Aufsichtsräte. Das Projekt der fünften Computergeneration sprengt den üblichen Rahmen, da fast alle daran beteiligten Manager und Ingenieure unter 30 sind. Diese jungen Menschen werden durch die Weisung angespornt, dem Westen die weltweite Führung in der Computertechnologie abzuringen. An die Gruppe werden unter starkem Zeitdruck extrem hohe Anforderungen gestellt. Das Projekt ist von der Begeisterung der Mondlandung durchdrungen. Im Vergleich dazu sind die meisten von der Regierung angeordneten Projekte müde Unternehmen, bei denen die Mitarbeiter mittelmäßige Gehälter beziehen und von 9 Uhr bis 5 Uhr anwesend sind.

Unternehmer

Ein Großteil der Ideen, die die Welt der hochwissenschaftlichen Technologie verändert haben, kommt nicht von Technologieriesen, sondern von kleinen Firmen mit hervorragenden Mitarbeitern.

Eine Studie aus dem Jahre 1981 der US National Science Foundation hat ergeben, daß kleine Firmen im Gegensatz zu großen Unternehmen etwa 24mal mehr Neuerungen pro ausgegebenem Dollar für Forschung und Entwicklung hervorbringen. Behörden verschlingen noch weit mehr Kosten für die Entwicklung neuer Ideen als große Unternehmen. Bei einer anderen Untersuchung wurde festgestellt, daß die Forschungsleistung vermindert wird, wenn mehr als sieben Forscher an einem Projekt beteiligt sind.

In den größten Forschungs- und Entwicklungsorganisationen fällt, jedesmal, wenn man die Tür eines Besenschrankes öffnet, ein Akademiker heraus. Wirklich talentierte Leute werden nicht stark genug gefördert, sind unterbezahlt, und aus ihrer Begeisterung ist oft Frustration oder Lethargie geworden. Ihre besten Ideen wurden nicht genutzt. Sie hocken zusammen und debattieren über intellektuelle Themen. Sie kritisieren die Organisationen und träumen davon, wegzugehen, um ihre eigene Firma zu gründen, ohne dies jedoch jemals wahrzumachen. Letztendlich finden sie sich in ein bequemes, wenn auch unproduktives Leben.

Wenn dieselben Leute in einer kleinen Firma in der Nähe von Boston oder Santa Clara arbeiten, haben sie Anteil am tatsächlichen Geschehen und haben herausfordernde Aufgaben zu bewältigen, die sie reich machen können, wenn sie eine Erfindung machen, für die auf dem Markt tatsächliche ein Bedarf besteht. Sie arbeiten 70 Stunden pro Woche, und ihre Bettlektüre besteht aus technischer Literatur. Ihr hervorragendes Können wird gebraucht und gefordert. Ihre Inspiration wird angefacht. Sie haben einen Traum und sind entschlossen, ihn zu verwirklichen. Am Ende des Regenbogens erwartet sie ein Sack voll Gold. Das Leben ist ein Abenteuer.

Wenn die Regierung Neuland erforschen möchte, was manchmal erforderlich ist, ist sie am besten damit beraten, die geeignesten kleinen Firmen zu suchen und ihnen unter sehr harten Vertragsbedingungen Aufträge zu erteilen. Erfolge sollten entsprechend den Marktgesetzen honoriert werden. Viele Bestandteile eines umfassenden Regierungsplans können an kleine, aggressiv agierende Firmen abgegeben werden. In den USA wird dies auf dem Gebiet staatlicher Forschung vielfach so gehandhabt; in Europa wird jedoch selten nach diesem Muster verfahren. Diese Form der Unterstützung von Unternehmern ist insofern von Vorteil, da sie zum Aufbau der Unternehmen beiträgt, die einen wesentlichen Wachstumsfaktor auf dem Gebiet der industriellen Technologie der Zukunft in einem Land darstellen.

Die Wagemutigen

Zwei Führungskräfte von McKinsey, Peters und Waterman untersuchten für ihr Buch *In Search of Excellence* [4] 62 große und sehr erfolgreiche Unternehmen. Sie haben diese Unternehmen einer Auswahl anonymer Firmen, die in Schwierigkeiten waren, gegenübergestellt. Letztere Gruppe hatte gewöhnlich einen übergroßen Personalbestand, der in den meisten Fällen aus Vollzeitbeschäftigten bestand, und mit Marktanalysen vollgestopfte Aktenschränke. Typisches Merkmal der erfolgreichen Firmen waren kleine Gruppen von 5 bis 10, manchmal auch 5 bis 25 Leuten, die sich wie Unternehmergruppen verhielten. In den USA werden sie manchmal als *venture teams* (Wagemutige) oder *bureaucracy busters* (Bürokratieknacker) bezeichnet. In Texas nennt man sie »Skunk Works«. Die o.g. Autoren schreiben, daß bei den Unternehmen an der Spitze aller großen, erfolgreichen Firmen (wie 3 M oder Hewlett-Packard), »die ganze Institution als eine große Ansammlung von Teams mit bis zu zehn solcher »Skunk-Arbeiter« aufgebaut ist.«

Auf einem der reichsten Ölfelder der Welt lag bei der Ölgesellschaft mit den besten Geologen, der umfassendsten Planung und der sorgfältigsten Überwachung die Wahrscheinlichkeit, bei einer Bohrung auf Öl zu stoßen, bei 20%. Die Ölspekulanten, die keinen detaillierten Überwachungsplan und keine allgemeine Planung besaßen, stießen nur in 10%

der Bohrungen auf Öl [5]. Also hat sich die Planung bezahlt gemacht? Nein! Die Ölspekulanten nehmen die 12fache Menge an Bohrungen pro investiertem Dollar vor, und erwirtschaften somit 6mal mehr Öl pro Dollar.

Peters und Waterman beschrieben die typische Innovationspolitik großer Firmen, die Konkurs anmelden mußten, mit den Worten: »Lassen Sie 250 Ingenieure und Marketing-Spezialisten 15 Monate lang isoliert an einem neuen Produkt arbeiten.« In der Welt der hochfinanzierten Forschung kursieren viele Horrorgeschichten von großen Projekten, die scheiterten. Diese Projekte werden oft geheim gehalten und vertuscht, sind zu peinlich, um erwähnt zu werden, und werden schnell vergessen. Zumindest in der Industrie kann das Management die Verluste vermindern. Für die Regierung ist das schon schwieriger. Das Projekt ist bekannt. Seine Verfechter wollen ihr Gesicht nicht verlieren. Sie pumpen, wie im Fall der Concorde, mehr und mehr Geld in das Projekt, bis es endlich fertiggestellt wird. Jede Concorde, die nun durchschnittlich 50 Passagiere über den Atlantik fliegt, kostet die Steuerzahler effektiv ca. eine halbe Milliarde Dollar.

Der Bericht des Alvey-Komittees erwähnt, wie die meisten dieser Regierungsberichte, an keiner Stelle den Begriff *Unternehmen*. Scheinbar haben die Verfasser keine Vorstellung davon, wie die Spekulationskapitalindustrie in den USA funktioniert.

In der Softwareindustrie sind die technischen Verbesserungen mit den stärksten Auswirkungen auf vorhandene Installationen Anwendungsgeneratoren und Datenbanksprachen wie FOCUS, RAMIS, NATURAL, MANTIS, Cullinet-Produkte, EASYTRIEVE, NOMAD, LINC, ADMINS, VISICALC, LOTUS 1–2–3, EXPRESS, SAS, Techniken für das Programmdesign von Jackson und Yourdon, die HOS-Tools für die Erstellung von nachweisbar korrekten Spezifikationen und die Code-Erzeugung sowie Hilfsmittel und Methoden für die Informationstechnik. Alle diese Verbesserungen stammen von Unternehmern, die nach den besten Lösungen für reale Benutzerprobleme gesucht haben. Der Bericht des Alvey-Komittees erwähnt keinen von ihnen, und jegliches Verständnis für die von ihnen angewandten Techniken fehlt.

Die besten Beispiele für Verbesserungen des Dialogs zwischen Mensch und Maschine in jüngerer Zeit finden sich im Bereich der Personal Computer – Telespiele, Visicalc, Grafikpakete für geschäftliche Zwecke, LISA, Wang Textverarbeitung und eine Vielzahl von Anwendungspaketen. Alle diese Errungenschaften stammen wiederum von relativ kleinen Firmen. Das Wachstum von Silicon Valley ist die Geschichte unternehmerischen Erfolgs.

Welche Rolle sollte die Regierung spielen?

Welche Rolle sollte folglich der Regierung zugedacht sein?

Das, woran es der Informationstechnikindustrie außerhalb der USA am meisten mangelt, ist der Aspekt des unternehmerischen Wachstums. In den USA gibt es eine große Zahl *ausländischer* Unternehmer, die glauben, daß sie hier mehr Aussicht auf Erfolg haben als in ihren Heimatländern. Die Spekulationskapitalindustrie der USA hat, in dem Glauben, daß dies eine der besten Investitionsgelegenheiten des Jahrhunderts sei, sehr viel *ausländisches* Kapital in ihre Unternehmen gesteckt.

Im Alvey-Bericht heißt es, daß sein Programm dazu beitragen wird, die Abwanderung der wissenschaftlichen Intelligenz der besten Forscher des Landes zu stoppen oder gar ins Gegenteil zu kehren. Dabei wird die Abwanderung der Unternehmer, die zahlenmäßig viel größer ist, und die *viel* schwerwiegendere finanzielle Konsequenzen hat als die Abwanderung der Wissenschaftler, mit keinem Wort erwähnt. Wenn eine Regierung eine eigene Entsprechung zu Silicon Valley entwickeln will, muß sie sich die potentiellen Unternehmer heranziehen, sie muß sie ermutigen und ausbilden. Sie braucht eine Spekulationskapitalindustrie nach nordamerikanischem Muster.

In Kanada, Australien, Neuseeland und Großbritannien verlassen ganze Scharen von Unternehmern das Land. Man trifft sie überall in der Welt, wo Computer Bedeutung haben. Es gibt keine klaren Statistiken seitens der Regierung über die Unternehmerabwanderung, wie es sie über die Abwanderung der Wissenschaftler gibt. Unternehmer verlassen ihr Land wegen hoher Steuern, bürokratischer Stolpersteine und wegen des mangelnden Spekulationskapitals. Die Spekulationskapitalindustrie der USA stellt nicht nur das Kapital zur Verfügung, sondern gibt auch Unterstützung bei Management- und Marketingproblemen. Sie entscheidet, welche Mitarbeiter gebraucht werden, um der unerfahrenen Firma zum Erfolg zu verhelfen. Sie berät bei der Besetzung von Führungspositionen, damit Marketingfähigkeit und Finanzierungssteuerung aufgebaut werden können. Vertreter der Spekulationskapitalindustrie sind Vorstandsmitglieder der Firmen, in die investiert wurde, damit das Kapital überwacht und vermehrt werden kann. Dabei handelt es sich um erfahrene Geschäftsleute, die über genügend Intuition verfügen, um zu wissen, was dem Erfolg der Firma zugute kommt. In einigen Ländern existieren derartige Verfahrensweisen überhaupt nicht. Grundstocktechnologien ohne Unternehmer und ohne Vertreter der Spekulationskapitalindustrie zu entwickeln, käme einer Entwicklung von Kampfsystemen ohne Soldaten und Generäle gleich.

Für die Privatindustrie ungeeignete Forschung

Es gibt allerdings einige wichtige Forschungsarten, die von Unternehmern nicht betrieben werden, und in die Spekulanten nicht investieren. Diese Forschungsarten sind zu zeit- und kostenaufwendig, oder man ist sich nicht sicher, ob sie den gewünschten Gewinn bringen. Sie werden aber trotzdem als für das nationale Wohl erforderliche Projekte betrachtet. Auf diesem Gebiet ist eine Zusammenarbeit von Regierung, Industrie und Universitäten sinnvoll.

Die Universitäten allein verfügen nicht über die finanziellen Mittel. Universitäten und Regierung zusammen haben nicht den notwendigen Geschäftssinn. (Um die theoretischen Grenzen auszudehnen, müßten noch umfangreiche akademische Forschungen angestellt werden, die aber innerhalb der nächsten 20 Jahre noch keinen geschäftlichen Nutzen bringen können.)

Eine Zusammenarbeit von Regierung, Universitäten und Industrie kann für langfristige Forschungsprojekte ausgesprochen sinnvoll sein. Dazu müssen jedoch folgende Bedingungen erfüllt sein:

1. **Das von der Regierung unterstützte Programm vermeidet Forschungsgebiete, die ein Unternehmen als lukratives Geschäft für sich selbst betrachten könnte.**

Wenn ein Forschungsziel von einer kleinen Firma nicht in Angriff genommen wird, obwohl die Möglichkeit dazu besteht, ist entweder mit dem Forschungsziel oder mit dem nationalen Unternehmertum etwas nicht in Ordnung. Trifft letzteres zu, sollten sofort die notwendigen Schritte eingeleitet werden.

2. **Es werden solche Projekte ausgewählt, die dem nationalen Wohl und Wohlstand zugute kommen, die aber zu langfristig angelegt sind, als daß sie für die im Alleingang arbeitende Privatindustrie attraktiv sind.**

Hier ließe sich die Entwicklung der informationsgesteuerten Technologie als Beispiel anführen.

3. **Nach Möglichkeit werden langwierige Projekte in kürzere Einzelprojekte untergliedert, die einzeln auf dem Markt getestet werden können.**

Das Projekt der fünften Generation kann beispielsweise in viele kleine

Projekte unterteilt werden, die großteils unabhängig voneinander vermarktet werden können. Stellen Sie sich die Entwicklung eines Großcomputers der Zukunft vor, der viele leistungsstarke, parallel arbeitende Prozessoren umfaßt. Seine Entwicklung kann in verschiedene Projekte aufgespalten werden.

- Die kleinen, leistungsstarken Prozessoren können getrennt gebaut und vermarktet werden.
- Die parallele Architektur kann mit einer geringen Zahl schon vorhandener Prozessoren, möglicherweise in Form eines Personal Computers, erreicht werden.
- Die Architektur kann auch mit schon existierenden Prozessoren bis zur endgültigen Konfiguration erweitert werden.
- Die neuen Prozessoren können anschließend die schon existierenden ersetzen.

Aus jedem dieser Einzelschritte kann kein vermarktungsfähiges Ergebnis hervorgehen. Wenn es der Herstellerfirma gelingt, das Produkt zu vermarkten, ist ein lohnenswertes Ziel erreicht. Wenn sich das Produkt nicht verkauft, ist unter Umständen etwas nicht in Ordnung.

4. Nach Möglichkeit werden Prototypen für Testversuche in der Praxis gebaut.

Viele Pilotprodukte scheitern, wenn sie auf dem Verbrauchermarkt getestet werden. Es ist gefährlich, lange Zeit auf solche Tests zu verzichten. Die meisten Forscher glauben daran, daß ihr Produkt auf dem Markt einen spektakulären Erfolg haben wird; in den meisten Fällen irren sie sich. Ein frühzeitiges Feedback ist unbedingt erforderlich.

5. Einzelne Projektteile werden auf verschiedene Unternehmen verteilt und nicht in großen Entwicklungslaboratorien der Regierung durchgeführt.

Dadurch wird der Vorteil der geringeren Kosten für Forschung und Entwicklung in kleinen Unternehmen genutzt. Das Wachstum der neuen Unternehmen, die die zukünftige, technische Stärke des Landes repräsentieren, wird durch diese Maßnahmen gefördert.

Eine gedeihende Wirtschaft ist einer Obstplantage vergleichbar. Abgestorbenes Holz muß entfernt und neue Bäume müssen gepflanzt werden. Die neuen Bäume müssen nachhaltig gedüngt werden. Trotzdem werden einige absterben.

Schlußfolgerung

Wenn ein Land eine gesunde Informationstechnikindustrie besitzen möchte, die sich auf die Produktivität anderer Industriezweige auswirkt, ist ein aufstrebendes Wachstum der kleinen, im Bereich der hochentwickelten Technologie tätigen Firmen notwendig. Es muß seinem Unternehmertum größtmögliche Unterstützung und Förderung gewähren. Es braucht eine aktive und gesunde Spekulationskapitalindustrie nach nordamerikanischem Vorbild. Um aber den Japanern vorauszubleiben, benötigt es ausreichend subventionierte Forschungsprojekte, die für marktabhängige Unternehmer zu langfristig sind. Diese Forschungsprojekte lassen sich am besten durch die Zusammenarbeit von Industrie, Universitäten und Regierung durchführen. Die Forschung sollte so organisiert sein, daß Unternehmer ihre Teilergebnisse wo immer möglich nutzen können. Bei komplexen Projekten sollten agressive und leistungsfähige Kleinunternehmen zur Ausführung von einzelnen Projektteilen unter Vertrag genommen werden.

Für die Leitung solcher langfristigen Forschungsarbeiten ist das Verständnis für die Kräfte, die die Computertechnik verändern, Voraussetzung – und zwar ein sehr viel besseres Verständnis als das im Alvey-Bericht. Die langfristigen Projekte sollten – wenn möglich – in kurzfristig durchführbare Einzelschritte gegliedert werden, die ständig auf dem Markt getestet werden.

17 Kettenreaktion

Die Automation der Automation

Die Automation der Automation ist der Auslöser für eine Kettenreaktion. In den kommenden Jahrhunderten werden Historiker die Verbreitung der Computertechnologie als eine der wichtigsten Entwicklungen in der Geschichte der Menschheit betrachten. Die Automation durch Computer begann, so werden sie sagen, mit unförmigen Geräten und manuellen Techniken. Aber ebenso wie die industrielle Revolution zwei Jahrhunderte zuvor, ging auch die Computerrevolution von primitiven Ansätzen aus.

Die industrielle Revolution brachte Maschinen mit wesentlich größeren *physikalischen* Kräften als die des Menschen hervor; die Computerrevolution brachte Geräte mit wesentlich größeren *geistigen* Kräften als die des Menschen hervor. Imposante Bibliotheken mit programmierten Sachkenntnissen und Funktionen existierten überall auf der Erde und waren weltweit über Computernetzwerke verfügbar. In fast jedem Haushalt und Büro installierte Bildschirme wurden zu Fenstern zu logischem Denken, das weit über den Verstand eines jeden einzelnen hinausging. Neue soziale Gesetze mußten entwickelt werden, um die Rolle der Menschen in einer Welt festzulegen, in der kybernetische Werkzeuge dem menschlichen Gehirn soweit voraus waren, wie ein Jumbo einem Schmetterling.

Die Dampfmaschine leitete eine neue Phase des maschinellen Fortschritts ein, da sie die erste Energiequelle war, die überall installiert werden konnte. Eine entsprechende Phase bei der Computerentwicklung wurde durch die *Automation* der Methoden für die Systemanalyse und das Programmieren eingeleitet.

Solange zur Systemanalyse und Programmierung manuelle Methoden angewandt wurden, war man auf Methodologien beschränkt, denen der einfache Mensch gewachsen war. Leistungsfähigere Methodologien wurden zwar in Erwägung gezogen, waren aber aufgrund ihrer Komplexität unpraktikabel für unser sich leicht irrendes Gehirn. Voraussetzung für den Einsatz dieser leistungsstarken Methodologien war die Automation. Für die altgedienten Systemanalytiker und Programmierer war es ein Schock, als ihnen klar wurde, daß sie ihre eigene Arbeit automatisieren mußten. Aber erst nachdem diese Voraussetzung geschaffen war, konnte sich die Computertechnik über die Grenzen des Menschen hinaus entwickeln, der letztendlich immer mit Papier und Bleistift arbeitete.

Wie vergeistigte Ägyptologen werden Konservatoren von Museen in der Zukunft auf ihre Exemplare von handgeschriebenen Programmen blicken, die umständlich in Sprachen wie COBOL, FORTRAN und Ada erstellt wurden. Komplexe Programme konnten nicht fehlerfrei erstellt werden, und die Computerwelt gab sich mit nicht ganz vertrauenswürdiger Software zufrieden. Betriebssysteme wiesen rätselhafte Eigenarten auf, und die Wartung war ein Alptraum. Viele Analytiker und Programmierer wurden in verschiedenen, »strukturierten Techniken« ausgebildet, die aber immer noch handschriftlich ausgearbeitet werden mußten und somit keinen großen Beitrag zur Verbesserung der Situation leisteten. Unternehmensspezifische Datenbanken waren voll von überflüssigem Datenwirrwarr, das oftmals den Zugriff auf für das Management wichtige Informationen unmöglich machte. Dijkstra [1] lehrte mathematische Techniken, wendete sie aber bei Programmen an, die zu klein waren, um von Nutzen zu sein. Fred Brooks [2] stellte einen zynischen Vergleich zwischen der Erstellung von komplexer Software und prähistorischen Tieren an, die sich in den Teergruben von vor 100 Millionen Jahren abmühten. Je wütender der Dinosaurier versuchte freizukommen, desto fester hielt ihn der Teer.

Eine neue, automatisierte Technik kann uns aus der Teergrube befreien. Wir können immer größere, fehlerfreie Bauteile zusammensetzen und sie untereinander ohne Schnittstellenfehler verbinden. Wenn an komplexen Systemen Veränderungen vorgenommen werden, versinken wir nicht im Teer. Auf einem Grafikbildschirm können wir die Konsequenzen unserer Veränderungen unmittelbar verfolgen.

Die verwendeten Techniken wären für das manuelle Design mit Papier und Bleistift zu umfangreich. Für sie werden computergesteuerte Tools benötigt. Die Tools müssen die Programme *automatisch* erzeugen, da dies vom Menschen nicht mehr erwartet werden kann. Mit Hilfe solcher Techniken werden die Softwarefabriken der Zukunft erbaut werden.

Nur auf dieser konsistenten Grundlage der Automation kann die Kettenreaktion ausgelöst werden, die eine explosionsartige Verbreitung von komplexer Software ermöglicht. Nachdem wir fähig sind, neue leistungsstarke Methodologien zu automatisieren, wird zweifellos eine große Anzahl davon Anwendung finden. Die Automation der Automation ist lebenswichtig.

Der große Computerpionier Norbert Wiener schrieb ein Buch, dessen Titel man wohl lange Zeit nicht vergessen wird: *The Human Use of Human Being* [3]. Seiner Ansicht nach sollte unmenschliche, körperliche Arbeit von Maschinen und nicht von Menschen getan werden. Die Arbeit des Programmierers hat er darin nicht eingeschlossen. Die Arbeit des Programmierers ist aber insofern unmenschlich, da wir von ihm verlangen, daß er einen ungeheuren Umfang von Code fehlerfrei schreibt. Aber sein tierähnliches Gehirn kann nicht jede kleinste Einzelheit und die Vielzahl von Kombinationsmöglichkeiten verarbeiten. Die Arbeit wird noch unmenschlicher, wenn wir statt 10 Zeilen Code 1000 Zeilen pro Tag verlangen. Das ist eine Arbeit für Maschinen und nicht für Menschen. Erst seit kurzem wissen wir aber, wie wir die Maschine dazu bringen.

Wenn wir die Maschine einmal soweit haben, fehlerfreien Code zu erstellen, muß die gesamte Computerentwicklung in andere Bahnen gelenkt werden. Die Zeit der Ad-hoc-Handkodierung ist ein kurzer Irrweg in der Geschichte des Computers.

Pyramidenartiger Aufbau

Hochentwickelte *Steuerstrukturen* können aus primitiven Steuerstrukturen erstellt werden. Aus den hochentwickelten können wiederum noch höher entwickelte Strukturen geschaffen werden usw. Dabei ist die Konsistenz des Mechanismus entscheidend, der korrekte Schnittstellen unter den Modulen erzwingt. Diese Konsistenz ermöglicht erst den pyramidenartigen Aufbau von Modulen.

Für das Hardwaredesign kann die gleiche Technik angewandt werden. Wie bei der Software wird auch bei der Hardware das Design sehr viel komplexer werden. Wir werden Mikroplättchen mit vielen Millionen logischer Schaltkreise erstellen. Nachweisbar korrektes Design ist erforderlich. Aus Hunderten oder Tausenden von Mikrocomputern werden wir hochentwickelte, parallel arbeitende Computer bauen, für die sehr komplexe, logische Steuermechanismen notwendig sind. Ein integriertes und nachweisbar korrektes Hardware- und Softwaredesign ist erforderlich.

Nach und nach werden wir durch den Pyramidenaufbau zu sehr hochentwickelten Konstruktionen gelangen. Hochentwickelte Designsprachen werden ein schnelles und sehr komplexes Design ermöglichen. Millionen von Computern, die an weltweite Datennetzwerke angeschlossen sind, werden Bibliotheken und Datenbanken austauschen. Informationsgesteuerte Systeme werden über mehr und mehr Inferenzen verfügen und schließlich zu Selbstversorgern werden. Intelligente Auskunftssysteme im Netzwerk ermöglichen es Maschinen und Benutzern, die benötigten Quellen aufzufinden.

Besonders wichtig ist das Design der Bedienerschnittstelle, damit auch der Normalbenutzer den Computer überall bedienen und ihm Anweisungen geben kann. Es gibt unzählige verschiedene Wege, den Computer bedienerfreundlich zu gestalten. Für viele Computer wird eine kaschierte, *sehr* komplexe Software zur Verarbeitung des interaktiven Dialogs zwischen Mensch und Maschine erforderlich sein.

Veränderung der Computerindustrie

Der Wechsel in der Computerindustrie zu konsistentem Design wird offensichtlich nicht von heute auf morgen erfolgen. Die Investitionen, die in vorhandener Hardware, Software und den existierenden Techniken gebunden sind, sind gigantisch. Die Engstirnigkeit der großen Computerfirmen ist ebenso groß wie ihr Widerstand gegen Methoden, die nicht aus ihren Reihen kommen.

Hoffentlich ist die Software für die äußerst komplexe Hardware der fünften Generation nicht wieder ein fehlerstrotzendes Durcheinander, das in der Vergangenheit charakteristisch für die Betriebssysteme der Großcomputer war. C.A.R. Hoare beschrieb die Herstellersoftware als »das schlechteste Produkt des Computerzeitalters«, von unnötiger und ständig ansteigender Komplexität, das sowohl dem »Benutzer als auch dem Designer jegliches Verständnis raubt« [4].

Ein Großteil der japanischen Software war katastrophal, und dieses Versagen der Japaner hat den Westen bis zu einem gewissen Grade vor einem Ansturm japanischer Computer bewahrt. Wenn die Japaner den Gebrauch von HOS-Tools zur Entwicklung ihrer Software einführen würden, hätte der Westen Grund zur Sorge. Als sie ihre fünfte Generation ankündigten, schienen sie aber noch nicht von dieser Technik gehört zu haben; an einer Stelle heißt es: »Wenn eine eindeutige Spezifikation vorläge und ein fehlerloses und leistungsfähiges Programm gemäß dieser Spezifikation automatisch erstellt werden könnte, so wäre das ideal. Allerdings liegt die Realisierung dieses Ideals noch in *ferner Zukunft* [5].

Von informationsgesteuerten Systemen ausgelöste Kettenreaktion

Die von der automatisierten Programmierung ausgelöste Kettenreaktion wird durch eine unter Umständen wesentlich tiefgreifendere Kettenreaktion ergänzt werden: die Verbreitung und auch die Vernetzung von informationsgesteuerten Computern.

Das einmal in einer Informationsbank erfaßte Wissen eines Experten kann jedermann wie Bücher einer Bibliothek zugänglich gemacht werden. Ein informationsgesteuerter Computer wird in der Lage sein, andere Informationsbanken mittels intelligenter (informationsgesteuerter) Auskunftssysteme aufzufinden.

Man stellt sich die »künstliche Intelligenz« häufig als an einem bestimmten Ort in einem Großcomputer befindlich vor. Diese Vorstellung ist eindeutig falsch. Es wird Millionen von Maschinen für künstliche Intelligenz geben, die alle untereinander über das weltweite Datennetzwerk und über Satelliten verbunden werden können. Informationsbanken werden in serienmäßig hergestellten Microcomputern, Personal Computern, Großcomputern und Bibliothekssystemen integriert sein.

Durch die Computer der fünften Generation werden viele Leute an der Erstellung von Software und Informationsbanken beteiligt werden. Die Software wird mittels automatisierter Techniken erstellt. An der Erstellung von Informationsbanken werden Spezialisten, Lehrer, Unternehmer und Universitätsangestellte beteiligt sein. Wir werden die Instrumentarien besitzen, um über die schon vorhandenen Techniken hinaus ständig leistungsfähiger werdende Strukturen aufzubauen. Zusätzlich in die Softwarebibliotheken eingefügte Mechanismen werden mittels schon vorhandener Mechanismen definiert. Informationsgesteuerte Systeme werden zu *Selbstversorgersystemen*, indem sie sich ihre weiteren Sachkenntnisse entweder durch verschiedene Arten der automatischen Eingabe aneignen, oder durch Anfragen, wenn Informationslücken entdeckt werden.

Zu Beginn ist ein informationsgesteuertes System wie ein Kleinkind. Der Mechanismus muß lernen. Je mehr er lernt, desto größer wird seine Lernfähigkeit. Ein Kind erweitert sein Wissen, bis seine geistige Kapazität erschöpft ist. Anschließend werden wir Netzwerke für Informationsbanken einrichten, an denen unterschiedliche Anlagen für unterschiedliche Fachgebiete angeschlossen sind, die ihre Informationen untereinander austauschen.

Wie schnell werden sich informationsgesteuerte Netzwerke weitere Informationen aneignen, wenn sie Selbstversorger sind? Vermutlich mit einer exponential ansteigenden Geschwindigkeit. Die Datenstationen im Büro eines jeden Managers und die an die Fernsehgeräte angeschlossenen

Datenstationen im Haushalt werden Interaktionen mit einem Heer von automatisierten Ratgebern erlauben, und es wird oft schwierig sein, den Wert ihrer Ratschläge anzuzweifeln.

Unsere heutigen Systeme sind durch den Menschen, der sie korrekt bedienen und Entscheidungen über sie treffen muß, in ihrer Komplexität eingeschränkt. Unser Kurzzeitgedächtnis verarbeitet im Normalfall nur sieben Informationen sofort [6]. Großcomputer der fünften Generation sollen 100 Millionen bis 1 Milliarde Inferenzen pro Sekunde verarbeiten. Wenn es gelingt, sie zuverlässig zu machen (durch Parallelbetrieb), können sie weit komplexere Systeme steuern, als momentan möglich oder vorstellbar ist.

Die Komplexität einiger heutiger Systeme ist so groß, daß der Bediener unfähig ist, damit zu arbeiten. Dies galt beispielsweise für den Bediener, dessen menschliche Fehler die Katastrophe in dem Atomkraftwerk in Harrisburg mit verursachten. Durch ein einfaches, informationsgesteuertes System, das an der Betriebssteuerung des Kraftwerkes beteiligt gewesen wäre, hätte die Katastrophe verhindert werden können.

Im Kriegsfall wird die Grenze des menschlichen Vermögens, immer alles zu wissen und die richtigen Entscheidungen zu treffen, durch die sich überstürzenden Ereignisse schnell überschritten. Eine informationsgesteuerte Komponente scheint für die Verteidigung von Kriegsschiffen, für die Überwachung von Luftschlachten und für die Erstellung von Befehls- und Steuersystemen unerläßlich.

Mit zunehmendem Vertrauen in unsere freundlichen, neuen Systeme, die auf einem bestimmten Gebiet hochintelligent sind, werden wir zweifellos Systeme und Steuermechanismen erstellen, die weit über die Kontrollfähigkeiten des Menschen hinausgehen. Automatisierte Prüftechniken werden uns die Handhabung der Komplexität erleichtern. Computer der fünften Generation werden mit Sicherheit den Anstoß für die Verwirklichung von Projekten und Phänomenen geben, an die heute niemand auch nur denkt.

Komplexität

Das vermutlich optimistischste Ziel der fünften Computergeneration liegt für die Japaner in der Lösung eines der wichtigsten Probleme der heutigen Gesellschaft, dem Anwachsen der Bürokratie [7]. Sicherlich würde ein Großteil der heute von Beamten erledigten Vorgänge von spezialisierten Systemen übernommen. Bessere Sachkenntnisse könnten für Verwaltungsaufgaben angesammelt und jedem, der sie benötigt, zugänglich gemacht werden.

Eine Gefahr bei der Automation von Verwaltungsmaßnahmen liegt darin, daß die Bürokraten dadurch versucht sein könnten, noch mehr Regelungen einzuführen und deren Komplexität noch mehr zu steigern. Ein Gesetz in der Bürokratie, das Northcote Parkinson in seinem nächsten Buch berücksichtigen sollte, lautet: *Die Komplexität steigt so lange an, bis die verfügbare Computerleistung erschöpft ist.*

Wahrscheinlich werden wir die Komplexität der gesellschaftlichen Strukturen so lange steigern, bis nur noch Computer mit ihr fertig werden können. Die Menschheit wird in zunehmendem Maße abhängiger von ihrem freundlichen, elektronischen Personal werden.

Soziale Auswirkungen

Die sozialen Auswirkungen der fünften Computergeneration werden stark sein. Die Japaner führen zahllose Vorteile auf. Roboterfabriken werden die industrielle Produktivität erheblich steigern. Um jedoch die Gesamtproduktivität einer Gesellschaft generell zu steigern, müssen einige Schwachstellen ausgebessert werden:

- das Bürowesen
- das Bildungswesen
- Landwirtschaft und Fischerei
- das technische Design
- die Medizin
- der öffentliche Dienst
- die Verwaltung

Informationsgesteuerte Systeme werden große Auswirkungen auf alle genannten Bereiche haben.

Ein Faktor, der jedoch noch im ungewissen liegt, ist die Beschäftigungslage. Welche Aufgaben werden die Menschen haben, wenn es Roboterfabriken und automatisierte Büros gibt, kein Bedarf an Sekretärinnen mehr besteht und spezialisierte Systeme Verwaltungsbeamte ersetzen? Fast alle körperlichen und geistigen Arbeiten, die langweilig, eintönig, routinemäßig oder gefährlich sind oder unter schwierigen Bedingungen ausgeführt werden müssen, können grundsätzlich automatisiert werden. Tätigkeiten, die in gewisser Weise nur vom Menschen ausgeübt werden können, werden davon nicht betroffen sein.

Die Reaktion vieler Menschen spiegelt sich in folgenden Worten wider. »Macht langsamer. Wir wollen keine Automation, weil sie Arbeitslosigkeit verursacht.« Die meisten technologischen Gesellschaften werden ihr Arbeitslosenproblem lösen, indem sie es exportieren wie Japan dies während der letzten 10 Jahre machte. Sie werden den Weltmarkt mit Produkten überfluten, die billiger sind als die Erzeugnisse von Ländern mit geringerer Automation. Gewerkschafter, die die Automation verhindern, werden letztendlich ihre eigenen Arbeitsplätze gefährden, wie dies in Detroit der Fall war, als Japan seine Fertigungsstraßen auf Roboter umstellte.

Es ist sehr gefährlich, ein Zurückbleiben beim technischen Fortschritt zu riskieren. Die Folge wird ein geringerer Lebensstandard sein, und wenn nicht Arbeitsbeschaffungsmaßnahmen getroffen werden, (die die Produktivität des Landes weiterhin verschlechtern) wird letztendlich Arbeitslosigkeit die *Folge* sein.

Automation der Arbeit

Kasten 17.1 enthält eine Liste der Arbeitsbereiche, die automatisiert, und solcher, die nicht automatisiert werden sollen. Viele Tätigkeiten enthalten Aspekte aus beiden Bereichen und werden somit nur teilweise automatisiert, so daß der einzelne leistungsfähiger und produktiver wird.

Zur Zeit werden Robotersysteme erstellt, mit welchen die Tätigkeit von Krankenschwestern in Krankenhäusern weitgehend automatisiert werden, doch menschliche Wärme und Mitgefühl der Krankenschwester

Kasten 17.1

Arbeitsbereiche, die automatisiert werden sollen	**Arbeitsbereiche, die *nicht* automatisiert werden**
• Einfache Arbeiten • Routinearbeiten • Sich ständig wiederholende Arbeiten (körperlich und geistig) • Aufgaben, für die komplexe Logikoperationen oder Berechnungen ausgeführt werden müssen • Spezialwissen, das auf Regeln reduziert werden kann • Aufgaben, für die umfangreiche Sachkenntnis erforderlich ist	• Originalität • Intuition • Inspiration • Kunst • Führungsqualitäten • Vertriebswesen • Humor • Menschliche Wärme • Freundschaft

sind weiterhin notwendig. Das Bildungswesen wird durch intelligente, computerunterstützte Bildplatten, die die besten Lehrmethoden der Welt interaktiv auf den Bildschirm bringen, entscheidend verändert werden. Jedoch bleiben die inspirierenden, zu Originalität anregenden und motivierenden Fähigkeiten des menschlichen Lehrers weiterhin erforderlich. Der Unternehmer wird zwar über wesentlich bessere Informationen und Entscheidungshilfen verfügen, aber seine menschliche Kreativität und seine Führungsqualitäten sind auch in Zukunft unerläßlich. Die Krankenschwester, der Lehrer, der Unternehmer und andere Leute, bei welchen Kreativität oder Mitgefühl ein Teil ihrer Arbeit ist, werden sogar wesentlich mehr Zeit für jene Arbeiten aufbringen können, die die eigentlich menschliche Seite darstellen.

Wenn wir allerdings davon ausgehen, daß in 10 oder 20 Jahren der Großteil der Arbeitsbereiche in der linken Hälfte von Kasten 17.1 automatisiert sein werden, wird dies sicherlich die bestehende Gesellschaftsstruktur zerstören. Das Ausmaß der Veränderungen während der nächsten 20 Jahre wird sehr groß sein.

Damit ein ordnungsgemäßes Funktionieren der Gesellschaft gewährleistet ist, muß jedes Individuum innerhalb der Gesellschaft, mit Ausnahme pathologischer Fälle, den Eindruck haben, gebraucht zu werden. Wenn wir die Gesellschaft so aufbauen, daß ein wesentlicher Teil das Gefühl hat, überflüssig zu sein, auch wenn ein Fürsorgesystem sie unterstützt, werden sie sich ausgestoßen fühlen und der Gesellschaft feindlich gesonnen sein. Soziologen warnen davor, daß dies zu einem hohen Maß an Gewalt in der Gesellschaft führen wird. Fürsorge allein ist keine angemessene Lösung.

Technologisches Potential/ Menschliches Potential

Einer der wichtigsten Punkte bei der Einführung der hochentwickelten Technologie liegt in der Notwendigkeit, daß sie Hand in Hand mit menschlicher Interaktion auf ihrer höchsten Stufe geht, Pflege, menschliche Wärme, Erziehung, Führung und Kreativität. Entsprechend dem technologischen Potential muß das menschliche Potential erweitert werden. Vielleicht sollte der Slogan »TP/MP, Technologisches Potential/Menschliches Potential« lauten. Wenn die Aufgaben des Pflegepersonals im Krankenhaus automatisiert werden, sollten die Krankenschwestern ihre menschlichen Heilkräfte intensiver nutzen. Das computerunterstützte Bildungswesen bietet vielfältige Möglichkeiten, benötigt aber wesentlich fähigere Lehrgangsbetreuer und Lehrer, die sich mehr den menschlichen Bedürfnissen der Schüler widmen. Wenn Hunderte von Fernsehprogrammen existieren, muß die

Qualität der Sendungen besser werden. Mit dem Einsatz von Robotern in Fabriken sollten häufiger Qualitätsprüfungen durchgeführt werden. Wenn wir infolge der Automation weniger arbeiten, muß für bessere Möglichkeiten der Freizeitgestaltung gesorgt werden.

Fortschrittliche Länder verlieren zusehends ihre Schornsteinindustrie. In den fünfziger Jahren betrug der Anteil der USA an der weltweiten Stahlproduktion 50%; heute beträgt er nur noch 11%. Es gab Zeiten, zu denen die Mehrzahl der nordamerikanischen Arbeitskräfte in der Industrie tätig war; heute sind es nur noch 13%.

Newsweek schätzt, daß bis zum Jahre 2000 bis zu 75% der noch verbleibenden Fabrikarbeiter durch Roboter ersetzt werden können. In Ländern der Dritten Welt steigt die Fertigungsproduktion in zunehmendem Maße.

Gleichzeitig steigt die Zahl der geistigen Arbeiter sprunghaft an. Im Jahre 1950 arbeiteten nur 17% der Amerikaner in der Informationstechnik; heute sind es schon mehr als 60%. Arbeitsplätze für niedere Büroarbeiten werden infolge Automation überflüssig. Einem Bericht der französischen Regierung zufolge verliert Frankreich im Laufe der nächsten 10 Jahre 30% seiner Bank- und Versicherungsangestellten.

Die hochentwickelten Länder steuern rasch auf eine *Intellekt-intensive Gesellschaft* zu. Daniel Bell nannte sie die *post-industrielle Gesellschaft.* John Naisbitt (»Megatrends«) nannte sie eine *Informationsgesellschaft.* Keiner dieser Begriffe ist zutreffend, da die Industrie weiterhin vorhanden und notwendig sein wird und viele geistige Arbeiter nicht in der Informationstechnik tätig sein werden. Der Begriff *Intellekt-intensive Gesellschaft* scheint besser geeignet zu sein – eine Gesellschaft, in der Routinejobs und anspruchslose Arbeiten automatisiert werden.

Nicht jedes Mitglied der Gesellschaft ist intellektuell. Deshalb müssen die intellekt-intensiven Arbeiten mit Tätigkeiten vermischt werden, die menschliche Wärme, handwerkliches Geschick und Kreativität erfordern. Da sich das technologische Potential explosionsartig ausbreitet, muß das menschliche Potential auf ein breites Feld ausgedehnt werden, in dem alle in der rechten Hälfte von Kasten 17.1 aufgeführten Aspekte berücksichtigt sind.

Wir sind dabei, reichhaltige Möglichkeiten in der Technologie zu erschließen, deren Verwirklichung uns jetzt durchführbar erscheint. Dadurch besitzen wir nun die notwendigen Instrumente, um der menschlichen Fronarbeit weitestgehend ein Ende zu bereiten. Der industrielle Fortschritt hat unzählige Verbraucherprodukte mit sich gebracht. Diese Produkte werden besser, anspruchsvoller und billiger. Der Fernsehbildschirm wird Wandgröße besitzen und an Bibliotheken mit den besten je erstellten Programmen angeschlossen sein. Haushalt und Garten können von Robotern, die wiederum von Robotern hergestellt wurden, in Ordnung gehalten werden. Die Ernährung der explosionsartig ansteigenden Weltbevölkerung kann durch von intelligenten Maschinen kontrollierte Hydroponikanlagen, Gewächshäuser für Massenzüchtungen, Krabbenfarmen, Fischfarmen usw. gesichert werden.

Die schönste Orgel, die je gebaut wurde, dürfte die Orgel im Opernhaus von Sydney sein. Sie ist ein atemberaubendes, imposantes Instrument mit 10 500 Pfeifen, deren Klang durch Mark und Bein geht. Aber sie wird von einem Computer gesteuert. Wenn die weltbesten Organisten nach Australien kommen, um darauf zu spielen, kann ihre Musik digital aufgezeichnet und nach dem Auftritt reproduziert werden. Wenn wir wollten, könnten wir derartige Orgeln überall bauen, und die Kunst der größten Virtuosen auf diese Art festhalten.

Nun stellt sich die Frage: Wie sollen die reichhaltigen Möglichkeiten, die jetzt erschlossen werden, genutzt werden? Und wie soll die Umstellung zum Leben in der Welt der intelligenten Maschinen vonstatten gehen? In Industriegesellschaften gibt es heute mehr Elektromotoren als Menschen; bald wird es mehr intelligente Computer als Menschen geben. Was werden die Menschen tun? Wie wird die Mischung der Arbeitsbereiche aussehen?

Nur bei den in der rechten Hälfte von Kasten 17.1 genannten Bereichen kann man von menschlichem Gebrauch von menschlichen Wesen sprechen. Der Rest kann von Maschinen erledigt werden. Wir müssen die Gesellschaft so gestalten, daß jeder seinen Beitrag leistet und von Kindheit an dazu erzogen wird, die Talente einzubringen, die *jedes* menschliche Wesen in der einen oder anderen Form besitzt.

Eine Frage, die sich Leuten mit Verständnis für die heutige Technologie besonders dringlich stellt, lautet:

In was für einer Welt sollen Eure Kinder leben?

Anhang

Steigerung der DV-Produktivität

Automation auf höherer Ebene

- Vermeiden Sie wo immer möglich konventionelles Programmieren.
- Erkennen Sie, daß alle Systeme ohne konventionelles Programmieren erstellt werden können und daß der Preis für die neuen Methoden genau kalkuliert werden sollte.
- Automatisieren Sie das Verfahren des Systemdesigns weitgehend.
- Wählen Sie die Instrumente und Techniken mit der höchsten Produktivität aus.
- Führen Sie ein umfangreiches Ausbildungsprogramm für die neuen Entwicklungsmethoden ein.
- Erkennen Sie, daß die neuen Methoden den traditionellen Entwicklungszyklus von Grund auf ändern.

Software für die Anwendungserstellung

- Eignen Sie sich ein umfassendes Sachverständnis für die Software zur Anwendungsentwicklung ohne traditionelle Programmierer an:
  - Abfrage- und Änderungssprachen.
  - Berichtgeneratoren.
  - Anwendungsgeneratoren.
  - Sprachen der vierten Generation.
  - Generatoren für nachweisbar korrekten Code.
- Erkennen Sie, daß diese neuen Softwarepakete keine Allheilmittel sind. Hohes, technisches Können wird benötigt, um ihre Auswahl und Einsatz zu bestimmen.

- Regen Sie Endbenutzer dazu an, die neuen, benutzerfreundlichen Sprachen und Instrumente unter angemessener Kontrolle des Managements zu benutzen.
- Benutzen Sie die flexibelsten Einrichtungen für die Datenspeicherung und -verwaltung (z. B. relationale Datenbanken).

Anwendungspakete

- Verwenden Sie nach Möglichkeit Anwendungspakete.
- Erkennen Sie die Gefahren bei dem Einsatz von Paketen.
- Schätzen Sie, inwieweit das Paket mit unternehmensspezifischen Datenstrukturen kompatibel ist.
- Schätzen Sie sorgfältig Kosten und Schwierigkeiten bei nachträglichen Modifikationen aller dieser Pakete.
  Beurteilen Sie die Wartungsmöglichkeiten des Paketes.
- Schließen Sie einen sorgfältig geprüften Vertrag für die Paketwartung ab. (Die meisten Softwareverträge sind für Benutzer relativ ungeeignet.)
- Erkennen Sie das Verhältnis von Anwendungspaketen und Generatoren.

Benutzergesteuerter Computereinsatz

- Erkennen Sie den Unterschied zwischen im voraus festgelegtem Computereinsatz und dynamisch veränderbarem, benutzergesteuertem Computereinsatz.
- Bauen Sie ein gesondertes Management auf, um benutzergesteuerten Computereinsatz zu verbreiten, zu unterstützen, anzuregen und dessen Qualität zu sichern.
- Richten Sie Informationszentren mit einem soliden, technischen Management ein.
- Motivieren Sie Endbenutzer und bilden Sie sie entsprechend aus, damit sie die benötigten Informationen mittels der Abfragesprachen und Berichtsgeneratoren abrufen.
- Wählen Sie sorgfältig die benutzerfreundlichsten Einrichtungen für Endbenutzer aus.
- Sichern Sie eine umfassende Ausbildung für leistungsstarke Informationszentren.
- Setzen Sie geschäftstüchtiges Vertriebspersonal für die Propagierung der Leistungen des Informationszentrums im gesamten Unternehmen ein.

Veränderungen in der Organisation der DV-Verwaltung

- Bilden Sie ein Team für fortgeschrittene Entwicklung sowie Informationszentren, um die Fachkenntnisse über die neuen Entwicklungsmethoden und die neue Software zu verwenden und zu verbessern.
- Binden Sie diese neuen Entwicklungsrichtungen fest in das Informationsmanagement mit Datenverwaltung auf höchster Ebene ein.
- Entwickeln Sie hochtechnisches Spezialwissen mit nicht verfahrensorientierten Sprachen.
- Bemessen Sie die Leistungsstärke der wissenschaftlichen Entwicklungen und lenken Sie die Anwendungsentwicklung schnellstmöglich in diese Richtung.

Fehlerfreie Techniken für das Datendesign

- Erkennen Sie die Bedeutung einer fehlerfreien Datenanalyse.
- Automatisieren Sie das Verfahren für die Datenmodellierung.
- Verwenden Sie Stabilitätsanalysen, so daß für Datenbanken ein Minimum an späteren Wartungskosten notwendig ist.
- Wenden Sie im gesamten Unternehmen eine Strategie zur Datenplanung an, um die Verbreitung nicht kompatibler Daten zu verhindern.
- Verwenden Sie die leistungsstärkste Software zur Erstellung von Datenbankanwendungen.
- Verwenden Sie strukturierte Methodologien für die Arbeit mit Datenmodellen und Sprachen der vierten Generation.
- Stellen Sie sicher, daß der für die o. g. Datenbanktechniken verantwortliche Datentechniker ausreichend qualifiziert ist.
- Legen Sie die Prinzipien der Informationstechnik fest und beziehen Sie das Spitzenmanagement darin ein.

Verbesserte Methoden zur Systemanalyse

- Wählen Sie Instrumente aus, die das Systemanalyseverfahren weitestgehend automatisieren.
- Vermeiden Sie handgezeichnete, übermäßig komplexe Diagramme und ersetzen Sie sie durch computergezeichnete Diagramme.
- Verwenden Sie Instrumente zur Systemanalyse, die eine automatische Codeerzeugung ermöglichen.
- Binden Sie die Systemanalyse vollkommen in die Datenverwaltungsverfahren ein.
- Vermeiden Sie nicht inkonsistente und zu Mehrdeutigkeit führende Systemanalyseverfahren.

- Vermeiden Sie nach Möglichkeit langsame und mühselige Systemanalyseverfahren (detailliert englischsprachige Spezifikationen, Flußdiagramme, unnötige Datenfluß-Diagramme). Diese können teilweise oder ganz durch direkte und in Verbindung mit Datenmodellen erstellte, Prototyp-Verfahren ersetzt werden.
- Verwenden Sie Software und Techniken, die sich selbständig dokumentieren.
  Sorgen Sie dafür, daß Analytiker und Endbenutzer in ständiger Interaktion stehen, und daß entweder ein Prototyp oder ein Endprodukt erzielt wird (um die hohe Fehlerquote in Systemanforderungen und Designspezifikationen zu vermeiden).
- Verwenden Sie strukturierte Techniken, die
  - so benutzerfreundlich wie möglich sind, so daß Benutzer das Design überprüfen können;
  - konsistent sind und automatisch überprüft werden können;
  - sich an fehlerloser Datenverwaltung orientieren;
  - sich an Sprachen und Generatoren der vierten Generation orientieren.

Erstellung von Prototypen

- Stellen Sie Prototypen her, die der Endbenutzer vor Abschluß langwieriger und teurer Entwicklungen verwenden kann.
- Stellen Sie, wenn nötig, mehrere Prototypversionen bereit.
- Entwickeln Sie Spezialkenntnisse für Tools und Sprachen zur Prototyperstellung.
- Setzen Sie den Prototyp direkt in die endgültige Anwendung um, sobald eine adäquate Maschinenleistung erreicht werden kann.

Verringerung der Wartungskosten

- Verwenden Sie Techniken, die die Wartung erleichtern, beschleunigen und verbilligen. Diese Faktoren sind oftmals abhängig von Designphase und -Tools.
- Wandeln Sie Systeme mit hohem Wartungsaufwand mittels Techniken um, die die Wartungskosten drastisch reduzieren (z. B. Generatoren, fehlerlose Datenbankeinrichtungen, Sprachen der vierten Generation).
- Verwenden Sie Instrumente, die den gesamten Variablen- und Logikbestand überprüfbar machen.
- Wählen Sie Verwaltungssysteme für Datenbanken aus, die spätere Wartungskosten vermindern (z. B. mit Feldsensitivität).
- Verwenden Sie Datenmodelle, deren Design möglichst stabil ist.

Vermeidung von Problemen bei der Fehlerbeseitigung

- Verwenden Sie Techniken, mit welchen die Fehler im Entwicklungszyklus so früh wie möglich entdeckt werden. Das geeignetste Mittel hierzu sind konsistente Spezifikationssprachen.
- Verwenden Sie Tools, die ein weitgehend automatisiertes Überprüfen des Designs gewährleisten.
- Verwenden Sie Software, die fehlerfreien Code erzeugt.
- Vermeiden Sie, wo möglich, durch Verwendung geeigneter Generatorsoftware die Notwendigkeit von dynamischen Tests und Wahrscheinlichkeitstests.
- Verwenden Sie Techniken, die Schnittstellenproblemen bei gesondert entwickelten Modulen oder Systemen vorbeugen.

Bessere Instrumentarien und Techniken für die Programmierung

- Wo konventionelles Programmieren (COBOL, Pascal, Ada, usw.) verwendet werden *muß*, wählen Sie die Design-, Codierungs-, Fehlerbeseitigungs- und Management-Tools mit der höchsten Leistungsstärke aus.
- Verwenden Sie strukturiertes Design, strukturierte Codierung und Datenbanktechniken.
- Verwenden Sie Arbeitstools des Programmierers.
- Erzeugen Sie alle Strukturen von Programmdaten (z. B. Datenteile von COBOL, IMS, PSB usw.) automatisch aus einem Datenverzeichnis.
- Verwenden Sie hochentwickelte Tools zur Fehlerbeseitigung, Codeanalyzer, Compiler mit guten Diagnosefähigkeiten, Zuordnungstabellen, usw.
- Verwenden Sie, wenn möglich, programmierte Standardroutinen (z. B. Dateizugriff, Eingabe/Ausgabe).
- Verwenden Sie Baukastengeneratoren z. B. ELIAS von IBM.
- Verwenden Sie eine gute Bibliotheksunterstützung für Standardroutinen.
- Vermeiden Sie unnötige Duplikate von Programmlogik.
- Verwenden Sie nach Möglichkeit Präprozessoren (z. B. für die Erzeugung von COBOL).
- Verwenden Sie in Progammen nach Möglichkeit nicht verfahrensorientierten Code (z. B. SQL).
- Verwenden Sie geradlinig strukturierte Software mit Kontrollpunkten für das Management.

Systeme für die computerunterstützte Entscheidungsfindung

- Unterscheiden Sie eindeutig zwischen Systemen für die computerunterstützte Entscheidungsfindung und Systemen für die Routineverarbeitung.
- Wählen Sie die beste Software und Hardware für die computerunterstützte Entscheidungsfindung aus.
- Sorgen Sie daür, daß die erforderlichen Daten für Systeme der computerunterstützten Entscheidungsfindung verfügbar sind.
- Entwerfen Sie geeignete Datenabrufprogramme, die Daten für Personal Computer und für Systeme der Informationszentren bereitstellen.

Vermeidung von Programmierung der Systemsoftware

- Verändern Sie komplexe Systemsoftware nicht, da sonst ein hoher Wartungsaufwand entsteht.
- Schreiben Sie keine Systemsoftware (z. B. Software für Datenbankverwaltung oder Netzwerke).
- Vermeiden Sie Hardware/Software-Konfigurationen, die spätere, teure Umwandlungen oder Veränderungen erfordern.
- Vermeiden Sie nach Möglichkeit teure Systemprogrammierung durch die entsprechende Auswahl der Ausrüstung.

Auswahl und Motivation des Personals

- Wählen Sie Personal mit den höchsten Qualifikationen aus. (Programmierer mit hohen Qualifikationen erbringen die zehnfache Leistung von durchschnittlichen Programmierern.)
- Wenden Sie Methoden zur Steigerung der Arbeitsmoral an.
- Nehmen Sie gründliche Schulungen, besonders für die leistungsfähigsten Angestellten, vor und bilden Sie sie in Hochleistungstechniken aus.
- Verwenden Sie Modularisation, Datenmodellierung und sehr hochentwickelte Sprachen, um Ein-Mann-Projekte zu ermöglichen; wählen Sie diese Einzelforscher sorgfältig aus, motivieren und belohnen Sie sie.
- Verwenden Sie Methoden zur starken Motivation des Personals.
- Verwenden Sie Methoden zur starken Motivation der Endbenutzer, damit diese zur Entwicklung beitragen und die Endbenutzersoftware einsetzen.

Strategische Planung

- Wenden Sie informationstechnische Verfahrensweisen an, um eine allgemeingültige, stabile Infrastruktur der Daten und leistungsstarke Datenbanktechniken zu erhalten.
- Planen Sie Ihre Systeme unter strategischen Gesichtspunkten, um überflüssige Entwicklungsarbeit für Anwendungen zu vermeiden.
- Setzen Sie strategische Planung ein, um einen möglichst hohen Ertrag des in DV-Entwicklung investierten Kapitals zu erzielen.
- Identifizieren Sie strategische Informationsressourcen.
- Nehmen Sie eine Planung von Netzwerken und Daten vor, um die Zusammenarbeit der Systeme zu gewährleisten und kostspielige Inkompatibilität zu vermeiden.
- Planen Sie Ressourcen für Hardware, Netzwerke und Software, damit schnellstmöglich Ergebnisse erzielt werden.

Ändern des Entwicklungszyklusses

- Erkennen Sie den Unterschied zwischen Entwicklungsmethodologien der ersten, zweiten und dritten Generation.
- Vermeiden Sie veraltete Methodologien (indem Sie erkennen, daß es sich hierbei oftmals um die in den DV-Handbüchern angeführten und extern entwickelten »Methodologien« handelt).
- Erkennen Sie, daß der traditionelle Entwicklungszyklus durch Anwendungsgeneratoren, Datenmodellierung, Prototypen, Informationszentren, benutzergesteuerten Computereinsatz, Techniken für nachweisbar korrekten Code, nicht verfahrensorientierte Sprachen, Informationstechniken, Datenbank-Tools und Software für die computerunterstützte Entscheidungsfindung vollkommen verändert wurde; wählen Sie Methoden für den schnellsten Ablauf aus.
- Aktualisieren Sie die DV-Handbücher, so daß Sie die Methodologien für die vierte Generation und die dafür notwendigen Veränderungen im Entwicklungszyklus enthalten.

Seminare

- Stellen Sie sicher, daß das *gesamte* Personal die in dieser Tabelle aufgeführten Techniken versteht, und daß alle Endbenutzer bei der Erstellung der besten Informationssysteme kooperieren.
- Schicken Sie *alle* mit Computern arbeitenden Angestellten regelmäßig zu den James-Martin-Seminaren.

ANHANG

II Manifeste

ANHANG II-A: MANIFEST FÜR DAS TOPMANAGEMENT

Erkennen Sie, wie Ihre Unternehmensorganisation verändert werden sollte, wenn sie sich zu einem vollelektronischen Unternehmen wandelt. Die Elektronik verändert Produkte, Dienstleistungen, Herstellungstechniken, Verkaufstechniken, Entscheidungsfindung, Informationsfluß, Steuermechanismen und Managementstrukturen.

Erkennen Sie, daß die Datenverarbeitung revolutioniert wird, daß sich aber viele DV-Abteilungen nicht schnell genug in Richtung der neuen produktionssteigernden Techniken bewegen. Oft zeigt sich psychologischer und politischer Widerstand gegen die neuen Methoden, den das Management überwinden muß. Stellen Sie sicher, daß *Ihre* Organisation von den langsamen Methoden abrückt und durch Verwendung von Sprachen der vierten Generation, der Techniken in Informationszentren, flexibler Datenbanken und durch ein Maximum an Automation der DV-Funktionen, wie in diesem Buch ausgeführt, rasch auf den Informationsbedarf reagieren kann.

Tragen Sie Sorge dafür, daß Entscheidungsträgern aller Ebenen die erforderlichen Mittel für die bestmögliche Entscheidungsfindung zur Verfügung stehen. Stellen Sie sicher, daß ihnen die notwendigen Informationsressourcen zugänglich sind. Sorgen Sie zu diesem Zweck dafür, daß das gesamte Unternehmen informationstechnisch organisiert ist.

Eine notwendige Voraussetzung für die Informationstechnik ist eine hierarchisch aufgegliederte Verwaltung der Informationsressourcen, eine sorgfältige Datenmodellierung und eine strategische Planung der Netzwerke. Diese für die Leitung eines computerorientierten Unternehmens essentiellen Bedingungen sind oft aufgrund organisatorischer und politischer Faktoren nicht erfüllt worden. Sie wurden auf einer zu niedrigen Ebene abgehandelt. Das Topmanagement muß diese Notwendigkeit einsehen und sicherstellen, daß eine angemessene Informations-Infrastruktur geschaffen wird.

Anhang II-B: Manifest für Endbenutzer

Machen Sie sich mit Computern vertraut. *Suchen* Sie nach Wegen, auf denen Online-Datenbanken Ihre Prozeduren verbessern können. *Eignen* Sie sich die Fertigkeiten an, mit welchen Sie Daten an Datenstationen abrufen und manipulieren können. *Verstehen* Sie, wie Computersprachen für Endbenutzer einen Großteil des konventionellen Programmierens ersetzen.

Bestehen Sie auf der Einrichtung von Informationszentren, damit schnell auf Ihren Informationsbedarf reagiert werden kann. Erkennen Sie die Bedeutung von Informationstechnik mit Datenmodellen für gemeinsamen Zugriff, und gewähren Sie dem Datenverwalter Ihre Unterstützung.

Erkennen Sie, wie der Computer Ihnen bei der Entscheidungsfindung behilflich sein kann. Verwenden Sie mindestens ein Instrument für die computerunterstützte Entscheidungsfindung auf dem Personal Computer und machen Sie sich vollkommen damit vertraut. Bestehen Sie darauf, daß Ihnen durch geeignete, computerlesbare Informationen Unterstützung bei der Entscheidungsfindung gewährt wird.

Anhang II-C: Manifest für DV-Leiter

Unterscheiden Sie deutlich zwischen Methodologien der ersten, zweiten und dritten Generation. Stellen Sie Ihre Organisation so schnell wie möglich auf Techniken der vierten Generation um, wie Sprachen der vierten Generation, Anwendungsgeneratoren, Prototypverfahren, Informationstechnik, flexible Datenbanken, nicht verfahrensorientierte Datenbanksprachen, Netzwerke der vierten Generation, Software mit geringem Wartungsaufwand, Unterstützung von benutzergesteuertem Computereinsatz, Unterstützung von Computern für Einzelbenutzer und leistungsfähige Systeme für die computerunterstützte Entscheidungsfindung.

Richten Sie Informationszentren ein, um höhere Leistungen der Benutzer bei der Verwendung von Computern anzuregen, zu unterstützen und zu sichern. Bilden Sie ein Entwicklungsteam, das sich auf das Gebiet der Software und der Techniken für schnellere Anwendungserstellung spezialisiert. Schränken Sie die Tätigkeit der konventionellen Programmierer schrittweise bis auf die bloße Erledigung von Wartungsaufgaben ein. Reorganisieren Sie wartungsaufwendige Systeme durch Verwendung von Software, die die Wartungskosten verringert. Regen Sie Systemanalytiker dazu an, Spezialisten für Software zu werden, mit deren Hilfe ganze Anwendungen erstellt werden können, und keine Spezifikationen mehr an die Programmierer weiterzuleiten. Verwenden Sie Techniken, die nach Möglichkeit zu Ein-Mann-Projekten führen. Stellen Sie sicher, daß bei der Informationstechnik computerunterstützte Instrumente verwendet werden, und daß fehlerlose Datenmodelle die Grundlage für alle späteren Entwicklungen bilden. Sorgen Sie dafür, daß Systeme zur computerunterstützten Entscheidungsfindung für leitende Angestellte so schnell wie möglich bereitgestellt werden.

Stellen Sie nur die qualifiziertesten Entwickler ein, entlohnen Sie sie für ausgezeichnete Leistungen, und sorgen Sie für gute Arbeitsmoral. Motivieren Sie die Forscher zu schneller und qualitativ hochwertiger Durchführung der Projekte, und belohnen Sie sie großzügig dafür.

Stellen Sie sicher, daß strategische Planungen vorgenommen werden, damit die Kompatibilität der Systeme gewährleistet ist, und daß Benutzer oder Informationszentren die gewünschten Informationen mittels der Netzwerke und Datenbanken schnell abrufen und manipulieren können.

Sorgen Sie für Einrichtungen, mit deren Hilfe der Benutzer weitgehend eigenständig auf die benötigten Informationen zugreifen kann (Text und Daten), und durch die er Daten ohne die Unterstützung durch traditionelle Programmierer manipulieren kann.

Erkennen Sie, daß der traditionelle Entwicklungszyklus grundlegend verändert werden muß, um den Ansprüchen vieler Endbenutzer zu genügen. Die alten Normen und Verfahren werden diesen Anforderungen nicht gerecht. Sie brauchen ein Handbuch für die DV-Entwicklung, das die neuen Techniken enthält.

Anhang II-D: Manifest für Systemanalytiker

Arbeiten Sie sich vollkommen in mindestens eine Sprache der vierten Generation ein. Erlernen Sie das Erstellen von Anwendungen, anstatt Spezifikationen als Grundlage für jemand anderen zu schreiben. Setzen Sie die so erworbene Fertigkeit bei der Anwendungserstellung ein, um ein Maximum an Kreativität zu erzielen.

Erstellen Sie Prototypen, und passen Sie sie vollkommen den Bedürfnissen des Benutzers an. Eignen Sie sich größtmögliches Wissen über die menschlichen Faktoren bei Systemen an.

Erwerben Sie sich Kenntnise in menschlicher Kommunikation. Bemühen Sie sich, die wirklichen Probleme des Endbenutzers zu verstehen und zu lösen. Werden Sie Experte im Umgang mit Berichtsgeneratoren.

Erlernen Sie die Grundlagen der Datenanalyse (kanonische Datenmodellierung). Stellen Sie sicher, daß sorgfältig gestaltete Daten für alle Anwendungen verwendet werden. Erkennen Sie die Bedeutung der Informationstechnik und unterstützen Sie den Datenverwalter.

Erkennen Sie Nutzen und Grenzen der verschiedenen, strukturierten Techniken. Verstehen Sie die Techniken, mit welchen fehlerfreier Code erzeugt werden kann. Erkennen Sie die wesentliche Bedeutung von Spezifikationssprachen und verwenden Sie diejenigen, mittels derer Code automatisch erzeugt werden kann. Machen Sie sich mit den Instrumenten vertraut, die den Design- und Entwicklungsprozeß so weit wie möglich automatisieren.

Wenn Sie in das Management aufsteigen, bilden Sie eine Arbeitsgruppe, die Informationstechnik versteht und hochautomatisierte Tools verwendet.

Anhang II-E: Manifest für Programmierer

Machen Sie sich möglichst unentbehrlich, indem Sie sich gute Kenntnisse im Umgang mit Instrumenten erwerben, die leistungsstärker als die Sprachen der dritten Generation sind. Erlernen Sie konsistente Techniken, durch die fehlerfreier Code erzeugt werden kann. Erlernen Sie Sprachen der vierten Generation und nicht verfahrensorientierte Sprachen. Sammeln Sie Erfahrung im Umgang mit Arbeitstools. Erwerben Sie sich die Fähigkeit, fehlerfreie Arbeitsergebnisse zehnmal schneller als mit Sprachen wie COBOL, FORTRAN, PL/1 und Pascal zu erzielen.

Entscheiden Sie, in welchem Bereich Sie Karriere machen wollen:

1. im Bereich des Designs und der Kodierung von Programmen;
2. im Tätigkeitsbereich des Analytikers, wo Sie Spezifikationssprachen und Codegeneratoren verwenden;
3. im Bereich von Informationszentren, wo Sie mit Endbenutzern zusammenarbeiten werden.

Sorgen Sie dafür, daß Sie höher bezahlt und häufiger befördert werden, indem Sie Ihre Leistung durch Verwendung von noch automatisierteren Tools steigern.

Anhang II-F: Manifest für Informatik-Professoren

Zwischen den nützlichen, neuen Richtungen in der kommerziellen Datenverarbeitung und dem, was in den meisten Universitäten gelehrt wird, besteht ein gewaltiger Unterschied. Ein Großteil der an den Universitäten durchgeführten Forschung behandelt Probleme der Vergangenheit, anstatt dringliche Bedürfnisse zu lösen. Die neuen Bereiche der Datenverarbeitung bieten zahllose Forschungsmöglichkeiten, wie nicht verfahrensorientierte Sprachen, Spezifikationssprachen, Systeme für die computerunterstützte Entscheidungsfindung, CAD/CAM, benutzergesteuerter Computereinsatz, Erzeugung von nachweisbar korrektem Code, neue Architektur für Hardware und Software, hochleistungsfähige Anwendungsgeneratoren, relationale Anlagen, informationsgesteuerte Sysstemkomponenten, Sprachen und Techniken für Expertensysteme, ultraparallele Maschinen, Schnittstellen für natürliche Sprachen und die Entwicklung von Adhoc-Methoden zu disziplinierten Techniken.

Orientieren Sie den Unterricht an den wirklichen Bedürfnissen der Zukunft. Lehren Sie Sprachen wie FOCUS, SQL und PROLOG, nicht BASIC. Lehren Sie die Studenten die Strukturen, die in den Sprachen der vierten Generation, in nicht verfahrensorientierten Sprachen und in Sprachen für Expertensysteme verwendet werden müssen. Unterrichten Sie die Studenten in der Erstellung von hochentwickelten Sprachen, die menschliche Faktoren berücksichtigen. Lehren Sie Informationstechnik, Techniken zur computerunterstützten Entscheidungsfindung, Techniken zur computerunterstützten Problemlösung, und Fähigkeiten der menschlichen Kommunikation. Stoppen Sie die an den Sprachen der dritten Generation orientierte Forschung und legen Sie den Schwerpunkt auf die ungeheuer begeisternden Möglichkeiten von Computern in der Zukunft, und erweitern Sie die grundlegenden Prinzipien der Computertechnik.

Knüpfen Sie Verbindungen zur Industrie, damit Professoren zur Lösung aktueller Probleme beitragen können, und die für die Forschung zur Verfügung stehenden Geldmittel erheblich erweitert werden.

Anhang II-G: Manifest für Softwarehäuser

Erstellen, verkaufen und verwenden Sie Software, die zur maximalen Automation der Automation führt.

Informieren Sie alle Entwickler über den Bedeutungsinhalt von für den Benutzer attraktiver Software und über die für deren Erstellung notwendigen Techniken.

Machen Sie sich mit den Techniken zur Erzeugung von nachweisbar korrektem Code vertraut. Erlernen Sie die Spezifikationssprachen, mit welchen Code automatisch erzeugt werden kann. Bilden Sie eine Arbeitsgruppe, die diese Sprachen so schnell und so effektiv wie möglich einsetzt.

Verwenden Sie Techniken, die ein Minimum an Zeit und Aufwand für die Softwarewartung erfordern.

Bieten Sie die bestmöglichen Schulungen zu Ihren Produkten an, und verfassen Sie Handbücher, die möglichst leicht verständlich sind. Vertreiben Sie Ihre Produkte in Form von Softwarepaketen mit ausgesprochen benutzerfreundlichen Lern- und Hilfsmitteln.

Anhang II-H: Manifest für Computerhersteller

Verändern Sie die Hardware, so daß die maximale Maschinenleistung mit nicht verfahrensorientierten Sprachen gewährleistet ist. Unterstützen Sie leistungsstarke »Nicht-von-Neumann-Sprachen« durch »Nicht-von-Neumann-Hardware«.

Richten Sie einen Produktionsweg ein, in den Büroautomation, Transaktionsverarbeitung und die effektivsten Systeme für die computerunterstützte Entscheidungsfindung *integriert* sind. Erstellen Sie verteilte Ressourcen mit leistungsstarken Computern für Einzelbenutzer, ausgezeichneten grafischen Darstellungen für Geschäfts- und Designzwecke, elektronischen Ablagesystemen zur persönlichen Verwendung, äußerst flexiblen Datenbanksystemen, lokalen Netzwerken und Netzwerken der vierten Generation.

Stellen Sie äußerst flexible Datenbankmaschinen her, die parallel arbeitende Prozessoren verwenden und so die Geschwindigkeit der Suchoperationen, der relationalen Operationen und möglicherweise später auch der informationsgesteuerten Operationen erheblich steigern.

Erstellen Sie Architekturen, die die leistungsstarken und serienmäßig hergestellten Mikrocomputer der Zukunft bei hochentwickelten, parallel arbeitenden Konfigurationen verwenden, um die Kosten für einen Masseneinsatz von Computern zu vermindern und Systeme ohne Funktionsausfall bereitstellen zu können.

Liefern Sie Systeme, die dem Benutzer die Möglichkeit geben, die gewünschten Informationen schnell aufzufinden, abzurufen und mit Hilfe von leistungsstarken Einrichtungen für die computerunterstützte Entscheidungsfindung zu manipulieren, indem sie Daten über Netzwerke mit großer Bandbreite in einen Personal Computer laden.

Legen Sie größtes Gewicht auf die menschlichen Faktoren, die den Umgang mit dem System für den Benutzer so attraktiv und einfach wie möglich gestalten. Erkennen Sie, daß ein Großteil der als benutzerfreundlich deklarierten Software keine adäquate Lösung bietet und wenig menschliche Faktoren aufweist. Die meisten Programmierer und Analytiker erkennen immer noch nicht, wie die menschlichen Faktoren eingebracht werden können.

Erforschen Sie alle erdenklichen Richtungen der Fünften Generation der Japaner, der Anlagen zu Inferenzverarbeitung, der Expertensysteme, Informationsbanken, und der künstlichen Intelligenz im allgemeinen. Erstellen Sie Expertensysteme für Analyse und Design von Systemen, Mikrochipproduktion, Fehlerbeseitigung und andere interne Funktionen, damit die Technologie der Expertensysteme verständlicher wird. Stellen Sie einen Personal Computer für Expertensysteme her, bei welchem die brauchbarsten Eigenschaften der fünften Generation verwendet werden.

Anhang II-I Manifest für Unternehmer

Die Revolution der Informationssysteme, die in diesem Buch beschrieben wird, eröffnet enorme, geschäftliche Möglichkeiten. Neue Software und neue Kombinationen von Software und Hardware werden alte, etablierte Sprachen und Architekturen schwerfällig und ungünstig erscheinen lassen. Einige der alten Computerlieferanten werden durch veraltete Computerarchitekturen, Betriebssysteme und Datenbanksysteme am Erfolg gehindert.

Neue Softwarefirmen werden sich durch die rasche Lösung von Benutzerproblemen schnell vergrößern. Eine Sprache der vierten Generation mit idealen Voraussetzungen muß jedoch noch erfunden werden.

Die Erstellung und Verwendung von Expertensystemen und Informationsbanken verspricht große finanzielle Gewinne.

Die kommerzielle Computerfirma mit dem größten Wachstum würde vermutlich die Firma sein, die eine Kombination von Software und Hardware erstellt, deren Ziel die Automation der Automation ist. Sie wird Hardware erstellen, um nicht verfahrensorientierte Sprachen auf Datenbankanlagen auszuführen, die so ausgerichtet ist, daß sie den größten Nutzen aus den zukünftigen, serienmäßig hergestellten Mikrocomputern zieht. Der Schlüssel zum Erfolg liegt im optimalen Design von bedienerfreundlichen Schnittstellen, in eleganten Grafikanwendungen und in der Konzentration auf die Benutzer, die Hilfestellung bei der raschen Entscheidungsfindung geben können.

Hinweis:
Die folgenden Literaturangaben beziehen sich fast ausschließlich auf englisch-sprachige Texte. In Deutschland liefert der Hanser-Verlag, München, das James Martin Buch:
»Einführung in die Datenbanktechnik«.

Literaturangaben

Kapitel 1

1. R. B. Rosenberger, »The Information Center«, SHARE 56, *Proceedings,* Session M372, Share, Inc., New York, 1981.
2. J. Martin und C. McClure, *Maintenance of Computer Programming,* Prentice-Hall Inc., Englewood Cliffs, NJ, 1983.
3. »Business is Turning Data into a Potent Strategic Weapon«, *Business Week,* 22. August 1983.
4. J. W. Johnson, »Implementation of Computer-Assisted Underwriting,« *Interfaces,* Bd. 6, Nr. 2, Februar 1976, The Institute of Management Sciences, New York, NY.

Kapitel 2

1. T. C. Jones, »The Limits to Programming Productivity«, Guide and Share Application Development Symposium, *Proceedings,* Share, Inc., New York, 1979. (Auf der Basis der sehr genauen Untersuchungen von T. C. Jones wurde Software zum Abschätzen von Programmiererproduktivität, Dauer und Kosten von Projekten, Anzahl von Fehlern etc. entwickelt).
2. G. W. Willett et al., *TSO Productivity Study,* American Telephone and Telegraph Long Lines, Kansas City, April 1973.
3. P. Freeman und A. I. Wassermann, *Tutorial on Software Design Techniques,* IEEE Computer Society, Catalog No. 76CH1145-2, 1977.
4. C. V. Ramamoorthy und H. H. So, »Survey of Principles and Techniques of Software Requirements and Specifications«, *Software Engineering Techniques* 2, invited papers, Infotech International Ltd., Nicholson House, Maidenhead, Berkshire, Großbritannien, 1977, pp. 265-318.
5. M. E. Fagan, »Design and Code Inspections to Reduce Errors in Program De-

velopment«, *IBM Systems Journal,* Bd. 15, Nr. 3, 1976 (Reprint Order No. G321-5033).
6. J. Fox, *Software Management,* Prentice-Hall, Inc., Englewood Cliffs, NJ, 1981.
7. J. Martin, *Application Development Without Programmers,* Prentice-Hall, Inc., Englewood Cliffs, NJ, 1982.
8. Weitere Informationen und Handbücher über FOCUS sind erhältlich bei Information Builders, 1250 Broadway, New York, NY 10001.
9. Weitere Informationen und Handbücher über RAMIS sind erhältlich bei Mathematica Incorporated, P. O. Box 2392, Princeton, NJ 08540.
10. Weitere Informationen und Handbücher über NOMAD sind erhältlich bei National C. S. S. Ltd., 187 Danbury Road, Wilton, CT 06897.
11. Weitere Informationen und Handbücher über MANTIS sind erhältlich bei Cincom Systems, 2300 Mantanna Avenue, Cincinnati, OH 45211.
12. Weitere Informationen und Handbücher über NATURAL sind erhältlich bei Software A. G. of North America, Reston International Center, 11800 Sunrise Valley Drive, Reston, VA 20915.
13. Weitere Informationen und Handbücher über IDEAL sind erhältlich bei Applied Data Research (A. D. R.), Route 206 and Orchard Road, CN-8, Princeton, NJ 08540.
14. Weitere Informationen und Handbücher über SAS sind erhältlich bei SAS Institute Inc., SAS Circle, Box 8000, Cary, NC 27511.
15. James Martin, *Fourth-Generation Languages,* Savant Research Institute, 2 New Street, Carnforth, Lancs, LA6 9BX, Großbritannien.
16. C. A. R. Hoare, »The Engineering of Software: A Startling Contradiction«, *Computer Bulletin,* British Computer Society, Dezember 1975.

Kapitel 3

1. U. S. Department of Defense, *Management of Computer Resources in Major Defense Systems,* Directive 5000.29.
2. J. Martin, *Application Development Without Programmers,* Prentice-Hall, Inc., Englewood Cliffs, NJ, 1982.
3. Advanced Technology Library, Deltak Inc., Naperville, III. Diese Reihe enthält Videokurse, Multimedia-Kurse und computerunterstütze Kurse über Endbenutzerprodukte und Verfahren für Informationszentren.

Kapitel 4

1. T. de Marco, *Structured Analysis and System Specifications,* Yourdon, Inc., New York, 1978.
2. J. Fox, *Managing Software,* Prentice-Hall, Inc., Englewood Cliffs, NJ, 1981.
3. *Hearings on Cost Escalations in Defense Procurements,* Department of Defense Authorization for Appropriation for Fiscal Year 1975, Committee on Armed Services, U. S. House of Representatives, 93rd Congress, 1974.
4. *Hearings Before the Subcommitte on Federal Spending Practices, Efficiency, and Open Government,* Committee on Government Operations, U. S. Senate, 94th Congress, 1st session, Juni–Juli 1975.
5. *Hearings on Military Posture and H. R.* 5068: Department of Defense Autho-

rization for Appropriations for Fiscal Year 1978, Committee on Armed Services, U. S. House of Representatives, 95th Congress, 1st session, Februar–März 1977.
6. Diese Techniken zur grafischen Darstellung sind erklärt in James Martin und Carma McClure, *Structured Techniques for Computing,* Band 1, Savant Research Studies, Carnforth, Lancs, LA6 9BX, Großbritannien.
7. Darstellungen sind erklärt in *Programm Design Which Is Provably Correct.* Savant Technical Report 28. Savant Institute, Carnforth, Lancashire, Großbritannien, 1982, aufgestellt hat.

Kapitel 5

1. D. Ross, »Structured Analysis (SA): A Language for Communicating Ideas«, *IEEE Transactions on Software Engineering,* Bd. SE-3, Nr. 1, 1977.
2. M. Alford, »A Requirements Engineering Methodology for Real-Time Processing Requirements«, *IEEE Transaction on Software Engineering,* Bd. SE-3, Nr. 1, 1977.
3. T. de Marco, *Structured Analysis and System Specification,* Yourdon, Inc., New York, 1978.
4. *HIPO – A Design Aid and Doc. Techniques,* IBM Form Nr. GC20-1851.
5. D. Teichroew und E. A. Hershey III, »PSL/PSA: A Computer-Aided Technique for Structured Documentation and Analysis of Information Processing Systems«, *IEEE Transactions on Software Engineering,* Bd. SE-3, Nr. 1, 1977.
6. SofTech. Inc., *Architect's Manual: ICAM Definition Method,* IDEF Version 0, 1978; Version 1, 1978, Waltham, MA.
7. J. Martin, *Application Development Without Programmers,* Prentice-Hall, Inc., Englewood Cliffs, NJ, 1981.
8. J. Martin, *Strategic Data-Planning Methodologies,* Prentice-Hall Inc., Englewood Cliffs, NJ, 1982.
9. J. Martin, *Managing the Data Base Environment,* Prentice-Hall Inc., Englewood Cliffs, NJ, 1983.
10. W. L. Trainer, »Software – From Satan to Saviour«, NAECON Conference, *Proceedings,* Mai 1973.
11. M. Hamilton und S. Zeldin, *Integrated Software Development System/Higher Order Software Conceptual Description,* Research and Development Technical Report ECOM-76-0329F, U. S. Army Electronics command, Fort Monmouth, NJ, 1976.
12. Darstellung auf der Grundlage eines Diagramms von A. M. Davis, »The Design of a Family of Application-Oriented Requirements Languages«, *Computer,* Mai 1982.
13. S. H. Caine und E. K. Gordon, »PDL – A Tool for Software Design«, AFIPS Conference, *Proceedings,* Bd. 44, 1975 NCC, AFIPS Press, Montvale, NJ.
14. B. E. Casey und B. J. Taylor, »Writing Requirements in English: A Natural Alternative«, IEEE Workshop on Software Engineering Standards, San Francisco, CA, August 1981.
15. R. Balzer et al., »Informality in Program Specifications«, *IEEE Transactions of Software Engineering,* Bd. SE-4, Nr. 2, März 1978.
16. C. R. Everhart, »A Unified Approach to Software System Engineering«,

Compsac '80, *Proceedings,* IEEE Computer Society, Los Alamitos, CA, Oktober 1980.
17. J. Martin, *Architectures for Distributed Processing,* Savant Technical Report 6, Savant Institute, Carnforth, Lancashire, Großbritannien, 1979, Kapitel 2.
18. CCITT, *SDL User Guidelines,* Study Group XI, Working Papers 3-1, 3-4.
19. M. W. Alford, »A Requirements Engineering Methodology for Real-Time Processing Requirements«, *IEEE Transaction on Software Engineering,* Bd. SE-3, Nr. 1, Januar 1977.
20. A. M. Davies, »Automating the Requirements Phase: Benefits to Later Phases of the Software Life-Cycle«, Compsac '80, *Proceedings,* IEEE Computer Society, Los Alamitos, CA, Oktober 1980.
21. Ein Beispiel hierfür: die COSS-RL-Sprache, die für die Errichtung von zentralen Büroschaltsystemen in den GTE Laboratories, Waltham, MA., entwickelt wurde.

Kapitel 6

1. J. Martin, *Strategic Data-Planning Methodologies,* Prentice-Hall, Inc., Englewood Cliffs, NJ, 1982.
2. J. Martin, *Managing the Data Base Environment,* Prentice-Hall, Inc., Englewood Cliffs, NJ, 1983.
3. Z. B. Data Designer von Database Design Inc., Ann Arbor, MI.
4. J. Martin, *Application Development Without Programmers,* Prentice-Hall, Inc., Englewood Cliffs, NJ, 1982.
5. J. Martin, *LAMS and DADS,* Savant Technical Report 29, Savant Institute, Carnforth, Lancashire, Großbritannien, 1982.
6. J. Martin and C. Finkelstein, Großbritannien, *Information Engineering,* 2 Bände, Savant Institute, Carnforth, Lancashire Großbritannien, 1985.

Kapitel 7

1. R. B. Rosenberger, »The Information Center«, SHARE 56, *Proceedings,* Session M372, Share, Inc., New York, 1981.
2. Konferenz über Informationszentren und Sprachen der vierten Generation, Database Design Inc., und University of Michigan, Ann Arbor, MI, April 1983.
3. Interview in einem Deltak-Videokurs in der Deltak Advanced Technology Library (entwickelt mit James Martin)
4. Information von Jim Johnson, Operations Engineering Department, Equitable Insurance Co., New York.
5. Information von P. J. Entwistle, Chief Manager (Datenverarbeitung), Lloyds Bank Ltd., London.

Kapitel 8

1. James Martin, *Fourth-Generation Languages,* Savant Institute, Carnforth, Lancashire, Großbritannien, 1984.
2. James Martin und Carma McClure, *Structured Techniques for Computing,* Bd. I, Savant Institute, Carnforth, Lancashire, Großbritannien, 1984.

3. K. Winter, Database Design Inc., Ann Arbor, MI.
4. J. Martin, *Managing the Data Base Environment,* Prentice-Hall Inc., Englewood Cliffs, NJ, 1983.
5. J. Martin, *Programm Design Which Is Provably Correct,* Savant Technical Report 28, Savant Institute, Carnforth, Lancashire, Großbritannien, 1982, Kapitel 13.

Kapitel 9

1. H. K. Berg, W. E. Boebert, W. R. Franta und T. G. Moher, *Formal Methods of Programm Verification and Specification,* Prentice-Hall, Inc., Englewood Cliffs, NJ, 1982.
2. J. von Neumann, *Collected Works,* Bd. 5, A. H. Taub. ed., Pergamon Press, Oxford, 1963, pp. 91-99.
3. R. W. Floyd, »Assigning Meanings to Programms«, Symposium on Applied Mathematics, *Proceedings,* American Mathematical Society, Bd. 19, 1967.
4. J. E. Stoy, *Denotational Semantics: The Scott-Strachey Approach to Programming Language Theory,* The MIT Press, Cambridge, MA, 1977.
5. B. W. Boehm, R. K. McClean und D. B. Urfreg, »Some Experience with Automated Aids to the Design of Large Scale Reliable Software«, *IEEE Transactions on Software Engineering,* Bd. SE-1, 1975.
6. R. J. Rubey, J. A. Dana und P. W. Biehe, »Quantitative Aspects of Software Validation«, *IEEE Transactions on Software Engineering,* Bd. SE-1, Nr. 2, 1975.
7. R. Milner, »An Algebraic Definition of Simulation Between Programms«, 2nd International Joint Conference on Artificial Intelligence, *Proceedings,* London, 1971.
8. A. Blikle und A. Mazurkiewicz, *An Algebraic Approach to the Theory of Programs, Algorithms, Languages and Recursiveness,* Mathematical Foundations of Computer Science, Warschau, Polen, 1972.
9. A. Church, *The Calculi of Lambda-Conversion,* Annals of Mathematical Studies, Bd. 6, Princeton University Press, Princeton, NJ, 1951.
10. W. E. Howden, »Methodology for Generation of Program Test Data«, *IEEE Transactions on Software Engineering,* Bd. SE-2, Nr. 3, 1976.
11. J. A. Darringer und J. C. King, »Application of Symbolic Execution to Program Testing«, *Computer,* Bd. 11, Nr. 4, 1978.
12. Z. Manna, »The Correctness of Programs«, *Journal of Computer and System Sciences,* Bd. 3, Nr. 2, 1969.
13. C. A. R. Hoare, »An Axiomatic Approach to Computer Programming«, *Communications of the ACM,* Bd. 12, Nr. 10, 1969.
14. D. Gries, »An Introduction to Current Ideas on the Derivation of Correctness Proofs and Correct Programs«, *IEEE Transactions on Software Engineering,* Bd. SE-2, Nr. 4, 1976.
15. E. W. Dijkstra, *A Discipline of Programming,* Prentice-Hall, Inc., Englewood Cliffs, NJ, 1976.
16. B. Wegbreit, »Constructive Methods in Program Verification«, *IEEE Transactions on Software Engineering,* Bd. SE-3, Nr. 2, 1977.
17. S. Owicki, »Axiomatic Proof Techniques for Parallel Programs«, Ph. D. thesis, Department of Computer Science, Cornell University, 1975.

18. S. Owicki and D. Gries, »Verifying Properties of Parallel Programs: An Axiomatic Approach«, *Communications of the ACM,* Bd. 19, Nr. 5, 1976.
19. L. Flon, »On the Design and Verification of Operating Systems,« Ph. D. thesis, Department of Computer Science, Carnegie-Mellon University, 1977.
20. E. W. Dijkstra, »The Humble Programmer«, *Communications of the ACM,* Bd. 15, Oktober 1972.
21. M. Hamilton und S. Zeldin, »The Relationship Between Design and Verification«, *Journal of Systems and Software,* Bd. 1, 1979.
22. M. Hamilton und S. Zeldin, »The Manager as an Abstract System Engineer,« *Digest of Papers.* Fall COMPSON 77, Washington, D. C., IEEE Computer Society Cat. No. 77CH1258-3C, September 1977.
23. M. Hamilton und S. Zeldin, *AXES Syntax Description,* TR-4, Higher Order Software, Inc., Cambridge, MA, Dezember 1976.
24. M. Hamilton und S. Zeldin, *The Foundations of AXES: A Specification Language Based on Completeness of Control,* Doc. R-964, Charles Stark Draper Laboratory, Inc., Cambridge, MA, März 1976.
25. M. Hamilton und S. Zeldin, *Integrated Software Development System/Higher Order Software Conceptual Description,* TR-3, Higher Order Software, Inc., Cambridge, MA, November 1976.
26. M. Hamilton und S. Zeldin, »Higher Order Software – A Methodology for Defining Software«, *IEEE Transactions on Software Engineering,* 1976.
27. M. Hamilton und S. Zeldin, »Reliability in Terms of Predictability«, Compsac '78, *Proceedings,* Chicago, IEEE Computer Society Cat. No. 78CH1338-3C, November 1978.
28. Higher Order Software, Inc., P. O. Box 531, 806 Massachusetts Avenue, Cambridge, MA 02139.
29. J. Martin, *LAMS and DADS,* Savant Technical Report 29, Savant Institute, Carnforth, Lancashire, Großbritannien, 1982.
30. *Introduction to the Application of HOS to Hardware Design: The CORDIC Algorithm,* IDA Study of Hardware Description Languages, National Academy of Sciences, Woods Hole, MA, 1981. Von HOS, Inc., Cambridge, MA.
31. *Specifying Ada Semantics in HOS,* Technical Report 34, Higher Order Software, Inc., Cambridge, MA, Mai 1982.
32. M. Hamilton, »The Ada Environment as a System«, ADA Environment Workshop, *Proceedings,* finanziert von der Dod High Order Language Working Group, Harbor Island, San Diego, CA, November 1979.
33. F. P. Brooks, Jr., *The Mythical Man-Month: Essays on Software Engineering,* Addison-Wesley Publishing Co., Inc., Reading, MA, 1974.

Kapitel 10

1. *MIS Week,* 10. Februar, 1982, p. 1, Fairchild Business Newspaper.
2. M. Hamilton und S. Zeldin, »The Relationship Between Design and Verification«, *Journal of Systems and Software,* Bd. 1, 1979.
3. J. Martin, *Application Development Without Programmers,* Prentice-Hall, Inc., Englewood Cliffs, NJ, 1982.
4. D. K. Lloyd und M. Lipow, *Reliability: Management Methods and Mathematics,* Prentice-Hall, Inc., Englewood Cliffs, NJ, 1972.

5. G. W. Willett et al., *TSO Productivity Study,* American Telephone and Telegraph Long Lines, Kansas City, April 1973.
6. T. C. Jones, »Optimizing Program Quality and Programmer Productivity«, Guide 45, *Proceedings,* Atlanta, GA, November 1977.
7. T. C. Jones, »A Survey of Programming Design and Specification Techniques«, IEEE Symposium on Specifications of Reliable Software, April 1979 (IEEE Order No. 79 CH1401-9C).
8. J. Martin, *Managing the Data Base Environment,* Prentice-Hall, Inc., Englewood Cliffs, NJ, 1983.
9. M. Hamilton und S. Zeldin, »Higher Order Software – A Methodology for Defining Software«, *IEEE Transactions on Software Engineering,* Bd. SE-2, Nr. 1, März 1976.

Kapitel 11

1. R. Hackler, *An HOS View of ASAS,* Technique Report 32, Higher Order Software, Inc., Dezember 1981.
2. M. Alford, »A Requirements Engineering Methodology for Real-Time Processing Requirements«, *IEEE Transactions on Software Engineering,* Bd. SE-3, Nr. 1, 1977.
3. SofTech, Inc., *Integrated Computer Aided Manufacturing* (ICAM), Waltham, MA, 1978.
4. SofTech, Inc., *Architect's Manual: ICAM Definition Method (Version* 0 *and Version* 1*)* (IDEF), Waltham, MA, 1979.
5. *Computable IDEF,* eine Reihe von Aufsätzen für die Air Force Systems Command, Wright-Patterson Air Force Base, Ohio, von Higher Order Software, Inc., Cambridge, MA 1978–1982.
6. *Computabe IDEF Preliminary Design,* Higher Order Software, Inc., Cambridge, MA, 1982.
7. J. Martin, *Strategic Data-Planning Methodologies,* Prentice-Hall, Inc., Englewood Cliffs, NJ, 1982.
8. F. P. Brooks, Jr., *The Mythical Man-Month; Essays on Software Engineering,* Addison-Wesley Publishing Co., Inc., Reading, MA, 1974.

Kapitel 12

1. Headquarters, Department of the Army, USA (HQDA), Schreiben DAMO-RQ, vom 3. November 1977, Thema: »Interface Requirements«.
2. Headquarters, Department of the Army, USA (HQDA), Festlegung der Anforderungen für ein »Army Battlefield Interface Concept« (ABIC), November 1977.
3. J. Martin, *Design and Strategy for Distributed Processing,* Prentice-Hall, Inc., Englewood Cliffs, NJ, 1981.
4. J. Martin, *Computer Networks and Distributed Processing: Software, Techniques, and Architecture,* Prentice-Hall, Inc., Englewood Cliffs, NJ, 1981.

Kapitel 14

1. Der Autor verdankt dieses Wort John Hope, der bei James Martin Associates arbeitet. Hope ist eine weltweit anerkannte Autorität über das Thema realitätsferne Arbeit und ihre Verhinderung.
2. H. Kahn, *World Economic Development,* Westview Press, Inc., Boulder, CO, 1979.

Kapitel 15

1. K. Fuchi, »Aiming for Knowledge Information Processing Systems«, in *Fifth Generation Computer Systems* (Procedings of the International Conference, Tokyo), North-Holland Publishing Company, Amsterdam, 1982.
2. T. Moto-Oka et al., Keynote Speech, in *Fifth Generation Computer Systems* (Proceedings of the International Conference, Tokyo), North-Holland Publishing Company, Amsterdam, 1982.
3. E. H. Shortliffe, *Computer-Based Medical Consultations: MYCIN,* American Elsevier Publishing Company, Inc., New York, 1976.
4. M. Dincbus, »A Knowledge-Based Expert System for Automatic Analysis and Synthesis in CAD«, IFIP Congress 80, *Proceedings,* 1980.
5. H. Karatsu, »What Is Required for the Fifth Generation Computer – Social Needs and Its Impact«, in *Fifth Generation Computer Systems* (Proceedings of the International Conference, Tokyo), North-Holland Publishing Company, Amsterdam, 1982.

Kapitel 16

1. *A Strategy for Information Technology,* Bericht an das British National Enterprise Board von PACTEL, 1981.
2. *A Programme for Advanced Information Technology,* The Report of the Alvey Committee, Her Majesty's Stationery Office, London, 1982.
3. T. Moto-Oka et al., Keynote Speech, in *Fifth Generation Computer Systems* (Proceedings of the International Conference, Tokyo), North-Holland Publishing Company, Amsterdam, 1982.
4. T. Peters und R. Waterman, *In Search of Excellence,* Harper & Row Publishers, New York, 1982. Deutsche Ausgabe beim Verlag moderne Industrie.
5. »Five Ways to Go Bust«, *The Economist,* 8. Januar 1982.

Kapitel 17

1. E. W. Dijkstra, *A Discipline of Programming,* Prentice-Hall, Inc., Englewood Cliffs, NJ, 1976.
2. F. P. Brooks, Jr., *The Mythical Man-Month: Essays on Software Engineering,* Addison-Wesley Publishing Co., Inc., Reading, MA, 1974.
3. N. Wiener, *The Human Use of Human Beings,* The MIT Press, Cambridge, MA, 1950.

4. C. A. R. Hoare, »The Engineering of Software: A Startling Contradiction«, *Computer Bulletin,* British Computer Society, Dezember 1975.
5. K. Fuchi, »Aiming for Knowledge Information Processing Systems«, in *Fifth Generation Computer Systems* (Proceedings of the International Conference, Tokyo), North-Holland Publishing Company, Amsterdam, 1982.
6. G. A. Miller, »The Magical Number Seven, Plus or Minus Two: Some Limits on Our Capacity for Information Processing«, *Psychological Review,* Bd. 63, Nr. 2, März 1956.
7. T. Moto-Oka et al., Keynote Speech, in *Fifth Generation Computer Systems* (Proceedings of the International Conference, Tokyo), North-Holland Publishing Company, Amsterdam, 1982.

Personen- und Sachregister

A

Abbey, S. G. 145
Abfragesprache 141, 143, 161, 175f., 181, 189, 267, 288, 342
Abfrage- und Änderungssprachen 51f., 56f., 61, 183, 235, 341
Abfragesysteme 32f.
Ada 44, 49, 62, 102, 105, 155, 186f., 193, 211, 217, 289, 330, 345
ADF 160, 269, 304
ADJ 160
ADMINS 61, 324
ADRS II 61, 160
Aktionsdiagramme 95f., 138, 141, 182f., 208
ALGOL 59
Alloway, Prof. 33
Alvey-Bericht 319, 324f., 328
AME 61
Analyse, strukturierte 62, 91, 133, 140, 215, 237f.
Analysesysteme 32f.
Anderson 275
Anforderungsanalyse 90, 103
Anforderungsbeschreibung 198, 201, 215
Anforderungsspezifikation 75, 78, 89, 91ff., 100, 141
Anwendungsentwicklung 24–28, 31, 38, 43, 46, 50, 54, 63f., 70, 78, 80–84, 92, 132f., 140, 153ff., 158, 171, 220, 256, 278, 341, 343, 350f.
Anwendungserstellung s. Anwendungsentwicklung
Anwendungsgeneratoren 25, 44, 49ff., 54, 56f., 61, 63, 70, 74f., 87, 103, 116, 136, 140, 141, 149, 153ff., 161, 173, 188, 209, 234, 267, 269f., 278, 288, 290, 305, 324, 341, 347, 350, 353
Anwendungspakete, parametergesteuerte 51, 55
Anwendungsüberhang 26ff., 31f., 44, 56, 82, 141, 143, 178
APL 61, 143, 160, 167, 169
ASJ 61
Assembler 58, 275
Assembler-Sprache 59
Ausnahmesysteme 32f.
Automation der Arbeit 336ff.
Automation der Automation 43, 45, 49, 283, 303, 329ff., 353, 355
Automation der Programmierung 38f., 50, 234f., 333

B

Baker, Terry 49
BASIC 155, 353

Bell, Daniel 338
Benutzerfreundlichkeit 71, 111f., 117, 178, 181, 183
Berg, H. K. 191
Berichtsgenerator 44, 49, 51f., 55ff., 61, 103, 115f., 161, 167, 175f., 179, 181, 184, 189, 206, 208, 218, 227, 235, 240, 267, 341f., 351
Bibliothek 106f., 111, 115, 118, 120, 123f., 187, 193, 200, 206, 208ff., 212, 220f., 224f., 236, 242, 304f., 307, 320, 329, 332f., 338
Bildungswesen, computerunterstütztes 284, 337
Brooks, Fred 212, 244f., 330
Büroautomation 147, 172, 256ff., 262, 286, 310, 334f., 354

C

CAD/CAM-Sprachen 284, 288, 353
COBOL 25, 29, 34, 38, 44, 49, 55, 57, 59f., 62, 67, 74, 82, 102, 105, 138ff., 155, 160, 186, 193, 217, 247, 269f., 275, 278f., 289, 330, 345, 352
Code, nachweisbar korrekter 38f., 45, 62, 187, 191, 201, 215f., 218, 240, 289, 292, 341, 347, 353
Codegenerator 49, 54, 97, 118, 209f., 215, 221, 223f., 227, 235, 238f., 241, 246, 352
Compiler 57ff., 62, 183, 186, 188f., 208, 211, 216, 239, 291, 345
Computer der fünften Generation 46, 299f., 302, 305f., 309ff., 316, 322, 332f., 354f.
Computer, nicht-von-Neumann- 284, 290
Computereinsatz, benutzergesteuerter 342, 347, 350, 353
Constantine 47
Crandell, R. L. 145
Crawford, A. B. 146

D

Dateiverwaltungssystem 132
Daten, inkompatible 126f., 148, 183, 235, 262, 343
Daten, kompatible 149, 152, 253
Datenbank, integrierte 129
Datenbank, relationale 25, 35, 59, 148, 167, 183f., 257, 273, 291, 294, 343
Datenbank, sachbezogene 137, 140f
Datenbankaktionsdiagramme s. Aktionsdiagramme
Datenbankdesign 66, 124ff., 137, 235
Datenbankerstellung 174f.
Datenbanksprachen 251, 350
Datenbanksprachen, relationale 283, 288f., 291
Datenbank, stabile 132
Datenbankstruktur 262
Datenbanksystem 25, 34, 59, 115, 301, 317, 354f.
Datenbankverwaltung 131, 147, 257, 346
Datenbankverwaltungssystem 55, 60, 132, 139, 173, 183, 188, 261, 293, 295, 300
Datenextraktor 188, 190
Datenflußdiagramme 95f., 99, 112f., 116, 142, 161, 208, 344
Datenkoordinator 150f.
Datenkontrolle 125
Datenmodell 75f., 80, 106, 118, 124f., 131f., 135, 139, 149, 151, 153, 158, 170, 174, 183f., 189, 232, 241f., 246, 253, 256, 343f., 350f.
Datenmodellierung 74, 85, 125, 129, 136f., 138, 141, 149, 151, 226, 229, 235, 241f., 343, 346f., 349, 352
Datenplanung, strategische 141, 235, 242f., 254f., 343
Datensysteme 75, 80, 85, 133, 140, 263
Datenunabhängigkeit 131f.
Datenverarbeitung, benutzergesteuerte 38f., 70, 74ff., 85, 143f., 150f., 164, 268
Datenverarbeitung, vordefinierte 74ff.

Datenverwaltung 123f., 126, 147, 149, 152, 262, 344
Datenverwaltungssystem 132, 138, 162, 241
Design, integriertes hierarchisches 110, 119f.
Design, maschinenlesbares 96f., 100
Design, mathematisch korrektes 194
Design, nachweislich korrektes 210, 219, 284, 296, 331
Designanalysator 97
Dijkstra, E. W. 191, 193
DMS 153
Dunn, C. L. 145

E

EASYTRIEVE 61, 324
Einheitenanalyse 135, 138
Ein-Mann-Projekt 224, 245f., 346, 351
Endbenutzer 44, 55, 57, 61f., 70ff., 76, 70–84, 86, 88f., 92f., 95f., 114ff., 132, 139, 141, 143f., 146, 148ff., 152, 155ff., 161, 163, 181, 195, 226f., 232, 234f., 241, 251, 263, 266f., 271, 273–278, 297, 305, 342, 344, 346f., 350ff., 354
Endbenutzer-Datenverarbeitung 275f.
Endbenutzersysteme 83
Entscheidungsfindung, computerunterstützte 24, 31f., 34f., 37f., 51f., 56, 61, 76, 81, 87, 141, 153, 157f., 167, 186, 235, 257, 284, 291f., 294, 346f., 350f., 353f.
Entwicklungseinrichtung 173, 175, 178, 183, 186, 188f.
Entwicklungskanal 267–271, 279f.
Entwicklungslinie der Lieferanten 260f.
Entwicklungszyklus, formaler 74, 81, 87
Entwicklungszyklus, traditioneller 31, 62, 73–78, 80, 84, 89ff., 150, 154, 157, 221, 227, 229ff., 236ff., 241, 247, 256, 341, 347, 351
Expertensystem 284, 302f., 308, 310f., 353ff.
EXPRESS 53, 61, 324

F

Fehlerkorrektur 91, 108f., 194, 209, 212, 219f., 238
FOCUS 55, 61, 160f., 183, 270, 324, 353
Ford, Henry 69
FORTRAN 38, 49, 59, 102, 105, 155, 186, 193, 217, 239, 275, 330, 352
FPS 160
Fuchi, Kazuhiro 299

G

Gane 47
Geschäftsplanung, strategische 253f., 256
Grafikeditor 210, 219f., 222
Grafikgenerator 55, 176f., 240
Grafikprozessor 293
Grafik-Sprachen 51f.

H

Hamilton, Margaret 193, 219, 225
Hamming, Richard 106
Hardware, Nicht-von-Neumann- 354
Higher-Order Software s. HOS
HIPO 102
Hoare, C. A. R. 65, 332
HOS 195, 201, 206–212, 216, 220, 222, 224, 226, 239f., 269, 292f., 324, 332
HOS-Baumdiagramm s. a. Steuerpläne 200, 203, 205, 210, 293
HOS-Binärbäume 195f., 201
HOS-Code-Erzeugung 205
HOS-Schrift 208, 219
HOS-Software 206, 209f., 217, 239
HOS-Sprache 208, 289
HOS-Technik 115ff., 211, 225, 292f.

I

IDEAL 55, 61, 179, 184
IDEF 102, 240
INCLUDE 201ff., 205, 212, 292f.
Informationsbank 301f., 304–308, 312, 319, 333, 354f.
Informationserwerb 306f.
Informationsplanung, strategische 136
Informationssystem 26f., 39, 48, 61, 73, 77, 86, 133, 145, 150, 153, 165, 190, 242, 249f., 292, 347, 355
Informationstechnik 39, 41, 60, 75, 80f., 85f., 123, 133–138, 140, 142, 149, 151, 232, 246, 251, 257, 283, 319, 324, 338, 343, 347, 349–353
Informationstechnikindustrie 325, 328
Informationszentrum 38f., 41, 62, 81, 85–88, 142, 143f., 146ff., 151–172, 232, 241, 256f., 268f., 275f., 342f., 346f., 349–352
Infrastruktur 32, 188f., 253, 255, 263, 347
INTELLECT 61, 291
Interpreter 57ff., 183, 186, 188f., 211, 216, 291

J

Jackson, Michael 47
Jackson, R. 145, 324
Jobs 275
Johnson, J. W. 145
JOIN 201f., 205, 292f.
Jones, T. C. 48

K

Kahn, Hermann 286

L

LINC 61, 287, 324
LISP 289
Lotus 1-2-3 36, 53, 61, 71, 88, 324

M

Manifest für Computerhersteller 354
Manifest für DV-Leiter 350
Manifest für Endbenutzer 350
Manifest für Informatik-Professoren 352
Manifest für Programmierer 352
Manifest für Softwarehäuser 353
Manifest für Systemanalytiker 351
Manifest für das Topmanagement 40f., 124, 349
Manifest für Unternehmer 355
MANTIS 55, 61, 160, 324
MAPPER 61, 146, 160, 273f., 291
Maschinensprache 58
McCracken, Daniel 50
Mertes, L. 146
Mikrocode 290
Modellierungsprozeß 151
Moto-Oka, T. 299
Multiplan 61

N

Naisbitt, John 338
Nasi-Schneidermann-Diagramme 95f.
NATURAL 55, 61, 324
Nelson, Horatio 265
Netzwerkplanung, strategische 41, 257ff., 263, 347, 349
Neumann, J. v. 289
Newcomen 187f.
Newton, Isaac 106
NOMAD 55, 57, 61, 72, 86, 145, 269, 324
NOMAD 2 178ff.
Nutzung, strategische 29f.

O

Oldenburg, C. 145
OR 201, 203, 205, 292

P

Parkinson, Northcote 335
Pascal 38, 105, 155, 186, 193, 289, 345
PDL 112f., 116
Personal Computer 40, 67, 71, 86f., 143, 147, 150, 158, 172, 284, 294, 302, 307, 316f., 324, 327, 333, 346, 350, 354f.
Peters, T. 323f.
PL/1 29, 38, 57, 59f., 62, 74, 82, 138f., 155, 160, 275, 279, 289, 352
Planung, strategische 249ff., 253–257, 261, 347, 349
Planung für die Anwendungserstellung, strategische 257
Planung der Informationstechnologie, strategische 254ff.
Probleme der Datenverarbeitung 24f., 28, 39
Produktivitätssteigerung 27, 47ff., 60, 81, 157, 220f., 257, 274, 280, 308, 312
Programmgenerator 287, 304
Programmiersprachen, höhere 51, 55ff., 59, 61, 239, 261
Programmiersprachen, traditionelle 47, 57, 66, 102, 105
Programmiertechniken, strukturierte s. Techniken, strukturierte
PROLOG 289, 317, 353
Prototyp 62, 66, 70, 74, 78ff., 82f., 87, 95, 138, 139, 142, 154, 158, 171, 232, 241, 246f., 327, 347, 350f.
Prototypenzyklus 246f.
Prozessor, parallel arbeitender 46, 212, 290, 292ff., 316f., 327, 334, 354
PSL/PSA 102, 113, 116

Q

Query-By-Example 61, 160, 183, 291

R

RAMSIS 53, 55, 160, 270, 324
RAMSIS II 61, 278
Revisor 163, 185, 188
Roboter 217, 284, 311ff., 335f., 338f.
RSL 114

S

SADT 102
Sarson 47
SAS 55, 160, 324
Schnittstellenfehler 106, 115, 224, 226, 228, 238, 330
SDL 114
Semantik, interne und externe 217
SETL 289
Sheppard 275
SIMULA 289
Smeaton, John 188
SNOBOL 289
Software, benutzerorientierte 38, 87, 149, 253, 307, 354
Software-Fabriken 66, 115, 187, 226f., 284, 287f., 304, 330
Software-Pakete 168, 341
Software-Technik 65f., 80, 118, 133, 141, 187, 320
Spezifikation 24, 31, 33, 38, 44f., 50, 54, 62f., 66, 70, 73ff., 81f., 89ff., 93f., 99, 101ff., 107, 110–114, 116–121, 133, 142, 187, 201, 207, 211ff., 215–219, 222, 225ff., 234, 237, 240, 242, 246, 304f., 324, 332, 344, 351
Spezifikationsdesign 44
Spezifikationsdiagramm 218, 239
Spezifikationsprozeß, formaler 94
Spezifikationssprache 51, 54, 94, 101–108, 110ff., 115, 117ff., 123, 215, 217f., 227, 229, 235, 238, 240, 246, 304, 345, 352f.

Spezifikationstechniken 76, 99, 103f., 191, 240
Sprachen, benutzerfreundliche 55, 59, 63, 74, 86, 138, 141, 173, 188, 278, 342
Sprachen der ersten Generation 58
Sprachen der zweiten Generation 59
Sprachen der dritten Generation 59f., 74, 138f., 186, 245, 278, 287, 300, 352f.
Sprachen der vierten Generation 38, 41, 58ff., 63, 79, 88, 123, 129, 138f., 142, 147, 153f., 157, 159, 170, 173, 183, 187f., 245f., 257, 263, 269, 271, 278, 288, 341, 343f., 349–353, 355
Sprachen, mathematisch korrekte 111ff., 115
Sprachen, nicht-verfahrensorientierte 57ff., 64, 103, 115, 138, 153, 185, 198, 218, 221, 224, 229, 239, 241, 283, 289, 292, 343, 347, 350, 352ff.
Sprachen, nicht-von-Neumann- 289, 354
Sprachen, traditionelle s. Programmiersprachen traditionelle
Sprachen, verfahrensorientierte 57ff., 103, 138, 153, 175, 177, 189
Sprachen, von-Neumann- 289, 291
SPSS 160
SQL 61, 183, 289, 291, 345, 353
SREM 102, 240
Standardannahmen 178
Standardanwendungen 32
Stapelprogramme 32, 131
Steuerpläne 200, 203, 205ff., 209, 211, 216, 220, 240, 242, 293
Steuerstruktur 193f., 201–210, 292, 331
Systeme für die computerunterstützte Entscheidungsfindung s. Entscheidungsfindung, computerunterstützte
Systeme, informationsgesteuerte 284, 294f., 301f., 305–311, 318, 321, 332ff.
System, inkompatibles 251, 254
System W 61
Systemanalyse 27, 33f., 62, 89, 119, 141, 269, 329, 343f.
Systemanalytiker 25f., 28, 40, 43, 48ff., 55, 64, 70, 75, 78ff., 82ff., 89, 94ff., 111–116, 118, 132, 135, 142, 151, 153ff., 161, 193, 195, 210, 234, 259, 265, 303, 305, 330, 351
Systemberater 303ff.
Systemdesign 96f., 100, 104, 110, 191, 240, 341
Systemskizze 94f., 98
Systemspezifikation 108, 193, 195, 209, 212, 218, 221, 304

T

Tandem-Prozessor 290f.
Team für fortgeschrittene Entwicklung 256, 267ff., 343
Technik, automatisierte 139, 330, 333
Techniken, strukturierte 47ff., 62, 88, 100, 104, 137, 194, 215, 330, 344
Technologie, informationsgesteuerte 295, 301, 303f., 307, 326
TELL-A-GRAFF 184
Textverarbeitungssystem, phonetisches 318
Triewald, Marten 63

U

Überwachungssysteme 33
Umgehungssprache 56
Unsicherheitsprinzip 76

V

Verfahrensanalytiker 155
VHSIC 45, 321
VISICALC 36, 53, 61, 167, 177, 324
VSPC 160

W

Wartungskosten 24, 62, 109, 126, 132, 139, 155, 157, 251, 257, 259ff., 263, 343f., 351
Wartungsprobleme 28f., 123, 141, 186, 260
Wasniac 275
Waterman, R. 323f.
Wiener, Norbert 331
Wood, Dick 146

Y

Yourdon 47, 324

Z

Zeldin, Saydean 193, 219, 225

Mitsue de la Trobe/Inga Streb

Alltag in Japan

320 Seiten, 12 Seiten Fotos im Text, gebunden

Der Zustrom von Produkten und Reisenden aus Japan ist bei uns, besonders während des letzten Jahrzehnts, immer augenfälliger angeschwollen. Damit steigt auch das Bedürfnis nach gut fundierter Information über die Hintergründe, Verhaltensweise, Lebensart und Alltäglichkeiten des Phänomens Japan.
Zwei intime Kennerinnen Japans schildern den Alltag im fernöstlichen Inselstaat im Ablauf des Jahres. Gerade in Japan heben sich die Jahreszeiten sehr deutlich voneinander ab, und jeder Monat hat seine eigenen Ereignisse, Traditionen und Feste. Neben den Schattenseiten der erfolgreichen Industrialisierung lebt der unverwechselbare Charme und die Farbenpracht der ostasiatischen Szene fort.

Jean-Louis Servan-Schreiber

Die 90-Minuten-Stunde

Mehr Zeit zum Leben
192 Seiten, gebunden

Zeitmangel ist in den westlichen Industrienationen ein größeres Problem als der Mangel an Geld. »Obwohl jeder eine Uhr hat, hat keiner mehr Zeit«, schreibt der französische Schriftsteller Michel Serres.
Jean-Louis Servan-Schreiber, als einer der französischen Topmanager selbst einst von Arbeitslast, Terminen, Konferenzen, Telefongesprächen, Verabredungen mit Freunden und Verwandten gehetzt und terrorisiert, hat Ordnung in sein eigenes Leben gebracht. Seine Erfahrungen und seine Methoden hat er in diesem Buch zusammengefaßt.
Er bietet keinen Leitfaden wie noch mehr Termine in einen 24-Stunden-Tag zu packen sind, sondern er zeigt Wege, wie man mehr Zeit zum Leben gewinnt.

Jonathan Carr

Helmut Schmidt

256 Seiten, 12 Seiten Abbildungen, gebunden

Als den »am meisten bewunderten und am wenigsten verstandenen europäischen Regierungschef« bezeichnet der Autor Jonathan Carr den fünften deutschen Bundeskanzler Helmut Schmidt. Der Bonner Korrespondent der britischen Wirtschaftszeitung »Financial Times« hat seit 1965 als Journalist von europäischen Hauptstädten aus die europäische und vor allem die deutsche Politik beobachtet und beschrieben. Helmut Schmidt war von Anfang an der deutsche Politiker, der ihn am meisten faszinierte.
Mit großer Sachkenntnis und starkem Einfühlungsvermögen schildert er den Lebensweg Helmut Schmidts, angefangen von den frühen Jahren im nationalsozialistischen Hamburg, über die Zufälligkeiten einer deutschen Nachkriegskarriere, den Aufstieg an die Schalthebel der Bonner Machtzentrale und die glanzvollen Auftritte Schmidts auf der internationalen politischen Bühne bis zu der Abwahl des Kanzlers am 1. Oktober 1982 und seinem Leben als »Privatier«.
In langen Gesprächen mit Helmut Schmidt und gründlichen Recherchen ist Carr auf neue Fakten und bisher unbekanntes Material gestoßen.